国家出版基金项目
NATIONAL PUBLICATION FOUNDATION

中央宣传部 2022 年主题出版重点出版物

U0215470

林业草原国家公园融合发展

建设人与自然和谐共生的美丽中国

艾前进 ｜ 著

中国林业出版社
China Forestry Publishing House

图书在版编目（CIP）数据

林业草原国家公园融合发展. 建设人与自然和谐共生
的美丽中国/艾前进著. --北京：中国林业出版社，
2023.10

中央宣传部2022年主题出版重点出版物

ISBN 978-7-5219-2296-7

Ⅰ.①林…　Ⅱ.①艾…　Ⅲ.①国家公园—建设—研究
—中国　Ⅳ.①S759.992

中国国家版本馆CIP数据核字(2023)第164004号

策　　划：刘先银　杨长峰
责任编辑：何　鹏　张　健
责任校对：于晓文
封面设计：北京大汉方圆数字文化传媒有限公司

————————————

出版发行：中国林业出版社
　　　　　（100009，北京市西城区刘海胡同7号，电话010-83143543）
电子邮箱：cfphzbs@163.com
网址：https://www.cfph.net
印刷：北京中科印刷有限公司
版次：2023年10月第1版
印次：2023年10月第1次
开本：787mm×1092mm　1/16
印张：22
字数：453千字
定价：258.00元

中央宣传部 2022 年主题出版重点出版物

林业草原国家公园融合发展

建设人与自然和谐共生的美丽中国

编委会

主 任

陈圣林

副主任

杨家强　张泽尧　丁大军

黄庆一　陈云峰　邵文修

委 员

（按姓氏笔画排序）

王　涛	王显康	文流刚	艾　佳	艾前进
叶　毅	朱志用	刘小虎	刘怀君	李　鹏
李克冠	吴华俊	张海升	陈大武	房国超
秦武峰	唐青梅	唐孟玲	唐春红	黄　沙
章　恒	董常春	韩锡军	蒙志欢	潘瑜敏

前言

壮写美丽中国新画卷

大美中国，江山如画。

"努力建设人与自然和谐共生的美丽中国""把建设美丽中国摆在强国建设、民族复兴的突出位置""加快推进人与自然和谐共生的现代化"，是党中央对全国人民的要求。多年来，全国林业战线坚持"为人民种树，为群众造福"，各地区各部门真抓实干，担当作为，奋力谱写新时代生态文明建设新篇章，涌现出一大批在美丽中国建设、林业高质量发展、生态保护修复、林业产业振兴、林业改革深化等方面的先进典型。

我主持采写创作的长篇报告文学《林业草原国家公园融合发展：建设人与自然和谐共生的美丽中国》能够入选中央宣传部2022年主题出版重点出版物，深感荣幸。在近两年的采写创作时间里，我按照国家林业和草原局和各省份林草部门提供推荐的先进典型，在中国林业出版社和中国林业产业联合会的帮助支持下，深入各地采写创作了这部由32个地区典型经验构成的美丽中国新画卷。他们中的每一个部门或单位，都坚持以人民为中心的发展思想，注重林业建设的成效，既推动了林草行业自身的高质量发展，又为所在地的人民群众提供了高品质的生态空间和绿美的城乡人居环境，不断增强了人民群众的获得感、幸福感、安全感。

从绿色之路的探寻看美丽中国建设的精神凝聚。近些年来，全国各地自觉学习"塞罕坝精神"，持之以恒地开展国土绿化，因地制宜，科学规划，不刻意追求奇花异草、名贵树木，真正做到了为人民种树，为群众造福，创造出了一系列区域林业精神。河北省塞罕坝机械林场本身就是绿色发展的一面旗帜，林场以"六个再建功立业"为重点全面推进二次创业，实现了"塞罕坝精神"下的新奇迹。中国绿化基金会创建38年来，紧紧跟上国家现代化建设步伐，动员全社会支持参与林草生态建设和产业发展，担负起时代赋予中国绿化基金会光荣而艰巨的重大使命，把公益事业做得更大更强，给林业生态建设提供载体，为生态文明建设贡献力量，全力打造出一个促进现代林草业加快发展的宽广舞台。广西桂林牢记习近平总书记嘱托，当好保护桂林山水的"二郎神"，在打造世界级旅游城市中展现出了林业和园林高质量发展的新担当。江西聚焦"作示范、勇争先"目标定位，在全力做好治山理水、显山露水文章中，探索出林长制这条具有江西特色的新路子，形成了具有江西特色、系统完整的林长制体系，成为4个国家生态文明试验区中首个推行林长制的省份和全国率先全面推行林长制的省份之一，为全国林长制改革积累了经验，让江西"山更青、权更活、民更富"。湖北武汉珍爱自然，守护未来，在湿地建设上严格管护，只增不减，涵养出了自然之美；全市人民珍爱湿地，持续修复，润泽出了和谐之美；全市系统施治，生态惠民，和合共生之美，2022年承办《湿地公约》第十四届缔约方大会，受到国际社会赞赏，成为我国在党的二十大召开后举办的第一个主场外交活动，规格高、影响大。贵州贵定围绕"活力贵定"高质量建设山桐子，全力推进40万亩*山桐子全产业链项目，满足国家和人民需要的大食物观、大木材观，吸引国有资金和社会资本有序投入山林造林与产业同兴，绽放出了绿水青山的笑颜。河南省黄柏山林场持续坚持干字为先，创造出了"敢干、苦干、实干、巧干"的黄柏山精神，使守护的那座千古黄柏山青山不老。

　　从林业高质量发展看系统治理发展之变。"无山不绿，有水皆清，四时花香，万壑鸟鸣，替河山装成锦绣，把国土绘成丹青"，是我国原林垦部部长梁希的夙愿，也是当年随着新中国成立而组建的全国林业干部职工的梦想。中国务林人是生态建设与保护的主力军，是他们70年的奉献和建设，把万里河山绘成了"美丽中国"的锦绣丹青，使昔日的连片荒山变成了巍峨青山，变成了金山银山；无垠沙漠变成了片片绿洲，变成了致富金沙。通过前几年的林业高质量建设，使他们的作用更加明显，涌现出一批自我加压、体系治理的新典范。湖北林业部门扛牢绿美湖北的责任，着力省域治理现代化高标准推进国土

---

*1亩≈666.67平方米。

绿化，全面拉开高质量建设武陵山、秦巴山、大别山、幕阜山和鄂中平原的森林屏障和林业生态建设格局，铺展出一幅天蓝、山绿、水清，生态美、百姓富的绿美湖北新画卷。广西林业把"塞罕坝精神"转化成主动保障国家生态安全和木材安全，高质量建设了森林资源富集区、林业产业集中区、森林生态优势区。广东国有林场在转型重塑中再次跨越，所属基层林场涌现出一批杰出的改革先锋。贵州习水林业树立体系治理的改革旗帜，攻坚发展区域林业经济，成为勇担使命再出发的贵州先锋。海南澄迈高位推进林长制，聚力修复红树林，厚植产业成为海南林业建设的新典型。国家林业和草原局华东调查规划院尊重自然、顺应自然、保护自然，干部职工奋进在林草生态综合监测和自然保护地建设规划的第一线，引导各地科学建设自然公园，重点保护自然景观，不断提升区域自然资源价值的国际认可度和影响力，形成了自然保护地建设的"地方办法"。湖北生态学院深化改革，聚焦"双高"建设，全面服务"绿美湖北"建设，聚焦农林人才培养，有力地支撑了山区的乡村振兴。

从生态保护修复中看攻坚之举的生态改善。加大生态保护修复力度，提升生态系统质量和稳定性，对维护国家生态安全具有基础性、战略性作用。各级林业部门遵循"自然恢复为主、人工修复为辅"原则，坚持系统治理、科学治理，使山水林田湖草沙成为生命共同体。从我的采写调研看，各地在生态林业保护修复中没有一蹴而就，而是以提升生态效益为主要目标，同时兼顾社会效益和经济效益，实现了人与自然的和谐共生。湖北武汉尊重自然探索破损山体生态修复新模式，顺应自然打造常态修复为民造福新样板，保护自然塑造修复保护合作共治新优势，群山归来更秀美。福建闽江流域构建陆海统筹的流域生态保护修复治理模式，闽江河口湿地国家级自然保护区围绕"闽江口金三角经济圈"创新打造湿地保护新高地，探索破解互花米草治理难题，全面提升把公园建成了一张区域最好的生态名片，模式创新将使用者转变为共同管理者，倾力申遗用能力提升谋区域发展共赢，在福州长乐区和保护区管理者的心中，闽江就是最亮的明珠。河北木兰林场持续修复林区流域生态，使森林资源年年大提升，有效推动了林场建设的新发展。广东东莞在自然地保护建设中领跑大湾区，一系列城乡森林生态公园提高了东莞城市的经济效益，增强了国土绿化的社会效益，挖掘出了美丽东莞的文化价值。海南五指山强化生态保护，建美山清水秀的热带雨林国家公园，使秀美家园里的雨林焕绮万物生。广西兴宾坚持生态优先，用"林长制"保障城乡绿美，打造林产工业，使绿水青山生成金山银山。

从振兴林业产业看为民造福的新作为。护绿、增绿，更要用绿、活绿。综观全国各地的林业、林场先进典型，他们无一不是精准护绿、稳步增绿、有效用绿，带动产业发展，释放生态红利的典范，正是汇集了他们的努力，才使中国林业走出了一条绿起来、美起来、富起来的生态林业发展道路。贵州林业立志做山桐子产业的中国引领者，出台的《贵州省山桐子产业发展行动方案》，明确省委领导、省政府主推，林业部门主抓，到2030年发展500万亩山桐子基地，把产业布局在全省适宜的地方，希望山桐子成为贵州的一棵富民树，能够成为国家食用油安全和木材安全的有力保障。桂林平乐结合生态修复首创"生态运动"，以新思路盘活山水资源，培育集体育、文化、健康、旅游为一体的高端体育品牌，形成了"全域、全局、全员、全链"的平乐生态运动和山水经济新格局，打造世界级旅游城市生态运动的"天堂"。广东佛山市云勇林场主动建设大湾区的"塞罕坝"，提升了生态建设的社会效益，提高了森林经营的经济效益，提优了森林公园的文化价值。海南陵水践行"塞罕坝精神"和"三北精神"，在海防线上擦亮了国家公园生态招牌，以红树林修复释放出美丽山海的生态"能量"。广西黄冕林场既是国有林场改革的典范，更是林业产业建设的先锋，他们用"四良"法则聚力培育大径材，靠"四转"融合智慧管护"万元林"，以"四精"服务提升市场竞争力，善作善成树立了"万元林"建设的标杆。山东寿光国有机械林场合着茫茫林海的阵阵涛声，雄浑的《林海壮歌》在黄河三角洲这片广袤的大地上昂扬唱响。这气势磅礴的旋律，激荡着一代又一代林场人自信自强、踔厉奋发，在人与自然和谐共生的生态文明建设大道上义无反顾、勇毅前行。

从深化林业改革看人与自然和谐共生。生态文明建设，是一场涉及生产方式、生活方式和价值观念的深刻变革。各地以"林（草）长制"建设为抓手的深化改革，实现了由被动应对到主动作为的重大转变，全面构建起了党政同责、属地负责、部门协同、源头治理、全域覆盖的森林草原资源保护发展长效机制，护绿增绿、绿富双赢的事例正在各地呈现。广西南宁树木园涵养山水生态，构建最优商品林，打造城乡产业新形态，是新时代国有林场的一面旗帜。广东沙头角林场以"闯"的精神、"创"的劲头、"干"的作风，在改革前沿深圳勇闯敢为树立了一个新标杆。浙江物产中大长乐林场是企业化林场，他们把目光盯向市场，始终创新自强探新路，交出了现代林场创建的高分卷，撑起了国有林场高质量发展的新高度，值得全国所有的国有林场学习借鉴。重庆石柱林场优化林场森林生态资源建设，转型发展林场经济，朝深往实向前奔跑。广东樟木头林场融入湾区修复生态，着力生态优先构建融合发展大格局，省市共建打造出了森林生态环境优美的森林公园升级版。广西维都林场紧跟林业产业的时代建设步伐，把准历史方位以思维之变促发展之变，抓住发展机遇以视野之变做实经营升级的支撑点，明确发展重心以结构之变加速产业建设着力点，拓宽了林场的绿色发展路。深化林业改革，振兴林业经济，促进人与自然和谐共生，不只是基层林业、林场的分内事，同样是各级党委政府的发展重心。

回头看两年多的地方林业调研采访，再看这部即将付梓的厚重书稿，各个入选单位无一不是真抓实干、担当作为的典范，他们奋力谱写为成就这一新篇章打下了坚实基础。本书用纪实的手法，描写了一线林业建设者忠诚奉献的职业品质，以及他们爱岗敬业、创新奋斗的精神风貌，他们是生态林业建设的弘扬者和践行者。唱响绿色赞歌，歌颂最美林草人，是本书的创作初心。希望通过文字的力量，把各地林业创新发展的事迹记录下来，不断弘扬他们的精神，激发更大的林草生态建设力量。

艾前进

2023 年 8 月

目录

第一章

美丽中国建设

第一节 塞罕坝精神：绿色发展的一面旗帜

——河北省塞罕坝机械林场闻思录

2021 年 2 月 25 日，全国脱贫攻坚总结表彰大会在北京隆重举行，习近平总书记首先向河北省塞罕坝机械林场颁发"全国脱贫攻坚楷模"奖牌。林场党委书记从总书记手里接过这面金灿灿的奖牌时，代表塞罕坝人"诚挚邀请总书记到塞罕坝走一走、看一看"。塞罕坝之所以获此殊荣，在于一直坚持践行"绿水青山就是金山银山"理念，没有辜负习近平总书记的殷切期望，在为人民创造巨大生态福祉的同时，也让全场职工走上了致富之路并带动了周边农民增收致富，真正实现了"生态美""百姓富"的有机统一。

时隔 6 个月，塞罕坝人的梦想如愿以偿。2021 年 8 月 23 日下午，习近平总书记把考察承德的首站放到塞罕坝机械林场，驱车登上海拔 1900 米的月亮山。习近平总书记与塞罕坝人如同老朋友再次重逢，看着眼前的百万亩茫茫林海，倾听林场二次创业的现实成就，赞誉塞罕坝机械林场做的事非常有示范意义，对全国生态文明建设具有激励作用和深远影响。塞罕坝精神是中国共产党精神谱系的组成部分，全党全国人民要发扬这种精神，把绿色经济和生态文明发展好。

塞罕坝机械林场的干部职工始终没有忘记习近平总书记对林场的关爱之情。2017 年 8 月 14 日，习近平总书记对河北塞罕坝林场建设者的感人事迹作出批示："55 年来，河北塞罕坝林场的建设者们听从党的召唤，在'黄沙遮天日，飞鸟无栖树'的荒漠沙地上艰苦奋斗、甘于奉献，创造了荒原变林海的人间奇迹，用实际行动诠释了'绿水青山就是金山银山'的理念，铸就了牢记使命、艰苦创业、绿色发展的塞罕坝精神。他们的事迹感人至深，是推进生态文明建设的一个生动范例。"

塞罕坝林场在极其恶劣的自然条件和生存环境下，以 60 年的艰苦奋斗，以超乎想象的意志力接续努力，建成了世界上集中连片面积最大的人工林，成为绿色发展的旗帜。塞罕坝人 60 年的奋斗历程，就是追求绿色发展的历程，就是促进人与自然和谐发展的历程，就是践行"绿水青山就是金山银山"理念的历程，走出了一条生态效益、经济效益、社会效益并重的绿色发展之路，是"用绿色发展引领乡村振兴"的成功典范。塞罕坝林场领导班子带领全场职工，2020 年以来以"六个再建功立业"为重点全面推进二次创业，在多个方面取得成效：林场书记光荣当选党的二十大代表，国家林草局党校塞罕坝分校在林场设立，第五处"全国林业英雄林"落户林场，塞罕坝被授予全国绿化先进集体、国家青少年自然教育绿色营地、第十批全国民族团结示范区示范单位、省产业工人队伍建设改革试点单位、全省禁种铲毒工作优秀组织单位等。林场作为一类事业单位，2022 年实现经济收入 2.1 亿元，完成森林抚育 12.5 万亩、造林 6704 亩，造林平均成活率达 99.4%。国家林业和草原局（以下简称国家林草局）一位领导评价说，这本身就是"塞罕坝精神"下的"二次创业新奇迹"！

一、绿化荒沙荒山是塞罕坝绿色发展的第一要务

塞罕坝当年的绿色发展建立在黄沙裸露的荒漠上。从建场到 20 世纪 80 年代中后期，塞罕坝的创业者们推进绿色发展的第一要务是大规模造林绿化，力争早日绿化荒原。

由于苗木缺口严重，从 1962 年起，林场从零开始自己育苗 91 亩，到 1965 年时，结束了外购苗木的历史。自从马蹄坑大会战机械造林成功后，为了加快造林进度，他们在造林季节上大胆试验，于 1965 年进行雨季造林获得成功。同年，进行秋季造林又获得成功。这凸显了塞罕坝建设者们推进绿色发展的不懈追求，也凸显了他们绿化祖国山河的责任和坚韧。正是这种坚定的意志和不懈的追求，让塞罕坝的干部职工坚持造林事业，并不断取得重要成就。

绿化荒漠、绿满荒山，为国家改善生态、提供木材，是塞罕坝人心中的梦想和美丽愿景。当初兴建塞罕坝林场，生产木材是一个重要任务。造林的重要目的之一是伐木取材，支援国家建设。当时塞罕坝的创业者们以朴素的生态意识，秉持着恢复绿色的理念，塞罕坝人在大面积造林任务基本完成时，又将目光投向了沙荒地的治理。

1975 年，塞罕坝机械林场在坝上西部的三道河口建立了分场。该场位于塞罕坝最西部，属于浑善达克沙地东南边缘的延伸地带，境内土壤贫瘠，沙丘林立，常年降雨偏少，气候干旱，造林难度很大。自建场之日起，塞罕坝人经过多年的实验和研究，逐步探索出适合这里气候和立地条件的治沙、造林办法，以生物措施和工程措施相结合，对这里的沙地进行了综合治理。经过几十年的治理，在造林条件十分恶劣的沙地和石质山坡上，成功育林 10 多万亩，森林覆盖率由 10.3% 增长到超过 70%。这片人工林海现在已经成为塞罕坝林场的唯一一个纯生态型林场，驻守在浑善达克沙地的最前沿，锁住了这条曾不断南移的沙龙，有效阻止了沙漠化的加剧，减少了沙尘暴的侵袭。

至今，塞罕坝成功营造了 115 万亩人工林，森林覆盖率由建场初期的 11.4% 提高到现在的 82%，林木蓄积量由 33 万立方米增加到 1036 万立方米。塞罕坝林场坚持绿色发展，他们建

绿色崛起（王龙　摄）

立三级林长体系，林场林长亲自研究、实地调研、带头巡林，全场三级林长巡林督导达
2000余次。积极协调沟通市、县相关部门，妥善解决阴河分场"八百亩"争议林地问题。
有序承接了森林公安转隶后林业行政执法工作，依法查处林业行政案件18起。林场加大
森林经营实现质效双增，2022年以来探索建设塞罕坝营造异龄混交林，现已完成混交林
营建3万多亩。新造林近万亩，平均成活率99.4%，高标准完成森林抚育20多万亩。测
算表明，现在每年可吸收二氧化碳86.03万吨，不仅当地生态状况明显改善，而且有效阻
滞了浑善达克沙地南侵，每年为滦河、辽河下游地区涵养水源、净化水质2.38亿立方米，
为京津地区构筑起一道坚实的绿色生态屏障。

二、围绕应用搞科研是塞罕坝解决绿色发展难题的金钥匙

塞罕坝机械林场始终紧跟林场建设搞科研。60年来，植树造林哪里有弱点，塞罕坝
林场就把科研攻关的难点聚向哪里，科学求实，贯穿于塞罕坝的历史，体现在塞罕坝的
方方面面。塞罕坝人从总结出"大胡子、矮胖子"的选苗标准开始，到目前，已完成育
苗、造林、营林、有害生物防治等9类60余项科研课题，累计投入科研经费500余万元。

让林业科研贴近塞罕坝的一线山林，是塞罕坝人解决绿色发展难题的金钥匙。林场
党委从领导做起，强化科研观念，让科技与思想贴近山林，做有思想的林业科研，出有
林业特色的思想。塞罕坝的每一届领导班子与林业科技工作者传承前辈先贤的作风，围
绕应用搞科研，把论文写在祖国大地上，以实现塞罕坝绿色发展的远大梦想。林场的各
级领导，踏踏实实率先做好林业科技这门功课，带头组织科研，亲自搞科研，注重把科
研优势转化为绿色发展优势。塞罕坝的林业科技工作者站在现代林业建设的历史节点上
清晰地认识到，林场的林业科技不是单纯的出论文，而是肩负着推进塞罕坝绿色发展和
维护京津生态安全的重任。

建场之初，林场的机械大多从苏联进口，但由于塞罕坝的地形不平坦，洋机械使用
不了。塞罕坝的科技人员针对弱点自我革新，在不断实践的基础上进行镇压滚交链式连
接、毛毡式卡簧植苗夹、自动浇水装置改造。他们结合踏实、苗木扶正等人工措施，解
决了机械造林所植苗木差、苗木周围培土不实、机械伤苗等问题，使高寒地区机械造林
成活率由最初不到10%提高到了95%以上。

针对难以进行机械造林的地域，林场开展规模化人工造林。变原来一年一次春季造
林为春、夏、秋三季造林。在造林过程中，他们发明创造了植苗锹、三锹半植苗法、苗
根蘸泥浆保水法3项技术，不仅大大提高了苗木成活率，还大大提高了劳动效率。这些
当年探索的新方法、新技术一直沿用至今，并推广到了围场、丰宁、张家口等地和华北
地区的部分省份造林项目，发挥了重要作用。

塞罕坝务林人针对丘间平坦地、阳坡沙丘、石质阳坡、坝下阳坡不同立地条件，结
合防冻、防风、幼抚、培育、栽植等措施，总结出了造林、保活管护十法。例如，独创

塞罕山水秀天下。林场倾力创建国家 AAAA 级景区，打造出了生态旅游的"金饭碗"（王龙 摄）

的"三锹半缝隙植苗法"在乱石堆里植树造林，与行业通用的"中心靠山植苗法"相比，造林功效高出一倍，成本却节省四成。

机械造林取得成功后，科学选择抗严寒、耐干旱、耐瘠薄的造林树种是摆在塞罕坝技术人员面前的一道难题。林场从红花尔基引进樟子松种子，根据其前期生长快的特点，采取早追肥，高生长期足水足肥并及时松土除草，高生长后期严格控制水分的补给、叶面喷磷、防止出现苗木二次高生长。针对樟子松幼苗对大风极为敏感的特点，采取在圃地大冻前采取埋土防风等措施，使塞罕坝的樟子松育苗技术臻于完善和成熟，走在了全国的前列。

在塞罕坝林场，把围绕解决实际问题搞科研作为推动绿色发展的第一生产力，想方设法激发人才的科研活力和创新热情，引导各类人才投身林场现代建设主战场，充分展现了科技人才的价值。林场党委鼓励创新，宽容失败，使各类人才都能够尽情发挥自己的聪明才智，最大限度地释放创新创造活力，培养出许多适应塞罕坝林业发展的科技人才。为使更多的林业职工投身林业科研，林场改革经费管理，为科研人员松绑，善待科研人员，使工作在第一线的科研人员，把主要时间和精力真正花在林业科研方面，努力做出创新性强的林业科研工作。林场在科研项目申请的组织过程中，坚持做到透明公正，杜绝从上而下由少数人参与的"暗箱作业"。公开科研项目，让所有有能力、符合条件的科研人员都能有足够的时间准备申请、平等竞争。对大的林业科技项目，林场建立了一整套科学的评审机制，避免走过场。

如今，林场党委加强林业科研工作，在科研经费管理办法上的大胆改革，既体现林业科研人员的重要性和自主权，又使有限的科研经费分配给重要科研课题和科研人员，好钢用在刀刃上，从而产出了更有效益的新成果。2022 年，《塞罕坝高寒脆弱区森林重建与质量提升关键技术集成与示范项目》获得省科学技术进步一等奖，出版《塞罕坝樟子松人工林经营技术》，申报立项承德市地方标准 2 项，转化应用科技成果 4 项，全年发表科技论文 100 篇，专著 20 部，申报专利 12 项；国家林草局牵头，联合中国科学院、中国林业科学研究院（以下简称林科院）等 15 家单位成立塞罕坝生态文明研究院，启动了由沈国舫院士牵头的新时期塞罕坝发展战略研究。在 2023 年的林业科技创新中，林场鼓励基层技术人员创新实干，依托塞罕坝生态文明研究院、产学研基地等平台，持续开展了高寒高海拔及沙化地区营造林技术、健康稳定优质高效森林生态系统培育、森林固碳能力提升、湿地生物多样性恢复等关键技术研究。林场推进智慧林场建设，为每棵树建立详细档案。

三、加快科技成果转化是塞罕坝绿色发展的重要途径

塞罕坝机械林场推进绿色发展，一条最直接、最重要、最有效的途径就是加大科技成果转化。塞罕坝自 1962 年至今林场造林成活率和保存率一直保持在 95% 和 92%，之所以取得这样明显的成效，最根本的原因之一，就是把现有的科技成果直接转化为现实生产力。

为搞好天然次生林和疏林地的抚育和改造，林场走出去学习外地林场的先进育林经验，然后在林场搞样板林，林场党委通过召开现场会的形式，使成功经验在全场得到及时有效推广和应用。生产实践中总结出间密留匀、伐除病腐木等抚育措施，有效地提高了残次天然林的林分质量，加速了林木生长，促进了林分状况的稳定发展。

塞罕坝林场在营林为主的阶段里，为适应林业生产发展的急需，林业科技人员将主攻方向转移到科学营林上来，如同抓育苗、造林一样重视科学营林工作。根据不同林龄、海拔和立地条件等因素，在全场建立固定标准地 354 组，依托河北林业专科学校（现为河北农业大学林学院）等单位开展了 11 项 19 个营林课题研究。通过及时科学的调查分析，先后编制出落叶松、樟子松一元立木材积表和经营密度表、落叶松立地指数表、落叶松胸径树高相关关系表等经营数表，为塞罕坝科学营林奠定了扎实的基础。1994 年 7 月林场与北京林业大学合作，完成了"华北落叶松人工林集约经营系统研究"课题，处于国内同类研究领先水平，在全场进行了推广应用。

在造林科研及推广中，塞罕坝务林人敢于"啃骨头"，在土壤贫瘠的石质山地和纯沙地造林，难度大，成本高，且抗旱保墒能力差。科研人员认真总结老一辈的成功经验，不断进行技术推广和创新。通过建立经营良种基地、科学培育苗木，保证了种苗质量；樟子松造林秋季埋土防风；在石质山地实行大苗带土坨移植造林；纯沙地实行沙棘带状沟植和黄柳分根压条造林；适宜地块实行十行造一行、一穴双株，雨季带土坨补植的备补苗方式；抗旱保墒能力低的地块实行大规格容器桶造林；调整林种、树种结构，营造白桦、落叶松、云杉等带状混交林。这些措施大大地提高了造林成效和平均保存率。

精准提升森林质量、调整树种结构、保持生态稳定，成为塞罕坝的新使命。林场改变了过去大面积皆伐做法，科学规划呈块状、带状小面积抚育经营，着力调整树种结构。同时对低质天然次生林和景区公路沿线部分落叶松人工林，实施天然次生林改培作业，

调整森林结构，增强林分稳定性，为未来发展打下基础。

一线科技人员注重科技创新和经验总结并在全场推广。坚持施工操作规范，使生产施工人员牢固树立"法律意识、责任意识、质量意识、效率意识"，多年来适时总结编制了《森林经营方案》《营造林施工技术细则》《营林生产调查设计细则》《林业生产百分制考核管 理办法》等，实现了经营工作制度化、规范化管理。

塞罕坝林场围绕建设任务的急需，把一线科研人员的科技成果转化为生产力，使林场林业经济结构调整和经济发展方式融为一体，形成了独具特色的"塞罕坝模式"。几十年的实践，塞罕坝创造了奇迹，彻底解决了高寒地区落叶松不能大面积种植、樟子松不能大面积成活和荒漠化不能大面积控制三个难题。2006 年以来，塞罕坝林场在提高自主创新能力、加快科技成果转化方面又开展了一系列探索实践，深化科技合作机制，主动深化与中国林科院、河北省林科院、河北农业大学等科研院校的科技合作。先后与国家林草局林草调查规划院合作启动了重点科研课题"半干旱地区华北落叶松人工林可持续经营技术应用开发与试验示范项目"，与河北农业大学合作实施了"坝上地区人工林大径级材培育"项目，与河北省林科院合作完成了"塞罕坝森林防火关键技术研究""华北落叶松种子园改良技术研究及世代种子园建设项目"课题，以河北科技师范学院园林园艺系为依托，完成了"河北坝上地区樟子松嫁接红松技术研究"并在林场应用推广。全场专业技术人员每年还在国家公开出版的学术杂志上发表科技论文近百篇，先后参加中国科学技术协会年会和中国林业科技年会，提交的《塞罕坝森林经营现状和可持续经营微观模式探讨》等论文获得一等奖。

塞罕坝林场通过加强科研、学术交流与合作，提高了塞罕坝林场的技术队伍素质，提高了科技支撑水平，促进了林场林业经济结构的优化升级。

四、科学经营森林是塞罕坝绿色发展的关键

回首塞罕坝林场的建设和发展，塞罕坝人科学把握森林生态建设规律，不断深化对人与自然关系的科学认识，在科学推进森林经营的建设实践中，逐渐探索出了一条创新之路，成为塞罕坝推进绿色发展的关键。

从 1983 年起，林场进入森林经营期，他们编制了《河北省塞罕坝机械林场森林经营方案（1983—1992）》，确定了"以育为主，育、护、造、改相结合，多种经营，综合利用"的经营方针。在经营方向上，林场坚持以用材林经营为主，兼顾防护效益。在培育目的上，林场从培育中小径级材转向培育中大径材为主，并区划好用材林、防风固沙林、水源涵养林、经济林等林种，制定相应的经营措施，林场的防护作用和生态效益、经济效益都得到了进一步的重视。

塞罕坝人经过多年的生产实践，逐步形成了一整套独具特色的森林经营体系。对人工林严格按照修枝、疏伐、主伐、更新的流程系统，科学地研究制定各项作业的起始年

美丽塞罕坝（王龙 摄）

限和作业强度，做到修枝方法因树种而定，抚育与中间利用并重，主伐与迹地更新结合，保障了森林资源的良性循环。对天然次生林采取综合经营措施，坚持抚育与改造并重，全面改善资源结构，实践中选优定株，及时除伐、清理病腐木，保持林内卫生环境，杜绝病虫害传染源。

塞罕坝人在营林上探索出了很多宝贵的经验。比如，通过多年比选试验，提出了科学的中度修枝方法，推算出了落叶松首次间伐起始林分以胸高断面积每公顷15平方米的指标，研究推广了华北落叶松人工林集约经营最优保留密度等科研成果。

在人工林经营中，为了培育优质、无节良材，通过科学的比较、筛选和试验，科研人员向林场提出了符合生产实际的中度修枝方法。即修枝高度控制在树高的1/3以内，平均高度为1.8~2米；修枝开始年限确定为17年。修枝的翌年进行第一次下层疏伐。在疏伐作业中严格执行森林经营技术规程，坚持去小留大、去弯留直、去劣留优、间密留匀的经营原则。在生产实践中又总结出了"三个加强（加强作业设计，加强施工管理，加强检查验收）""四个一律"（作业人员修枝一律用锯，间伐一律先挂号后伐树，平地间伐伐根一律为零，枝柴一律清出林外）和"五个不准"（不准跨年度作业，不准越界采伐，不准私设林道，不准超采蓄积，间伐不准留有死角）。对天然次生林，采取综合抚育措施，及时选优定株，去小留大，去弯留直，去劣留优，并随时清理病腐木。

经过多年探索，塞罕坝机械林场走出了森林经营的特色之路，成功地确立了修枝、抚育间伐、低产林改造为主的森林经营体系，探索出了大密度初植、多次中间抚育利用和主伐更新利用相结合的森林可持续经营道路。创造出造林、抚育定株、修枝、疏伐、主伐、更新造林等循环有序的森林培育作业流程，摸索出了一套落叶松中小径材培育、樟子松大径材培育、绿化苗木培育、人工林健康经营、天然次生林改造培育、森林公园景观休憩林改良等6种适合塞罕坝林分特点的森林经营模式，确保了森林经营工作措施有序、推进有力、抚育有绩，同时也为河北省商品林、公益林经营技术规程的修订提供了科学依据。

塞罕坝先后累计抚育经营面积达到300万亩，相当于把全部林子抚育了两遍，创造出了单位面积林木蓄积量分别达到全国人工林平均水平的2.76倍、全国森林平均水平的1.58倍和世界森林平均水平的1.23倍的好成绩，获得了可观的经济效益，弥补了事业单位经费的不足，促进了林场的可持续发展。

森林经营给塞罕坝带来了明显的经济效益和社会效益，使这片昔日的荒原变成了"华北的一块绿宝石"，塞罕坝的生态效益越来越显著，也坚定了塞罕坝人走绿色发展道路的决心。近两年来，林场把科学经营森林的重点放到精准提升森林质量上，力求培育健康稳定优质高效的森林生态系统。林场创新落实塞罕坝森林经营方案，探索推行直接营造混交林模式，完成16万亩中幼抚、近万亩工程造林、1万亩退化林修复工程。加大人工纯林改造力度，开展5+2+3阔叶树栽植试验，培育异龄复层混交林2.3万亩，加快形成树种多样、结构丰富、功能稳定的森林生态系统。各分场优中选优、精益求精，精心打造森林经营精品带（线）、样板地，每个分场打造1~2条森林经营精品带（线），30个营林区分别打造1~2块样板地，以点带线、以线带面，努力推动生产质量全面提升。林场依法依规高质量做好自然保护区人工林生态抚育试点工作，为全国自然保护区人工林抚育提供了可借鉴可复制的成功经验。

五、生态建设与保护并重是塞罕坝绿色发展的保障

为了实现绿色发展，塞罕坝把生态优先、保护优先作为基本方针，坚持向绿色要发展、向绿色要未来。在国家的重要生态区位上，塞罕坝人肩扛修复生态、保护生态的历史使命和政治责任，创造了高寒沙地生态建设史上的绿色奇迹。要想做"乘凉者"，首先要做"种树者"；要想做良好生态环境的受益者，首先要做良好生态环境的建设者、保护者。塞罕坝人之所以能够创造绿色传奇，就是因为他们想要绿色、相信绿色，始终坚信有了良好的生态才能有更好的发展，有了良好的生态才能有美好的未来。

进入21世纪以来，塞罕坝机械林场的绿色发展之路越走越顺畅，他们改革国有林场的传统经营模式，调整方向，将采伐仅作为林场收入的来源之一，严格自我控制林木采

伐量，不超过林场林木生长量的 20%。自我设限、自我加压，不仅没有限制塞罕坝机械林场的发展，反而促使他们在国有林场改革发展的潮流中，闯出了一条康庄大道。

党的十八大开启了生态文明建设的新时代，塞罕坝机械林场迎来了前所未有的历史机遇期。在 2013 年 2 月召开的京津冀协同发展座谈会上，习近平总书记对河北张承地区生态建设提出要求：加快建设京津冀水源涵养功能区。2014 年初，京津冀协同发展上升为国家战略。《京津冀协同发展规划纲要》将承德列为京津冀西北部生态涵养功能区。这也给塞罕坝注入了新的活力，塞罕坝人提出坚决不逾越生态红线，全力提高生态系统服务功能，保障京津冀生态安全。随后，塞罕坝机械林场制定了改革实施方案，提出到2020 年森林生态功能显著提升、管理体制全面创新等目标，将进一步明确定位、理顺体制、完善机制、保护生态、改善民生，促进林场可持续发展。

把百万亩林海管护好、经营好，发挥更大的生态效益，是摆在新时期塞罕坝人面前的最大考验。塞罕坝人自我加压，大幅压缩木材产量，2015 年，其他产业的收入已经超过木材产业，木材产业在总收入中的占比已下降到 43%。木材生产的持续减少，为森林资源的持续利用和林场的绿色发展奠定了基础。

林场在发展资源的同时，严格保护森林资源，深化场县、场乡、场场联防机制建设，保证了林区资源安全，森林防火的联防成果创造出了全省和全国的品牌。在塞罕坝机械林场，全场拥有望火楼 9 座、检查站 15 处、专业扑火队 7 支，从事防火工作人员 441 名，其中瞭望员 17 名、检查员 34 名、护林员 278 名、专业扑火队员 112 名。

林场在森林保护工作中推行、创新和完善《六落实百分制考核办法》《森林防火全员风险抵押金制度》等行之有效的制度和措施。加大宣传力度，落实"五增""五清"措施，严格管理火源，深入治理火险隐患。重点防范重点时期、重点地段、重点人员，深入开展护林防火宣传月和各类专项行动。经常深入基层检查、督导和暗访，以实战的标准完善应急预案，加强扑火队伍正规化建设。以实施"塞罕坝森林重点火险区综合治理工程项目"和争取"森林防火基础设施体系建设"等项目为平台，加强防火基础设施建设和装备先进适用的扑火设备，切实提高了防控水平，森林防火工作多次受到国家林草局以及省、市的表彰和奖励。2022 年以来，林场加大护林防火力度，实施全域全年全员防火，机关人员下沉达 1.36 万人次，112 名专业扑火队员带装巡护、靠前驻防，100 名内蒙古森林消防队员来场驻防，新架生态安全隔离网 155 千米，安装林火视频监控 10 个、卡口视频监控 30 个、语音监控杆 87 根，防火视频会议系统和林火视频监控系统覆盖全场 30 个营林区。

林场加强森林资源管护，2022 年完成 100 多个森林及草原督查、卫片执法、遥感疑似点位的核查、上报，全部销号归零。进一步优化自然保护地布局，自然保护区面积调整至 68.5 万亩。加大野生动植物监测和保护，布设红外相机 185 台，新建野生动物通道71 处，改建 131 处；圆满完成"自然保护区保护及监测设施建设项目""2022 年自然保

护区中央财政项目",保护区能力建设进一步提升。完成古树名木入库、建牌 7 种、1507 棵;出版了《塞罕坝林场野生动植物图鉴》。2023 年林场优化自然保护地布局,推进勘界立标、总体规划修编、生态保护修工作。配合、科学规划建设塞罕坝国家公园,切实筑牢京津生态安全屏障。

六、发展林业产业是塞罕坝绿色发展的根本途径

塞罕坝 60 年的不懈追求和奋斗取得了绿色发展的重大成果,塞罕坝不仅把荒沙荒山变成了绿水青山,而且把绿水青山真正变成了金山银山,为我国广大乡村特别是广大山区、沙区展示了一条绿色发展的创新之路、成功之路、振兴之路。

塞罕坝绿色发展取得的最重要成果,就是建成了绿水青山,获得巨大的生态价值。塞罕坝森林资源资产总价值已达 200 多亿元,投入产出比为 1:19.8。塞罕坝林场森林碳储量超过 800 万吨,塞罕坝森林的生态价值是木材价值的 39.5 倍,每年产生超百亿元的生态服务价值。塞罕坝的森林涵养净化了水源和空气,每年为滦河、辽河下游地区涵养水源、净化水质 1.4 亿立方米,每年吸收二氧化碳 74.7 万吨,释放氧气 54.5 万吨,释放萜烯类物质约 1.05 万吨。塞罕坝的森林每年产生氧气可供近 200 万人呼吸一年。森林中"空气维生素"负氧离子的含量,最高达每立方厘米 8.5 万个,是城市的 8~10 倍。

塞罕坝的绿色发展之路,首先是把荒沙荒山变成了绿水青山,又把绿水青山变成了金山银山,这些金山银山不仅体现在绿水青山带来的巨大生态价值上,而且体现在绿水青山创造的巨大经济价值上。塞罕坝绿色发展创造的巨大经济价值是以绿水青山为基础,但实现途径是发展林业产业,这是塞罕坝实现绿色发展最直接的体现,也是最根本的途径,这为今后塞罕坝的绿色发展展示了巨大潜力。实践证明,建立起发达的林业产业体

系，对于建立完备的生态体系，实现可持续发展至关重要。塞罕坝在推进绿色发展的过程中主要形成了五大支柱产业：

木材生产是塞罕坝绿色发展的第一个支柱产业。尽管在改革后的国有林场木材生产不再是第一位的任务，但塞罕坝机械林场这个全国最大的人工林林场已经形成了木材生产大产业。林场是华北地区最大的中小径级用材林基地，每年都可以向周边地区提供大量的中小径级木材。塞罕坝林木蓄积量已达 1100 万立方米，单位蓄积量高于我国和世界平均水平，塞罕坝林场木材产业一直紧跟时代和市场，不断摸索、实践、总结和创新，走出了一条以经营质量为基础、以市场需求为导向、以经济效益为中心的林木生产经营之路，取得了优异成绩。尽管从 2012 年开始，塞罕坝林场大幅压缩木材采伐量，每年的正常木材砍伐量从 15 万立方米缩减至 9.4 万立方米，每年产值仍达 1 亿元以上。森林及其木材都是绿色产品，没有森林的可持续发展，就没有经济社会的可持续发展。森林可以为人类提供生态产品和物质产品服务，只要合理采伐利用，采伐量控制在生长量以内，就可以实现越采越多、越采越好、永续利用。塞罕坝的森林采伐量仅为生长量的 20%，早已实现了越采越多、越采越好的目标，并为实现森林资源永续利用展示了美好前景。

生态旅游是塞罕坝绿色发展的第二个支柱产业。1993 年 5 月，塞罕坝国家森林公园经原林业部批准建立，1999 年接待游客近 100 万人次，森林旅游业直接收入 1000 余万元。近几年来，《中共中央　国务院关于加快推进生态文明建设的意见》明确提出大力发展森林旅游等绿色产业后，塞罕坝累计筹集 1.7 亿元，修通核心区旅游环路，打造七星湖等

绿化苗木基地

15 个高品位生态旅游文化景区，成为全国著名的生态旅游目的地之一。2020 年，塞罕坝国家森林公园与四川九寨沟、湖北神农架等国内顶级生态旅游区一起，获得首批"中国生态旅游十大示范景区"称号。目前，塞罕坝年游客量已超过 50 万人次，并以年均 30%的幅度递增。以前塞罕坝机械林场伐木收入占总收入的 90% 以上，现在不算"吃、住、行、购、娱"配套产业，每年仅门票收入就超过 4000 万元，每年可实现社会总收入 6 亿多元。塞罕坝的这片绿水青山已经成为真正的金山银山。

花卉苗木产业是塞罕坝绿色发展的第三个支柱产业。1962—1982 年的 20 年间，塞罕坝人在这片沙地荒原上共计植树 3.2 亿余株。近年来，各地生态建设力度空前加大，绿化苗木需求大增。塞罕坝林场建设的 8 万多亩绿化苗木基地迎来了商机，他们培育了云杉、樟子松、油松、落叶松等优质绿化苗木，1800 余万株多品种、多规格的苗木，成为塞罕坝的"聚宝盆"，每年收入 2000 万元左右。特别是在林场的带动下，周边地区的绿化苗木产业也迅速发展起来，已建苗木基地 1000 余家 4400 多亩，苗木总价值达 7 亿多元。塞罕坝在大力培育商品苗木的同时，还积极外出承揽绿化工程，年收入达到 3000 多万元。塞罕坝林场及周边地区园林苗木业异军突起，发展强劲，成为林区职工和农民发家致富奔小康的新亮点。

森林碳汇是塞罕坝绿色发展的第四个支柱产业。塞罕坝是我国应对气候变化的先行者、实践者，也是受益者。据中国林业科学研究院评估，塞罕坝的森林生态系统每年固碳 74.7 万吨，释放氧气 54.5 万吨。自 2015 年启动首批造林碳汇和森林经营碳汇项目以来，塞罕坝林场的碳汇产业已迈出坚实一步，塞罕坝的生态产品也正式实现了市场化。2016 年 8 月塞罕坝林场首批造林碳汇项目 18.28 万吨获得国家发展改革委签发，总减排量为 475 万吨二氧化碳当量，成为迄今为止全国签发碳汇量最大的林业碳汇自愿减排项目。2017 上半年塞罕坝林场在北京环境交易所开户，开始进行林业碳汇交易。据了解，按照碳汇交易市场行情和价格走势，塞罕坝林场首批造林碳汇和森林经营碳汇项目全部完成交易后，将给塞罕坝林场带来上亿元的收入。此次碳汇交易的达成，标志着塞罕坝林场碳汇产业迈出实质性一步，也意味着塞罕坝林业生态产品真正实现了市场化，实现了森林生态效益和经济效益双赢。此举也有力诠释了"绿水青山就是金山银山"的理念，对推动国有林场绿色转型发展、建立生态融资新机制、推进生态服务市场化具有里程碑意义。

清洁能源是塞罕坝绿色发展的第五个支柱产业。蓝天白云下，一座座白色的巨大风机矗立山头，叶片随风转动，带来清洁能源，同时成为一道悦目风景。2012 年 3 月，塞罕坝风电场已成为全国首个百万千瓦级风电基地。目前，塞罕坝风电场每年向东北地区和冀北地区输入超过 30 亿千瓦时的电量，为内蒙古、黑龙江、吉林、辽宁、河北等五省份的经济发展注入了鲜活的血液。最近五年，林场利用边界地带、石质荒山和防火阻隔带等无法造林的空地，与风电公司联手，建设风电项目。可观的风电补偿费反哺生态建设，为林场发展注入了新的活力。

塞罕坝林场绿色发展的五大支柱产业越来越稳健，2022 年实施的"天然次生林森林固碳生态产品项目"，核定固碳量 225.1 万吨，出售 10.3 万吨，实现收入 608 万元，被国家林草局确定为国有林场森林碳汇试点。探索开展林下参等中草药试验研究，种植林下参 5000 余株，取得良好效果。在国家林草局大力支持下，编制的全国国有林场首份社会责任报告——《塞罕坝机械林场社会责任报告》，充分展示林场在经济、社会和生态等方面的贡献与责任。近两年来，林场落地建设塞罕坝机械林场生态文明示范区、生产生活保障等 27 个项目和"二次创业"八大工程。2023 年林场强化产销管理，树立造材为销售服务的理念，严格库区管理，实施 100% 公开竞价销售，用智慧化手段全程管控，确保货款安全回收，有效提高了木材产品的经济效益。

绿色发展是塞罕坝的不懈追求。60 年来，塞罕坝人为高寒荒原铺满了绿色，印证了"保护生态环境功在当代、利在千秋"的论断，生动诠释了"绿水青山就是金山银山"理念。塞罕坝林场是推进生态文明建设的生动范例，塞罕坝之路，是播种绿色之路，也是捍卫绿色之路，更是以绿色发展理念为引领的通往未来之路。塞罕坝是中国乃至世界实现绿色发展的生动典范。2017 年 12 月 5 日，塞罕坝林场建设者荣获联合国环保最高奖项"地球卫士奖"。这是联合国和世界对中国绿色发展理念、中国生态文明建设和塞罕坝精神的高度肯定。这个范例启示我们，只有掌握科学理念才能把握正确方向。塞罕坝精神和二次创业的塞罕坝人告诉我们，要认真贯彻习近平生态文明思想，把尊重自然、顺应自然、保护自然的理念内化于心、外化于行，把生态文明建设融入经济社会发展各方面、全过程，尽快补齐生态环境短板，走出一条生态良好、生产发展、生活富裕的绿色发展之路。

第二节 中国绿化基金会：倾力打造现代林业 建设发展的宽广舞台

中国共产党历来重视植树造林和生态文明建设。新中国成立初期，毛泽东同志发出"绿化祖国""要使祖国到处都很美丽"的号召；改革开放后，邓小平同志发出"植树造林，绿化祖国，造福后代"的号召，强调"坚持一百年，坚持一千年，要一代一代永远干下去"；以江泽民同志为核心的党的第三代领导集体提出再造秀美山川的西部，推动可持续发展战略成为指导我国经济社会发展的重大战略；胡锦涛同志提出了坚持以人为本，全面协调可持续的科学发展观；党的十八大报告中，将生态文明建设纳入"五位一体"总体布局。

2015 年 10 月，习近平总书记在党的十八届五中全会上提出了创新、协调、绿色、开放、共享的新发展理念，首次把"绿色"纳入新发展理念，将绿色发展作为关系我国发展全局的一个重要理念。2017 年 10 月党的十九大报告再次强调了绿色发展理念在经济社会发展中的重要作用，将"贯彻新发展理念，建设现代化经济体系"作为习近平新时代中国特色社会主义思想的重要部分。习近平总书记指出："要从根本上解决生态环境问题，必须贯彻绿色发展精神，坚决摒弃损害甚至破坏生态环境的增长模式，加快形成节约资源和保护环境的空间格局、产业结构生产方式、生活方式，把经济活动、人的行为限制在自然资源和生态环境能够承受的限度内，给自然生态留下休养生息的时间和空间。"

今天中国孜孜探索的是一条尊重自然、顺应自然、保护自然的生态文明新路，是一场以绿色发展为先导的发展观的深刻革命。中国林草部门为积极推进绿色发展，不断地实施深化改革和建设，打造出了服务社会促进中国绿色经济稳步增长的"助推器"。中国绿化基金会创建 38 年来，紧紧跟上国家林草局建设现代林草的步伐，以广泛宣传、募集资金等形式，动员全社会支持参与林草生态建设。

38 年来，中国绿化基金会充分认识到加快发展现代林草是我国现代化建设的一个重要组成部分，认真总结实践经验，担负起时代赋予中国绿化基金会光荣而艰巨的重大使命，更加广泛地动员全社会大力支持、共同参与，把公益事业做得更大更强，给林业生态建设提供载体，为生态文明建设贡献力量，全力打造促进现代林草业加快发展的宽广舞台。

一、顺势而为，坚定前行，中国绿化基金会一路走来

中国绿化基金会成立 38 年来，始终把扩大募集资金规模和提高社会参与程度作为衡量绿化基金会工作成效的两个重要指标，在生态建设和林草发展中发挥着筹集民间绿化资金的主渠道作用；在宣传发动全社会参与生态建设和环境保护中发挥着重要的桥梁作用；在国际民间绿化交流与合作中发挥着积极的对外友好交往的纽带作用，已经步入了成熟稳健发展的重要时期和有位有为的历史阶段，被民政部评为"4A 级"基金会。

受到党和政府的高度重视

中国绿化基金会是根据中共中央、国务院 1984 年 3 月 1 日《关于深入扎实地开展绿化祖国运动的指示》中作出"为了满足国内外关心我国绿化事业，愿意提供捐赠的人士的意愿，成立中国绿化基金会"的决定，由乌兰夫等国家领导人支持，联合社会各界共同发起，经国务院批准，于 1985 年 9 月 27 日成立；属于全国性公募基金会，在民政部登记注册，接受国家林草局、民政部的业务指导和监督管理。

前四届理事会由乌兰夫、万里等党和国家领导人分别担任名誉主席和主席。第五届和第六届理事会由原中共中央政治局常委、中国人民政治协商会议全国委员会（以下简称政协）主席贾庆林担任名誉主席，原国家林业局局长王志宝担任主席。

中国绿化基金会造林项目遍布全国各地

　　贾庆林赞誉：中国绿化基金会是我国绿化领域的一个重要社会团体，是动员全社会参与绿化事业的一支重要力量。鼓励绿化基金会要协助政府部门贯彻落实好林业发展的方针政策，不断推动绿化事业的发展，为绿化祖国、再造秀美山川，为让人民群众喝上放心的水、呼吸上清洁的空气、吃上放心的食物，为建设资源节约型、环境友好型社会作出新的贡献。

　　2006年，在党和政府的关怀帮助及在国家林业局、财政部、国家税务总局等有关部门的大力支持下，把五届理事会以前基金会仅享有捐赠者"准予在年度应纳税所得额3%以内扣除"的政策，调整为基金会享有捐赠者"准予在缴纳企业所得税和个人所得税前全额扣除"的优惠政策，充分调动了捐赠者的积极性，为绿化基金会开展社会募捐公益活动创造了有利的政策环境。

形成独特有效的运行模式

　　中国绿化基金会成立38年来，面对我国林草改革发展新机遇，国土绿化工作面临的新形势，以全局眼光和战略思维来认识林草事业，始终努力践行推进国土绿化、维护生态平衡、建设生态文明，促进人与自然和谐发展的宗旨；继承传统、积极而为、乘势而上、创新发展的工作思路；担当着广泛募集社会公益资金，加快造林绿化步伐，推进现代林草事业发展、建设生态文明的时代重任。

实施服务于发展现代林业、建设生态文明、推动科学发展大局的举措。在依法接受国内外自然人、法人或其他组织的绿化捐赠和政府资助；满足捐赠者意愿，组织实施绿化公益项目，开展绿化公益活动；组织开展大型公益劝募活动，拓宽募捐渠道，募集绿化资金；开展区域、行业绿化合作，设立地方、行业、企业或个人绿化公益事业专项基金；开展公众绿化意识教育宣传活动，弘扬生态文明，繁荣生态文化；资助林草事业和生态领域科学研究、技术推广和人才培养，促进科技进步与技术交流；开展国际绿化交流与合作，拓展国际合作领域，争取国际社会捐赠和资助；依照国家法律和政策规定，开展绿化基金相关的投资活动，促进绿化基金保值增值等项工作上形成了科学的运行方式。

创建内外多边的合作机制

中国绿化基金会不断加人与地方政府、行业、部门的合作力度。探索推进会省合作机制，本着"谁募资、谁使用、谁受益"的原则，建立"政府引导、基金会搭台、企业捐款、部门（林草业）造林"的高效运作机制，充分发挥地方政府组织动员社会力量的强大优势，集中力量，筹大资金，办大项目。相继与各地方政府合作设立了"绿色大连基金""绿色宝安基金""绿化长江"和"生态怀柔"等多个地方专项基金，其中"绿色大连基金"和"绿色宝安基金"募资情况喜人，分别募集资金1.02亿元和9000多万元，成为会省（市）合作模式的典范。

着力创新与大部门合作机制，广泛调动行业和企业参与国土绿化、生态建设公益事业的积极性。先后与原环境保护部环境认证中心合作设立"碳中和基金"，推进企业节能减排，营造碳汇林；与中国矿业联合会合作设立了"绿色矿山专项基金"，用于我国矿山企业矿业用地植被恢复、矿区绿化事业及矿区生态文明建设等公益事业；与国家烟草专卖局合作设立了"金叶生态基金"，支持生态建设和生态文明公益项目。

建立国际合作交流机制，加强与联合国开发计划署、环境规划署等国际机构的多边合作，申请并实施了全球环境基金小额赠款项目；和英国气候组织合作开展"百万森林"项目。先后与日中友协、奥伊斯加组织、日本绿化沙漠协会等日方团体展开双边合作，连续十年共同申请"日中绿化交流基金"，在北京、重庆、广东等9个省份实施了12个小渊基金项目，共募集资金2000多万元。积极与在华外资机构、外资企业、合资企业合作，开展在华外国机构企业社会责任造林项目，吸引了在华外国机构企业的积极参与，每年募集资金 300 多万元，将绿色撒满全国，撒向世界。

截至 2022 年年底，募集社会捐赠的绿化基金近 30 亿元，营造国际友谊林等近 300 处，实施各类生态公益大项目 500 多个，涉及荒漠化防治、水土保持、水源涵养、生态扶贫、城市绿化、青少年绿化教育、国际合作项目等各个领域及全国众多地区。

把握有利发展的良好机遇

随着国家经济建设和社会事业的迅速发展，广大民众对良好生态的需求日趋紧迫，大力发展林草事业，建设生态文明成为当今中国社会的一项重要任务，中国绿化基金会认清形势、准确把握这难得发展机遇。

从社会方面来看，绿化基金会充分利用了人们保护自然生态，改善生态环境的要求越来越迫切；社会财富积累逐步增加，人们生态意识也逐步提高；地方各级政府高度重视国土绿化，并作为正确政绩观的衡量标准；企业实力不断壮大，建设生态文明的社会责任感增强；植树绿化成为人们增进健康、休闲养性的一种重要活动，为实现人与自然和谐共生提供有利外部条件，大力助推林业加快发展，改善生存环境，提升了经济社会发展的生态承载能力。

从公益慈善行业发展来看，绿化基金会有力把握了国际上富人将资产捐给公益慈善事业越来越浓厚的氛围，在国内随着国力的增强和企业家财富的集聚，人民生活水平的提高，全社会公益慈善意识也在大幅提升，加速推动了中国公益慈善事业发展的进程，全社会对灾害救助、弱势群体关爱、造林绿化事业发展等公益慈善行动的关注和参与力度进一步加大，并逐渐形成全民参与的良好氛围，人人可公益、人人可慈善的风尚正在悄然兴起的大好时机，全力引领中国绿化公益事业的发展。

从绿化基金会自身的成长经历看，大家十分珍视成立早、起步快、发展好的壮大经历；募集社会公益资金，支持绿化和生态建设取得了显著成绩；资金募集、项目实施、品牌培育、国际合作等方面积累的经验。特别是自第五届至第七届理事会的工作期间，中国绿化基金会体现出了抢抓机遇的能力，共争取到国内外 3000 多家企业、机构和 40 多万名公众捐赠公益绿化资金，资金募集累计 28 亿元，是 2005 年以前 20 年募集资金总量的近 69 倍。近三届理事会共支出绿化项目款 25 亿多元，在 20 多个省份实施了 200 多个绿化项目。

绿化基金会几十年的实践活动，是在不断地抢抓机遇中生存和发展，不仅探索建立了持续稳定的公募资金捐赠渠道和充满活力的公募基金捐款机制，而且培育了示范性强、规模效益好的绿化公益品牌，引领了全社会对绿化公益事业的大发展。

敢于应对面临的严峻挑战

我国造林绿化事业虽然取得了巨大成就，但与经济社会可持续发展和建设生态文明的要求相比还存在较大距离，中国绿化基金会敢于面对这样的形势，应对各种严峻挑战。

从实现两个"增加"的目标看，2009 年，绿化基金会深刻学习领会党和国家提出要大力增加森林资源，增加森林碳汇，争取到 2020 年我国森林面积比 2005 年增加 4000 万公顷，森林蓄积量比 2005 年增加 13 亿立方米的奋斗目标。认为它是林业部门的重大政治任务，也是绿化基金会的历史责任。要实现两个增加，就要进一步解决好造林绿化资金不足，需要全社会支持；造林绿化是公益性事业，需要全民人人参与的问题，化解我国生态改善相对缓慢与经济社会高速发展的不协调的矛盾。

从公益慈善市场竞争形势看，随着政府行政职能的转变和社会多样化的发展，基金会作为特殊的非营利组织，在国家和社会治理中承担着社会财富的第三次分配，在消除社会不平等、缓解社会矛盾、推进公益事业发展等方面发挥着独特作用，影响并促进我国的改革和发展进程。当前，值得注意的是，一方面随着我国经济社会发展，基金会发展很快，目前全国共有基金会 10200 个，有限的社会捐赠资源由如此众多的基金会竞争，资金争取的难度越来越大；另一方面，我国近几年非公募基金会发展很快，年均增幅超过 50%，远高于公募基金会的增幅，尤其是企业纷纷成立非公募专属基金会，分流了捐款资源，也增加了公募基金会劝募的难度，中国绿化基金会发展壮大的空间难拓展。在当前公益慈善市场的激烈竞争中，中国绿化基金会秉承为国造林为民谋福的理念，立于时代潮头。

从国家生态建设现状看，党的十八大以来，我国国土绿化工作取得明显成效。截至 2021 年，全国森林覆盖率达到 24.02%，森林蓄积量达到 194.93 亿立方米，森林面积和森林蓄积量连续保持"双增长"；完成种草改良 6.11 亿亩，草原综合植被盖度达到 50.32%，草原持续退化趋势得到初步遏制；完成防沙治沙 3 亿亩，土地沙化程度和风沙危害持续减轻，生态系统质量和稳定性不断提高，全社会生态意识明显增强。但"我国总体上仍然是一个缺林少绿、生态脆弱的国家，植树造林，改善生态，任重而道远"。中国绿化基金会深刻认识国情，面对当前社会生态公益意识不强，领导认识重视不到位；社会竞争激烈，社团林立发展快，劝募难度大；与企业融合不够，基金规模小；募资机制不活，阻碍基金发展；组织人员少，工作力度不大；基金保值增值不够，基金仅存在银行和购买国债等诸多困难和挑战，紧紧围绕"着力提高森林质量"这一要求，尽力缩小我国与发达国家存在的生态差距，缓解生态问题制约我国可持续发展的矛盾。

二、创新思路，找准抓手，绿化募资的规模一路拓展

经过几十年坚持不懈的努力，全国的绿化工作取得了巨大成就，生态建设已经从"治理小于破坏阶段"进入"治理与破坏相持阶段"，生态状况正在向好的方向发展。

在此期间，中国绿化基金会把工作自觉融入国家重大的经济社会发展战略中，融入国家林业发展的总体布局中，融入社会关注的生态焦点问题中，按照国家"全面实施以生态建设为主的林业发展战略，正确处理兴林与富民、改革与发展、生态与产业、保护与利用的关系，加快转变林业发展方式，着力维护生态安全，着力发展绿色产业，着力

保障木材供给，着力创新体制机制，着力强化科技支撑，进一步提升林业多种功能和生态产品、林产品供给能力，为建设生态文明、推动科学发展、扩大国内需求、促进绿色增长作出新的更大贡献"的总体思路，找准抓手，创造创新，加快发展，提高声誉。

以"围绕一个中心、构建两个机制、打造两大平台、做大做强专项品牌"的鲜明指导思想引领绿化基金工作

"围绕一个中心"，是中国绿化基金会始终坚持以扩大募资规模，促进服务现代林业发展为中心。"构建两个机制"，是中国绿化基金会构建了基金会与省（直辖市）合作机制和基金会与行业（部门）合作机制。"打造两大平台"，一是中国绿化基金会针对互联网对社会公众的强大影响力和公众参与的便捷性，组织科研力量，创新研发出"保护自然"网群系统，通过"保护自然""网护森林""网爱生灵""网救湿地""网治沙漠""网生文明""网络植树"等独立网站，分别针对森林生态系统、湿地生态系统、荒漠化生态系统、生物多样性和生态文明、全民绿化等内容，构建了互联互通的强大网络募资平台，为借助网络的力量努力实践全社会办林业，做出了积极有效的创新尝试；二是，2009 年，携手国家三大通信运营公司开设了 10699969 手机短信捐款平台，组织开展了"绿色公民行动——带你走进阿拉善""绿色公民行动——带你走进苹果公司""绿色公民行动——带你走进成都循博会"等多个活动，吸引了社会公众的广泛参与和广大企业团体的加入。

"做大做强专项品牌"，是中国绿化基金会重点打造的"西部绿化行动""全球十亿绿树运动——中国在行动""百万森林""中国网络植树节""中国绿色碳基金""华夏绿洲助学行动"等一系列重大品牌项目，并不断向社会各界宣传推广，取得了良好的示范带动作用和影响力。重点介绍 7 个品牌项目建设情况如下。

参与"全球十亿绿树运动"。2006 年，联合国环境规划署倡导开展造林植树，造福人类"全球十亿绿树运动"。我国充分肯定这一行动，并承诺将积极参与。绿化基金会认真贯彻承诺，发起"全球十亿绿树运动——中国在行动"大型公益活动，制定了周密的行动计划，大力推进公民参与植树绿化。参与国际行动，为树立负责任大国形象贡献了力量。

启动"百万森林"项目。2009 年 8 月，中国绿化基金会联合气候组织、联合国环境规划署共同发起"百万森林"项目，通过推广低碳生活方式，并结合企业的慈善资助，在西北荒漠化地区，营造沙漠锁边生态示范工程，筑牢北方生态屏障。在基金会连续 13 年的努力下，扩展为社会意义广大的"百万森林计划"，小额捐赠额年年增长，造林面积接近 3 万亩。基金会于 2019 年组织编制了为期十年的"五个百万"行动计划，在腾格里沙漠营造锁边生态林 1.63 万亩。"百万森林"项目动员全社会力量广泛参与，以明星粉丝团为例，自 2016 年至今，已有超过 1000 个明星粉丝团参与建设，累积捐赠超过了 1000

万元。2021年5月16日，中国绿化基金会在苏州举行了"百万森林计划"生态公益城市活动第二站，相继在无锡、昆明、厦门等地开展了不同主题的活动，带动了公益伙伴爱护赖以生存的地球家园。

实施"西部绿化行动"。为配合实施西部大开发战略，绿化基金会以西部水土流失治理、荒漠化治理、生态扶贫为切入点，制定了"西部绿化行动"方案。50多家媒体对活动进行了相关报道，产生了积极的社会影响。在西部绿化行动品牌推动下，从刘家峡库区开始，已在西部地区实施了几十个生态公益项目，加强了西部地区生态建设。

创办"中国网络植树节"。2009年，针对中国网民已突破4亿的现状，绿化基金会推出了"中国网络植树节"大型在线公益植树活动，用新思维、新理念开启网络时代全民义务植树运动的新模式，倡导社会公众通过网络参与造林绿化和生态建设。自2009年3月启动首届"中国网络植树节"以来，先后得到联合国环境规划署、中国人口福利基金会、东南卫视、腾讯公益慈善基金会等机构的大力支持。2012年3月12日，基金会开通"e-tree网络植树"公益网英文版，拓展了更为宽广、便捷、公开、透明、无国别和无边界的参与平台，让全球公民就地上网，以小额持续捐赠的方式，参与网上植树。截至2022年10月底，已动员数千万社会公众参与网络捐赠和网络植树活动，已募集资金8000多万元，其中大部分都是由网民5元、10元的小额捐赠持续累积形成的，提高了公众的生态意识，推动了国土绿化进程。

成立中国绿色碳基金。应对全球气候变化，绿化基金会把增加森林的碳汇功能作为一项重要任务，赋予了森林特殊的生态功能，也赋予了植树造林极其强劲的社会增长点。早在2006年就面向全社会推出了中国绿色碳基金的公益品牌，深知森林碳汇的重要性。2007年，绿化基金会联合国家林业局、中国石油天然气集团公司共同发起，设立了中国绿色碳基金。

开展"华夏绿洲助学行动"。自2006年起，由绿化基金会联合澳门中华教育会共同发起了"华夏绿洲助学行动"，旨在发动北京、澳门等发达城市的大中小学生，继承发扬中华民族助人为乐的优良传统，关注国土绿化和生态改善，为中国西部8省份沙漠、干旱地区贫困少年儿童捐钱捐书助学。到2022年10月，参加这项公益活动的学校师生、企事业单位及社会各界人士累计就有200多万人，筹集善款1000多万元、书籍50多万册，捐献电脑500余台。资助了10多个省份的30多个县共5000多名贫困学生，这项活动产生了良好的社会反响，并逐年扩展范围，增强了青少年生态文明意识。

"绿色上海"专项基金。2015年，由中国绿化基金会与上海市绿化委员会联合设立。这一项目是顺应上海绿化建设的需求，由上海方面确立项目、进行宣传发动、募集资金、提出资金使用计划、监管资金使用，中国绿化基金会提供网络、账户等平台，共同监管资金使用。重点用于群众性立体绿化示范、社会绿化科普、市民绿化节、垃圾分类推广、

群山茫茫

植树造林等生态保护项目。基金日常管理在上海市设立专项基金领导小组，由市政府分管领导出任组长，同时成立专项基金监管委员会。2019年7月26日，在中国绿化基金会第七届理事会第六次全体（扩大）会议上，上海市绿委办公室以"凝聚社会公益力量，绿色上海共建共享"为题介绍经验。

围绕社会关注的、国人感兴趣的、企业能承受的、便利公众参与的领域展开工作

——打造生态中国，营建绿色家园

2009年4月3日，为向社会广泛宣传绿化公益事业，积极倡导生态文明理念，中国绿化基金会联合全国绿化委员会、国家林业局共同举办了以"同种一棵绿树，共建生态中国"为主题的"生态中国"颁奖晚会，并在此基础上相继启动了"生态大讲堂""生态访谈""生态中国体验行"等系列公益活动。

中国绿化基金会策划以"同种一棵绿树，共建生态中国"为主题的公益广告宣传，在中央电视台和地方电视台的近60个频道，先后制作播出了倡导节能减排应对气候变暖的《黑气球篇》、宣传林业在生态文明建设中主体地位的《呼吸篇》、普及森林涵养水资源知识的《幼儿园老师篇》、弘扬生态理念的《艺术篇》和《责任篇》，实现了长时间的连续展播。长时间、大范围的通过电视媒体，以公益广告的形式，向社会宣传林业在国家经济社会发展中的重要地位和作用，已成为中国公益广告的一个知名品牌。推出生态公益歌曲《生生不息》《因为有你》，获得了公众喜爱。

——应对气候变化，发展碳汇林业

向全社会大力宣传倡导碳汇造林、低碳生活、森林碳中和等公益理念，借助地方政府的力量，发动各地方企业和地方民众积极捐资营造碳汇森林。设立有面向煤炭企业矿区植被恢复的山西碳基会专项，面向机关、企事业单位倡导低碳生活的北京碳基会专项等。组织在中西部10省份建设10个碳汇森林示范基地，快速扩展碳汇造林的区域规模，壮大了"中国绿色碳基金"。2010年6月27日上午，中国绿色碳基金鄞州专项成立典礼在鄞州区举行，在区政府倡导下，包括黄金宝的宁波三生日用品有限公司在内，61家企业单位为林业碳汇事业捐款，共募集资金4870多万元。

——植树造林绿化，丰富森林资源

2010年10月，由全国绿化委员会、国家林业局、重庆市委市政府、中国绿化基金会联合发起"绿化长江 重庆行动"，成立了"中国绿化基金会重庆长江专项基金"。分别在北京和重庆两地动员社会各界及公众为长江绿化献力，累计认捐21亿多元。重庆珍惜这笔资金，力争用3~5年的时间，实现长江两岸和三峡库区绿化全覆盖，改变长江水土流失严重，库区生态环境脆弱的局面，让"一江碧水、两岸青山"的优美画卷早日呈现全国人民面前。

全国各省份纷纷与中国绿化基金会合作，广西、大连、宝安、宁夏、内蒙古等多个省份和地方专项基金已经设立。绿化基金会联合大连市政府成立绿色大连基金，累计募集资金 1.02 亿元，用于大连市林业工程建设，全面提升城市林业生态标准，实现了"山清水秀、绿树成荫、生态优良、蓝天白云"的愿景，使大连市获得了"生态中国城市奖"，赢得了第 8 届中国城市森林论坛的主办权。

2011 年 8 月 12 日，深圳市举办世界大学生运动会，宝安区委、区政府提出"多种树、种大树、种好树"，中国绿化基金会全力支持，与宝安区政府联合成立了绿色宝安基金专项。绿色宝安基金成立当天，富士康、创维集团等 175 家驻区企业和 21000 多名人民群众认捐金额超过 9100 万元。宝安区利用这个基金绿化了 552.57 平方千米的城区，使绿地总面积达 24245 公顷，绿化覆盖率为 46.27%，人均公共绿地面积为 12.28 平方米。

——实施综合治理，改善生态环境

2009 年 10 月 24 日，由气候组织、中国绿化基金会、联合国环境规划署共同发起的百万森林项目在兰州马营镇举行"第一批百万沙棘落地仪式"。参加仪式的官员和代表现场在当地海拔 2000 多米的荒山上种植下沙棘树，并向当地村主任及村民代表捐赠树苗。百万沙棘树的落地不仅为西部荒漠地区增加植被改善生态环境，也为当地居民增加经济收入。百万森林项目第一批 2500 户贫困受益家庭，把 100 万棵沙棘树逐一落地。通过百万森林项目每个贫困农户家庭获赠 5 亩沙棘树苗，自 2015 年起，每年增加 3000 元左右的收入。

2009 年，绿化基金会与中国人口福利基金会开展跨领域合作，举行联合劝募活动，共同在甘肃省定西市试点，开展"幸福家园——西部绿化行动"生态扶贫公益项目，旨在动员海内外社会力量，援助中国西部生态脆弱地区的贫困人口种植生态经济林，促进可持续发展。"幸福家园"项目运行很好，援助甘肃省定西市通渭县 10600 户贫困家庭，种植 53000 亩大果沙棘。为当地 10 万多农户提供了技术培训，帮助农民脱贫致富。

在环洞庭湖和沿湖流域，开展江豚及水生生物科普巡回宣传和湿地使者行动，提高社会对被誉为"水中大熊猫"和"长江河神"的江豚及水生生物保护意识，维护生物多样性。

中国绿化基金会与盈彬大自然木业有限公司深入开展中国绿色之旅公益活动；与中国木材流通协会合作，实施"取于自然还于自然"造林项目；持续推进 ABB（中国）有限公司内蒙古毛乌素沙地治理项目；扎实开展八达岭、金山岭植树基地建设，组织携程旅行网等 20 多家企业参与植树活动。

——发展绿色能源，促进持续发展

为满足捐赠者的不同意愿，不断扩大筹资规模，中国绿化基金会和不同的行业、领域加强合作，建立了百余个合作项目，构筑稳定的募集资金渠道。开展南水北调绿化林、新农村示范林、华夏绿洲生态园等绿化项目，为致力于绿化公益事业的企业、单位提供更广阔、更灵活的绿化公益平台。支持实施了河南南乐生态林、河北迁西碳汇林、甘肃通渭生态扶贫林以及青少年低碳大赛等绿色项目；与中国治沙学会共同设立"荒漠化防治专项基金";与中国林学会桉树专业委员会共同设立"祁树雄桉树基金",开展了全国桉树论坛暨产业展示会活动,并出版了三部桉树专著;与北京归云轩文化艺术发展有限公司共同设立了"有机农林产业发展专项基金";顺利启动了绿色能源基金和绿色家园项目,同时还与云南省杨善洲绿化基金会签署了战略合作协议书。设立自然中国专项,接受捐款 500 万元;还有绿色畅想、绿色影视、绿色 1+1、婷美绿色等基金专项,与企业长期友好合作奠定了良好的基础。与此同时,注重加强与人口计生、环保、能源等多部门的联系与合作,营造了各部门、各阶层参与造林绿化的环境。

——引领社会风尚,改变生活方式

中国绿化基金会组织艺术家参与活动,通过节日联谊、书画摄影、文学艺术等绿色采风行动宣传赞美生态文明,引领社会风尚。

拓展公众参与渠道,先后与四川卧龙、云南高黎贡山国家级自然保护区合作,以体验式实景互动教育为模式,开展了"为爱远征"自然探索公益活动和牵手"环中国国际公路自行车赛""北京马拉松赛——为慈善而跑"等重大的国际体育赛事,把体育赛事和国土绿化公益项目,特别是自然保护的绿色公益行动融合起来,创新了全民义务植树活动的形式和内容。

由中国绿化基金会、联合国环境规划署、东南卫视、腾讯慈善公益基金会联合发起的"第二届中国网络植树节"系列活动之"为爱远征·2010 国际青年甘肃远征"活动。来自中国大陆、中国台湾和美国的 60 名远征者,前往"中国网络植树节"生态扶贫公益项目地——甘肃省通渭县徒步了解当地生态环境和公益捐种沙棘的生长情况,探访当地贫困家庭,与多所学校开展共建联欢活动;前往兰州市中川苗圃基地,亲手参与大果沙棘苗的扦插实践活动;前往民勤县附近的巴丹吉林沙漠,徒步体验中国西部国土沙漠化状况,并赴甘肃省民勤治沙综合试验站考察中国沙漠治理情况;前往武威市腾格里沙漠的甘肃濒危野生动物研究中心考察赛加羚羊、普氏野马、野骆驼、野驴、金丝猴、扭角羚、白唇鹿等 10 余种濒危珍稀动物的研究、保护情况。

远征者亲眼见证中国西部的脆弱生态、西部家庭的贫困艰辛、大果沙棘树的喜人长势,共同经历了严重缺水、定量配给、酷暑和荒芜的种种状况,在沙漠野营时更亲历了沙尘暴的洗礼,从而使所有的远征者对本次远征活动、对"中国网络植树节"生态扶贫公益项目、对其他的种种慈善公益活动,有了切身的、更高的了解和感悟,同时对自己现有的幸福生活也有了全新的认识,增强了保护地球,共建人类美好家园的紧迫感和使命感。

三、狠抓落实,规范管理,基金专项的发展一路奋进

中国绿化基金会严格遵守国务院《基金会管理条例》和《中国绿化基金会章程》,紧紧围绕建设现代林业这一中心,扩大募集资金规模、提高社会公众参与生态建设程度,突出宣传发动、资金筹集、做大做强品牌,着力在强化生态文化弘扬,提高公众的生态

意识；强化对有实力的大企业和民间资金募集，发展生态公益林，推进身边增绿；强化国际民间交流与合作，扩大绿化基金会国际影响，广泛吸引项目和资金；强化自身建设，创新工作机制，提高人员管理能力上抓落实、抓规范，促进了绿化基金会工作又快又好地发展，为国家建设生态文明做出了积极贡献。

加大宣传力度，赢得社会认知

为了扩大社会影响，绿化基金会坚持围绕国家生态建设的重点工作，与人民日报、新华社、经济日报、中国绿色时报等主流媒体合作宣传，利用基金会网站、微信公众号、微博、抖音等新媒体融合，抓住人们关注的问题和生态改善的急需搞宣传，运用身边人、感人事、先进典型和经验宣传基金会及公益事业，主动积极参与重大社会活动。

2008年以来，基金会联合奥组委等单位，先后策划了"绿色奥运、绿色中国"志愿者植树主题系列活动，先后有10多万人参加"八达岭奥运主题公园""志愿者植树活动"，100多万人参与"街头募捐活动"，近万人参观基金会举办的"绿色奥运、绿色中国"迎奥运大型书画名家作品展。

"5·12"汶川大地震发生之后，中国绿化基金会在第一时间积极响应国家号召，紧急组织启动"抗震救灾紧急救援项目"，向汶川境内的卧龙自然保护区捐助抗震救灾款60万元，并联合中国林业产业协会和中国花卉协会发出倡议，号召大家奉献爱心，累计筹资111万元。基金会艺术家委员会组织当代著名艺术家举行"心系灾区、抗震救灾"艺术家赈灾笔会，筹资70万元。青少年工作委员会组织华夏绿洲助学行动爱心代表团，为灾区学校送去价值40余万元的生活、学习用品。"4·14"玉树大地震后，基金会联合国家林业局，向青海捐助抗震救灾款200万元，联合西宁市人民政府在人民大会堂共同主办了"天域天堂"赈灾晚会。

2010年，在人民大会堂金色大厅，隆重召开了中国绿化基金会首届"2010绿色公益盛典"活动。林文漪、贾治邦、王志宝等同志出席活动，并向部分城市、企业和个人颁发了"生态中国城市奖""生态中国贡献奖"等四大奖项。联合中国生态文明研究与促进会、人民网、绿色中国杂志社共同举办了"2010绿色中国年度焦点人物评选活动"。联合环境保护部环境发展中心、中国清洁发展机制基金、中央电视台青少节目中心联合拍摄的100集儿童环保科普剧《星际精灵蓝多多》在中央电视台青少节目频道播出后，得到社会和少年儿童的良好反响。同时在艺术、青少年、体育等多方面均举办了形式新颖、内容丰富多项绿色公益活动。

改进劝募方式，创新捐款机制

绿化基金会不断增进和加强与现有捐赠企业的沟通与联系，增进友谊，增强互信，稳定现有的捐款来源。邀请各省林草局的领导担任中国绿化基金会特邀理事，建立工作联席制度，发挥地方政府的引导作用和绿化基金会的优势，为基层林业发展服务。不断开辟新的行业合作领域，扩大新的战略合作伙伴，联合开展绿化合作和公益行动。充分利用网络、短信等新技术平台，畅通公众参与国土绿化的渠道。充分调动和发挥专业工作委员会、专项基金平台的作用，形成内外联合、上下联动的有机整体，探索建立了常态下持续稳定的公募资金捐赠渠道。适应新形势发展的需要，在探索符合基金会管理规定、有益企业发展、民众愿意接受的机制上下功夫。

以中国绿色碳基金为平台，建立企业碳专项，与企业、社团广泛开展长期合作；以"生态中国"品牌作为平台，与各省广泛开展合作，建立政府引导，企业参与的长效捐赠机制。加大与矿区合作力度，搭建矿区植被恢复平台，积极开展矿区植被恢复建设，让矿区企业为植被恢复尽责任、做贡献。拓宽工作范围，大力发展碳汇林、木本粮油林、生物质能源林、速生丰产林、防沙治沙林、城市与社区绿化休闲林等，保护森林资源和生物多样性，保护湿地和自然生态。在公益绿化中，重视和推广新品种、新技术，提高项目建设的科技含量和质量效益，探索建立了新形势下充满活力的公募基金捐款机制。

多年来，基金会与多家优质互联网募捐平台紧密合作，探索建立了公益募捐新模式。充分利用公益龙头基金会的影响力，与腾讯公益、新浪微公益、蚂蚁金服公益、京东公益、苏宁公益等多家新兴互联网募捐平台密切合作，积极参与人人公益节、95公益周、99公益日，联合互联网平台共同谋划精品特色项目，开通一起捐、月捐、冠名捐、活动捐等多种捐赠模式。

加强国际交流，推进国际合作

积极推动多边合作，努力提升国际合作，在保持原外援项目逐年增加的前提下，积极推进与联合国开发计划署、联合国环境规划署、联合国荒漠化公约秘书处、大自然保护协会、世界自然基金会等国际机构的联络与沟通，极大地扩大了基金会国际知名度。

2016年11月，中国绿化基金会组团参加了联合国气候大会，借助本次国际盛会的影响力，和与会国际机构开展多项绿化交流会谈，拓展了绿化基金会的国际合作与交流平台。同时积极加大基金会英文宣传资料的出版，面向在华外资企业及境外机构，大力增强项目宣传和资金募集工作。具有联合国经社理事会"咨商地位"，是一个非政府组织得到国际承认的重要标志。中国绿化基金会是我国为数不多获得"咨商地位"的社团组织，这为基金会开展国际合作与交流开辟了新的渠道，搭建了新的舞台，有助于中国绿化基金会更积极主动地参与国际交流及其他国际事务。基金会充分利用好这一平台，不断加大国际合作与交流力度，向世界展示中国林业和生态建设的成就，争取更多援助与支持，进一步提高了绿化基金会对外开放与合作水平。

基金会创建38年来，积极参加联合国非政府组织的活动，充分发挥基金会联合国经社理事会特别咨商地位的作用，与气候组织、联合国环境规划署共同主办"百万森林国际论坛""南非气候峰会中国周活动"，在联合国荒漠化公约成员国全球峰会期间，举办了中国绿化基金会项目成果宣传展示会。目前，基金会先后和美国、英国、法国、澳大利亚、日本、马来西亚、新加坡、中国香港等国家和地区国际组织、社会团体、企业建立了联系，国际空间得到广泛的拓展。

抓好项目监管，完善制度建设

针对业务拓展快，但人员少、任务重的实际情况，绿化基金会始终把抓好项目监管，加强制度建设摆上重要日程，靠制度定方向，靠监管出效益。

在认真落实《基金会管理条例》和民政部的有关规定的基础上，建立健全了基金会的各项规章制度，捐款项目实施规范化，运作建设项目公开化，对基金会的发展起到了保驾护航的作用。

加强项目造林管理，基金会聘请具有造林核查资质的独立第三方对造林项目进行核查，参照国家造林核查标准予以验收、评估并向社会公布结果。加强项目监督管理，基金会制定了从项目立项、实施、验收至监督等一整套标准化的操作流程，保证了项目管理的标准化和规范化。

规范项目资金管理，出台一系列保证资金安全运营的管理办法。以《中华人民共和国公益事业捐赠法》《中华人民共和国慈善法》《基金会管理条例》等国家法律法规为依据，不断完善并认真执行了《中国绿化基金会"幸福家园——西部绿化行动"生态扶贫项目造林绿化实施办法》《中国绿化基金会网络募款资金管理办法》《中国绿化基金会专项基金管理办法》《中国绿化基金会项目实施管理办法》《中国绿化基金会办公室财务管理办法》等有关规章制度，不断以新的机制、新的制度和科学管理方法，确保了资金的安全和有效运营。

聘请专业律师为法律顾问，为基金会提供法律咨询和援助，依法规范行为。制定了新的协议文本模板，规范合作内容，统一文本格式。

为确保项目的建设质量，基金会建立了从项目规划设计、检查验收、资金审计等一整套的管理制度，确保项目建设质量，保证资金专款专用，发挥了资金的最大效益，实现了捐资方、受赠方的双满意。

绿化基金会大力弘扬杨善洲精神和塞罕坝精神，坚持以创建学习型、专业型、创新型、廉洁型、贡献型的"五型"机关为目标，以开展比政治理论学习，看谁的素质得到了真正提高；比业务创新，看谁的工作能力得到真正增强；比工作作风，看人民群众对谁真正满意"三看三比"活动为载体，把建设一流队伍、培养一流作风、创造一流业绩的"三个一流"作为衡量自身建设的一项硬性指标。基金会的党员干部讲自觉、讲自律、讲自好；基金会党组织有感召力、有凝聚力、有战斗力，为中国绿化基金会又好又快的发展提供了可靠的组织保证，助力美丽中国和生态文明建设。

"历史是最好的教科书。"2023 年，中国绿化基金会全面总结建会经验教训，精心编纂38 年发展史，完整收录前七届理事会发挥的主要作用和承担的重大任务，是中国绿化基金会发展壮大过程的再现，也是文化的传承、积累和拓展，所蕴含的精神力量和价值意义是全会干部职工弥足珍贵的精神财富。2023 年 3 月 28 日，陈述贤理事长在中国绿化基金会第八届理事会上提出要紧紧围绕公益推动人与自然和谐共生这一伟大时代命题，努力争创特色鲜明、国内一流、国际知名的综合性生态公益平台，在科学国土绿化、生物多样性保护、实现共同富裕、传播生态文明理念、国际交流合作上展现生态公益事业的新作为。

第三节　广西桂林：当好保护桂林山水的"二郎神"

——广西桂林牢记习近平总书记嘱托，在打造世界级旅游城市中
展现林业和园林高质量发展新担当

象鼻山苍翠欲滴，漓江水波光潋滟，绿色桂林让人醉。2021年4月，习近平总书记到桂林考察，对漓江生态保护的成就给予肯定，他反复叮嘱广西和桂林："最重要的是要呵护好这里的美丽山水，这是大自然赐予中华民族的一块宝地，一定要保护好，这是第一位的。"连续两天的桂林调研，总书记深入湘江河畔、桂北乡村、漓江之上视察生态，嘱咐要当好保护桂林山水的"二郎神"，赋予打造世界级旅游城市、保护好桂林山水、建设最宜居城市、全面推进乡村振兴、用好用活红色资源等新使命新要求。

深情似海，厚望如山。广西壮族自治区党委政府科学落实习近平总书记的视察嘱托，对桂林提出"世界眼光、国际标准、中国风范、广西特色、桂林经典"总体要求，建设世界级山水旅游名城、文化旅游之都、康养休闲胜地、旅游消费中心"一城一都一地一中心"四大定位。广西壮族自治区党委书记、人民政府主席任桂林世界级旅游城市工作领导小组组长，统筹推进桂林打造世界级旅游城市的各项工作。两年多来，桂林市委、市政府牢记殷殷嘱托，带领全市人民以高度的思想自觉、政治自觉、行动自觉，沿着习近平总书记指引的方向，坚持以打造世界级旅游城市为统揽，科学谋划生态林业等一系列重大政策、重大改革、重大行动，于变局中开新局，推动经济社会高质量发展驶入快车道，在时代大潮中踏出了春天的回响。

桂林山川起翠屏，漓江秀水作蓝带。桂林市林业和园林局干部职工始终把总书记当好保护桂林山水"二郎神"的嘱托牢记心上，局长陈永东和班子成员带领全市务林人创新"林长制"，绿美城乡生态林业，保护森林生态资源，修复流域生态功能，每一个人都是保护桂林山水的"二郎神"；引领桂林人民珍爱家乡山水，下足了自然保护地建设管护的"绣花功"，使猫儿山国家级自然保护区、会仙湿地、漓江风景名胜区等系列"宝地"，保持了山水生态的原真性和完整性，助推人与自然和谐共生的美丽桂林，扎扎实实地走出了一条打造世界级旅游城市的林业服务道路；提高发展质量和效益，关键是要加快转变经济发展方式、调整经济结构。聚焦林业经济转型，聚力高质量发展，锻造生态旅游"康养牌"，做优南方花卉苗木，帮扶县区打通"两山路"，用绿活绿兴经济，开辟出了林业产业量提价升的"新赛道"。2023年上半年，桂林市林业和园林局先后3次在自治区介绍漓江生态建设、湿地自然保护、林业产业创新的经验。国家林草局党组安排时任总工程师闫振带领调研组深入桂林，专题总结桂林实现"美丽"与"发展"双赢的经验，赞誉他们保持创新的源头活水，统筹推进山水林田湖草沙一体化保护和系统治理，全面提升了生态系统的多样性、稳定性、持续性，打造全域生态安全格局，保持了桂林的天蓝、山绿、水清、环境美。

一、创新"林长制"，当好保护桂林山水的"二郎神"

生态优先，绿色发展。2021 年开始，桂林市推广自治区林长制改革试点兴安县的经验，引导全市各县（区）构建党政同责、属地负责、部门协同、源头治理、全域覆盖的森林草原资源保护发展长效机制。习近平总书记视察桂林后，市委、市政府在贯彻落实中以更高站位、更宽视野、更大力度，创新建设"林长制"改革，推进漓江流域生态修复和环境污染治理，构建从山顶到河流的山水资源保护治理大格局，进一步强化了整体保护、系统治理，全面提升森林草原生态系统的多样性、稳定性、持续性。截至 2023 年 8 月，全市森林覆盖率达到 71.97%，林地面积 200 万公顷，其中森林面积 187.01 万公顷，草原面积 4.05 万公顷，草原综合植被覆盖度 86.05%，森林蓄积量 1.3 亿多立方米。

织密保护网让森林资源持续改善

一直以来，桂林市都注重加强对流域森林生态环境的建设与保护，做到统一管理、统一经营、统筹各方利益，使漓江流域的生态环境持续向好。2021 年 4 月，习近平总书记视察桂林后不久，广西壮族自治区全面推行林长制，桂林林业和园林部门把"林长制"作为保护桂林良好生态的"方天画戟"，全面提升森林草原等生态系统功能，持续擦亮"山清水秀生态美"的金字招牌。指导各县（市、区）落实《桂林市全面推行林长制的实施方案》，出台本级实施方案，全市共划分 17 个县级林长责任区、145 个乡级林长责任区和 1688 个村级林长责任区，基本建成市、县、乡镇、行政村（社区）四级林长制组织体系，设立四级林长 2014 人，并全部设立了林长办公室，全市各级落实经费 1.95 亿元。

桂林通过林长制改革织密保护网，创建当年，突出体系建设种好"责任田"，突出重点难点打好"攻坚战"，突出宣传引导提升"影响力"，突出工作实效彰显"战斗力"。"林长制"实施当年，全市协调解决 37 件事关林业建设的资金投入和生态治理重点问题，使一批山林权属纠纷的历史积案得到较好化解。2022 年全市精深推进林长制，通过山林资源网格化管理，使各级林长、副林长增加到 3054 名，把林草建设保护的属地责任落到了山头地块，这一年的松材线虫病疫情得到有效控制，除治枯死松木超 16 万株，实现了"不新增一个疫点、一个疫区"的目标。2021 年和 2022 年完成国家下发森林督查图斑 8739 个，完善变化图斑数据库，更新年度"一张图"成果。野生动植物保护持续向好，没有发生国家或自治区督查督办的破坏野生动植物资源案件、林草生物安全案件。

林长制落实的首要在"长"，保护林草资源的关键在"制"。2023 年，桂林市制定并

漓江是桂林的生态名片（滕嘉 摄）

出台了县级林长的考核指标及评分细则。市长、市林长定期致信各县（市、区）长、林长，提醒他们不忘林长的责任，全力做好森林生态效益补偿、火烧迹地更新造林、外来入侵物种普查以及依法使用林地等重点难点工作。在加强森林资源保护方面，市县同步发起"2023 铁拳护林""绿网飓风·2023"等专项执法行动，扎实开展森林督查工作，严格林木采伐管理，使森林资源得到持续改善。连续 3 年来，市委书记定期率队巡林调研，要求各级严格落实生态保护制度，全面推进林长制工作落实，健全常态化巡查监管机制，牢牢守住生态环境底线。2023 年 5 月 24 日，市长在全市林长制工作会议上强调，要树牢

绿色发展理念，压实工作责任，解决重点难题，抓好"一林一护""一乡一警""一片一技""一村一策"的林草资源网格化管理，全力推动林长制在桂林的山山水水高效运转。

绿化高质量保生态系统持续优化

前人栽树，后人乘凉。"甲天下"的桂林山水不是一天植成的，靠的是时间的力量，靠的是人民的力量。桂林人民对福佑自己的美丽山水天生拥有敬畏之心，通过多年的漓江水源林建设和退耕还林还草、天然林保护等重点生态工程建设，林分质量提升了，林种结构改善了，流域生态系统持续优化。新时代的林长制不是要"管死"现有森林资源，而是要加大植树造林、封山育林和森林抚育力度，用高质量的绿化美化工作稳步推进国家森林城市创建，让山上的绿满青山与城镇的"花化彩化"同步。

大道至简，实干为要，植树成绿，种花成金。每年植树节期间，市委书记、市长带领全市干部职工到漓江畔义务植树种花，以此加深林长制的责任意识，给全市人民传递生态文明建设理念，持续提升优化生态环境，为打造世界级旅游城市提供强有力的生态支撑。市领导的榜样成为全市人民的自觉行动，临桂区、兴安县、荔浦市等结合发展油茶示范产业，龙胜县、恭城县、灵川县、平乐县、资源县、灌阳县等结合美化城乡、促进乡村振兴，因地制宜组织开展义务植树活动，每年都有 20 多万人次参加义务植树活动。

山因林而秀，城因花而美。结合林长制改革，桂林市一方面巩固"国家园林城市"建设成果，一方面按照国家森林城市建设总体规划全方位创建。完善市级森林城市评价体系，提升绿化品位，突出地域特色，龙胜县获评"广西森林县城"；临桂区茶洞镇温

蓝天白云下的象鼻山（游拥军 摄）

良村、六塘镇道莲村、南边山镇永平村，灵川县三街镇普贤村，荔浦市双江镇保安村大厄厂屯等5个村屯获评为"广西森林村庄"；平乐广运林场被评为自治区第一批"壮美林场"。

山上提质培大树。桂林的国土绿化成效显著，自然条件好的地方基本绿化，面对"在哪种""种什么""怎么种""怎么管"的问题，林业部门实施绿化精细化管理，科学划定绿化用地，合理确定造林任务，确保任务落地上图。深入实施森林质量精准提升工程，"扩面"与"提质"并重，2023年计划完成植树造林10万多亩，保护古树名木2.94万株，建造国家储备林1万多亩，并推动国家储备林贷款46亿多元。

山下花彩香满城。近几年来，伴随林长制的纵深推进，桂林市加大城市园林的绿化长效管理，持续加强以"花化彩化"为重点的绿化提升，增种彩叶植物，培育新的花卉品种，打造道路景观；加强绿雕的设计制作和园艺花境的应用，提升城市绿化美化的品位；推进乡村绿化美化，建设一批自治区级森林乡村示范村；加强公园精细化管理，加大基础设施建设，提升公园绿地生态景观，拓展"一园多品"园容新面貌。"一路一品""一路一景"的"花化彩化"城市道路景观显现，形成了多条紫荆花、月季、紫薇、象牙红等特色"花街"。截至2022年年底，桂林城市建成区绿化覆盖率达到43.2%，人均公园绿地面积14.35平方米。

修复精准化使流域功能持续提升

桂林森林生态资源管护特别是漓江保护，虽然坚持与产业发展、城乡建设、民生改善融合发展，但经济社会发展全面绿色转型的基础仍然薄弱。近几年来，全市结合林长制的推行，立足全域谋划，重点加强漓江流域突出生态问题治理，强化漓江源头生态保护，提高自然保护地建设管理水平，增加森林植被，提高森林覆盖率，减少水土流失，改善流域生态环境，优化了流域两岸的视觉景观，增强了区域森林生态景观优势，生态保护修复工作成效显著。2021年11月，漓江保护经验做法获国务院通报表扬。

力啃"硬骨头"，消除"老大难"。桂林市按照习近平总书记"漓江生态保护要高起点规划"的要求，全面落实《桂林漓江生态保护和修复提升工程方案（2019—2025年）》，用规划搭建山水保护框架；全面实施漓江综合治理、生态修复、城市生态提升等工程，共有重点项目147个，投资918.8亿元；编制《漓江生态综合治理示范项目实施方案》，实施漓江沿岸村落提升、旅游集散中心改造等14个重点项目，总投资25.6亿元。

聚力精准化的森林生态修复，提升桂林山水特别是漓江流域的生态景观。市县两级林业部门紧扣漓江生态环境和桂林喀斯特世界自然遗产地的原真性与完整性，开展系统修复和治理。实施护山修复工程，开展漓江采石场生态修复，投入2.6亿元生态复绿21家采石场山体136万平方米；开展桂林喀斯特世界自然遗产地生态修复，投入近5600万元完成三期共19处点位生态修复14.5万平方米，喀斯特地区生态脆弱状况逐步改善；开展漓江岸线湿地生态修复，投入1200万元修复生态湿地约4.6万平方米、岸线护坡约1500米，打造成为桂林城市中心生态"绿肺"。在建设保护中正确处理高质量发展和高水平保护的关系、重点攻坚和协同治理的关系、自然恢复和人工修复的关系，实施护林改造工程，将漓江源头、沿岸的森林全面纳入生态公益林的管理范畴。

强化源头保护，夯实漓江流域生态本底。桂林市结合林长制的实施，扎实推进森林生态修复，使漓江流域的生态功能得到持续提升。盛夏时节，万物并秀。我们泛舟漓江之上，青山如黛、白鹭蹁跹、鱼翔浅底。习近平总书记两年多前"全中国、全世界就这么个宝贝，千万不要破坏"的嘱托变为现实，扎扎实实的生态修复，使桂林山水再现"江作青罗带，山如碧玉簪"的风姿。

二、下足"绣花功"，打造自然保护地建设的"宝地"

桂林牢记习近平总书记嘱托："格调很高、品位很高、生态很好，天生丽质，绿水青山，是大自然赐予中华民族的一块宝地。""桂林一定是世界级的，中国能搞成世界级的，桂林也算一个，那世界级的就是各种水平一定要上去"。这充分说明总书记对桂林评价高、期望高、要求高。桂林林业和园林部门按照市委、市政府的生态建设高标准要求，树立以人民为中心的发展思想，苦练内功、下足绣花功夫，保护打造出了11个林业自然保护区、1个地质自然保护区、7个森林公园、5个国家湿地公园、4个地质公园、4个风

桂林城乡与山水共美（游拥军 摄）

景名胜区，32 片自然保护地都是服务世界级旅游胜地打造的"宝地"，务林人深刻领悟"人与自然是生命共同体"，深入践行人与自然和谐共生之道，尽责守好漓江源头猫儿山等自然保护区，依托"四高"提升各类湿地自然美，建优建美各类风景名胜区，让桂林山川的万物各得其和以生，各得其养以成，人与自然和谐共生。

守好漓江源头猫儿山

各级各类自然保护区是推进生态文明、构建国家生态安全屏障、建设美丽中国的重要载体。强化一个区域的自然保护区建设和管理，是保护生物多样性、筑牢生态安全屏障、确保各类自然生态系统安全稳定、改善生态环境质量的有效举措。桂林市现有 12 个自然保护区，总面积 391578 公顷，占桂林国土面积的 14.15%，分布在龙胜、兴安、灵川、恭城、临桂、灌阳、阳朔、全州、永福、荔浦等 11 个县（市、区），其中猫儿山、花坪、千家洞、银竹老山资源冷杉等 4 处属于国家级自然保护区，另 8 处为自治区级自然保护区。无论自然保护区的权属归谁，桂林市林业和园林局都担当协调和管护责任，不断解决历史遗留的一些土地、林地权属不明晰的硬伤，高质量如期完成上级交办的自然保护区问题，协调向上级申报建设项目和资金，提高自然保护区科研、保护、管理和开发利用的效能。

位于桂林北部的猫儿山国家级自然保护区，地跨兴安、资源、龙胜三县，是漓江的源头，有桂林山水"命根子"之称。猫儿山自然资源保护历史悠久，1821 年即清道光元年就曾刻立石碑封禁山林，对这一区域进行保护。1976 年经自治区政府批准，成立猫儿山自然保护区。2003年经过国务院批准，晋升为国家级自然保护区。保护区是森林生态系统类型自然保护区，以原生性亚热带常绿阔叶林森林生态系统为主要保护对象，辖区总面积1.7万公顷，森林覆盖率96%。保护区属于中国16个生物多样性热点地区之一，同时也是14个具有国际意义的陆地生物多样性关键地区——南岭山地的重要组成部分。2012年12月，猫儿山国家级自然保护区正式加入"世界生物圈保护区"，在自然保护的同时，也为桂林的生态旅游提供了发展新机遇。

强化源头和自然保护，夯实漓江流域和各类保护区的生态本底。桂林市林业和园林局扎实推进漓江流域自然保护地体系建设，建立健全具有桂林特色、科学合理的自然保护地体系。依托猫儿山国家级自然保护区，注重加强漓江源头——猫儿山保护建设。猫儿山森林生态系统现在每年调节水量近亿吨，净化水质总价值量为26441.05万元，保护区森林生态系统年保护生物多样性总价值量为28585.35万元，对维护漓江流域的生态安全和经济社会可持续发展具有重要作用。2022年，局党组主动担责，协调国家和自治区林业部门按照联合国教科文组织的标准，完成了对猫儿山世界生物圈保护区的十年评估工作。2022年9月4~7日，中国人与生物圈国家委员会组织专家组赴保护区复核评估，赞誉保护区过去十年在"保护、支撑、发展"三方面的工作进展给予充分肯定，认为猫儿山保护区是中国加入世界生物圈保护区中最优秀的保护区之一。

"四高"提升湿地美

碧波荡漾，草木繁茂。桂林湿地建设成效显著，有1处国际重要湿地、5处国家湿地公园、9处自治区重要湿地，为涵养水源、调节气候发挥着重要作用。桂林市委、市政府把习近平总书记视察漓江的4月25日定为"漓江保护日"，要求市县两级林业园林部门牢记嘱托，多措并举、扎实推进湿地保护修复，使全市湿地生态系统质量有效改善、水质明显提高、生物多样性持续增加，重要湿地和湿地公园数量、质量均居全区首位。2023年8月，桂林市在自治区林业年中工作会议上专题介绍了"做好四高促提升，湿地保护展新篇"的湿地保护经验。

高起点谋划，建立健全湿地保护管理体系。多年来，桂林市科学规划，构建保护体系，将湿地保护作为打造桂林世界级旅游城市的重要内容，印发《湿地保护修复制度实施方案》，明确"以国家湿地公园为中心，打造集湿地保护和利用于一体的生态平台，以点带面推动桂林市湿地保护管理工作"。全市对5处国家湿地公园实现"一园一法"。成立了广西首个且仅有的副处级参公的市级湿地保护中心，协调管理5处国家湿地公园保护中心，现已构建起市级林业主管部门、市级湿地保护中心、各湿地公园保护中心、县级林业主管部门、乡镇村等湿地保护网格化管理体系。

高效率统筹，扎实推动湿地共护共治。近些年来，桂林市大力推进国家湿地公园申报和建设，5个试点建设的国家湿地公园全部通过国家林草局验收。会同自然资源部门严守生态保护红线，将具有显著生态功能的湿地全部划入生态保护红线；会同发改部门严把占用湿地项目审批关，在项目选址上尽量避让或减少占用湿地；会同水利部门加大水环境治理、生态补水、水量调控等措施，增加湿地水量，扩大湿地面积，提升湿地生态功能。

高质量实施，科学开展湿地保护修复。近几年来，桂林市争取湿地保护修复项目资金 22.93 亿元，对漓江流域进行山水林田湖草沙一体化保护和修复，提质建设荔浦荔江国家湿地公园和会仙喀斯特国家湿地公园。2023 年 2 月 2 日，会仙喀斯特湿地被国际湿地公约秘书处批准，列入国际重要湿地录，这是桂林的第一个国际重要湿地。会仙喀斯特湿地位于临桂区会仙镇，属典型的岩溶峰林平原地貌，地形较为平坦，集"山、水、林、田、湖、沼、运"等景观要素于一体，以其岩溶湿地之典型、山水景观之秀丽、历史文化之深蕴而著称，湿地风貌及其周边环境在全国乃至全球峰林岩溶平原风貌中也是极为独特的。为帮助湿地早日进入国际名录，市县两级累计投资 8957 多万元，开展河道清淤及淤泥处理、有害生物清除、岩溶湿地景观修复、植被绿化修复、生态氧化塘、马面支渠引水工程和木栈道修缮工程等，创造出了以湿地恢复和典型湿地保护为核心，兼顾科学、可持续发展利用的模式。

高水平宣教，营造湿地保护浓厚氛围。桂林市林业园林部门指导各个湿地修建科普馆和宣教长廊，设立微信公众号，打造集科普、宣教等于一体的展示平台。每年依托世界湿地日、世界环境日、爱鸟周、漓江保护日等主题宣传日，走进社区、走进学校，深入开展现场宣教活动，荔浦荔江国家湿地公园获得"中国生态学学会生态科普教育基地"称号。主动配合各类媒体，展现桂林湿地秀美风光和保护成效。会仙喀斯特国家湿地公园的修复建设成果，被央视新闻报道，其他媒体累计报道 178 篇。

建优建美风景名胜区

人不负青山，青山定不负人。桂林独一无二的生态，是中国向世界展示的"青绿"代表色。桂林市坚持以打造世界级旅游城市为统揽，建优建美漓江、龙脊、八角寨—资江、青狮潭 4 大风景名胜区，使其成为展示世界级山水旅游名城、世界级文化旅游之都、世界级康养休闲胜地、世界级旅游消费中心"四大定位"的经典代表。

桂林的风景名胜区多姿多彩，习近平总书记眼中的桂林国际旅游胜地代表中国的形象，必须按照世界级的水平来建设。近几年来，桂林市全力打造世界级的旅游胜地，对标世界一流、国际水准、国内领先，以文塑旅、以旅彰文，提升格调品位，对外努力创造宜业宜居宜乐宜游的良好环境，按照自治区党委提出的"六个一流"要求升级建设世界级旅游胜地，对内优化整合漓江、龙脊、八角寨—资江、青狮潭 4 个风景名胜区的建设，扎实抓好漓江风景名胜区提质建设。

漓江风景名胜区是国务院批准公布的首批国家级风景名胜区，是首批国家 AAAAA 级（以下简称 5A 级）旅游景区，是漓江流域喀斯特地貌最大最集中的区域，是桂林喀斯特的代表，是世界喀斯特皇冠上的明珠。在桂林林业和漓江风景名胜区的持久建设下，总面积 1159.4 平方千米、核心景区面积 303.2 平方千米的喀斯特区域成功申报世界自然遗产。仙境般的漓江风景名胜区，由奇山、秀水、田园、幽洞、美石无规则组合构建，变幻莫测的景观，在时空里呈现出的神奇变化，让无数人惊叹万分，美不胜收，流连忘返。

桂林漓江风景名胜区管理委员会是桂林市政府的派出机构，市林业和园林局与他们携手建设，充分发挥漓江优势并合理利用，"让中国锦绣河山的一颗明珠——漓江这一人间美景永续保存下去"。近几年来，他们以"牢记嘱托、保护为重、治理当先、管理从严"为总体要求，以"统筹发力、精准治标、系统保护、科学利用"为总体思路，携手"治乱、治水、治景"，全力保护好漓江、保护好桂林山水，为打造世界级旅游城市创造最佳生态环境保障。

三、打通"两山路"，活绿开辟林业产业的"新赛道"

为桂林人民种树，为山区农民造福。桂林务林人既当好保护桂林山水护绿、增绿的"二郎神"，又自觉成为育林农民用绿、活绿的"保护神"，带动市县林业产业发展，释放生态红利，走出了一条绿起来、美起来、富起来的生态发展之路。国家林草局的一份调查报告显示：桂林市充分利用林业资源优势，重点打造以珍贵树种与优势用材林类、林下经济类、花卉苗木产业类、林产品精深加工类、森林旅游及森林康养类等特色林业产业，截至 2022 年年底，全市林业总产值 890 亿元，有效推动了林业产业快速发展，取得了良好的社会效益和经济效益，打造出了生态美百姓富的"桂林样板"。

念好生态"山水经"，打响旅游"康养牌"

畅游绿水青山，邂逅奇妙生灵。桂林依托绿色生态资源禀赋，聚力"两山"理念实践，充分挖掘自然、生态、人文等综合优势，聚焦森林康养品牌建设，努力打造森林康养胜地，全力推动桂林世界级旅游城市建设，持续擦亮桂林山水甲天下的金字招牌，成为广西壮族自治区建设生态旅游和森林康养产业的主要经验。

桂林将生态旅游和森林康养产业作为旅游业发展的主攻方向，规划明确以"一核两线、多点辐射"空间布局和"医、康、养、健、智、学"六大方向构建健康旅游产业体系，一体化推进国家健康旅游示范基地等建设，着力推动康养与医疗、旅游、农业、文化等深度融合发展。依托各县区丰富的森林生态资源，加快森林康养旅游新业态开发，形成了一条条完整的产业链。市县林业部门把品牌建设作为森林康养产业发展的重要抓手，推行"妈妈式"服务，用心、用情、用力指导企业加大森林康养产业基础服务设施建设，不断提高森林康养服务水平，成功打造了一批森林康养基地、森林乡镇、森林村寨、森林人家。注重森林康养高品质运营，支持专业公司经营，破解康养产业管理不专业、分散经营、缺乏推广平台的难题。引入上市公司棕榈集团打造阳朔·兴坪休闲养生度假区，精心设计森林康养体验活动项目，建设高品质的森林康养产业精品基地，为数以万计的康养度假旅游客群提供更优质的生态体验。

桂林市秀峰区和记农庄占地 600 多亩，以农林产业资源为载体，打造集蔬菜、肉禽、粮油、干货调味、蛋品副食等 5 大类专业性蔬菜生鲜产品，经验入选《桂林生态产品价值实现典型案例》。和记农庄秉承有机生活理念，施用有机肥料，采用物理、生物防治病虫害技术生产，种植"原生态、高品质、放心菜"，实现资源共享、优势互补、循环相生、协调发展。公司依托 15 项自有发明专利技术，独创和记负碳循环农业发展模式，在自然农法、生态智能农业、盐碱地改良、再生能源利用、水环境治理、水葫芦综合利用、生物质加工等方面取得显著成绩。公司结合自身农林资源条件，开拓农林旅板块业务，实现了一二三产业的融合发展。

千年古昭州，壮美新平乐。桂林市偏远的平乐县位于漓江下游桂江，是漓江、茶江、荔江的三江汇合地。平乐县委、县政府首创"生态运动"，以新思路盘活山水资源，打造世界级旅游城市生态运动的"天堂"。全县各单位迅速行动，主动落实县委决策，林业主建山水资源，生态环保主管生态环境，文旅主营系列赛事，相继举办了全国击剑公开赛、赛艇大师赛、休闲运动挑战赛等一系列生态运动大赛，为桂林世界级旅游城市建设贡献出了光彩夺目的平乐力量，受到国家、自治区和市领导的好评。市委书记、市长称平乐县走出了一条差异化发展文旅产业的道路。广西壮族自治区党委、政府支持平乐开展以"生态运动"为主题的体旅融合赛事，全力创建自治区全域生态运动示范县。平乐县成功举办的击剑公开赛和赛艇大师赛受到国家体育总局关注，主动联合举办国家级生态运动赛事，帮扶打造国家级生态运动基地，培育集体育、文化、健康、旅游为一体的高端体育品牌，形成了"全域、全局、全员、全链"的平乐生态运动和山水经济新格局。

做优南方花卉苗木，升级创办全国花卉节

山水美在"面子"，林农赚钱才是"里子"。桂林结合城市绿化美化和花化彩化，做优南方花卉苗木产业，形成以临桂、阳朔、灵川等地为中心的桂花种植基地，以叠彩、雁山、阳朔等地为中心的盆栽、盆景种植基地，以兴安、灵川为中心的银杏、红枫种植基地，以荔浦、雁山为中心的兰花种植基地，以兴安、全州为中心的茶花、金槐种植基地等五大花卉苗木生产基地。全市投入资金 3.5 亿元，创建花卉苗木类自治区级核心示范区 3 个，市级 6 个，辐射带动花卉苗木种植面积 30 多万亩，其中连片 100 亩以上种植基地 58 个。2022 年 10 月 29~31 日，中国花卉协会、广西壮族自治区林业局、桂林市人民政府共同举办第一届南方花卉苗木交易会暨第三届广西花卉苗木交易会。主会场设在桂林市叠彩区尧山花卉基地和大河坊，分会场设在临桂区桂林之花特色林业（核心）示范区，吸引福建、江西、湖北、湖南等 10 个南方省份参展兰花、桂花产品、插花花艺、三角梅、盆景等。参展商超过 500 家，投资意向近 10 亿元，完成花卉苗木成交额 3 亿元。

县县有花赏，月月有花看。桂林以花卉苗木产业打造出了桂阳公路花卉百里长

桂林古榕正葱茏（李腾钊　摄）

廊、灵田公路花卉大道等花卉示范带，建成了以恭城桃花、灌阳梨花、海洋银杏等为代表的 30 个特色品牌赏花基地。阳朔县的苗木花卉产业虽然起步较晚，但发展迅猛，截至 2022 年 12 月底共有会员 200 多人，从业人员近 4000 人，花店约 30 家，培育面积 49550 亩，主要培育金橘、板栗、柿子、桃、李、梅等经济果木林苗，松、杉、毛竹等山上造林苗以及红花檵木、金叶女贞、小叶黄杨、夹竹桃、桂花树大苗、秋枫大苗、洋紫荆大苗、罗汉松造型苗、黑松造型苗、紫薇造型苗等园林绿化苗木。依托桂阳公路交通便利、地理位置优越的有利条件，已逐步形成以桂阳公路沿线的葡萄镇、白沙镇为核心区域的苗木花卉生产大县。2020 年，全县各类苗木花卉存圃数量 1.67 亿株，亩产值平均在 10000 元以上，年出圃苗木 1.16 亿株，实现销售收入 2.98 亿元，利润 1.53 亿元。

　　荔浦市走兰花特色产业差异化道路，形成"协会＋支部＋农户＋市场""产、供、销"一条龙服务模式，成为桂林最大的兰花种植基地。创建了兰花网店，实现了线上、线下同步销售。近几年共举办了 48 期 528 次兰花技术培训，相互交流沟通经验，普及推广实用技术，提高群众种植兰花的积极性，扩大种植规模。荔浦兰花坚持地方特色，育品牌、创精品，精心培育出下山精品兰花十大类 40 多个品种，如春剑兰花的壮锦牡丹，春兰荷瓣的团团圆圆、紫衣天子，寒兰的斑马、蜻蜓、俏美人、金缕玉衣，进一步扩大了荔浦兰花的知名度和市场占有率。

主城临桂区种植桂花 10 多万亩，是南方花卉苗木交易会的永久分会场、全国桂花苗木主要生产基地。2017 年 7 月"桂林市临桂区'桂林之花'特色林业（核心）示范区"被认定为广西壮族自治区特色林业（核心）示范区"三星级"。临桂区持续推进精品桂花种植，建成了国道 321 线临桂段"百里花卉长廊"10 万亩桂花苗木生产基地，在全区辐射种植 15000 多亩，成为南方甚至国内的一道亮丽风景线。第一产业培植桂花商用大苗木，第二产业以顺昌食品、大迈罗汉果、五通嘉木茶叶等食品加工企业生产桂花蜜、桂花糕等桂林特色，第三产业是利用得天独厚自然资源打造森林生态旅游线路。

做强桂林花卉苗木，升级创办全国花卉节会。2023 年，桂林林业园林部门顺应林农花农的产业发展趋势，积极争取资金帮扶，使全市的花卉苗木种植面积超过 60 万亩，产值超过 60 亿元，按照市委、市政府的工作布局，市县两级林业园林部门高标准筹备的第二届南方花卉苗木交易会暨第四届花卉苗木交易会将在金秋时节盛大开幕。升级后的全国花事活动是推动桂林及中国南方各省份花卉业高质量发展的重要新平台。

林业产业一县一品，生态产品量提价值升

林业产业是助力乡村振兴的基础，是塑造区域发展高质量的新动能和新优势，需要与当地林业生态资源发展相适应的特色产业，一乡一品难成规模，必须一县一品打造龙头企业，壮大产业集群，带动群众增收致富。近几年来，桂林市林业园林部门注重发展林业产业，保障生态产品量提价升。着力林产工业，建成了市区竹木家具制造和木艺根雕产业集群，灵川、临桂人造板产业集群，荔浦木衣架产业集群。深挖林下经济"宝藏"，发展复合经营模式，2022 年完成产值 156 亿元。加快油茶产业发展步伐，加速融合竹产业经济的成效不断提升。

灵芝生态产业多元化协同高效发展是灵川县林下经济产业的代表作。这里的产区核心灵田镇金盆村地处偏远，生态环境未遭破坏，原始森林生态保持完好，列入第五批中国传统村落名录。2013 年村里引进资金和技术，发展灵芝培育、种植、深加工、创意销售及生态旅游综合体等一体化的生态产业链，现已初具规模，企业具备标准化体系，成功研发出了药食同源的药膳"灵芝宴"，连续五年获得中国有机食品认证。

灌阳县集中精力和财力发展油茶产业，扩大种植规模，推动油茶产业种植、加工、销售全产业链发展，走出了一条利用油茶产业发展实现富农增收和林业生态产品价值的成功之路。灌阳油茶细化产业分工，形成原料供应、技术服务、油茶种植、采收加工、产品营销等全产业链。主体企业中源农业公司建成了自动脱壳、烘干、加工、提炼、灌装茶油生产线，每年生产茶油 3000 吨。县林业部门把落实自治区油茶"双千"计划的奖补政策落到山头地块，凡成功种植油茶或油茶低改 1 亩以上的，均可享受 420~1000 元不等的补奖。灌阳县现已发展油茶 9.3 万亩，绝大部分为湘林系列优良品种，年产值 1.63 亿元。

平乐县在林业产业和林下经济建设中不走常规路，运用当地气候条件和土地资源，引入五指毛桃种苗大规模种植，培育一批五指毛桃加工企业，成功地探索了一条以产业发展带动生态保护之路，实现了生态效益、社会效益和经济效益"三效"并举。五指毛桃具有健脾补肺、行气利湿、美容养颜等功效，岭南地区常用于脾虚浮肿、食少无力、肺痨咳嗽、盗汗等病症，也是两广民众煲汤主要材料，深受群众喜爱，具有巨大的市场前景。平乐林业用五指毛桃产业打通了"土里生金"和"生态变现"的生态产品实现路径，全县发展五指毛桃种植约 4000 多亩，从事林农 100 多人。引进瑞鸿药业种植、加工，带动 13 家种植户，年产 1488 万元，加工销售提升到 2000 多万元。

千古漓江奔流不息，时代考卷常答常新。处于发展黄金机遇期和重要窗口期的山水桂林，打造世界级旅游城市其势已成、其时已至、其兴可待。当代桂林务林人遵循"两山"转换和"生态价值转换"规律，牢记习近平总书记嘱托"治山""理水"，在打造世界级旅游城市中，正以更大的勇气和智慧去实现新的光荣和梦想。

第四节 江西林长制：山更青、权更活、民更富

"巍巍井冈，层峦莽苍，大美鄱湖，烟波浩渺。林长改革，征程漫漫，踔厉奋发，笃行不息，先有抚州山长试点，后有武宁林长探索，生态文明，伟大实践，源于基层，就此开篇。赣鄱先锋，情系山峦，谋长利远，全力攻坚，历经六载，硕果满山，山有人管、树有人护、责有人担。'林长'当家，明职责而不诿；'两员'护林，守青山而不悔；全力增绿，厚植绿色发展底色；坚定护绿，筑牢绿色生态屏障；科学用绿，绘就绿色秀美画卷；谱绿水青山之曲，打造美丽中国'江西样板'；描和谐幸福之景，助推人与自然和谐共生。美丽江西，满目芳华，青山为金，绿水为银，物华天宝，人杰地灵！"

这段文字内容翔实且文采飞扬，是江西林长制在林改先行地武宁县成果展的序。2023 年 4 月 25 日上午，全国百余名参加首届林长制论坛的嘉宾在展板前驻足品阅和领会。这不正是江西人民对习近平总书记"打造美丽中国'江西样板'"的响亮回答吗？

近年来，江西牢记总书记"绿色生态是最大财富、最大优势、最大品牌，一定要保护好，做好治山理水、显山露水的文章，走出一条经济发展和生态文明水平提高相辅相成、相得益彰的路子"的嘱托，聚焦"作示范、勇争先"目标定位，担当作为，积极创新，在全力做好治山理水、显山露水文章中，探索出林长制这条具有江西特色的新路子，形成了具有江西特色、系统完整的林长制体系，成为 4 个国家生态文明试验区中首个推行林长制的省份和全国率先全面推行林长制的省份之一，为全国林长制改革积累了经验，让江西"山更青、权更活、民更富"。

2023 年 4 月，全国首届林长制论坛在江西省召开

一、山更青，建设好美丽中国"江西样板"

"吴头楚尾，粤户闽庭。"江西位于长江中下游，地处东部向西部过渡前沿地带，在全国具有非常重要和特殊的生态地位。东北部怀玉山、东部武夷山生物多样性丰富，是保存完好的物种基因库；南部九连山是深圳、香港的东江重要水源涵养地；西部罗霄山脉是江西赣江水系与湖南湘江水系分水岭。庐山、井冈山、三清山、龙虎山、仙女湖风景名扬天下，长江流经江西 152 千米，鄱阳湖是我国第一大淡水湖。江西时刻保持"江西样板"意识，担起生态安全维护使命，在赣鄱大地上筑牢坚不可摧的生态屏障，按照中共中央、国务院批复的《国家生态文明试验区（江西）实施方案》要求，高标准建成"生态环境保护管理制度创新区"。

发源于基层，不断探索实践的改革创新

早在 2016 年 8 月 8 日，抚州市出台"山长制"工作实施方案，探索构建市、县、乡、村四级"山长"管理体系。2017 年 4 月 1 日，武宁县出台"林长制"工作方案，在全国率先探索建立林长制。

在抚州市和武宁县林长制改革取得成功经验的基础上，2018 年 7 月，省委、省政府印发《关于全面推行林长制的意见》，在全省部署推行林长制。《意见》明确了全面推行林长制的主要目标，促进全省经济社会与生态环境协调发展，实行最严格的森林资源保护管理制度，加强生态保护红线管控等内容。这是一部保护绿水青山的纲领性文件，江西的山山水水，作为推进林长制的主战场，开始了全新的管理模式。同年 9 月，江西召开省级总林长第一次会议，要求各级党委和政府作为全面推行林长制的责任主体，要把林长制摆在突出位置，加强组织领导，压紧压实责任，强化工作推进，要以强化监督管理为重点、坚决守住生态保护红线，以提升森林质量为支撑、巩固绿水青山品牌，以发展生态产业为抓手、全力助推绿色崛起，确保林长制各项工作落实见效。

2021 年 7 月，江西出台《关于进一步完善林长制的实施方案》，明确了进一步夯实林长制的五项重点工作，包括压实林长责任、推进林业资源网格化管理、抓实护绿提质行动、加强各级林长办自身建设、加大林长制工作督导考核力度等，成为林长制工作的又一纲领性文件。

2022 年 7 月，全国第二部省级林长制条例《江西省林长制条例》施行，明确全省按照行政区划分级设立省、市、县、乡、村五级林长组织体系和实施林长制推动林业资源保护发展"护绿、增绿、管绿、用绿、活绿"任务，明确了林业资源网格化管理模式、林长制运行机制和考评体系。《条例》的出台，为林业资源保护与发展提供了法律支撑和保障，让林长制从"有章可循"迈向"有法可依"。

2023 年 4 月，江西省地方标准《林长制工作规范》颁布，为全省林长制工作提供规范和指引，作为全国首部《林长制工作规范》省级地方标准，对林长制组织体系、源头管理体系、制度保障体系、目标考核体系和智慧管理体系等进行细化规范，压实林业资源保护责任的"最后一千米"，为推动江西林业高质量发展发挥了重要作用，开创了江西林长制工作新局面。

江西从省到村的林长制轰轰烈烈，并形成了热潮。先后召开全省林长制工作现场推进会、《江西省林长制条例》贯彻落实新闻发布会和"共话林长制 同助林草兴"为主题的首届林长制论坛等，推动林长制改革不断走深走实。国家林草局局长关志鸥对江西林长制改革寄予厚望，要求牢牢守住森林生态底线，进一步建立健全林长制各项管理制度，夯实林长制工作基础，全面加强森林资源保护管理，实现"林长制"向"林长治"转变，在保护好江西绿水青山的同时，为全国全面推行林长制提供更多的创新经验和实践案例。

在 2023 年 5 月 25 日召开的省级总林长会议，江西省总林长要求抓实抓细林长制工作，聚焦护林管绿，强化森林资源保护管理；坚持造林增绿，着力巩固绿色生态优势；突出用林活绿，以现代林业产业示范省建设为抓手，大力发展林下经济和精深加工业，持续提升林业产业综合效益。要求加强统筹协调，强化责任落实，凝聚各方合力，推动形成部门协同、齐抓共管的工作格局。要求坚持林长巡林常态化，健全林长组织体系，推动林长制工作规范化、制度化，形成更多可复制推广的经验成果，努力营造全社会关爱森林、保护森林的浓厚氛围。

创建五级林长制补齐林业管理"短板"

这曾是一个解不开的矛盾。林业建设从上到下都说很重要，但在"绿水青山"与"金山银山"考验面前，往往偏向"金山银山"，通道不畅在于林业资源管护制度有"短

江西山水美如画

板"。江西探索建立的"林长制",制定出了一整套符合江西林情、科学合理、操作性强的工作方案并全方位实施,在森林资源管理模式上取得了新突破。

改革添动力,创新增活力。江西林长制不只是仅仅写到纸上、挂到墙上的"冠名制",而是一份真实的"责任田",压实了各级领导干部对森林资源保护发展的目标和责任。从 2018 年 9 月 3 日省里签发第一张林长巡山令开始,五级林长便深入各自的责任区巡林督导。

江西设立省、市、县、乡、村五级林长,通过五级联动组织体系全覆盖,构建"统筹在省、组织在市、责任在县、运行在乡、管理在村"的森林资源管理机制,形成责任到人、分工明确、一级抓一级、层层抓落实的森林资源保护格局。省委明确,在同级林长中,总林长、副总林长为第一责任人,林长为主要责任人。严格实行党政同责、分级负责,保护优先、合理利用,因地制宜、精准施策,依法治林、完善机制,严格考核、兑现奖惩的"五项原则";保护森林资源、发展森林资源、创新管理机制、强化监管手段、完善监测手段的"五项任务";构建出了责任明确的组织、网格化源头管理、"三保、三增、三防"目标、齐抓共管的运行、科学合理地考评"五大体系",切实做到"山有人管、树有人护、责有人担"。

回首江西林长制的八年探索,他们的特点和经验表现在五方面:压实各级党政主体责任,是江西省全面推行林长制的关键;构建网格化源头管理体系,是江西省全面推行林长制的核心;健全林长制工作机构,是江西省全面推行林长制的基础;严格考核评价,是江西省全面推行林长制的抓手;完善系列配套制度,是江西省全面推行林长制的保障。

构筑"江西样板"生态安全"挡风墙"

江西全面推行林长制不仅要保护林业资源，也要让林业资源更好地服务人民。全省林长制启动的 2018 年 5 月 30 日，江西林业向社会公开国家林草局对江西森林和湿地生态效益评估报告，价值 1.5 万亿元，5 年增幅 23%，投入产出比为 1∶10.3。

在林长制推进中，江西在主要通道和生态廊道两侧、重要风景名胜区周围和重点乡村等重点区域，通过生态修复、林相改造和景观提升，实施森林"绿化、美化、彩化、珍贵化"行动，每年完成人工造林超过百万亩，完成低产低效林改造超过 150 万亩，森林抚育超过 500 万亩，各地坚持封山育林，实现了"只能增绿、不能减绿"的目标。

江西牢固树立科学绿化理念，通过森林经营样板基地建设、珍贵树种示范基地建设和林相改造更新试点工作，打造森林质量提升示范样板，广大干部群众育林护林的积极性明显提高，增绿提质氛围更加浓厚。目前，江西森林覆盖率达 63.35%，活立木总蓄积量达 70979.6 万立方米，森林面积达 1035.4 万公顷，呈现森林覆盖率、林木蓄积量和森林面积增长，森林资源质量提高，森林结构优化良好态势。

为构筑绿色崛起的生态安全"挡风墙"，江西围绕樟树、杉树、银杏、楠木等 10 种乡土树，组织乡村自推荐，网络做平台，民众当评委，评选出"江西十大树王"。

二、权更活，保护好赣鄱大地的绿水青山

江西林长制始终坚持系统观念，统筹山水林田湖草沙一体化保护和系统治理，深入推进生态保护和修复。经过多年的探索实践，省林长制已由"全面建立"向"全面见效"转变，在全国起到了示范引领作用。

江西林长制四大创新实践

江西林长制是来源于基层林业资源保护管理实践，是一项自下而上探索形成的生态文明制度创新，着眼提升林业治理体系和治理能力现代化，在组织、制度、管理、模式等层面谋创新、求突破，打造"林长制升级版"，推进了林业高质量发展，也为全国全面推行林长制积累了更多可复制、可推广的创新经验。

江西省林长制的组织体系架构清晰，责任明确，省委书记、省长分别担任省级总林长、副总林长，每年通过省级总林长会议等，高位推动林长制工作；建立五级林长体系、划定责任区域、明确林长责任；以县（市、区）为单位，将所有林业资源合理划定为若干个网格，并以村级林长、基层监管员、专职护林员为主体，构建覆盖全域、边界清晰的"一长两员"源头网格化管护责任体系。经过几年的探索与建设，江西林长制工作创新亮点纷呈。

——在全国率先建立总林长发令机制。2020 年 11 月，江西省签发全国首个省级总林长令——《关于开展林长制巡林工作的令》。通过签发总林长令，推动各级林长主动解决林业资源保护发展问题。各市县的总林长同步向当地发布总林长令，进一步夯实属地责

任、落实工作举措。

——在全国率先制定《林长巡林工作制度》和建立"三单一函"机制。通过林长巡林工作制度，对各级林长巡林工作提出具体要求，在全国率先建立了森林资源清单、问题清单、工作提示单、重大问题督办函的"三单一函"创新机制，推动了各级林长的履职尽责。这个《制度》简称"十五条"，对各级林长巡林的方式、频次和内容进行了明确，要求省级林长每年巡林不少于1次，市级林长每半年不少于1次，县级林长每季度不少于1次。

——在全国率先建立"一长两员"源头管理队伍。建立以村级林长、基层监管员、专职护林员为主体的"一长两员"源头管理队伍，按照一名村级林长、一名基层监管员负责若干管护网格，一名专职护林员对应一个管护网格的原则，构建覆盖全域、边界清晰的"一长两员"源头网格化管护责任体系，实现了林业资源网格化管理全覆盖。

——在全国率先全面应用林长制巡护信息系统。江西在全国率先开展智慧林长平台与国家生态护林员平台系统融合，通过系统，加强对专职护林员日常巡护监管，及时处理护林员巡护发现的破坏林业资源问题，实现了林业资源源头管理信息化。

全省从"全面建立"向"全面见效"

江西林长制形成了林业事业大保护、大发展的格局，林长制实现了由"全面建立"向"全面见效"的转变。

增强了各级党政领导抓林业资源保护的责任意识。通过建立省、市、县、乡、村五级林长组织体系共抓大保护。截至2023年，共有省级林长9人、市级林长92人、县级林长1194人、乡级林长13373人、村级林长27113人。2022年，全省签发总林长令291次，各级林长开展巡林5581人次，市、县两级林长协调解决森林资源保护发展问题2602个。

网格化源头管理成效明显。通过构建覆盖全域、边界清晰的网格化管护责任体系，林业资源得到进一步保护和发展。2022年，江西林业资源违法问题数与2018年相比下降了66.8%，违法面积下降了81.9%，违法采伐林木蓄积量下降了94.17%。

林长制指挥棒更加有力。建立了科学合理的考核指标体系，将考核结果纳入市县综合考核、乡村振兴战略及流域生态补偿等考核考评内容，作为党政领导干部考核、奖惩、使用和自然资源资产离任审计的重要参考，林长制指挥棒更加有力。

江西通过林长制，全方位守护美丽江西草木繁华、万物和谐。推进以武夷山国家公园（江西片区）为主体的自然保护地体系建设，保护了江西省50%以上的自然森林生态系统、30%以上的自然湿地生态系统和90%以上的国家重点保护野生动植物物种，生态系统多样性、稳定性、持续性不断提升。2022年5月22日发布的《江西林业生物多样性保护公报》显示，截至2021年年底，江西已建成国家公园1处、自然保护区190处、风景名胜区45处、森林公园182处、湿地公园109处、地质公园15处，拥有世界遗产5处。全省珍稀极危物种蓝冠噪鹛种群数量从实施保护前的50余只增加到250余只，珍稀濒危物种野生梅花鹿（华南亚种）种群数量由实施保护前的不足 60 头增加到 620 余头。

江西护林员巡山

2022 年，上饶市林长制工作荣获国务院督查激励。该市坚持系统治理、科学管理推深做实林长制，在常态化巡林工作中，做到巡林前有计划、巡林期间有要求、巡林后有结果。紧盯"源头、后台、事件、责任"等重点内容，确保源头有人巡、后台有人盯、事件有人查、责任有人担。构建集"天上看、地上核"于一体的资源动态监管体系，对林地、湿地、草地等变化图斑实时动态更新和自动预警，推动形成"不敢破坏、不能破坏、不想破坏"的资源保护新局面。

红色吉安念好林长制"建、创、管"的"三字经"，创建了一支市县乡村"四级联动"的林长制。全市优选 10220 人担任市、县、乡、村四级林长，高位推动压责任，确保林长制工作落地见效。在全省率先实行市立公园制度和生态红线管控，强化各级党委、政府和领导干部生态环境保护考评和行政问责机制，坚决打击破坏森林和野生动植物资源违法行为，连续 8 年没有出现重特大森林火灾、森林病虫害疫情以及人员伤亡事故，森林生态资源管理做到"零伤害"。

首届林长制论坛为何选择九江市的武宁县？源自江西林改"第一村"长水村不忘初衷，成为首倡林长制"第一县"，走通了"山更青、权更活、民更富"的绿色发展新路。无须闹铃，长水村护林员梅香福每天准时在早上六点醒来，已经养成了全副装备巡山护林的习惯。近 8 年来，他从一个山头到另一个山头，从一片林区到另一片林区，每日步行 6 小时以上、不低于 5 千米的电子数据，清晰地描绘出了他用脚步丈量出的"护林地图"。在武宁县，像梅香福一样的专职护林员有 200 名，还有 208 名监管员和 579 名"林长"，共同管护着 418 万亩林地。护林员日日巡山护林，当地村民也不当"旁观者"和"事外人"。长水村卢育明的"卢氏家训"上写着"尊重自然，保护环境"。村里的余氏、张氏、肖氏等家族也陆续修改家训，添加了"热爱自然、保护生态""树木资源、不许滥砍"等内容。全员护林使武宁县的森林覆盖率从集体林改时的 67.9%，上升到现在的 75.96%，成为首批县级国家森林城市。

综观江西各地市层面的创新远不止这些，南昌市在全省率先开展"护林员 + 无人机"护林巡查，九江市在全国率先探索完善林长制责任落实机制，景德镇市首先创立了全国

"两山"生态检察工作室，萍乡市成立了江西省首支市级"民间林长"队伍，新余市在全省率先推行的"党建＋林长制"工作机制富有特色，鹰潭市在全省率先建设野生动物收容救护站，赣州市在全省率先探索实施林长制示范基地创建，宜春市在全省首创"林长＋警长＋检察长"协作机制，上饶市在全省首创破坏林草湿地资源问题倒查倒逼机制，吉安市在全国首次进行林长制标准化工作探索，抚州市在全省率先建立市县两级林长制智慧管理平台。

智慧林业纳入江西数字经济战略规划

加快落实"数字中国"建设，提升智慧林业水平，是深化林长制改革的主要手段和内容。2023年，省委、省政府将智慧林业纳入江西数字经济战略规划。善于创新、勇于改革的江西林业，自省里全面推广时就有上升为国家战略的意愿和行动，他们把林草治理现代化的法治保障和全方位建立的省、市、县、乡、村林长制责任体系，运用原始创新技术，架构互联协同的林长制综合管理平台，以此探索建设具有江西特色的智慧林业。

怎样耕好林长制的"责任田"？需要精准的林草资源综合监测和山林巡护数据，如果没有数据的支撑，没有绿化用地的落地上图，没有绿化成果的入库管理，林长制的继续和深化就是无米之炊、举步维艰。2017年，省林业局投入专项资金1亿多元，全省各地配套投入5000多万元，强化了基础设施层、数据资源层、应用支撑层、应用系统层、标准规范体系和安全管理体系建设，并同步与国家林草局相关部门合作建设"林长制建设激光雷达结合其他遥感技术的全省森林资源年度出数及一张图应用"项目，全面跟踪全省各市县林长制改革，录入了900个建模标准地的外业调查、外业检查和内业数据，变量提取各年度全省低密度点云数据，建立前期蓄积量反演模型，建成了江西省历次森林资源清查样地、样木数据的自然更新模型，较好地顺应林长制改革对各地资源增长进行适用性检验。

江西的每座山都有专人管护

早在2019年，江西全面应用"林长制巡护信息系统"，实现省、市、县三级系统互联互通。2023年，江西在原有林长制巡护信息系统上，打造融合第5代移动通信技术（5G）、物联网、大数据等新技术为一体的江西省林长制数字管理平台。该平台包括数字林长系统、护林员网格化巡护系统、林业资源动态监管系统、林长制考核评价系统、林长制信息发布系统五个系统，"数字林长""赣林通"两个应用程序（APP）和"赣林码上通"，实现了林长制数字化管理全面升级。在赣林通 APP 上，护林员可以及时上传林地占用、林木采伐、森林火情、森林病虫害等变化情况，监管员与林长办及时掌握护林员的巡护轨迹等情况，并对上报事件进行闭环处置。社会公众如果发现森林异常情况，可以通过手机扫码登录"赣林码上通"，及时上报到林长制数字管理平台，实现了全民参与数字护林。江西省林长制数字管理平台的应用，促进了数字技术与林长制的深度融合，为江西林长制工作数字赋能、协同高效，打造林长制升级版奠定基础，也让林长制实现了从巡护管理向综合管理、从专业护林向全民护林、从单纯基础巡护向数字化管理转型升级。

三、民更富，利用好永续为江西群众造福

森林是陆地生态系统的主体，是人类生存的根基，是丰富的水库、钱库、粮库、碳库。正如习近平总书记所说："植树造林是实现天蓝、地绿、水净的重要途径，是最普惠的民生工程。"江西全面推行林长制，目的在于守护好江西的绿水青山，充分用好用活局省共建的江西现代林业产业示范省政策，使山林涵水聚财助推乡村振兴，积粮固碳提升青山价值，提升林业产业，让江西人民更富裕，永续利用过上高品质的绿色生活。

涵水聚财助推乡村振兴

青山不老、绿水长流，滋养万物、润泽四方，林草的涵水聚财功能可以有力地助推乡村振兴，这也是林长制实施的终极作为。

圆齿野鸦椿、深山含笑、银叶金合欢……在江西省赣州市峰山国家森林公园 2023 年义务植树活动现场，一株株树苗迎风摇曳，焕发着绿色希望。

赣州多山丘，特殊的土质产生一种名为崩岗的地貌。作为最严重的水土流失类型之一，崩岗曾是赣州生态的短板。

为治理这种生态顽疾，近几年来，江西林业引领赣州市结合林长制的实施，向水土流失宣战，实施蓄水保土、植树增绿，从"向山要树"变成"爱山护林"。统计表明，近 8 年累计治理水土流失面积 4238 平方千米，其中 2022 年新增治理崩岗 1600 座。

"以前村里一下雨，土层流失形成泥石流，真让人苦不堪言。如今，沙洲变成了绿洲，变化太大了！"赣州市赣县区白鹭乡小路农场负责人谢小路对当地发生的变化印象深刻。

森林可以向人类持续提供多种产品，包括木材、动植物林副产品、化工医药资源等。同时又提供了重要的空气调节、土壤保持、维护生物多样性等生态产品和服务。江西用林长制严格管护森林，也是打通"两山"路径，建设取之不尽的森林钱库，助力乡村振兴，拓宽百姓致富渠道。盘点江西林长制实施以来惠民行动，在三个方面助推乡村振兴的作用明显。

森林城乡更加美丽宜居。截至 2022 年，江西省共有 11 个设区市和 2 个县成功创建国家森林城市，成为全国首个实现设区市"国家森林城市"全覆盖的省份。江西省级森林城市达 78 个，开展国家森林城市建设的县（市、区）达 19 个，居全国前列，新命名"江西省森林乡村"452 个，"江西省乡村森林公园"164 处。南昌市获批"国际湿地城市"，为全球湿地保护提供示范，为全球环境治理提供样板。

生态空间更加绿色惠民。全省建立乡村森林公园 424 个、乡村风景林示范点 672 个，全国森林康养人家 6 家，全国森林康养基地试点建设乡（镇）1 个，省级森林康养基地 70 个，城乡居民的获得感和幸福感显著增强。

林业扶贫更加生态富民。目前，该省培育林业专业大户 4812 户、家庭林场 1211 个、农民林业专业合作社 3023 个，66 家林业专业合作社被评为国家农民合作社示范社。21 个县（市、区）启动林权收储机构建设试点。全省累计发放林权抵押贷款预计突破 310 亿元、贷款余额 120 亿元。从 2018 年起，累计向 25 个脱贫县安排林业投资 65.6 亿元，占同期林业资金总量的 36.5%。全省选聘的生态护林员都是脱贫人口，辐射带动 8 万脱贫人口增收。

积粮固碳提升青山价值

仓廪实，天下安。江西的莽莽青山也是"绿色粮仓"。从全省的森林粮库油库看，有板栗、香榧等木本粮食，有油茶、核桃等木本油料，有柑橘、脐橙等森林水果，有菌类、竹笋等森林蔬菜，有杜仲、黄精等森林药材和茶、花椒等森林饮料、香料。

众木成林，郁郁葱葱，一座森林就是一个储碳库。森林覆盖率达 63.1% 的江西本身就是一座巨大的森林碳库。与其说林长制保护江西的森林资源，实际上也是在为国家保护一座优质森林"碳库"。

林长制积粮固碳，有效地提升了江西的青山价值。仅从一个赣州看，在林长制的建设和实施中，江西林业支持赣州市县把"四化行动"重点放在产业振兴上，增强"造血"功能，推进精准扶贫攻坚，推动赣南原中央苏区整体跨越式发展、同步全面小康，使之成为最具潜力、支撑全省协调发展的重要增长板块。

在这片希望的山川大地上，新林农驱动林业新产业、新业态、新模式百花齐放，耕耘的丰收不断地变着花样。赣州林业充分利用林地资源优势，结合乡村振兴战略，大力培育和发展以油茶、毛竹、森林药材、森林食品、香精香料、花卉苗木和森林景观利用为主导的林下经济，加快推动林农脱贫致富。新造高产油茶林 10 万亩，改造低产油茶林 10 万亩，做出了"赣南茶油"品牌。新建毛竹笋用林 2580 亩，改造低产毛竹林 8.8 万亩，建设竹林道路 11 千米。以山香圆、厚朴、黄柏、黄栀子、草珊瑚、金银花、灵芝、铁皮石斛等本地中药材为重点，建设森林药材种植基地，推进森林药材资源培育优化升级，安远、全南、赣县、会昌森林药材产业得到规模集约发展。

振兴林业产业让林农富起来，钱袋子鼓起来。放眼赣南小县城定南山川，望不到边

江西浮梁县林长制管护森林资源

的脐橙园，郁郁葱葱的油茶林，让青山绿水流淌新希望。在历市镇赤水村钟爱华的油茶基地里，　株株油茶树亭亭玉立，叶了片片青翠，仅有 1 年树龄的 10 亩油茶长势喜人。他告诉我们，"如今种油茶，果还没挂就见到了真金白银"。除政府全额补助苗木款外，油茶种植每亩补贴 800 元，10 亩油茶林仅种植和苗木补助就有 1 万多元。

林业产业稳居第一方阵

林业产业是支撑林长制和林业经济发展的根基所在。江西林业牢牢抓住局省共建现代林业产业示范省的机遇，坚持把发展林业经济的着力点放在油茶、竹木制造、林下经济等实体经济上，使产业呈现出总量做大、结构做优的良好态势。

江西现有油茶林 1598 万亩，总产值 383.5 亿元，面积和产值均居全国第二位；现有竹林 1556 万亩，森林药材种植 79.6 万亩，林下经济总规模 3934 万亩，产值 2034 亿元，产业和产值规模均居全国前列，全省建立 32 处省级森林药材科技示范基地，制订森林药材种植标准 20 多项，全省森林药材种植面积已超 100 万亩。2022 年，林业总产值突破 6000 亿元，稳居全国第一方阵。

江西结合现代林业产业示范省建设，实施油茶产业"三千亿工程"、竹产业"千亿工程"、林下经济"三千亿工程"，53 家国家重点林业龙头企业和 364 家省级林业龙头企业利用"企业＋合作社＋基地＋农户"模式，示范引领带动产业转型升级，培育林业产业集群，有力地促进了林农的增收致富，推动林业产业高质量发展。

江西以科学的方式"用绿"，打造了具有鲜明特色的现代林业产业体系。省政府与中林集团签署战略合作协议，双方在碳汇开发和交易、油茶种植和加工、竹缠绕技术加工利用和推广、重型木结构加工利用、生物质能源开发等方面开展合作。省政府筹建中林

（江西）林业投资开发集团有限公司，计划 8 年内在全省建设 500 万亩国储林、500 万亩油茶基地，总投资额度 800 亿元以上。2020 年，举办首届江西林业产业博览会，750 多家林产品企业参与活动，充分展示林业产业在社会经济发展中的地位和作用。连续 10 年成功举办中国（赣州）家具产业博览会，南康家具成为全国最具竞争力的现代家具产业集群。

林长制开启了江西林业强省建设的坚实步伐，该省规划到 2025 年，全省森林覆盖率稳定在 63.1% 以上，继续保持全国领先；乔木林亩均蓄积量达到 6 立方米，力争达到全国平均水平，生态系统质量保持全国前列；现代林业产业示范省建设取得明显成效，林业产业总产值达到 8000 亿元，继续保持全国第一方阵。

林长改革谱新篇，绿水青山带笑颜。江西深入贯彻习近平生态文明思想，抓实抓细林长制工作，不断促进林业高质量发展，打造美丽中国"江西样板"，为奋力谱写中国式现代化的江西篇章贡献智慧力量。

第五节　湖北武汉：珍爱湿地、守护未来

——武汉人民牢记习近平主席致辞持续推进湿地保护事业高质量发展

"中国有很多城市像武汉一样，同湿地融为一体，生态宜居。"按照习近平主席在《湿地公约》第十四届缔约方大会开幕式上的致辞内容，打开武汉地图，"湿地城市"映入眼帘。境内江河纵横、湖泊密布，拥有 165 条河流、166 个湖泊，全市湿地面积约为 16.24 万公顷，占区域面积的 18.9%。5 处湿地自然保护区、10 处湿地公园，犹如散落在城市之中的绿色明珠。

这座镶嵌于河湖之间的"国际湿地城市"，早在 20 多年前也一度经历城市化、工业化快速推进造成的填湖造楼、围湖造田，不少湖泊逐渐萎缩，湿地遭到破坏。武汉西南的沉湖湿地曾因围湖养鱼导致水质恶化、鸟儿不敢亲近。武汉市园林和林业人是生态建设的前沿先锋，他们深知湿地对于武汉人民的重要性，这座早已超过千万人口的湿地之城，不能因为人为活动而患上"肾病"，城市各类湿地涵养水源、调节气候、维护生物多样性等多种生态功能不能缺失，必须处理好人与湿地的关系。武汉市园林和林业局把保护和修复城市湿地的报告递交到了市委、市政府，省委、省政府领导的案头上，得到了省市领导和省林业主管部门的高度关注。

经过 10 余年的抢救性保护和修复，截至 2018 年年底，武汉城市湿地生态基本恢复，保护成效日益凸显。2019 年 6 月，武汉市政府提请省政府和省林业局向国家申办《湿地公约》第十四届缔约方大会的请示得到回应后，市局全员行动，立即组建专班，协助武汉市筹备工作组与国家林草局和省林业局开展全方位对接，启动筹办工作。

武汉市筹办的《湿地公约》第十四届缔约方大会，是我国在党的二十大召开后举办的第一个主场外交活动，规格高、影响大，习近平总书记以视频方式出席大会开幕式并发表重要致辞。在国家、省、市共同努力下，大会实现了硬件建设"零延误"、关键活动"零误差"、服务保障"零差评"、会场安全"零事故"，取得圆满成功。此次大会广泛传播了习近平生态文明思想，展示了湖北省特别是武汉市在生态保护、绿色发展、城乡建设、民生改善等方面取得的新成效，为全球湿地生态治理贡献了武汉方案。国家林草局局长关志鸥赞誉："成功在安全，精彩在宣传。"

一、严格管护，只增不减，涵养自然之美

大美如画，锦绣如屏，涵养自然之美。

湿地被喻为"地球之肾"，是重要的生态系统，具有涵养水源、净化水质、调节气候、维护生物多样性等多种生态功能，也是众多野生动植物的生存繁衍、栖息之地，与人们的生产生活息息相关。2010 年出台《武汉市湿地自然保护区条例》，明确禁止在保护区内实施以挖塘、填埋等方式破坏湿地等行为。2013 年，《武汉市湿地自然保护区生态补偿暂行办法》出台，每年安排 1500 万元，对因保护湿地和野生动物而遭受损失的农户和单位实行分类补偿。其后陆续推出《武汉市湿地保护修复制度实施方案》《关于进一步规范基本生态控制线区域生态补偿的意见》等政策文件，将全市 5 处湿地自然保护区和 10 处湿地公园纳入生态保护红线范围，建立湿地保护修复补偿机制和湿地损害终身追责机制，确保湿地面积只增不减。20 多年的持续建设和保护，终使长江之畔、东湖之滨的武汉，收获了世界的目光。

致辞是对武汉人民的担当赞誉

漫步东湖，水光潋滟，草木斑斓，飞鸟翔集。2022 年 11 月 5 日至 13 日，《湿地公约》第十四届缔约方大会在"国际湿地城市"武汉设主会场，并在瑞士日内瓦同步举行。这是我国首次承办《湿地公约》缔约方大会，共有 142 个缔约方和有关国际组织的 900 多名代表参会。大会规格高、影响大，形成了一系列重要成果。

11 月 5 日下午，在主题为"珍爱湿地 人与自然和谐共生"的武汉主会场开幕式上，习近平主席以视频方式出席并发表题为《珍爱湿地 守护未来 推进湿地保护全球行动》的致辞，"古往今来，人类逐水而居，文明伴水而生，人类生产生活同湿地有着密切联系。我们要深化认识、加强合作，共同推进湿地保护全球行动。"习近平主席的致辞引发热烈反响。身处主会场周围的武汉人民认为，主席的致辞，树立了湿地保护的"航向标"，是对武汉人民的担当赞誉。

《人民日报》、新华社是这样报道武汉市园林和林业局领导的心情的，"习近平主席的致辞，让我们倍感振奋，信心满怀。"武汉市牢固树立和践行绿水青山就是金山银山理念，大力加强湿地保护修复，编制小微湿地保护和修复指南等文件，启动智慧湿地项目

建设，湿地生态全面向好。下一步，将推进湿地保护事业高质量发展，努力绘就江城美丽生态画卷。

"四零"评价彰显大城风范

《湿地公约》第十四届缔约方大会是党的二十大胜利召开之后的第一个主场外交活动，是党中央、国务院交给武汉的一项重大任务。在大会组委会、执委会的领导下，武汉举全市之力、汇全民之智，坚持精准、精细、精湛的标准，历经千余天的精心筹备，成功举办了一场"中国气派、荆楚特色、江城风韵"的国际湿地大会。

这次国际盛会的成功举办，实现了硬件建设"零延误"、关键活动"零误差"、服务保障"零差评"、会场安全"零事故"的"安全健康、开放包容、创新务实、绿色节俭"办会目标。这背后是武汉市政府、武汉园林和林业人全力筹备大会的甘于奉献、敢于担当、精诚团结。

回顾这次国际盛会的圆满成功，武汉市园林和林业局做到了全员行动，完满配合。局机关健全完善的调度机制，及时跟进督办任务完成进度，配合筹备专班落实每日的调度、每周的通报，每项任务都有操作单和明确的责任人及完成时限。市局领导班子7位成员、局系统12位处级干部及70余名工作人员精锐尽出，确保了"战斗力"的充分发挥。国内国外同频共振，日内瓦工作组制定任务清单，建立多方工作协调机制，与国内保持密切联系，及时沟通协调筹备细节，积极争取最佳展陈空间，仅用半个月便完成了42平方米的中国湿地主题展布展工作，确保两个会场同样精彩。重点工程重点督办，全局持续开展检查督办工作，先后召开现场调度会几十次，成功保证重点工程按计划完成。指导协调东湖风景区高质量地完成了中国履约《湿地公约》30周年成就展。

会议筹办在全市各个部门，具体落点在园林林业。会议筹办期间，武汉市园林和林业局做到了精益求精，做好了细节控制，把住了"质量关"。他们围绕6大主要活动方案和70多个子方案，力求精细到每一步骤、每一个责任人。10月初进入实战演练阶段，对各活动进行了反复的桌面推演和专项模拟演练，确保大会重要活动万无一失。在主会场开幕式检查结束后，有的同志因劳累

武汉湿地自然壮美

过度而"被迫送进医院"。

"四零"评价彰显武汉大城风范。在市园林和林业局的协调服务下，全市各部门精确做优接待细节，精准开展招募培训，精湛做好会务保障。市团委精准完成大会志愿者招募培训，市文化和旅游局精心组织开幕式地方文艺展示节目，市教育局悉心组织青少年向全世界发出湿地保护倡议，市公安局、国安局全力做好大会期间安保工作。开展多部门联合检查，确保电力、通信、网络、消防、食品卫生等安全可靠。细致做好代表抵离迎送、讲解安排等接待工作，高质量地完成了大会的服务和保障。

树立中国湿地保护的武汉旗帜

守护生态底色，建设湿地花城。在通过"武汉宣言"的《湿地公约》第十四届缔约方大会上，武汉市荣获国际湿地城市，是全球国际湿地城市中首个千万以上人口的城市。

武汉市精心准备主题展览，呈现湿地保护的"成绩单"。利用废弃水厂打造中国履行《湿地公约》30周年成就展，在武汉和日内瓦两地举办大美湿地主题展览等活动，全面展示中国履约及湿地保护成果，并同步在大会官网上进行线上展播。制作了5部湿地系列书籍图册、1部纪录片、5部宣传片，全面展示武汉湿地保护成果。选择富有湿地特色的沉湖、东湖、青山江滩等地作为大会考察点，并开展主题展览，引起热烈反响，受到社会各界的广泛好评。会议期间，《人民日报》、新华社等50余家媒体深度聚焦，树立了中国湿地保护的武汉旗帜，极大提升了武汉湿地建设保护在海内外的影响力和美誉度。

2022年11月8日，武汉市园林和林业局在缔约方大会会期，成功主办了"共建生命长江 传承大河文明"首个大保护边会，会议邀请业内大师级专家、学者，以论坛的形式共商长江生态保护和绿色发展，分享国际国内最前沿的信息技术。同时，邀请优秀企业进行案例分享，为有意愿参与长江大保护和生物多样性保护的有志之士提供交流平台和实践路径。借全球平台，讲武汉湿地故事，发起《全民参与长江大保护倡议书》，在推进湿地保护与发展中贡献了武汉力量。

武汉市园林和林业局同时承担着《湿地公约》第十四届缔约方大会日内瓦会场的组织工作，使中国湿地保护旗帜在日内瓦会场高高飘扬。按照大会执委办的安排，受武汉市委、市政府派遣，10月6日由市园林和林业局党组书记率队、市委外办与市园林和林业局共同组成的武汉工作组一行3人赴日内瓦，与国家林草局专班3人共同组建日内瓦工作组。在时间紧张、工作繁重、任务艰巨、条件有限等多重压力之下，工作组勇担重任、奋力攻坚，扎实推进日内瓦会场筹备工作，圆满完成开幕式和高级别会议，顺利举办了两场国家重要边会，参与湿地城市颁证仪式及湿地城市市长边会，在日内瓦国际会议中心举办的中国湿地主题展览上，充分展示了武汉市的湿地资源概况及保护成效等，来自世界各地的参会代表纷纷驻足、频频称赞。

二、珍爱湿地，持续修复，润泽和谐之美

20多年来，武汉市率先开启湿地保护地方立法和制度建设，积极推进湿地保护，相继组织实施大东湖水网、六湖连通、四水共治等生态修复项目，近7年累计投入湿地保护修复资金10多亿元，退渔还湿9.5万多亩、退耕还湿1万多亩。多措并举完善湿地管理体系，相继设置武汉市园林和林业局野生动植物与湿地保护管理处、武汉市湿地保护中心，配备专职管理和专业技术人员。因地制宜构建起以湿地自然保护区、湿地自然公园、城市湿地公园、郊野湿地公园、小微湿地、野生动植物重要栖息地为主的湿地保护框架，对湿地资源进行分类保护和管理。实施智慧湿地管理，运用物联网、大数据、云计算等技术，实现图像识鸟、声纹识鸟、远程监控，在全市湿地类型自然保护地安装了微气象、水温、水质、土壤、野生动植物等162个前端物联感知设备，对湿地进行数字化、标准化、常态化管理。

武汉市多方联动形成湿地保护合力，为湿地保护提供政策支撑和行动保障，联动全市12处宣教场馆、69处科普基地和30余个非政府组织，开展湿地保护和科普宣教活动，吸纳20多万志愿者，形成"政府主导、部门协同、社会参与"的湿地保护工作机制，汇聚起了湿地保护的强大合力。2023年5月，经市政府同意，建立了武汉市湿地保护工作联席会议制度，为深入推进湿地保护事业高质量发展奠定了基础。今天的武汉，全民珍爱湿地，全力持续修复，润泽出了武汉湿地的和谐之美。

东湖生态旅游风景区：建设闻名世界的城市生态绿心

东湖如同一颗璀璨的绿宝石，镶嵌在武汉的城市中央。作为国家5A级旅游景区、国家湿地公园、国家生态旅游示范区，武汉市东湖生态旅游风景区坚定不移走生态优先、绿色发展之路，建设城市生态绿心，打造城中湖典范。

按照《湿地公约》第十四次缔约方大会筹备工作统一部署，承担中国履行《湿地公约》30周年成就展的落雁主景区、华侨城湿地公园、湖光阁区域是大会重要参观考察点，为了确保考察线路沿线整体景观效果，近几年来，管委会加大全园建设力量，提升景区景观建设，加强湿地资源保护，圆满完成了沿线区域环境综合整治工作和参观考察服务保障工作。

城湖共生，打造城市生态绿心。美丽的东湖春季樱花盛开，夏季帆船逐浪，秋树层林尽染，冬梅迎风傲雪。一年四季赏不尽的东湖美景背后，是众多东湖人多年来的用心守护。秉持"城湖共生"的发展思路，东湖风景区立足生态建设，以水环境治理为核心，大力改善东湖水质，探索出一条生态治水之路。从截污控污到排口整治，从退渔还湖到生态修复……东湖整体水质提升为Ⅲ类，为近40年来的最好水平。在东湖实施的水生植被和湖边塘水生态修复，让140公顷水域重现"水下森林"。通过促进水质自我修复，使东湖水域自我修复能力得到提升。全长102千米的东湖绿道，充分依托山、林、泽、园、

岛、堤、田、湾等自然风貌，将东湖变成市民亲近自然的城市生态绿心，既是市民徒步、骑行的好去处，又能锁定湖泊岸线，减少面源污染。东湖绿道成为"河畅、水清、岸绿、景美、人和"的城市湖泊治理示范样本。2019 年 4 月，东湖获评"长江经济带 2018 年最美湖泊"。2020 年 11 月，东湖以高分通过全国示范河湖建设验收，成为全国示范河湖中唯一的城中湖。2021 年 5 月，东湖入选湖北省"美丽河湖"优秀案例。

人水共融，建设人民的乐园。全域旅游发展模式下，东湖不断绘出新画卷，成为美丽的"城市花园"。7 段景观绿道、10 大游览节点、25 处景观亮点错落有致，楚才园、国际公共艺术园、华侨城生态运动公园、时见鹿书店等标志性文化景观集中展现东湖的艺术气息和人文积淀，营造了共创共建共享的公共文化空间。绿道二期建设期间，结合 AR 等现代数字技术重现周苍柏纪念室、寓言雕塑园、德佑剧场等文化场馆，保留了城市记忆，留住了乡愁。在东湖，游客可根据需求体验蓝色水上旅游、绿色生态旅游、红色教育旅游、古色历史旅游、夜色休闲旅游等"五色线路"。以赏花节、音乐节、艺术节、诗歌节、戏剧节、造浪节、雕塑展等为代表的文化旅游节庆活动为游客带来丰富体验，绿道上的新项目逐渐打破了东湖以传统观光为主的旅游发展模式，东湖旅游产品走向个性化、多元化、时尚化。作为城市生态绿心，在节假日，东湖吸引大量市民游客游览观光，每年中秋节假期，东湖生态旅游风景区每天接待游客 20 多万人次。

共建共享，共同缔造居民美好生活。作为武汉城市绿心，东湖风景区将建设成果与全民共享，还湖于民、还绿于民，助力市民创造美好生活。东湖绿道的建成开放，将已开放的东湖美景与周边村落串联起来，更加完整地呈现东湖美景，实现城市公共空间共享，给市民提供更可达、更生态、更包容的公共休闲空间。东湖绿道布设人行道、自行车道，并参照世界自行车道标准修建了带有一定弯度和坡度的东湖环湖车道，成为市民游客的"天然健身房"。东湖绿道通过智慧赋能，与群众共享科技成果。东湖智慧绿道系统采用先进的互联网、物联网技术，实现全程监控、免费无线网络（WiFi）、语音寻人、游客量统计等功能，为绿道运营管理保驾护航。

《湿地公约》第十四届缔约方大会把中国主会场设在武汉东湖，此时正是候鸟迁徙的季节，与会代表将置身东湖湖畔，切身感受武汉湿地的魅力。在那段时间里，全世界的目光聚焦东湖，绽放出人与自然和谐共生的精彩故事。大会后，东湖生态旅游风景区全面总结考察接待工作，围绕"一道"引领、"两网"交织、"四区"联动、"一带"融合思路，优化提升《东湖生态旅游风景区保护与发展"十四五"规划》，围绕打造"世界名湖人民乐园"的战略目标，全力把东湖建设成为山水相依、城湖相融、人文相映的生态典范，彰显楚风汉韵、滨湖休闲、文化多元的文旅胜地，为世界各地的游客营造更美好的"诗和远方"。

沉湖国际重要湿地：打造湿地水禽遗传基因保存库

位于蔡甸区西南部的沉湖湿地，总面积 11579 公顷，是长江中下游地区典型淡水湖

武汉湿地

泊沼泽湿地，是东亚—澳大利西亚全球候鸟迁徙通道的重要越冬地和栖息地。拥有273种鸟类，其中国家一级保护野生鸟类14种，国家重点保护野生鸟类50种，列入《世界自然保护联盟（IUCN）濒危物种红色名录》极危物种的有青头潜鸭、白鹤、黄胸鹀等，有18种鸟类分布数量均超过全球种群数量的1%，被誉为"鸟类天堂"和"湿地水禽遗传基因保存库"。同时，沉湖湿地拥有丰富的植物资源，共分布有维管束植物441种，其中，国家二级保护野生植物4种：野莲、野菱、野大豆、粗梗水蕨。芦苇面积2万亩、高达3米的芦苇荡，是野生动物天然的庇护所。

沉湖国际重要湿地由沉湖湿地自然保护区管理局管理，因其生态结构完整，功能独特，野生动植物资源丰富，以及所处的重要生态区位，2007年被世界自然基金会（WWF）列为"长江中下游湿地保护网络"首批重要成员，2009年被国际鸟盟列为国际重要鸟类分布区，2013年被确定为国际重要湿地，也是武汉市唯一的国际重要湿地，全国共有82处。

20世纪五六十年代，沉湖湿地所在的洪泛区开始大规模的水利工程建设和围湖造田，直接导致沉湖湿地水域面积大幅度缩减。20世纪80年代开始，随着水产养殖技术的推广，沉湖湿地内的自然湖泊开始发展水产养殖，湖滨地带也被围成鱼塘，人为活动大幅增加，对自然湿地生态系统造成了较大的影响。21世纪以来，特别是党的十八大以后，生态文明建设得到高度重视，武汉市和当地政府下大力气实施湿地保护修复，开始了"人退鸟进"的进程。经过多年努力，沉湖湿地的生态环境明显好转，生物多样性日益丰富。湿地生态的指示物种水鸟数量稳步增长，2019—2022年，分别记录到越冬水鸟3.2万只、6万只、7.7万只、8.5万只。2023年1月，沉湖越冬水鸟种群数量突破10万只，为沉湖湿地有鸟类监测记录以来之最。2019年12月至今，新增鸟种记录33个。维管束植物物种数量也从2005年科考报告记录的315种增至441种。

沉湖湿地自然保护区设立以来，开展了一系列湿地生态恢复和治理工作。"补偿激励"：2013年10月，武汉市在全国副省级城市率先推出"湿地生态补偿机制"——《武汉市湿地自然保护区生态补偿暂行办法》，依据湿地自然保护区功能划分、核心区、缓冲区、实验区，投入财政专项资金分类进行生态补偿，用激励机制引导农民调整种植和养殖方式。"退还湿地"：2017 年，实施"三网（围网、拦网、网箱）"拆除。2019 年，全面取缔沉湖湿地核心区和缓冲区内的种植、养殖生产经营活动，退养面积约 7.8 万亩，退养区域纳入统一生态管护。"修复湿地"：以自然恢复为主、人工修复为辅，破除塘埂，联通水系，修复退化湿地 1400 公顷。"宣教利用"：充分发挥自然教育和科普宣教功能，联合高校、科研院所、公益组织、周边村民等开展湿地保护行动，形成公众参与保护湿地以及野生动植物的良好局面。

2021 年 7 月起，沉湖湿地生物多样性智慧监测系统投入试运行，能够高效率进行数据采集分析，从而识别鸟类、指挥巡护等，为湿地保护添加科技翅膀，是武汉"智慧湿地"建设的重要成果之一。进入系统后，首先呈现的是沉湖湿地的总体概况，包括区域范围地理位置、地质地貌、气候、水文、土壤、植被、动物等。在中间的实景模拟地图中，还包含有根据保护区历年监测数据，标注出来的国家重点保护野生植物、动物在沉湖的主要分布点位。在智慧系统的核心功能部分，主要呈现实时监测、巡护管理、实景模拟"三大模块"。

"沉湖湿地生物多样性智慧监测系统，可以实现实时监测、调度指挥和实景模拟。"武汉市蔡甸区沉湖湿地自然保护区管理局工作人员谭文卓介绍，系统自 2021 年 7 月起投入试运行，目前系统已经沉淀了 240 万条声纹信息，识别了 224 种鸟类。给豆雁、普通鸬鹚安装的背负式卫星跟踪器，清晰记载了它们在全球尺度上的历史飞行轨迹。与此同时，系统还可以进行退水时间模拟、游客流量模拟、富营养化推演，为湿地保护提供更精准的决策支撑。

2023 年 4 月，我们回访沉湖湿地的观鸟屋，看到前来参观的中外嘉宾透过望远镜，观测湖畔栖息的鸟群。沉湖湿地自然保护区管理局工程师冯江细致地为嘉宾们介绍："大家看，这是国家二级保护野生动物小天鹅，这是白琵鹭……"冯江是 2008 年从华中农业大学毕业来到沉湖湿地自然保护区管理局的巡护监测员。15 年来，冯江扎根基层，坚持湿地生态环境监测、调查和保护工作，成了大家口中的沉湖湿地"活地图"。为了保护沉湖湿地和在这里栖息的珍稀鸟类，冯江和同事驻守在基层站点，每天骑摩托车，带上相机和望远镜，在湿地巡查。有时深夜出门、通宵巡护。道路崎岖难行，夜晚看不清，他曾连人带车栽进过鱼塘。在冯江和湿地管理局同志们的共同监护下，沉湖湿地水鸟种类和数量稳步提升，湿地生态系统得以逐步恢复。前不久，鹊鹞、白尾鹞、白腹鹞、日本松雀鹰、红脚隼等 10 余种珍稀猛禽，一天之内密集现身沉湖湿地，场面蔚为壮观。冯江自信满满："沉湖生态越来越好，最近一个月记录到的水鸟数量已超 3 万只，有全社会的共同努力，我们一定能够守住湿地生态安全边界，保护好生物多样性，为子孙后代留下这片大美湿地。"

东西湖区：擦亮生态底色创建国家级生态文明建设示范区

凌空俯瞰，湖泊密布、青山滴翠。武汉市西部的东西湖区东临长江，汉江、汉北河、沧河、府河如同四条玉带琼边，托起这片约 500 平方千米的土地。26 个湖泊藏身其中，如一颗颗蓝色宝石。东西湖区积极践行生态优先、绿色发展理念，持续推进长江大保护，加快生态文明建设，努力实现山更绿、水更清、天更蓝、空气更清新，不断彰显"湿地花城"生态底色，绘就了一幅人与自然和谐共生的"湖乡山水"画卷。

呵护河湖，实现水清岸绿。当清晨的第一缕阳光铺洒在杜公湖国家湿地公园，鸟儿清脆的叫声形成了大自然的协奏曲。杜公湖湖水清澈，"水下森林"清晰可见，湖畔绿树成荫，湖内鱼儿游弋，树梢群鸟聚集，尽显"人水和谐"的自然灵动之美。东西湖因湖而名，依水而兴。兴城先须治水，治水首在护湖。东西湖区共分布 4 条主要过境河流、若干小型沟渠、26 个湖泊，水域面积共达 124 平方千米，约占全区总面积的 1/4。近年来，东西湖区将"水更清、河更畅、湖更美"作为使命担当，通过截污控源、排口整治、清淤疏浚、退垸还湖、生态修复、水系联通等措施，重拳治水、科学护水，持续改善全区水生态水环境质量。东西湖汉江边的白鹤嘴水厂等 5 个饮用水水源保护区均布设了保护设施，5 座饮用水水源保护区内的安全隐患点全部清除。按照"流域治理、水岸同治"工作思路，东西湖搭建区级流域河湖长工作体系，进一步提升全区河湖长制工作认识，增设流域范围内非临水社区级河湖长，实现临水区域和非临水区域全覆盖。与此同时，东西湖区深入开展长江（汉江）入河排污口排查整治，加强工业企业排污监管，严格执行"十年禁渔"规定，落实湖泊退养要求，整治消除黑臭水体。通过全面落实长江大保护各项措施，恢复湖泊水域控制线、实施湖泊底泥清淤疏浚及水生态系统构建、强化湖泊日常管控等方式，打造水清、岸绿、景美的水生态环境，东西湖区水环境质量显著提升。截至 2022 年 10 月的监测结果显示，东西湖区饮用水水源地水质达标率 100%，汉江舵落口断面、府河李家墩断面水质均达标；全区 26 个湖泊水质明显改善，劣Ⅴ类水质湖泊全部消除，Ⅲ类及以上水质湖泊比例大幅增加。

协同治理，守护大美湿地。秋日午后，阳光正好。步入杜公湖国家湿地公园东门，映入眼帘的是一座小型的生态氧化塘，一株株睡莲浮在翠绿的塘水上。武汉有 6 处国家级的湿地公园，东西湖区拥有其中两处——杜公湖国家湿地公园和金银湖国家城市湿地公园。退渔还湿、生态移民、禁养畜禽，177 种维管束植物自由生长。以野趣闻名的杜公湖国家湿地公园，8 万株垂柳、芦苇等乡间本土植物默默生长，7.9 万平方米的水域，香蒲、菖蒲、睡莲、苦草等水生植物轻拨湖面，引来蜻蜓驻足。杜公湖国家湿地公园处于府河候鸟迁徙通道上，为吸引鸟类前来过冬，东西湖区在公园附近，根据鸟类觅食、栖息等需求，种植了 28 公顷杉树林以及 10 余公顷的柿子、枇杷、枣树、石榴等果树林，在保留湿地自然风貌的同时，又保障了足够的鹭鸟停栖与觅食的滩地空间。赏游船码头，观秋日落叶。每到周末，金银湖国家城市湿地公园迎来不少徒步或骑行的市民，他们在美景中放松身心、陶冶情操。金银湖位于东西湖区东部，是东西湖辖区内最大的中心湖泊。近年来，东西湖区实施退田还湖、退耕还湿、退居还湿、退建还湿"四退"工程，扩大金银湖国家城市湿地公园的湿地面积，联通各个水系，打开生物通道。同时，打造 37 千米的湖岸线，沿线建设水榭、栈桥、浮桥、码头等多种亲水空间，实现人与自然和谐共处。经过水生态修复及景观提升，以水生植物为特色的金银湖国家城市湿地公园，目前水体透明度超过 2 米，5.9 万平方米"水下森林"灵动多姿，呈现出水清岸绿景观，吸引大量鸟类栖息筑巢。

精雕公园，共享绿色空间。傍晚时分，东西湖区径河公园里游人如织，河岸边是长长的绿道，晚霞倒映在河水中，新建成的驿站、游乐设施伫立在花海间，孩童嬉戏玩耍，岸边游人垂钓，呈现出一幅美丽和谐的生态画卷。近年来，东西湖区相继建成金银湖、杜公湖、径河、黄狮海、码头潭、黄塘湖等公园，"一湖一公园"已成为东西湖亮眼的生态标签。漫步东西湖，人在城中、城在景中、景在绿中，"湿地花城"特色的公园城区，让整个东西湖四季有花、四季常绿。径河公园以生态为依托，打造兼具生态防护、休闲游憩、湿地科普、观光体验等多种功能且具有郊野特征的城市休闲公园。艺术创意商业段、运动风尚活力段、市民生活休闲段和绿色生态养生段四段主题景观带相继亮相。2022 年 9 月正式建成的樱花溪公园，北与径河公园相连，南与码头潭公园相接，全长 3.3千米，来年春天将呈现独特的"樱花水岸，花色盛宴"。该公园引进 40 多个樱花品种，囊括早中晚樱，春天时将次第盛开，花期可从 2 月中旬持续至 4 月中旬，为市民带来独特的赏樱体验。莲花湖公园是一座以"静谧杉树林，清爽莲花湖"为设计主题的生态公园。公园充分考虑居民需求，将原有围墙打开，使静谧的杉树林片区与活跃的滨水景观区有机结合，滨水区设置沿湖步道、观湖平台及休憩场地，形成可观、可赏、可驻足的滨水景观空间。

近几年来，东西湖区持续推进精品公园绿地建设，打造具有"湿地花城"特色的公园城镇和生态宜居城区，为市民提供更多绿色公共空间。截至 2023 年 5 月，东西湖区建成区绿地面积约 36 平方千米，公园绿地面积约 12 平方千米，人均公园绿地面积达 14.25平方米。推窗见绿，出门入园，东西湖呈现出天蓝地绿水清的生态之美。

站在新起点上，今天的武汉东西湖区继续推动绿色发展，坚持山水林田湖草沙一体化保护和系统治理，奋力创建国家级生态文明建设示范区，为保护好湿地生态、守护好绿水青山贡献力量。

三、系统施治，生态惠民，和合共生之美

鹤舞鹿鸣，花叶葳蕤，万物生灵栉风沐雨，人与自然美美与共。武汉晋级"国际湿地城市"，是因为全市持续 20 多年保护修复湿地，形成了强化立法、形成体系、分类管理、系统整理、智慧管理、多方联动的"武汉经验"。国际盛会结束后，武汉市依然积极践行生态优先、绿色发展理念，持续推进长江大保护，加快生态文明建设，努力实现山更绿、水更清、天更蓝、空气更清新，不断彰显"湿地花城"的生态底色，绘就人与自

然和谐共生的"湖乡山水"美丽画卷。全市上下总结经验，坚持系统施治，生态惠民，让湿地资源产生永久的和合共生之美。

多措并举，确保湿地产生三大效益

坚持生态优先，增进绿色福祉。湿地保护的"武汉旗帜"不仅仅是湿地保护单方面的经验，而是武汉推进生态文明建设的实践，其中蕴含着超大城市治理的深层次逻辑，而不只是局限于生态领域的价值所在。

"武汉旗帜"的价值体现在系统思维上。作为全球内陆湿地资源丰富的城市之一，武汉打造"国际湿地城市"看似具有先天优势，其实不尽然。现在拥有 5 处湿地自然保护区、10 处湿地公园、165 条河流、166 个湖泊的武汉，曾经一度因围湖造田、房地产及城市圈扩张影响，湖泊萎缩，被污染的水体扰乱了湿地生态系统，破坏了生物多样性。对此，武汉选择系统立法先行、系统治理跟进的策略，不仅在全国副省级城市中率先出台《湿地自然保护区条例》，还相继出台生态补偿办法等配套法规，用激励机制引导农民调整种植和养殖方式，缓和人鸟矛盾；不仅积极实施长江大保护，还将海绵城市建设融入其中。系统思维让"武汉经验"避免了"单打一"的点状突破和资源的单向流动，实现了"四两拨千斤"式的城市整体发展。

"武汉旗帜"的价值体现在创新思维上。城市治理是社会治理的重要内容，是提升治理能力的主战场。没有创新思维，城市治理或陷入"一刀切"的简单思维模式，或落进刻舟求剑的僵化思维怪圈。武汉在湿地保护中充分运用创新思维，在全市湿地自然保护地安装微气象、水文、水质、土壤及鸟类图像识别、声纹识别等环境和生物因子物联感知设备，运用物联网、大数据、云计算等技术，对湿地生态组分、生态过程、威胁因子等进行实时监控和动态监测，提升湿地管理数字化、智能化、标准化水平。创新思维助力武汉成为世界级湿地城市，也必将从整体上推动市域经济社会发展和治理能力的质量变革、效能变革、动力变革。

"武汉旗帜"的价值体现在辩证思维上。辩证思维能力，就是承认矛盾、分析矛盾、解决矛盾，善于抓住关键、找准重点、洞察事物发展规律的能力。生态文明建设是一篇大文章，不可能一挥而就。"武汉旗帜"展现的辩证思维最具启发之处在于，首先抓住长江大保护、两江四岸整治、大东湖治理、汉阳六湖联通等一批重大生态修复工程进行重点突破，以此带动小微湿地变身城市"毛细血管"和公众亲近自然的家门口公园，从而形成了全社会关注生态改善、参与生态建设的良好局面。

湿地保护的"武汉旗帜"告诉人们，超大城市治理千头万绪，做好区分阶段、把握过程、慎终如始，有步骤、有针对性地开展工作，城市治理才能赢得主动权。武汉市并没有因为国际盛会结束而把以湿地保护为重点的生态文明建设告一段落，全市修订"十四五"规划及三年行动计划，以市园林和林业局牵头，持之以恒地建设"千园之城"，以自然山体湖泊为基底，精益求精打造"穿城绿道"，以生活社区为单元，用心用情建设

"绿色驿站"，充分利用湿地生态，不遗余力打造"湿地花城"，实现美好环境与幸福生活共同缔造，打造人与自然和谐共生的美丽武汉，让市民尽享绿色福祉。

武汉市园林和林业局坚持多措并举，保护修复湿地生态环境，确保建成湿地产生显著的生态效益、社会效益和经济效益。在这个春天里，我们走访了武汉市的湿地自然保护区。地处江夏区南部的上涉湖省级湿地自然保护区，这个浅水型淡水湖泊湿地由上涉湖、鹅公湖和团墩湖 3 个子湖组成，湖水经金水河汇入长江，是武汉城市湖泊群中重要的湖泊湿地之一。该处省级重要湿地，是众多珍稀野生动物的良好栖息地，拥有 57 种鱼类、177 种鸟类，其中国家一级保护野生动物有东方白鹳、黑鹳等，国家二级保护野生动物 23 种。

新洲区南部的涨渡湖市级湿地自然保护区，属古云梦泽边缘区，逐渐演变为江汉湖群之一。近年来，武汉市加大投入，在保护区内新造数百亩池杉林，成为网红打卡点"水上森林"。拥有湿地植物 511 种、野生脊椎动物 221 种，其中国家一级保护野生动物有东方白鹳、青头潜鸭等，国家二级保护野生动物有小天鹅、棉凫等 25 种。

位于黄陂区南部的草湖市级湿地自然保护区，湿地水域辽阔，绿洲如茵，拥有野生鸟类 144 种，其中国家一级保护野生动物有东方白鹳、青头潜鸭等，国家二级保护野生动物有小天鹅、白琵鹭、白额雁等 13 种。

武湖市级湿地自然保护区地处武汉经济技术开发区（汉南区）西南角，外部形态似爪状，东南与长江相连、隔江与嘉鱼县相望，西及西南与仙桃市和洪湖市接壤，是武汉距离长江最近的湿地自然保护区。保护区内拥有野生鸟类 165 种，其中国家一级保护野生动物有黄胸鹀等，国家二级保护野生动物 19 种。

"保护生态环境就是保护生产力，改善生态环境就是发展生产力。"武汉市的这些自然保护区因地制宜、多措并举保护修复湿地生态环境，产生了显著的生态效益、社会效益和经济效益。每一个保护区都是人与自然和谐共生的美丽湿地，都是"绿水青山就是金山银山"的生动写照。

近年来，武汉市借助国际盛会的影响力，不断加强小微湿地的保护修复，让人们在家门口就能享受到生态福祉。江汉区金融街西北湖公园是一处面积约 1 公顷的小微湿地，以前的湖水不大干净，群众意见很大。武汉市湿地保护中心高级工程师李鹏告诉我们，"西北湖采用了'食藻虫引导的水下生态修复技术'等有效措施，构建出了'食藻虫—水下森林—水生动物—微生物群落'的共生体系，显著改善了湿地生态环境。"近一年来，武汉市制定小微湿地保护与修复指南，积极建设湿地公园、环湖绿道，让市民在家门口就可以亲近湿地、享受良好生态福祉。全市现已建设小微湿地 32 处。湿地生态系统服务功能的体现，由传统的湿地保护区、湿地公园向更加惠民的城市中心区域拓展。

系统施治，建设人水共融湿地生态

湿地是地球上最富生物多样性的生态系统和人类最重要的生存环境之一，具有抵御

洪水、涵养水源、补给地下水等诸多特殊的水调节功能，以及减缓污染、调节气候、固碳、提供野生动植物栖息地和维护区域生态平衡等生态功能。2022年11月，《湿地公约》第十四届缔约方大会通过《武汉宣言》和《全球湿地发展战略框架决议》，为保护湿地全球行动注入新动力。会议为未来的全球湿地保护修复指引方向，提出了推进湿地保护全球行动的中国主张。

武汉湿地景观

做好顶层设计，坚持示范引领。武汉市全面学习领会习近平主席在大会开幕式上的致辞，深刻领悟会议精神，全面贯彻实施《中华人民共和国湿地保护法》，修订《武汉市湿地自然保护区条例》，完善湿地生态补偿办法。编制《武汉市湿地保护规划（2023—2035年）》，进一步强化湿地生态整体性保护和系统性修复，进一步激发湿地生态系统功能服务价值。全市保持清醒头脑，认识到湿地给武汉绿色发展和市民享受美好生态环境带来更多实惠的同时，未来湿地保护高质量发展任务仍然艰巨，还有诸多工作需要加强和完善。全市一手抓现有湿地类型自然保护地管理，一手抓推进重要潜在湿地资源优先保护和保护空缺填充。湿地的保护作为湿地管理的首要任务，把遏制湿地功能退化和开展生态修复作为艰巨任务，注重协调湿地保护、修复和管理的部门和利益，调动各管理部门的联动积极性，提高湿地保护和管理的综合效益，加强湿地管理部门与高校和科研院所合作，通过科学研究指导湿地保护、合理和持续利用，提升湿地生态功能和惠民福祉。

围绕湿地管理的系统施治，建设人水共融的湿地生态，我们在武汉走访了府河柏泉段天鹅湖栖息地、藏龙岛国家湿地公园、府河柏泉段天鹅湖栖息地等4个国家湿地公园。

府河柏泉段天鹅湖栖息地位于东西湖区柏泉街西北部府河绿道与临空港大道交会处，与天河机场和孝感市孝南区隔河相望，距武汉外环、四环线出入口3千米，生态环境优良，是冬候鸟在武汉的重要越冬地。每年在此越冬鸟类达140多种，其中有国家一级保护的东方白鹳、白头鹤、遗鸥等，国家二级保护的小天鹅、白琵鹭、白额雁等。

位于蔡甸区中北部的后官湖国家湿地公园，总面积2089公顷，湿地面积1630.1公顷，湿地率78.03%。湿地类型主要为湖泊湿地和人工湿地，属永久性淡水湖。有8个植被群落类型，植物群落包括野莲群落、野菱群落、香蒲群落、菰草群落，其中野莲群落和野菱群落为国家二级保护野生植物，浮游植物资源包括浮游藻类 78 种。动物资源包括两栖动物 10 种、爬行动物 24 种、鸟类 149 种、底栖动物 42 种。公园鱼类资源丰富，包括 57 种长江水系半洄游鱼类和静水定居型鱼类。2016 年被正式列为"国家级湿地公园"。

位于东西湖区东北部的杜公湖国家湿地公园，包含社公湖、幺教湖及周围部分湖岸区域。公园总面积 289 公顷，湿地面积 257 公顷，湿地率 70.5%。湿地类型主要为湖泊湿地和人工湿地，属永久性淡水湖和水产养殖场两个湿地型。有维管束植物 169 种，其中国家珍稀濒危保护植物野大豆为国家二级保护野生植物；鸟类动物 139 种、鱼类 54 种、两栖类 9 种。湖中水草茂盛，鱼虾成群，引来白鹤、天鹅、白鹭、大雁等数十种珍稀鸟类前来觅食，是湖北省重要的越冬水鸟栖息地。2019 年被正式列为"国家级湿地公园"。

藏龙岛国家湿地公园，位于武汉东南汤逊湖畔。公园总面积 311 公顷，湿地面积 256 公顷，湿地率 82.33%，以湖泊湿地为主，还有少量沼泽湿地。有维管束植物 350 种，两栖爬行动物 17 种、鱼类 31 种、鸟类 104 种（以雀形目 33 种为主），其中国家级、省级保护动物 29 种。春赏樱，夏采荷，秋望枫，冬看雪，公园一年四季景不断。林阴草甸之间，24 座名桥荟萃，形状各异的湖塘水湾错落有致，龙文化、凤文化、桥文化与自然生灵相映成趣，湿地文化与传统文化、现代工业文明相得益彰。2017 年被正式列为"国家级湿地公园"。

安山国家湿地公园，位于江夏区南部，东接鄂州，南通咸宁，西临长江，北连武汉东湖新技术开发区。公园总面积 1215 公顷，湿地面积 943 公顷，以湖泊湿地为主，湿地率 77.65%。有维管束植物 352 种，脊椎动物 228 种，同时还分布有 16 种国家二级保护野生动物和 4 种国家二级保护野生植物。春赏花，夏采荷，秋望芦，冬观鸟，湿地四季美景不断。楚文化、新窑文化、农耕文化在此相互交融，赛龙舟、凤凰灯等民风民俗绚丽多彩，茶园村庙嘴遗址、庙山遗址、新窑遗址等彰显深厚的文化底蕴。2018 年被正式列为"国家级湿地公园"。

这些国家湿地公园的修复和管护都有完备的体系基础，但长期持续稳定湿地生态系统功能，维护湿地生物多样性，提高湿地保护率还是有一定难度的，武汉市湿地管理部门加大系统施治的力度，引导各国家湿地公园实施《湿地保护法》，全面加大湿地保护和修复力度，建设人水共融的湿地生态。藏龙岛国家湿地公园地处江夏区经济开发区藏龙岛科技园，包括杨桥湖、上潭湖、明星林场等，同时分布有少量的沼泽，是典型的城郊淡水湿地。多塘型小微湿地系统是公园的特色，多塘小微湿地系统由 5 口池塘组成，面积 5 公顷，是在世界自然基金会（WWF）专家指导下建成的。5 口池塘存在海拔落差。地表径流和周边小区少量生活污水流入第一口池塘后逐级流下，经湿地系统净化后，水体由起初的劣 5 类变成 3 类，最终排入汤逊湖大湖。第一口池塘地势最高，塘中种有一片池杉林，枯水季节，林中唯一的活水水源来自隔壁小区的下水管道。第二口池塘以种植池杉林为主，还有其他少量水生植物。第三口池塘面积较大，塘内种有菖蒲、茭白等水草，有少许黑水鸡觅食。第四口池塘水生植物较少，水面开阔，水质基本清澈，黑水鸡、野鸭的数量增多。第五口池塘塘内长满莲花，成群的野鸭在此活动。每两口池塘之间，都有闸门调控水位。水流从第四口池塘闸门流出后，已变得十分清澈。多塘湿地系统利用高度级差，可以实现水体自由流动。每一口塘的净化功能都不一样。第一口塘主要是沉淀泥沙和杂质；第二口塘主要通过水生植物吸附重金属；第三口塘用水生植物吸收水体中富余的氮磷等营养物质；第四口塘很少种水生植物，主要是让水中残留的化学物质自然发生化学反应。从第四口塘流出的水，经检测已达到 3 类，达到了排入大湖的标准。

近年来，湿地公园重点实施杨桥湖截污、建设地下污水管道和污水提升泵站、种植水生植物、撇水港整治、拆围网、生物隔离林带修复、沿湖生态修复、鸟类栖息地恢复、清理外来物种、建设水质监测站等系列湿地保护和湿地修复工程。明星林场的马尾松林地虽为人工栽培，但人工干扰较小，长势良好，整齐而优美，林中栖息着环颈雉等多种林鸟及小白鹭、夜鹭等湿地鸟类，同时这里也是鹭科鸟类的一个集中繁殖地。从维护湿地生态系统结构和功能的完整性、保护野生动物栖息地的基本要求出发，公园还实施了生态保育区内 2 号管理用房居民的动迁工程。

共建共享，保持人与自然和谐共生

武汉市将湿地建设成果与全民共享，还湖于民、还绿于民，助力市民创造美好生活。东湖绿道的建成开放，将已开放的东湖美景与周边村落串联起来，更加完整地呈现东湖美景，实现城市公共空间共享，给市民提供更可达、更生态、更包容的公共休闲空间。

像东湖绿道一样，武汉市将北靠蛇山、西临长江的紫阳公园进行样板建设，挖掘历史文化，综合规划布局林下、绿地、湿地等公共区域和历史建筑，融生态性、文化性、智慧性、学习性、休闲性于一体。武汉市将武昌区东邻中北路、南临楚河汉街的沙湖建成湿地公园，环湖建设绿道 10 千米，成为武汉市中心城区最大的综合性公园，在挖掘琴园历史的基础上，融入生态湿地、雨水调节、生态护坡、绿色护岸的理念，具有鲜明的自然生态、历史人文和园艺景观特色。全市开发历史悠久的墨水湖，以环湖绿道为线，串联起"一环、三台、五园、十八景"的整体景观格局，凸显出汉阳的湖泊文化。武汉市结合武汉火车站的建设对杨春湖进行清淤还湖、生态修复，通过海绵城市生态技术等，形成了一座以湖泊为核心、以湿地和绿地为生态屏障走廊的"滨湖绿心"生态湿地公园。这些都成了共建共享湿地资源，共同缔造美好生活的经典案例。

武汉园林和林业局的湿地管理部门在总结研究中，感到要进一步强化宣传发动，凝聚保护共识。充分利用湿地日、湿地保护宣传周等开展宣传教育活动，讲好以青头潜鸭、黑鹳为代表的武汉湿地保护故事。完善与自然资源、水务、城乡建设、生态环境、农业农村等部门的湿地保护联席机制，形成齐抓共管保护格局。创新公众参与模式，广泛发动社会力量，成立湿地保护专家咨询委员会，组织"小湿地长"活动等，凝聚全社会"珍爱湿地"共识。在江夏区的湿地保护管理局局长的陪同下，我们调研考察了正在加紧推进建设的江夏区湿地花城建设项目。

江夏湿地花城建设如同一盘"大棋"，使上涉湖、安山、藏龙岛等湿地进行综合提升。陈军说，藏龙岛国家湿地公园以保护和恢复湖泊湿地生态系统为目的，恢复湿地生物多样性，保证湿地生态系统功能的充分发挥，同时围绕"湿地让城市更美好"的公园主题，努力将其建设成为地方特色突出、文化氛围浓厚、基础设施完备、湿地景观独特、科普教育与休闲娱乐兼具的湖北省乃至全国知名的湿地科普教育基地。提升区域位于藏龙岛国家湿地公园的南部，属于宣教展示区和合理利用区；通过提升改造，将安山国家湿地公园建设成为湿地资源"保护·利用·提高"的国家级示范点，促进当地社会经济的可持续发展。提升主要是开展湿地周边的环境整治、湿地生态的保护和恢复工程，主要涉及管理服务区；其次是进行管理服务和宣教基础设施的完善，完善科研监测体系的建设等；对上涉湖省级湿地自然保护区的改造，是以保护珍稀水禽及其栖息地，维护湿地生态系统的多功能和多效益，拯救濒危物种，保护和恢复生物多样性为宗旨，集湿地保护、科研、宣教、利用为一体的综合性自然保护区。提升区域位于保护区北部，属于缓冲区地带。如今，江夏区坚持新建与改造并重，绿化与美化并举，山水园林路桥共建，引导全社会积极参与，通过强化湿地保护、建设花卉亮点片区、提升绿化覆盖率等一系列行动，绘就"湿地花城"的山水园林新画卷。

近两年来，江夏区园林和林业局围绕"湿地花城"的新目标，建设花田花海10公顷，打造花样江夏。实施小微湿地修复及景观提升，加大藏龙岛、安山国家湿地公园、潴洋海省级湿地公园景观性和生物多样性改造。新增绿地20公顷，新建绿道5千米，新建口袋公园4个，续建灵山公园、荷韵广场，续建环汤逊湖绿道、环鲁湖绿道等绿道10千米，改造赏花绿道、山体绿道30千米，打造江夏绿道特色品牌。完成植树造林0.1万亩、森林抚育1.5万亩、实施森林精准提升0.08万亩，建设"村增万树"示范村4个、标准村15个，申报建设森林城镇1个、森林乡村5个。新建森林防火通道20千米，完成纸坊三山城市森林公园防火通道景观提升项目一期工程，加强林地、绿地、湿地、林木资源消耗总量和强度"双控"管理，维护生态安全，全力打造美丽的湿地花城。

徜徉武汉街头，风景四时不同。三环线两边，春、夏、秋、冬四季总有不同的花卉绽放。有的道路两边或路中间的绿化带，经常能看到绿化工人正移栽花木，在季节交替的时节为城市披上新装。武汉已成名副其实的"新花城"。为了打造四季有花、花开不断的城市美景，武汉市园林部门加强精细化养护和管理，巧修巧剪调控花期，实现了武汉市大大小小300公顷的花田错序开放，百万株月季全年大多数月份都能绽放，"提档升级"了现有的城市绿化区域；2023年，武汉市补栽万余棵行道树，并在道路和公园布置了大型三角梅和应季花卉，打造出了"花开四季"的城市生态名片，"湿地花城"这一城市标签已成为全民共建共享的民生福祉……

人因花而悦，花因人而盛。武汉以湿地资源生态基础作保障，按照他们的规划和未来建设，武汉还将建成一大批花卉亮点片区、花卉特色公园，花漾街区、街心花园、花田花海和赏花绿道，届时"花漾"景观将布满城区。"出门即公园，放眼是花海，人在景中，花为人开"的生态画卷将扮靓长江之滨的魅力武汉。

未来，武汉还将朝着"湿地花城"目标加速迈进：全市计划五年内新建城市绿地5000公顷、造林绿化10万亩、新植树1000万株、新增花灌木200万株，至2025年，建设80个湿地类型公园、50个小微湿地和百里长江生态廊道。

"湿地花城"已经打开江夏，向武汉全城扩展。武汉市园林和林业局动员全市力量，充分发挥武汉市生态资源优势，持续推进全域增绿提质，不断加强湿地保护与修复，为市民提供更加美好的绿色生活空间，不断彰显"春樱、夏荷、秋桂、冬梅"的四季花城特色，打造出一张武汉的"湿地花城"城市新名片。

第六节　贵州贵定：绿水金山带笑颜

——贵州省贵定县围绕"活力贵定"高质量建设山桐子全产业链闻思录

2011年5月9日，习近平视察贵州省黔南布依族苗族自治州贵定县国有甘溪林场亲手植树，叮嘱干部职工要强化生态建设，"既要金山银山，又要绿水青山，还要在更高境界上做到绿水青山就是金山银山"。10多年来，县委、县政府持续破题"两山论"，建设绿水青山的成色十足。2021年6月，新一届县委带领全县30万人民群众，深化领会习近平总书记视察贵定的指示精神，立足"高质量发展"主线，聚焦"贵定是什么样的贵定"命题，紧扣"重新定位、再夯基础、聚力争先"要求，切实把握工作重点和问题短板，崇尚创新、注重协调、倡导绿色、厚植开放、推进共享，让产业筋骨"强起来"，让城乡一体"美起来"，让生态名片"亮起来"，让发展动力"活起来"，让民生福祉"厚起来"，使贵定在新征程上新崛起。

绿色崛起先行地，"两山"转化排头兵。扼"黔中咽喉"、卫"贵阳门户"的贵定县，布依族、苗族等少数民族超过56%，森林覆盖率超过66%。这里林业特色资源丰富，拥有150多万亩林地。在国家经济林和储备林树种目录中，贵定占据山桐子、山茶、杜仲、银杏等60多种可培育产业和大径材的乡土珍稀树种。贵定县林业局局长刘叶东团结带领班子成员和林业干部职工，助推全县6镇2街道95个行政村一起端"饭碗"，一起扛责任，发挥林长制改革和国土绿化的职能作用，落实县委县政府把"山桐子"作为全县三大主导产业之一来发展，全力推进40万亩山桐子全产业链项目的要求，管林有责，满足国家和人民需要的大食物观、大木材观，做科学谋划扩绿量的创新探索者；务林负责，吸引国有资金和社会资本有序投入山林，当山林改培提质量的典型实践者；守林尽责，以"奋进者"姿态砥砺前行，使造林与产业同步，成为投资提升含金量的后发追赶者。

一、管林有责，做科学谋划扩绿量的创新探索者

林地是木本油料和木材生产的命根子。贵定县重视国土绿化，总书记视察贵定后的 10 年提升了 20 个百分点。新一届县委、县政府领导班子认为，国土绿化要深入理解和把握习近平生态文明思想的科学性，准确把握大自然物质循环规律和森林资源再生功能，不片面追求高森林覆盖率，要把管林有责落到实处，在现有山林资源保护基础上，科学谋划建设以山桐子为主体的木本油料建设，努力培育大径材基地，用森林经营促进低质低效林改造补植扩绿量，不断抬高林业助力县域经济高质量发展的底板。

科学谋划选准山桐子产业路

集中力量发展山桐子产业是贵定的强县之本和兴县之要。县委书记、县长长期从事山区农村工作，以发展农林产业的战略定力，善于把握"质与量、谋与干、点与面、稳与进"的关系，做产业振兴的中国式现代化建设的创新探索者。

山桐子产业有广阔的市场空间。贵定县在保留山桐子"特色"和品质的同时，实现传统生产和发展方式的现代化转变，形成现代化的农林特色产业集群，促进特色农林产品经济体系建设。自从选准推进之时，县委、县政府、县人民代表大会（以下简称人大）常委会、县政协等四套班子领导都有自己的帮扶镇和责任山。每年开春的第一件事，就是深入各个镇村栽种山桐子树苗，立志带领大家走出的一条把握时代大势、符合发展规律、体现贵定特色、服务国家全局的农林现代化之路。

山桐子是壮大贵定的县域富民产业，比较优势明显、带动能力强、就业容量大。县委、县政府总结，发展"山桐子"有四大好处：一是从人口规模巨大的现代化特征来看，只有遵循现代化的客观规律，立足县情，选择适合自己的发展途径和推进方式，才能把蛋糕做大、把蛋糕分好。贵定县山地占全县总面积 79.29%，丘陵占 17.68%，宜林山地多，适宜于农林牧业的综合开发。而发展山桐子产业正是贵定在充分研究县情的基础上，探索出的一条适合当地的农业现代化道路，是加快林下经济高质量发展、丰富林业产业集群、促进林业产业多元化发展的有力举措；二是从全体人民共同富裕的现代化特征来看，要让全体人民都过上好日子，共享社会发展的成果，发展山桐子产业是可行可观的。山桐子种植区域范围广，对技术要求不高，收益明显，农户参与度高，盛果期平均亩产鲜果 2000 千克左右，亩收益可高达 8000 元，还可吸引农户就近到山桐子基地务工来多渠道增加群众收入；三是从人与自然和谐共生的现代化特征来看，发展经济不能对资源和生态环境竭泽而渔，生态环境保护也不是舍弃经济发展而缘木求鱼。山桐子是高大乔木，可大面积种植油料林，也可林下套种或荒山治理；四是从走和平发展道路的现代化特征来看，需要人们不断增强风险意识，树立底线思维，有效防范化解各类风险挑战。"手中有油，心中不慌"。我国耕地资源有限，只有依靠在山地发展木本油料才能

贵定县组织调研团深入基层调研产业

解决和实现食用油自给。山桐子属于木本油料，盛产期长达50年以上，是保障我国粮油安全的一项有效举措。

务实编制40万亩山桐子全产业链规划

一年之计，莫如植谷；十年之计，莫如树木。山桐子产业建设功在当代，利在人民。山桐子建设必须尊重自然规律，顺应发展态势，科学编制一个时期的建设规划，务林人才能扎根青山久久为功，让秀美山川的资源空间提升经济质效，生长出未来可用的木油原料林和优质木材。

锦绣贵定山河，规划编制先行。县委、县政府早已下定木油原料林兼国储林建设的决心，职能部门也提前制定了建设规划。2021年夏天，县林业局、县自然资源局科学落实县委、县政府的决策，认识到山桐子原料基地和国储林建设的树种一定要优质纯正，栽种林地一定要精准，一旦树苗栽上山，想改都没有"机会"。两个职能局联合召开专题会研究产业建设，打破工作的体制机制，"一盘棋"抽调局领导和机关干部，深入各镇街的山头地块，共同对商品林区数据进行比对筛选，建立商品林区山桐子种植林地资源数据库，下发44.7万亩林地资源数据，由各镇街按照数据库进行实地比对核实，确定可用于山桐子种植面积29.76万亩，2022年度实施低产低效林改造7.79万亩，发动群众四旁植树和两园套种5.5万亩山桐子。种苗选定湖北旭舟林农科技有限公司，因其有国家林草局认定的优质种苗，且地理位置靠近贵州。

种苗和林地落实后，贵定县与中国林业产业联合会、贵州华裕旭州科技有限公司、大有润成（北京）实业有限公司签约建设国储林＋山桐子40万亩山桐子全产业链项目，邀请湖北旭舟林农科技公司到贵州合作建设产业，中国林业产业联合会会长、原国家林业局总工程师封加平说："贵定县对山桐子产业认可度高、支持力度大，发展产业基地和国储林项目是对'绿水青山就是金山银山'理念的生动实践，要加快推进项目落地，形成生态效益、经济效益和社会效益多重效益良性循环。"

贵定县林业局、资源规划局、农业农村局等部门统一思想，确保40万亩山桐子全产业链项目落地落实。他们团结一心，务实编制40万亩山桐子全产业链规划。聘请国家和省州经济林专家深入各镇街一线山林调研，严格按照国土规划的"三区三线"要求，保护县域城镇、农业、生态三大空间，确保不碰触已经划定的城镇开发边界、永久基本农田保护、生态保护三条红线。规划组利用两个多月时间，编制了一份高质量的《贵定县

40万亩山桐子全产业链项目总体规划》，明确了建设内容、建设模式，坚持市场化引导、规模化推进、标准化实施、融合化发展，坚持群众利益最大化，全面落实山桐子种植的优惠政策。

央企民企联手投资高效推进大产业

山桐子产业原料基地和国储林建设的项目是龙头，资金是关键，必须打通"银行贷、财政补、社会投"三条渠道，大力推动政府与社会资本合作。

贵定县成立由县委、县政府主要领导任组长，县委、县政府分管领导任副组长的贵定县山桐子全产业链发展工作领导小组。领导小组下设山桐子产业工作专班，明确一名县级领导担任专班组长，从相关业务部门、各镇街抽调业务骨干为成员，选优配强专班人员。领导小组负责研究支持山桐子产业发展的重点工作，统筹推进山桐子产业发展政策措施落地落实，协调推动解决工作中存在的具体问题和困难。

率先成立县管国有公司金桐农林产业发展有限公司，负责山桐子产业发展项目申报、立项、入库、审批、建设资金筹措及组织实施，负责全县山桐子产业发展规划、设计和方案审查，负责产业发展政策、技术及业务指导、山桐子加工、招商引资等。引进大有数字资源有限责任公司的全资子公司——大有润成（北京）实业有限公司贵定县投资建设山桐子国储林产业和40万亩山桐子全产业链项目。

山桐子原料林和国储林离不开产业经济的产学研支撑和保障，贵定县与中国林业产业联合会山桐子产业分会、山桐子产业国家创新联盟、山桐子国家工程技术中心合作，使中国林科院、粮油研究所、各农林学校等科技支撑力量向贵定倾斜，科技护航产业又快又好发展。贵定县与山桐子产业分会理事长单位合作，引进贵州华裕旭州科技有限公司、大有润成（北京）实业有限公司，与政府投资平台公司合作，负责运营全县40万亩山桐子全产业链项目，截至2023年5月，共计投入7000多万元，完成了甘溪林场示范基地建设、新巴镇乐邦村和金南街道新良田高标准育苗500万株、昌明镇光辉村育苗基

现场观摩

2023年4月，贵定县召开山桐子产业总结大会

地建设 1000 亩，4000 万株工厂化无性繁育项目将成为西南片区乃至全国最大、最具现代化的山桐子良种苗木无性系繁育基地。公司还在 8 个镇街完成了 34505 亩低产低效林改造升级，完成了 10 万吨山桐子油产业园选址并启动了第一期 1 万吨加工项目，奠定了乡村振兴、共同富裕"贵定模式"的根基。

二、务林负责，当山林改培提质量的典型实践者

锐始者必图其终，成功者先计于始。贵定县县长曹礼鹏说，山桐子木油原料林和国储林建设，是县委、县政府 2022 年下半年和 2023 年开局的使命性任务，贵定县各级各部门以"典型实践者"的状态聚焦主业，把首战当决战，统一标准促落实。自 2022 年 7 月 13 日开始至 2023 年春，完成山桐子种植 8.12 万亩，2023 年度种植任务 16.5 万亩。县林业部门把务林负责的要求，严格按照原料林和国储林基地建设项目总体规划加速推进。能否高标准完成既定目标任务，事关"活力贵定"建设的基础、长远和未来，事关贵定中长期奋斗目标能否如期实现，事关美丽贵定建设的质量水平。全县明确保质保量完成 40 万亩种植任务，是县委、县政府对贵定 30 万人民的庄严承诺，也是推动创建百亿级产业园、助农增收的一件大事要事，能不能高质量完成这一任务，事关广大群众对县委县政府公信力的认可。全县上下严格按照三年目标组织实施，科学统筹推进，厘清工作权责，把"谁牵头、谁配合、谁督导、谁评估"明确到具体任务单位、具体时间节点，进一步压实责任、传导压力，做到上下联动、合力推进。截至 2023 年 5 月底，全县抓住植树造林的最佳窗口期，实施标准化种植 13 万亩，完成了规划的种植任务，以务期必成的决心、创新攻坚的举措、敢闯敢干的精神，跑出了山桐子全产业链建设的加速度，建出了山林改培的高质量。

镇街联动集约栽培原料林

山桐子全产业链建设的绿色之约，不负青山不负贵定人。挥锹铲土、培土围堰、提水浇灌……2023 年 1 月 28 日，是春节假期后的第一个工作日，贵定县举行义务植树活动。县四套班子领导，带领 290 多位机关干部和群众，来到金山公园植树点，将一棵棵山桐子苗补植栽培到公园里，植树现场一派繁忙景象，但丝毫不乱，注意保护公园原有的乡土树，参加劳动的县领导同大家一起培土浇水、亲切交流，气氛热烈。

补植补造过程中，县委、县政府与林业部门负责人深入交流，详细询问山桐子植树造林的进度、面积和国储林项目推进情况。叮嘱做好全县各方力量动员，抢抓季节迅速掀起春季造林绿化热潮，要把这一全产业链项目建设作为实现绿色发展、推进乡村振兴的龙头工程，统筹好县内林业资源，迅速做好春季植树造林地块选择、整地挖窝等工作，确保年度任务完成。望着这片山桐子，全都长出绿叶，向上生长，一个多月增高近一米，感受到了贵定的山桐子林将要成为蓄积水库、本油粮库、木材钱库、森林碳库的未来。

建设贵定生态经济，争创国家生态文明建设示范区。这一天，全县 8 个镇街 95 个村

庄同时摆开"绿化战场"，1万多人同时植造山桐子原料林，共建"四季常绿、四季有果、四季有花、林下花海、层林尽染"的美丽森林。

现有林地改造培育大径材

县委宣传部部长告诉我们，贵定县现有林地面积大，是建设以山桐子为木油原料基地为主体和国储林大径级用材林的"主战场"。对现有林地中立地条件好，生产潜力没有得到充分发挥的林分，通过科学的改培方法和经营措施，适当将纯林逐步调整为复层异龄混交林，改善林木生长条件，调整林分结构，提高林分质量、生长量和生态功能，全县现已形成镇村联动集约栽培原料林的动人场面。

在中国林业产业联合会的帮助下，贵定县先后引进大有润成（北京）实业有限公司、贵州华裕旭舟科技公司与本县平台公司贵州金桐农林产业发展有限公司合作，落地建设山桐子国储林产业发展模式，走通"生态产业化、产业生态化"的路径，以高质、高效、高标准的实际行动全面推动山桐子全产业链项目高质量发展，全力助推乡村振兴实现农户共同富裕目标。

有任务的镇村对乔木林和杂灌丛生、利用率低下的林地，采用带状或块状清表方式整地，多树种混交培育珍稀树种和大径级用材林，既注意保护植被，防止水土流失，又充分施足基肥，抢抓春季雨季造林保成活。我们在县城西南部盘江镇的　个乡村植树现场看到，他们在乔木林改培中，坚持因林更换目的树种，因地改培山桐子用材林，全都是选用2年生以上的优质壮苗。在灌木林的改培中，注重做好幼苗定植后的培土、除草、松土、割灌、修枝等抚育措施，做到造林后连续抚育3年，确保提高成活率。

沿山镇2022年度计划种植山桐子面积15721亩，重点打造2个示范基地、3个产业带和1个村级示范点，形成一个山桐子产业示范带。建设中有近千亩灌木林改培任务，大多以山桐子为目的树种改培。昌明镇在落实推进山桐子产业中注重建设国储林，确立"国土更绿、乡村更美、产业更富"的目标，坚持增绿增收并重、造林绿化同步、发展保护同抓。镇委政府紧紧抓住改培机遇，先后召开党委会、部署会、调度会、院落会、村民代表会，成立领导小组、组建工作专班，夯实部门职责，量化细化任务，将国储林建设项目迅速落实到村组，不仅完成了规定的改培面积，而且全镇25个村347个村民组3284户农户共计完成苗木种植50.68万株折合1.21万亩。

中幼林抚育补植山桐子苗

中幼林抚育补植山桐子苗，是贵定县建设山桐子全产业链的又一种方式方法。对现有林中培育增产潜力较大的中幼龄林，采取砍劣留优的抚育方式，调整树种结构和林分密度，平衡土壤养分与水分循环，改善林木生长发育的生态条件，提高木材蓄积量，加快林木生长速度，缩短森林培育周期，提高林分质量，培育树种优质高效的多功能森林。

对抚育对象和抚育方式，严格按照国家《森林抚育规程》有关要求，根据立地条件、培育目标和整地方式，合理采用相应的间伐、修枝、除草割灌、施肥等抚育措施。全县各镇街都有不同的中幼林抚育补植山桐子苗的建设任务。云雾镇引导各村级合作社与公司合作种植，流转灌木林地 0.72 万亩。茶山村黄水沟的 2039 亩、燕子岩村和小普村界牌关的 983 亩都属于中幼林抚育补植山桐子基地，镇村和承建公司按照县里下达的种植任务，将低产林改和中幼林抚育补植方案报林业局审批，现已全部完成，涉及图斑 46 个。

紧抓中幼林抚育，补植确保绿成荫。贵定县林业管理部门派出技术人员，驻在担负改培任务的镇村跟班作业，按规划要求选择山桐子和乡土树混交种植。县里在承建单位的主力投资下，整合部分财政补贴资金，提高了中幼林抚育建设国储林的补植建造质量。

种下一棵树，改培一方林，收获万丛绿。贵定县以塞罕坝精神推进产业高附加值的国储林建设，不断创新人工植造和改培的方式方法，严格落实属地宣传教育和科学管理责任，使国储林建设锦绣贵定河山，生态造福贵定人民。

三、守林尽责，成投资提升含金量的后发追赶者

山桐子木油原料林兼国储林建设的目的是为民造福，贵定县干部群众以"后发追赶者"的姿态履行主责，把种植现场当赛场，统一要求把守林尽责的行动落实到共同富裕的事业推进中，力求所有投资提升含金量，不在历史发展中留遗憾。县委、县政府各级领导自觉从"高处"着眼，奋勇当先"带头干"；党员干部从"深处"着力，勇于担当"积极干"；引导人民群众从"实处"着手，实事求是"共同干"。县林业部门自觉当好山桐子全产业链建设的"操盘手"，提高指导标准、协调资源和力量建设，把管理监督落实到山头地块；帮扶指导承建的湖北旭舟林农科技公司和中林集团主力主为，团结带领建设队伍合力凝成主力军；创新"企业＋山桐子＋农户""企业＋山桐子＋村集体"的建设方式，把建设队伍打造成乡村振兴的前沿先锋队。整个县域内山川大地的开发建设，使沉睡的荒山荒坡和低效林地的价值被发掘，山桐子产业盘活荒山，让深山村的人有活儿干，在家农民有钱赚。

职能部门自觉当好"操盘手"

规划 40 万亩山桐子全产业链建设蓝图就是贵定农林经济建设的"一盘棋"。落实规划是一项宏大工程，涉及产业建设的各个方面，不但系统性强、涉及因素多、牵扯面广，而且任务体量大、能力标准高、时限要求紧。无论是加大企业承建力度，还是提升镇村管理能力；无论是推进具体任务纵深发展，还是提高苗木和人员保障供给能力，都需要进一步强化规划的权威性和执行力，搞好科学统筹，有力有序推进。

"责重山岳，能者方可当之。"贵定县林业部门自觉当好山桐子产业建设的"操盘手"，按照国家和省州林业建设要求，紧紧围绕县里的规划布局谋划和推进工作。统筹担负建设和改培任务的镇街党委政府主抓，承办企业主建，把规划安排的各项工作往前赶、往实里抓。2023 年初，贵定县发布第 1 号林长令，推进落实山桐子春季栽植任务，县级林长累计巡林 21 次，镇街林长巡林 170 多次，村级林长巡林 450 多次。对照全县春季山

贵定县为山桐子建设先进单位颁奖

桐子栽植任务分配，各镇街村抢墒抓季精准落实到山头地块。县林业局协同各镇街，调派足够的施工队伍和机械，统筹安排整地挖窝栽植苗木及管护等工作，使春季建设任务得以落地。

规划引领建设方向、决定资源投向、统筹建设力量，既是指引山桐子产业建设的"路线图"，也是检查监督的"任务书"。全县坚持时间节点和质量要求相统一，以质量带进度、以进度保质量，做到一环扣一环，环环高质量。为抓好项目建设质量，贵定县聘请专业监理公司对工程建设质量进行全程跟踪监督与审计。各镇街、林业站、村委会对整地标准、苗木质量、栽植要求同步把关。局机关抽调技术人员对调入的山桐子苗木规格随机抽查检查，杜绝劣质苗入场，让优壮苗上山，确保项目成效。

清"淤点"、通"堵点"、解"难点"。贵定县加强跨领域、跨部门统筹，建立健全工作协调机制，定期举办拉练对检活动，相互讲评查找差距，在督办中跟踪问效。在2023年春季山桐子造林任务中，全县建立日报、周报制度，每天向县委、县政府报告工程进度，每周向"四大家"领导报送工作简报，对进度缓慢、排名靠后的镇街在全县通报，进行重点督办，县委督察室、狠抓办同步督办。贵定建设山桐子产业的经验相继被贵州日报、贵州电视台宣传报道。

承建企业合力凝成主力军

贵定县利用现有林地改培建设山桐子全产业链，终极目的是要走出一条由"绿"变"富"的产业之路。规划效益分析测算，生态效益有固碳释氧、涵养水源、保持水土、净

贵定山桐子育苗基地

化大气等效益；社会效益在于维护国家木材安全和粮油安全；项目建成后的经济效益每年有百亿元，主要体现在林农收入和商品性木材价值上。

为使贵定的"绿水青山"早日转化为"金山银山"，通过山桐子产业项目构建"企业＋山桐子＋农户""企业＋山桐子＋村集体"的建设模式，通过林地流转、合作共建、参与管理等形式，让农民从山桐子产业建设中获得利益。承建期间，县里协调帮助主建、参建单位合心合力，凝成建设主力军。

扩大"朋友圈"，贵定引来"金凤凰"。大有润成（北京）实业有限公司是贵定县招商引进山桐子国储林和40万亩山桐子全产业链项目的主力承建单位，该公司是大有数字资源有限责任公司的全资子公司，大有数字资源公司由中央党校、中信集团、航天科工集团的全资子公司华迪计算机集团各出资 33.33% 组建。大有润成（北京）实业有限公司看好贵州山桐子产业，与湖北旭舟林农科技公司共同组建大有蓁好（湖北）生物科技责任公司，紧紧围绕国家粮油安全战略、木材安全战略、健康中国战略、乡村振兴战略、国家双循环战略等，以山桐子产业为载体，发展农业全产业链，从而做到全要素聚集，全环节提升，全链条增值和全产业融合，全盘实施贵定40万亩山桐子全产业链项目。公司规划"1+7"产业布局，力争3年建成贵定山桐子产业基地，打造全国第一个山桐子产业公园，配套实施7个项目，形成山桐子完整产业链。

山桐子建设期间，为使这支建设主力军攻坚有力，县林业局做了许多组织协调工作。贵州华裕旭舟科技有限公司抢抓机遇，带领贵定人民大力发展山桐子产业。新巴镇乐邦村的老百姓家家户户房前屋后都种上了山桐子。春节期间外出务工人员都回来了，15天就把公司流转的2000亩基地全部种完。又在自家茶园、刺梨园还有房前屋后的空地上都种满了山桐子，按照42株一亩折算，现在村民自己种植的面积也将近3000亩。种植实施两年来，县局协调相关职能部门，重点解决项目实施中的农林机械、苗木供应、供水保电、道路通畅、施工人员食宿等方面的问题，大力营造施工现场无干扰，项目推进无障碍的最优环境，使主体企业和务工人员团结一心，协力共建，保证了建设的进度和质量。县委、县政府赞誉华裕旭舟公司"落户贵定、根植贵定"，坚定了贵定人民的发展信心。

打造乡村振兴前沿先锋队

扩大劳动就业，推动乡村振兴。贵定山桐子全产业链依靠国企和金融大资本，更依赖本乡本土的劳动者。项目建设期内需大量劳动力完成造林、抚育、配套设施建设等工作，产业基地建设可为当地群众创造数以万计的工作岗位，解决剩余劳动力再就业难题，后期的林木管护、木材采伐、果实采摘、林下经济经营等需要更多的务林农民。贵定县探索出了强化组织保障、强化宣传引导、强化主体培育、强化资金筹措、强化种植区域、强化人才支撑的"六个强化"做法。为此，贵定县提前布局，将山桐子产业建设对接乡村振兴，在全县农民中打造出了一支支乡村振兴的前沿先锋队。县里围绕山桐子全产业链发展需要，积极引培山桐子种植、加工、管理人才，鼓励国有企事业单位专业技术人员下乡发展山桐子产业。同时，在贵定职校开设全国第一个"山桐子种植产业定向班"，着力打造以山桐子种植为主体的产教一体特色教育培训体系。实行第一年在校学习、第二年基地实训、第三年到企业实习的"1+1+1"教学模式，以休闲农业生产和运营管理为重点设计教学课程，以短期培训与中长期培训相结合、理论学习与实际操作相结合的形式开展教学。目前，贵定职校已开办"山桐子种植产业定向班"3个，招收学员136人，切实强化山桐子产业人才支撑。

贵定县山桐子产业领导小组办公室作出规划，将已经种植的山桐子林实施多元经营管理，引导所在乡、镇、村利用林下空间，发展林苗、林药、林禽等林下经济，实行以耕代抚、以短养长、以林代圃等立体种植和套种模式，探索更多的发展模式。这些现有的造林营林队伍，必将成为乡村振兴的前沿先锋队，在未来的管理和建设中产生新的更大作为。

善作善成交答卷，"绿"水"金"山带笑颜。贵州省贵定县正以勇争一流的姿态、勇当先锋的气魄、勇往直前的精神，不忘初心、牢记使命，真抓实干、奋力拼搏，依托山桐子全产业链建设把绿水青山转化为金山银山，力争早日建成国家生态文明建设示范区和"两山"实践创新基地，为加快建设"活力贵定"作出更大贡献。

第七节　河南黄柏山林场：干字为先建新功

——河南省国有商城黄柏山林场着力"四干"精神高质量建设现代国有林场闻思录

创业实字当头，传承干字为先。河南黄柏山国家森林公园管理处与国有商城黄柏山林场两块牌子一套班子。林场组建于1956年，地处"一脚踏三省，两眼观江淮"的大别山腹地，东邻安徽金寨，南接湖北麻城，总经营面积20.4万亩，其中国有林地10.6万亩，集体林地9.8万亩。66年来，几代林场人以场为家、接续奋斗，以"绿了青山白了头、献了青春献子孙"的无私奉献精神，在这片红色土地上染绿座座荒山，创造出了"青山不老"的传奇，孕育出了河南省森林覆盖率最高、集中连片人工林面积最大、林相最好、活立木蓄积量最多的国有林场和AAAA级（以下简称4A级）旅游景区，凝成了"敢干、苦干、实干、巧干"的黄柏山精神。2021 年，新一届领导班子带领全体干部职工，站在全国绿化模范单位、国家储备林示范林场、全国十佳林场的高地上，传承改革创新特质，在高质量发展轨道上科学作为，奋力向国有林场改革建设的高峰继续攀登。

提升绿水青山颜值，实现金山银山价值。林场践行"绿水青山就是金山银山"理念，牢记"中原更加出彩"的河南要求和"把老区建设得更好、让老区人民过上更好生活"的信阳嘱托。进入"新体制时间"的黄柏山林场干部职工坚持"人与自然是生命共同体"，对照国家林草局"发挥三大作用，建设四个林场"的林场建设目标，结合省市县建设国有林场的新要求，立足"生态文明教育基地"建设，按照"中国有个塞罕坝，中原有个黄柏山"的战略定位，本着"小林场也要办大事"的胆识和魄力，承办国家林草局林业政工研讨会，用黄柏山的"四干"精神转化国有林场高质量发展的动力；林场充分发挥生态文化科教基地作用，向全社会生动讲好林业、林场、林木、林工四个故事，让生态文明理念入心见行；围绕"四个林场"建设，探索新型智慧林场治理模式，着力推进国土绿化，有效提升绿水青山颜值；林场着力生态价值转化新路径的探索和实践，发展生态旅游、森林康养、文化教育、体育休闲四大产业，全新开启林场"二次创业"路。5A 级景区创建稳步推进，森林覆盖率高达 97.43%，活立木蓄积量超 98 万立方米，招商引资 40 多亿元，总资产超过 90 亿元。2022 年，林场先后获得全国绿化先进集体、国家青少年自然教育绿

2018 年 7 月，"中国森林可持续管理提高森林应对气候变化能力项目"（GEF 项目）暨"珍稀优质用材林可持续经营项目"（殴投行项目）培训班走进黄柏山

色营地荣誉称号，荣获信阳市五四奖章先进集体、美好人居前锋奖。

一、以"敢干"气魄发展绿色林场

敢闯敢试、勇于担当是黄柏山林场人的"敢干"气魄。黄柏山拥有红色基底，1932年诞生了河南省第一个县级苏维埃政权——商城县苏维埃政府，转战于此的红四方面军在这里建立了豫东南革命根据地。黄柏山拥有生态地位，这里是长江和淮河的分水岭，是南方与北方的分界线，生态地位极其重要。经历苦难取得辉煌的黄柏山林场人，通过新一轮国有林场改革，实现了公益一类事业单位的财政全供"金饭碗"，会不会产生不再为工资发愁的斗志消退？未来务林的方向该如何走？林场新班子引导干部职工争当林场改革的促进派和实干家，树立"搞好营林就是保护生态"的"山绿"自觉，立足林场林区，以"敢干"气魄发展绿色林场，通过国家和省市的一系列森林经营新项目，使林场的森林生长环境得到进一步的改善，林相更优，颜值更高；林分的整体结构得到进一步提升，抗力更强，生长更快；生态的总体价值得到进一步转化，途径更多，效益更好。

高起点谋划森林经营

面对挑战必须改革，体系治理需要敢破敢立。"保护生态、优化生态、利用生态、转化生态"，是商城县坚守多年的绿色发展理念，黄柏山林场按照国家和省市县的林场改革管理办法，结合林场森林资源实际，组织国内森林经营专家和全场精英力量深入山林调研，着力大径材培育、森林公园、科研示范、优良树种示范、美丽森林廊道、森林康养等功能区建设，科学规划《森林经营方案》，确保2026年前建成生态文明宣传教育首选地、百姓休闲向往目的地、木材战略储备地和林业科研主阵地。

《方案》是"真经"，"真经"要真念。黄柏山林场根据经营现状和特点，将林区细化为8个林区、12个林班、212个小班，科学开展森林抚育和少量退化林修复，调整森林结构，改善森林景观，积极培育森林资源，实现森林多资源合理开发利用。林场成立森林资源建设管护领导小组，由场长任组长，班子成员、管护站长、营林股工作人员、各村支部书记、村主任为成员，细化分工，责任到人，遇到难题随时解决。

林场结合森林生态功能，划分保育区、森林康养区、森林样板基地经营区、多功能经营区，依据森林生态安全重要性及森林经营利用方向，划定严格保护、重点保护、保护经营3个经营类型。6年来，林场依据《方案》经营，紧抓季节不失时机地组织林业生产，完成森林抚育7.5万多亩，现有林改培造林1.3万亩，补植、栽植苗木60万株。

高标准建造美丽森林

"秃岭"变"青山"，"僻壤"变"仙境"。66年久久为功，黄柏山林场生成了绿水透迤、青山相向、草木繁盛、花鸟为邻的田园诗意和森林美景。生态质量就是生活质量，生态环境就是发展环境，新时代的黄柏山林场人以"敢干"的气魄，坚持造林高标准，做好"增量""变量""质量"三篇大文章，确保黄柏山的颜值美。

科学抚育促"增量"。近几年来，林场弘扬老一代求实造林的传统和方法，坚持自采自育自造的"三自方针""因地制宜、适地适树"建造乡土林、"三砍三留"抚育法，引入国内外先进的流域森林近自然经营理念，采取综合施策，不断调整林分结构，使单一的人工同龄纯林逐步调整为异龄复层针阔混交林。定向跟踪实测，开辟黄山松研究科研基地，对黄山松不同抚育间伐强度下胸径、树高、冠幅、生物量、中间收获量等全因子进行持续定向跟踪实测监测，形成了填补国内国际黄山松研究空白的专著《黄山松研究》，为培育黄山松人工林，提升森林质量，提供科学依据，林场森林经营经验被国家林草局向全国推广。

筑好防线控"变量"。林场构筑森林底线防线，发挥护林防火指挥部的职能作用，提升专业扑火（消防）队和扑火（消防）预备队能力，加大投资购置风力灭火机、消防车辆，有效提高了应对火灾的能力，力保林场无较大和重大森林火灾事故发生。林场加大管护力度，发挥森林资源管护职能，形成了场村"四位一体"的网格化管理格局。加大对野生动植物保护、林木资源保护等工作拉网式排查，常态化监管，严厉打击乱砍滥伐林木、非法占用林地、盗采野生植物等破坏森林资源行为。加强森林病虫害防治。建立病虫害监测网络系统，组织技术人员认真开展虫情测报工作，不定期检查抽查，邀请市森防站进行检测，提高防治减灾、应急反应能力，严格控制林业有害生物"四率"指标，达到了"一降三提高"的总体要求，有效地防止了危险性森林病虫害传播蔓延。

加强管理提"质量"。林场对古树名木编号管理，制定古树名木保护方案，完善保护制度，对所有古树名木进行了编号并设立专门标志牌，明确责任部门，安排专人管理，严格奖惩制度。全场挂牌、编号古树名木50株，珍稀古树28株，树龄最长的两株银杏树1300多年。

高效率转化森林资源

深化改革盘活资源。林场传承老一代务林人"宁要人下岗，不让树下岗"的牺牲精神，珍惜近20万亩森林生态资源的功能和效用，通过全方位抚育和多层次开发，发挥森林供氧功能，创下国内负氧离子峰值最高纪录；发挥森林储水功能，每年林区为鄂豫皖蓄积水资源1.6亿立方米；直接带动辖区村民发展观光农业和生态农业，走出了一条深山区的乡村振兴之路。林场全面提高森林质量和林地生产率，高效率转化森林资源，被国家林草局列为全国森林经营样板基地。

越界租赁扩展地盘。林场突破行政界线，整合区域资源优势，采取生态移民措施租赁、流转周边闲置集体林地、耕地、田地，有计划、有步骤地实施退耕还林、荒山造林、低产林改造、次生林封育，扩大林场规模，培育后备资源，先后与湖北麻城、安徽金寨、本县长竹园、达权店等毗邻乡村建立林区联护体，前移保护防线。通过租赁周边山地，

美丽的黄柏山

加大造林力度，林场面积扩大了近一倍。

多方合作山川蝶变。区域发展是目标，森林生态是路径，森林资源转化需要有专业知识、有市场经验的林场人，帮助林区规避生态风险，提供技术支持，谋划、规划生态产业布局，创出特色品牌。近几年来，黄柏山林场坚持生态优先原则，逐步扩大建设以杉木、柳杉、水杉为主体的"三杉"速生丰产林，以油茶、茶叶为代表的经济林，以天麻、茯苓为代表的中药材，以山野菜、花卉为代表的特色种植规模，每年实现特色苗木、山野菜等林特产业产值 2000 多万元。森林生态资源激活的产业延伸，使林场每年提供临时社会用工 1.5 万多人次，创造劳务收入 1000 多万元，带动周边农民吃上生态饭，为助推脱贫攻坚和绿色发展发挥了重要作用。

二、用"苦干"品格打造科技林场

自力更生、艰苦奋斗是黄柏山林场人的"苦干"品格。他们坚信历史只会眷顾坚定者、奋进者、搏击者，而不会等待犹豫者、懈怠者、畏难者。走向未来，新时代的黄柏山林场人不以吃上眼前的"财政饭"自得其乐，而是瞄准"场活"目标，用"苦干"品格使人心向科技林场凝聚，智慧向科技林场迸发，汗水向科技林场浇灌。近几年来，林场围绕林业科技示范基地建设，科学培育大径材，建成了以黄山松和杉木为主的国家储备林 8 万亩；与省内外的林业科研院所联合设题科研推广，使科技创新由粗变细变精；加强林区生态自然科普教育，投入资金建设场馆设施，广开林场森林可持续经营路径，用苦干托举起了林兴场活的不平凡。

科学培育大径材

只有干出的精彩，没有等来的辉煌。优质大径材资源是我国最急缺的资源，亦是世界各国最稀缺的自然资源。改革后的黄柏山林场，改变过去重视造林和采伐利用，忽视森林质量提高；注重培育速生丰产针叶纯林，忽视营造针阔混交林和珍贵树种培育的业态。对现有的4000多公顷黄山松、杉木、鹅掌楸、柳杉人工纯林等森林资源，以优材更替的方式，实施乡土珍稀树种混交和乡土珍稀树种与一般树种混交模式，营造针阔混交林和阔阔混交林，提高林分质量和木材产品，最终培育大径材。经过几年的努力，林场对人工针叶纯林培育大径材，对树种单一的针叶人工纯林调整林分结构培育针阔混交林，对退化人工林抚育更新补植以栎类、枫香、核桃木等珍贵乡土阔叶树种，对低质低效林更新建造珍贵优质乡土混交林，成功摸索出了一套"大树下面栽小树、珍稀乡土混交"的复式造林模式，具有成活率高、保护植被等作用，充分发挥出了林地的效益。黄柏山林场探索的森林可持续经营之路，成为河南省和国家林草局的推广样本。

黄柏山林场是国家储备林建设首批试点单位，先后投资1000多万元，流转社会山场超4万亩，实施森林抚育、木材战略储备基地等几十个项目工程。全球环境基金（GEF）帮助中国开展自然保护、世行造林等项目，是国家林草局的林场主打项目，"通过森林景观恢复和国有林场改革，增强中国人工林生态系统服务功能"。黄柏山林场主动争取，使国家林草局把GEF项目培训安排在林场，并获得了国家林草局的欧洲投资银行、世界环球基金、国储林建设等一系列重大项目，使曾经资源匮乏的小林场变成了中部地区的一艘"生态航母"。林场被国家林草局确定为全国森林经营重点试点单位。

科技创新粗变细

激扬的人生，没有一劳永逸，需要朝着诗和远方不断奋发进取。奋进的林场，不能一成不变，必须向着林兴场活目标不断改革创新。转型发展的黄柏山林场深知，未来的竞争，拼的是实力，比的是创新。林场领导主动走出山外，真诚招引中国林科院、北京林业大学、河南林科院等科研院校，实施林业科技项目合作和校地科技合作，使黄柏山林场成为省内外科研所的科研实验基地、院校实训基地。近年来国家林草局把"中国森林可持续管理提高森林应对气候变化能力项目"和"珍稀优质用材林可持续经营项目"科技推广放在林场，直接将课堂设置在黄柏山营林现场，让来自中国林科院、北京林业大学、河南农业大学等单位的10多位林学大家，结合黄柏山林场森林经营的新科技、新方法，向来自福建、广西、海南、河南等10个中南部省份的百余基层林场技术人员辅导，从生物多样性、生态效益、经营效益、树种配置、碳汇等方面进行研学性教学，有效地推进了项目的实施与创新。

活场之路，科技铺就。林业技术推广是林场实力的重要组成部分，只有通过自主创新，才能赢得林场转型发展的主动权。近几年来，林场与北京林业大学、河南农业大学林学院、信阳农林学院深度合作，将学院的教学科研与林场生产部门森林经营交会对接，围绕林业生产急需和关键技术，设置"黄山松抚育间伐综合试验""杉木速生丰产林试验"课题重点攻关，用林业科技成果促进林场森林经营，有效提升了林场森林经营的技术和管理创新，提高了森林经营的科技含量。场院合作给林场培育出了一支坚守的森林经营技术人才队伍，林场支持他们向上申报项目，给予配套资金搞基础性技术研究和成果推广，使徐玉杰、黄黎、郑天才、李孝和等 20 多名职工结合工作研究，相继在《林业科技》《河南林业科技》等林业学术期刊发表了《黄柏山林场森林可持续经营的探索与思考》《黄柏山林场国家储备林项目建设探析》等 20 多篇主题科研文章。

三、凭"实干"作风塑造文化林场

求真务实、脚踏实地是黄柏山林场人的"实干"作风。林场多相似，文化各不同，"中国有个塞罕坝，中原有个黄柏山"的战略定位，要求黄柏山林场人耐住寂寞，围绕"人富"目标实干兴场，在生态和文化建设方面下慢功夫、真功夫，塑造具有黄柏山特色的文化林场，着力习近平生态文明思想和"绿水青山就是金山银山"理念，以弘扬"黄柏山精神"为抓手，纵深开展生态文明教育工作，创建被县、市、省、国家认定的生态文化教育基地。

成立黄柏山生态文明教育中心

弘扬大别山精神魂，共筑黄柏山腾飞梦。林场科学总结老一代人的创业精神，人民日报《牙缝里省出来的人工森林》、河南日报《青山不老》等文章引起社会反响，得到省市领导批示，商城县县委作出学习"敢干、苦干、实干、巧干"黄柏山精神决定，国家和省市主流媒体相继深入林场，宣传黄柏山精神，在全国林草系统特别是河南省掀起了学习"黄柏山精神"的热潮，一些与林场有合作业务的院校"近水楼台"，组织师生进驻林区学习实践黄柏山精神。

"如盐在水"施教，方能"如鱼在水"见效。黄柏山林场顺应社会需求，在信阳市和商城县的帮助下成立黄柏山生态文明教育中心。中心梳理习近平生态文明建设纲要，挖掘林场建设史迹，精心布局建设黄柏山主题展馆，打造滴翠湖森林沐浴区、小林海、狮子峰、李贽书院等教学点。林场以校地合作的形式，与华北水利水电大学共建黄柏山精神研究中心，宣传黄柏山"四干"精神，开发高校师生深入林区实施生态文明教育研学的教育教学课程体系。同时，为森林公园和林场建言献策，为创新发展提供学术支撑。林场相继为武汉轻工大学、河南农业大学等高校建设实践基地，开办"林间课堂"，丰富了高校的研学内容和研究课题。林场面向全国圆满承办中国林业职工思想政治工作研究会"黄柏山精神"观摩学习研讨活动，举办"黄柏山精神"征文大赛，700 多篇参赛作品给这座又红又绿的黄柏山，赋予了新的生态文化内容和生态文明内涵。

创编实用型生态文明系列教材

国有林场是生态林业建设的主体，也是弘扬传播生态文化的主场。近几年来，黄柏山林场新一届班子全新规划,紧紧依托林区群山连绵、如诗如画的优势,广泛传播植树造林、森林与健康知识,让社会大众接受森林生态文化教育专业培训,有效提升了林场管理者的生态文明理念,增强了公共生态文化服务的能力,进一步提高了林场的社会影响力。

林场坚持理论学习和现场教学相结合的原则,同步推进软硬件建设,围绕不同层次的培训主体,科学设置课程体系,系统打造教学点,通过采取微课堂形式,创新性实行"订单式"研学教育模式,外请内挖,不断推进生态文明教育课程优化工程。先后建成黄柏山生态文明教育广场和界巴冲林间课堂,打造"四干"精神教学点,编撰生态研学教材,1~7 日理论与现场相结合的教学培训课程不断得到充实完善。

林场结合黄柏山精神的宣传和弘扬,组织编写出版了《林场志》。他们以历史唯物和辩证唯物的立场、观点和方法,坚持实事求是原则,在原有场志基础上,进行高质量的编写提炼,真实详尽记述再现林场历史现状,以通俗朴实的语言满足各个层次的阅读者,以照片、图、表等直观方式再现,使读者身临其境;组织全国林业和省市党建、社科专家学者,集中研讨黄柏山精神的实质和内涵;以黄柏山精神为载体,聘请报告文学作家桂诗新为黄柏山立传《大别山的绿脊梁》。既给黄柏山精神提供了强大理论支撑,又不断地提升了黄柏山林场的美誉度、知名度。

黄柏山美景

创建国家级生态文明教培基地

"小林场也要办大事"。黄柏山把几代林场人凝成的"四干"精神，作为习近平总书记"两山"理念在黄柏山林场的转化支撑，立足"生态文明教育基地"目标，通过与各级党校、干校、大中专院校、中小学校联合，研发创办生态文明教育的系列"林间课堂"，不断丰富拓展生态观念教育、生态科普教育、生态道德教育、生态法制教育、生态审美教育、生态体验教育"六位一体"生态文明教育活动内容，聚力将黄柏山生态文明教育基地打造成国家级生态文明意识的培养基地、生态文明理念的传播基地、生态文明思想的引领基地、生态文明建设的示范基地、生态文明成果的展示基地、生态文明知识的科普基地、生态文明教育的研学基地。

近几年来，两届林场领导班子多次向县、市、省报告，向河南省和国家林草局专题汇报，谋求各级党委政府和林业管理部门的政策、经济支持，多方联动，统筹规划，在林场创建集生态文明建设展览馆、大别山动植物博览馆、学术交流暨培训中心为一体的生态文明教育培训综合体。林场开设教育课堂，场领导分别备课登台，向主动到林区接受生态文明教育的师生和游客授课辅导。林中做院校，林下设课堂，受到周边高校垂青，纷纷与林场合作延伸"马院"教育教学范围，专为师生实施生态文明实践教育。

星星之火已成燎原势。经过几年的实践与探索，围绕"黄柏山精神"弘扬推广的黄柏山生态文明教培基地已经成型，使黄柏山林场的社会效益、生态效益和经济效益同步提升，得到各级党委政府和林业部门的支持和关爱，争创国家级生态文明教培基地的中部地区，"两山"理念教育培训中心已现雏形，成为省内外各类高校的实习基地、信阳市委及所辖区县各党校教育基地、县内各单位主题党日活动首选地和中小学生生态研学目的地，先后共接待 3 万多人，分别荣获国家青少年自然教育绿色营地、河南省生态文明教育基地、信阳市爱国主义教育示范基地和信阳市少先队校外实践教育基地等称号，树立了一面生态文明教育的黄柏山旗帜。

四、靠"巧干"本领建设智慧林场

科学求实，开拓创新是黄柏山林场人的"巧干"本领。新时期，黄柏山林场改革编制体制变化、工作节奏加快、使命任务加重，给林场林区治理和森林公园经营管理带来了许多新挑战，他们着力能力素质学用结合，靠"巧干"本领建设智慧林场，建成了中部林区的智慧林业应用基地。近几年来，黄柏山围绕"林强"目标，将林场生态经济与森林生态旅游设施建设双推进，管护实现智能化，稳步推进 5A 级景区创建，走出了一条生态惠民的林强之路。

林旅设施建设双推进

《商城县国有林场改革实施方案》提出，财政、交通、水利等职能部门支持黄柏山林场和森林公园基础设施建设，将林区内的防火道路建设按照行政区划，纳入相应的县区农村公路建设规划。《林场森林经营方案》明确，加强各管护站基础设施建设，完善管护设施，修缮区内巡查道路，配备交通工具。近几年来，林场结合林区经营建设，深挖森林旅游和森林康养资源，累计投入 8 亿多元加大基础设施建设改造，整合森林文化旅游，扩建提质景区景点，使森林旅游产业进入到全方位、快速度、大发展的崭新历史时期。

夯实林区基础，建设林旅设施。黄柏山林场抢抓国家和河南交通提质建设机遇，构建出了林区的交通动脉。林场结合林区经营管护和旅游开发，多渠道投资相继完成 30 多千米的旅游干道的改造加宽工程、天池至森林广场和生态定位观测站 5 千米新建道路、黄柏山大峡谷入口停车场 15000 平方米场地硬化和车道硬化工程，新建了长 20 米、宽 11 米的周老湾跨河大桥，改建了旅游服务中心和公园内生态停车场建设。

加快林旅双融合，不忘农村同步走。黄柏山林场是河南省唯一实行场辖村管理模式的国有林场，下辖 6 个行政村 1727 家农户 6469 人。近几年来，林场结合林区景区建设加强农村基础设施建设，累计整合投入涉农 1400 多万元，护砌河道岸坡 300 多米，硬化村组道路 40 多千米，修建桥梁、水塘、拦水坝 20 多座。投入专项资金，打造出了枣树塝村涂湾组、百战坪村周老湾组等美丽乡村示范点。林场农村和林区、景区基础设施一体化建设，使生产生活条件随之改变。

倾力创建 5A 级景区

同一座山、同一个文脉、同一种底色。黄柏山林场跨区合作，与湖北省狮子峰林场优势互补，抱团创建国家 5A 级森林旅游景区的规划正在加速推进。商城县 2020 年政府工作报告提出：发挥资源优势，加快黄柏山 5A 级景区创建，规划建设黄柏山等 5 大精品民宿集聚区，创建国家全域旅游示范区。

林场珍视改革定性公益性事业单位的成果，自觉转型为国家提供良好生态资源，为人民群众谋求生态福利，联手北京慧谷旅游规划设计院，全力以赴创建 5A 级旅游景区。北京慧谷规划集聚中国科学院、清华大学、中央美术学院等旅游规划、景观设计等领域的专家，先后打造出了大连小黑山风景区、苏州创建古城旅游示范区、大长山岛饮牛湾旅游度假区等景区的总体策划和精品设计。2017 年，双方协作黄柏山创建国家 5A 级旅游景区总体规划设计和申报工作，精心设计和稳步推进的成效，受到商城县委、县政府大力支持，组建森林公园管理处，统一整合资源，统一规划蓝图，将其作为推动全县结构调整、产业升级的现实需求，打造全域旅游的重要发力点。

近几年来，林场紧紧围绕创建 5A 级景区目标，与旅游公司通力合作，在工程项目方面，践行"一线工作法"，投资 3 亿多元，提升改造景区内部交通道路，新建扩建景区景点，提升森林生态旅游和康养接待设施；景区宣传方面，先后举办了"黄柏山狮子峰旅游区 2018 国际旅游小姐湖北总决赛""首届中国·黄柏山国际摄影大赛颁奖典礼暨黄柏山国际摄影展"，捧回了"河南省最具影响力十大景区""中国生态氧吧旅游最佳目的地""中国健康养生休闲度假旅游最佳目的地"等荣誉。

林区管护实现智能化

坚守初心，勇担使命，黄柏山林场人 66 年共建一片林，森林群落结构优化，生态功能稳定，景观特色明显，生物多样性丰富，生态环境服务功能可持续发展，成为行业和区域公认的强林大场。今天的黄柏山林场人珍惜丰富的森林生态资源和厚实的林区经济基础，在科学经营森林和森林公园充分自主经营的基础上，实施严格的管护制度，装备先进的监控指挥系统，建设科学管林、预警响应、应急处置机制，实现了林区管护的智能化和高质量。

依托现代技术，打造智慧林业。黄柏山林场建成了林区资源和公园动态管理的智能化监控指挥系统，指挥中心与投放在森林中的智能自动探测设备上下联动，实时衔接，动态观测森林生态发展，积极预防森林防火防病虫害，有效保护野生动植物，切实提升科学管林、预警响应、应急处置能力。林场充分发挥人力防控与现代装备预警监控的作用，确保不出现森林火灾。林场加强基层职工现代信息技术和林业"互联网 +"应用，确保"森林防火数字化监控预警系统"运行正常，森林火灾监测覆盖率达到 96% 以上。

林区森林生态资源管护智能化，使黄柏山林场林区内的生物多样性保护健康持续，金钱豹、果子狸、猪獾、金雕、娃娃鱼等珍稀野生动物的身影常在林间出没。专业机构调查监测研究表明，林场内有各类野生动物 371 种，各类植物 327 科，其中属于国家一二级保护野生动植物分别有 37 种和 33 种。全场森林保护的生物多样性每年产生价值 8000 多万元。

盎然绿色成为林场高质量发展的底色，良好生态成为林场幸福生活的常态！胸怀"敢干、苦干、实干、巧干"精神的黄柏山林场人，从这个精神地标出发，在"二次创业"的路上耐住寂寞、守住清贫、吃得了苦、沉得下心，攻坚黄柏山 5A 级景区建设，强化林场自然生态系统保护，系统修复治理公园公路沿线和林场林区生态，奋力创建现代国有林场，创造一个当之无愧的生态文明建设新传奇。

第二章

林业高质量发展

第一节　绿美湖北：扛牢林业高质量发展之责

党的十八大以来，习近平总书记先后5次考察湖北，要求在生态文明建设上取得新成效，奋力谱写新时代湖北高质量发展新篇章。湖北省委、省政府把总书记的亲切关怀化为"一江清水东流""一库净水北送"的政治责任，以"绿满荆楚""绿美湖北"的强大动力治理荆山楚水。湖北省林业局领导班子带领全省广大林业干部职工，传承"绿满荆楚行动"的优良作风，全方位保障《湿地公约》第十四届缔约方大会在武汉召开，成功展示了绿美湖北的建设成就；围绕省域治理现代化科学推进国土绿化，全面构建高质量建设武陵山、秦巴山、大别山、幕阜山和鄂中平原森林生态屏障和林业生态建设格局；建设林业强省，打开山林经济，打通"两山"路径，让绿水青山永续造福人民。

"绿满荆楚，林秀湖北。"盛夏时节，我们穿行湖北，从磅礴的武当山、神农架到奔流的汉水、长江，从风景秀美的丹江口水利枢纽、三峡大坝到波光粼粼的梦里水乡、东湖楚文化旅游区……天蓝、山绿、水清，生态美、百姓富的绿美湖北新画卷生动铺展。

一、建设湿地大省，湿地公约大会成功展示绿美湖北成就

"成功在安全，精彩在宣传。"《湿地公约》第十四届缔约方大会，是我国在党的二十大召开后举办的第一个主场外交活动，规格高、影响大，习近平主席以视频方式出席大会开幕式并发表重要致辞。筹办期间，湖北省林业局抽调30多人参与大会筹备专班，在国家、省、市共同努力下，实现了硬件建设"零延误"、关键活动"零误差"、服务保障"零差评"、会场安全"零事故"，大会取得圆满成功。大会广泛传播了习近平生态文明思想，展示了湖北在生态保护、绿色发展、城乡建设、民生改善等方面取得的新成效，为全球湿地保护利用展示了武汉样板，提供了湖北经验，得到各级领导和社会各界的广泛好评。

打造湿地保护荆楚样板

回看射雕处，千里暮云平。2019年2月，武汉市政府提请湖北省林业局向国家申办《湿地公约》第十四届缔约方大会的筹备工作得到回应后，湖北省林业局成立专门协调机构，在全省加大湿地建设和保护工作，组织编写《大美湖北湿地》专题图书，拍摄《大美湿地润荆楚》专题宣传片，每年追加资金过亿元，3年修复退化湿地面积10.79万亩，实施退耕还湿19.16万亩，新增湿地面积7.77万亩。近两年来，全省加快建设长江、汉江、清江生态廊道，全省完成营造林300多万亩。

湿地生态修复成效明显。走进武汉东湖风景区华侨城生态湿地公园，一个个湖边塘

堰清澈见底，水草摇曳，几只野鸭在浮水嬉戏；一座"彩虹桥"横跨水面，树影、桥影和桥上的人影清晰地倒映水中。公园把水景搭建和水质净化结合起来，打造集生态科普与环保教育功能于一体的"开放式生态博物馆"，原本废弃的"田"状鱼塘，通过水循环设计等生态修复技术进行治理，使全园的水质达到并维持在二类。公园的魅力和风采，成为世界观察中国湿地保护成果的一个重要窗口。冬季水鸟调查表明，全省冬季水鸟种类从 2016 年的 73 种增加到 2022 年的 95 种，种群数量从 2016 年的 189212 只增加到 2022 年的 851305 只。全省河湖水质持续提升，主要河流总体水质为优。建立湿地保护管理评价体系。建立湿地保护分级管理体系，形成国家重要湿地（国际重要湿地）、省级重要湿地、一般湿地三级管理格局。出台《湖北省湿地保护修复制度实施方案》，全面落实最严格水资源管理制度，水资源管理"三条红线"纳入政府绩效考核体系。建立湿地用途监管机制和湿地监测评价体系。

合理利用湿地资源。全省各级湿地管理部门加大湿地资源合理利用的试点示范力度，对各类湿地利用活动进行分类指导，积极开展符合湿地保护要求的生态旅游、生态农业、生态教育、自然体验等活动。神农架开放大九湖国家湿地公园，每年门票收入 3500 万元，旅游综合总收入达 3.5 亿元。蕲春赤龙湖国家湿地公园创立自然课堂教育品牌，结合民宿主题，打造湿地体验、自然环保、观光休闲于一体的特色生态旅游。远安徐家庄乡村小微湿地走"一村一品"特色，实现农业立体发展，促进农民增收。

湖北湿地大省的地位奠定，现有国际重要湿地 6 处、国家重要湿地 8 处、省级重要

鄂西山城鸟瞰（文林　摄）

湿地 50 处；已建立国家湿地公园 66 处、省级湿地公园 38 处、湿地保护区（小区）72 处。湖北的国家重要湿地、国际重要湿地、国家湿地公园数量分别位居全国第一、二、三位。"千湖之省"湖北湿地生态环境的巨大变化，是我国以最严格的制度、最严密的法治保护湿地并取得显著成效的一个生动缩影。

省市合力承办盛会

2019 年《湿地公约》常委会第 57 次会议审议通过湖北省武汉市承办《湿地公约》第十四届缔约方大会议题。2022 年 6 月经中国政府批准，并经《湿地公约》常委会第 59 次会议审议通过，决定《湿地公约》第十四届缔约方大会于 2022 年 11 月在湖北省武汉市举行。

2022 年 11 月 5~13 日，《湿地公约》第十四届缔约方大会在武汉和日内瓦成功举办。这场为期 9 天的全球湿地盛会达成了《武汉宣言》《2025—2030 年全球湿地保护战略框架》等多项重要成果，为全球湿地保护发展提供了科学指引，更向全世界展示了中国加入《湿地公约》30 年来在湿地保护、修复、科研、宣教等领域取得的丰硕成果。

这次国际盛会的成功，实现了硬件建设"零延误"、关键活动"零误差"、服务保障"零差评"、会场安全"零事故"。这背后是湖北省林业局和武汉市园林和林业局全力配合大会筹备的甘于奉献、敢于担当、精诚团结。

湖北省林业局新一届领导班子把支持武汉举办湿地公约大会当作最大的政治任务。筹办期间，省林业局领导班子率检查组，深入沉湖、东湖等湿地，检查湿地恢复示范区、观鸟长廊、绿岛驿站等建设工程，对大会从开幕到结束的每个环节、每个细节，特别是对口接待等重点工作，开展全要素实战演练、查漏补缺、及时完善，加强与国家相关部门沟通，力争将武汉《湿地公约》第十四届缔约方大会办成一届高水平盛会。

世界目光聚焦湖北湿地保护。2022 年 11 月 5 日，习近平主席以视频方式出席《湿地公约》第十四届缔约方大会开幕式并发表重要致辞，指出："古往今来，人类逐水而居，文明伴水而生，人类生产生活同湿地有着密切联系。本次大会以'珍爱湿地，人与自然和谐共生'为主题，共谋湿地保护发展，具有十分重要的意义。我们要深化认识、加强合作，共同推进湿地保护全球行动。"部级高级别会议通过《武汉宣言》，中国履行《湿地公约》30 周年成就展举行，《2025—2030 年全球湿地保护战略框架》审议通过，30 多场边会和主题论坛相继召开。11 月 13 日，大会在武汉主会场落下帷幕，一次次对话凝聚全球共识，一场场活动讲述人与自然和谐共生的精彩故事，一项项成果闪耀中国智慧和湖北精彩。

展示绿美湖北建设成就

湖北省委、省政府和国家林草局要求，借《湿地公约》第十四届缔约方大会筹备工作，大力推进生态文明建设，加强生态修复，保护好湖北的生物多样性。省委、省政府多次专题调研检查工作，要求展示出绿美湖北的建设成就。调研组在东湖公园沿途察看水环境治理、岸线修复和景观优化提升情况时，要求加强原生态保护，打造湖光山色、飞鸟栖息、鱼翔浅底"一切天成"的湿地画卷，生动展现湖北生态林业、湿地生态保护、人与自然和谐共生的成就。调研组多次深入建设现场，要求展示美丽湖北和美丽江城的良好风貌，讲好湖北湿地、湖北林业故事。

眼前是光影变幻、水清岸绿的大美湿地；耳畔传来呦呦鹿鸣、百鸟欢唱；按压不同的"气味盒子"，菖蒲、莲花等湿地气息扑面而来；把手伸进一个个"湿地盲盒"，可以感知粗粝的树皮、轻柔的苔藓……在《湿地公约》第十四届缔约方大会上，中国、湖北、武汉湿地成就展令中外代表印象深刻。建设人与自然和谐共生的现代化，推进湿地保护事业高质量发展。展厅里一组组数据诠释着湿地保护的"中国实践"和"湖北精彩"。新时代的湖北大地山更绿、水更清、天更蓝，不断舒展美丽湖北新画卷。国家林草局局长关志鸥调研湖北，沿着东湖绿道考察，他说："武汉是一座国际湿地城市，湿地资源丰富，自然风光优美。《湿地公约》第十四届缔约方大会期间，要向外国友人讲好生态文明建设的故事，讲好中华优秀文化的故事，讲好老百姓保护湿地、亲近自然的故事。"

加强生态林业建设，促进人与自然和谐共生。2022年年底，湖北省林业局以报告会的形式总结这一高规格、大规模的国际盛会，并安排工作成绩突出的同志作典型发言。局领导表示继续秉持尊重自然、顺应自然、保护自然的原则，完善湿地分级分类管理，加大重要湿地的保护和监督管理力度，探索推行湿地休养生息的体制机制，强化江河源头、上中游湿地和泥炭地整体保护，减轻人为干扰，加强江河下游及河口湿地保护，改善湿地生态状况。践行"绿水青山就是金山银山"理念，进一步探索生态产品价值实现的有效机制，坚持站在人与自然和谐共生的高度谋划生态林业建设，推动湖北林业事业高质量发展。

二、建强生态大省，全面推行林长制筑牢五大林业生态格局

推进省域治理现代化，湖北林业主动谋作为。俯瞰荆楚大地，山更绿、水更清、景更美、林农更富裕。湖北全面推行的五级林长制，充分发挥"林长"的决策指挥作用，坚持目标导向、问题导向、结果导向，确保各级林长做在平常、抓在日常，使湖北山林串点成线，打造绿色崛起"样板群"。全省围绕"绿美湖北"认清现实挑战，森林提质增效的任务还较重，森林防火防虫的压力还较大，林业支撑保障的力量仍较薄弱，全面推行林长制，科学制定林业深化改革"线路图"，下达国土绿化建设"任务书"，筑牢鄂西南武陵山、鄂西北秦巴山、鄂东北大别山、鄂东南幕阜山的森林屏障，强化鄂中平原森林生态支撑系统，通过"三江四屏千湖一平原"的格局引领，优化建成"四屏一系统"林业发展新格局，增强湖北生态大省的林业地位。

筑牢鄂西武陵山秦巴山森林屏障

湖北地处中国东西南北地理气候过渡带，在全国具有非常重要和特殊的生态地位。鄂西武陵山区是同纬度生物多样性最丰富的地区，神农架是北半球保存最完好的物种基因库，三峡、丹江口、葛洲坝等举世闻名的大型水利枢纽都在湖北鄂西境内。

鄂西南武陵山森林生态屏障的范围是恩施州和宜昌市 21 个县（市、区），定位建设国家重要生态屏障、民族生态旅游区、清江源头水源涵养地。国家珍稀濒危野生动植物种分布集中区域、全省重要的生物多样性维护区和森林生态保护区功能。生态保护的重点是加强三峡库区和清江流域等重点生态区域森林资源及天然林、公益林保护管理。抓好以后河、星斗山、七姊妹山、木林子、巴东金丝猴、崩尖子、忠建河大鲵等国家级自然保护区为重点的自然保护地建设与管理，拯救与保护猫科动物、林麝、中国小鲵、水杉、小勾儿茶、长果安息香、雅长无叶兰、花榈木、峨眉含笑等珍稀濒危野生动植物种，恢复和改善珍稀濒危野生动植物种栖息（原生）生境。生态修复侧重推进水土流失和石漠化综合治理，科学开展天然次生林提质，精准实施森林抚育和退化林修复，稳步提升森林生态系统质量。开展湿地植被恢复和栖息地修复，加强咸丰二仙岩、宣恩七姊妹山等地亚高山泥炭藓沼泽湿地的保护和退化湿地的修复。局领导深入恩施州和宜昌市，要求两地把握优势，支持恩施州建设"两山"实践创新示范区，助力宜昌扩绿量提质量，健全完善"林长 +"制度机制，推动林业重点工作。

鄂西北秦巴山森林生态屏障的建设范围包括十堰、襄阳、随州和神农架林区等 21 个县（市、区）。功能定位于建设国家重要的生物多样性保护区、全国生态文明建设示范区、国家公园建设试点区、南水北调中线工程水源区、珍稀濒危野生动植物保护区。通过严格保护天然林和公益林，加强森林、湿地资源管理，以维护生物多样性为核心，推进以神农架国家公园为主体的自然保护地体系建设。拯救与保护川金丝猴、庙台槭、洪平杏、秦岭冷杉、兰科植物等珍稀濒危野生动植物种，恢复和改善珍稀濒危野生动植物种栖息（原生）生境。生态修复的重点是开展水土流失治理，全面加强森林培育和退化林修复，科学开展天然次生林提质，持续提升森林质量，着力增强生态功能。加强神农架大九湖、丹江口库区、汉江、堵河等湿地生态保护和修复，改善湿地生态状况，维护生物多样性。

夯实鄂东大别山幕阜山生态根基

鸟瞰湖北，三面群山多巍峨，南部丰水孕渔田。大别山、幕阜山是长江中下游重要的水源涵养地。湖北林业自我审视，感到还有"秃顶""伤疤"需要荒山植绿，长江两岸还有断档需要补绿，门户绿化与周边省份相邻县（市、区）相比仍有差距，必须补齐绿化短板。当下必须集中精力夯实鄂东北大别山和鄂东南幕阜山的生态根基。

鄂东北大别山森林生态屏障建设包括孝感和黄冈的 17 个县（市、区），功能定位建设国家重要的水土保持生态功能区，鄂东北重要生态屏障、红色生态旅游区、特色林产品和林产加工重要发展区。生态保护的重点是加强森林湿地资源保护管理，加强龙感湖国家级自然保护区、大别山国家级自然保护区等自然保护地建设，开展自然生态系统、野生动物重要栖息地保护与修复，拯救与保护安徽麝、大别山五针松、罗田玉兰、霍山石斛、黄梅秤锤树等珍稀濒危野生动植物种，维护生物多样性。生态修复的任务是开展水土流失综合治理，实施人工造林、封山育林和退化林修复，保护和培育森林植被，加快建设森林城市，实施森林抚育，提高森林质量。加强长江沿线退化湿地保护和修复，开展沿江河湖库水系连通，提升湿地功能。

鄂东南幕阜山森林生态屏障的建设范围包括咸宁、鄂州、黄石的 15 个县（市、区），功能定位于长江经济带重要湿地分布区、长江流域水源涵养地，鄂东南重要的生态屏障，全省森林质量和林产品加工重要提升区。生态保护的重点是加大森林资源管理力度，加强公益林和天然林保护，加强九宫山国家级自然保护区等自然保护地建设，拯救与保护中华穿山甲、白颈长尾雉、永瓣藤、花榈木等珍稀濒危野生动植物种，改造和恢复其栖息生境。通过加大人工造林、封山育林、森林抚育和退化林修复力度，大力开展水土流失和石漠化综合治理，大力实施森林质量精准提升工程，加强森林经营管理基础建设，不断提高生态系统质量和稳定性。

补"天窗"接"断带"，保证"伤疤"完美修复。3000 多年矿冶炉火生生不息的黄石，成就了"青铜古都""钢铁摇篮""水泥故乡"，也留下了最高落差 444 米的"亚洲第一坑"。黄石运用生态林业修复矿山公园，使矿坑绿树环绕，鸟语花香，建成了亚洲最大的硬岩绿化复垦基地。他们加大修复力度补"天窗"、接"断带"，两年增绿 5 万亩。铁山区对矿山废石场进行林业生态修复，建成了命名"北纬 30 度广场"的生态休闲公园。广场占地面积 150 余亩，投资 1.5 亿元，主体工程已经完工，变身黄石国家矿山公园景区新大门。

强化鄂中平原森林生态支撑系统

扩"绿量"、守"绿线"、提"绿质"、增"绿效"、靓"颜值"，做绿做美鄂中平原湿地生态系统。鄂中平原湿地包括洪山区、蔡甸区、江夏区、东西湖区、汉南区、东宝区、掇刀区、钟祥市、京山市、沙洋县、沙市区、荆州区、石首市、洪湖市、松滋市、监利市、公安县、江陵县、天门市、仙桃市、潜江市等 21 个县（市、区）。定位建设长江中游湿地保护和修复区、农田防护林体系建设区、长江水土保持带等生态功能。

湖北林业对这一区域的生态保护，侧重保护乡村原生植被、自然景观、古树名木等生态资源。推进平原地区杨树天牛和湿地有害生物防治。以湿地生态系统生物多样性保护为重点，推进石首麋鹿、长江天鹅洲白鳍豚、长江新螺段白鳍豚、洪湖等自然保护区建设，加强野生动物栖息地或原生生境的保护与恢复，促进麋鹿、长江江豚、白鹤、白头鹤、中华秋沙鸭、青头潜鸭、湖北梣等珍稀濒危野生动植物保护。

生态修复的重点在于为粮棉油农业主产区提供生态防护，加大长江沿线造林绿化力

江汉平原水网绿化

度，持续加强城镇、村庄和居民点周围集中连片环村林、"四旁"绿化和庭院绿化美化。高标准建设农田林网，建设沿江绿色生态廊道和城市生态屏障。开展退耕（垸、渔）还湿，加强退化湿地保护和修复，提升湿地功能。

一盘棋做谋划，一张图干到底。奔流不息的长江流经荆州 483 千米，所辖 8 个县（市、区）依江而立，特殊的区位决定了荆州的责任和使命。荆州全面完成长江干线非法码头、非法采砂整治及岸线复绿、长江两岸造林绿化工作任务，打造出了一条绿美的长江风景带。长江干流贯穿石首全境数百千米，他们沿着主城区双岸线打造出了包括石首滨江文化展示园、长江观音、滨江水上乐园、旅游专用码头等项目的石首滨江文化带，在城区之外的"水袋子、虫窝子"，引进市场主体新建 1.1 万亩防护林，成为全省长江两岸造林绿化的样板；洪湖市紧紧抓住长江两岸造林绿化工程"补短板"，两年建成护堤护岸林 19 万亩，他们在堤防外侧选择耐水湿树种营造护堤防浪林，在堤防内侧宜林地段营造以乡土树种为主兼顾景观效果的防护林。

三、建功林业大省，打通"两山"路让绿水青山为民造福

"不负绿水青山，方得金山银山。"为民造福的湖北林业，2022 年实现林业总产值 4989 亿元，同比增长 9.5%。放眼山峦群峰层林尽染，水乡平原蓝绿交融，城市乡村鸟语花香，既带给了人们美的享受，也是湖北人民走向未来的依托。新一届局领导班子集中力量建功林业大省，着力推动林业产业扩规模、增效益，打通"两山"路径，让山上树木都成材，让青山绿水价无限，让龙头企业带一方，使全省的林业产业规模稳步增长，油茶产业扩面提质增效，生态帮扶更加扎实深入，助力乡村振兴，统筹推进城乡一体绿

化，把"绿富同兴"的"林秀湖北"变为现实。

让山上树木都成材

湖北林业注重提升森林质量建设，加大科技力量改善林分结构、改进林相，提高森林的水源涵养、稳定生态、改善环境等生态功能。聚焦重点生态区域及森林资源大县，针对先锋树种老化、结构功能退化、病死木比例偏高的森林，按照去老扶幼、去弱留强、减纯增混原则，开展退化林修复；针对中幼林过密、过纯的林分，采取疏伐、定株、修枝、补植等措施，开展中幼林抚育；针对重度、极重度石漠化地区开展封山育林，针对轻度、中度石漠化地区开展人工造林。全省森林结构更加优化，森林功能更加完备。

省林业局在五大生态屏障的构建中，支持鄂西南和鄂西北适度发展珍贵用材林、国家储备林，鼓励鄂东北发展特色经济产业林，帮助鄂东南建设楠竹、油茶产业，助力鄂中平原大力发展湿地松、杨树等工业原料林、速生丰产林，让山上的每棵树木都成材。2023年3月初，省林业局领导班子到恩施州鹤峰、来凤、宣恩、利川、恩施等县市调研期间，强调林业大州恩施的发展优势在山，希望和潜力也在山，要把省委赋予恩施州建设"两山"实践创新示范区的重任落到实处，抢抓国储林等政策机遇，培育高价值的大径材。

山水利川出好材，老树精灵天地秀。利川国有林场科学培植大径级木材是规模发展商品林基地的一个例子。在恩施州利川市的美丽生态里，好林子、大径级林木主要集中在8个国有林场，他们是大径级材水杉资源的抢救者，是水杉木材生产储备的中坚力量。利川市林业局组织各国有林场承担水杉资源抢救和种苗培训重任，重点保护谋道镇的古老水杉群，视为国宝级的当世珍品，全市现有百年以上的水杉5630多棵。红椿林场管辖森林面积9.4万多亩，涉及元堡、沙溪、毛坝3镇14个村，活立木总蓄积量超过85余万立方米，森林覆盖率达到99.75%。场内现有杉木23793亩，柳杉39124亩，日本落叶松21160亩，近5万亩为成熟林和近熟林。在森林经营中，他们对公益林围绕生态旅游服务进行林相改造，对商品林突出大径级木材培植建设示范林。

集约发展特色经济林。2023年3月23日，湖北省林科院在罗田成立大别山特色经济林木研究院，重点研究推广大别山林区的板栗、甜柿、茯苓、野生兰花等经济林木资源。近年来，湖北启动实施油茶产业扩面提质增效行动，使随州市随县澴潭镇的20多万亩山场变成"绿色油库"，县里规划未来三年追加建设10万亩。随县的油茶产业发展经验有效鼓励了全省产业领域，各地在林业部门的政策扶持和科技加持下，推广良种良法和加工生产，截至2022年年底，全省油茶面积达440多万亩，茶油产量5.8万吨，年产值超过百亿元，参与油茶产业发展的农民超过70万人。

让青山绿水价无限

"绿满荆楚美如画，水光山色与人亲。"《2023年湖北省政府工作报告》写道："新增植树造林231万亩、湿地修复4万亩，长江干流出境水质保持在Ⅱ类，'水清岸绿、江豚逐浪'的美景再次呈现在世人面前。清江获评全国最美家乡河，恩施获评中国天然氧吧城市。钟祥、通城、建始等7地获评全国生态文明建设示范区，宜昌环百里荒、十堰武当山获评'两山'实践创新基地。生态文明建设走深走实，荆楚大地青山常在、绿水长流。"

山有颜值绿生金。全省各级加大林业投资，2022年仅中央和省级林业投资便超过65亿元。全省各地投资开发森林体验和森林养生，各类国家级森林康养基地175家。全省拥有新型林业经营主体1.85万个，林产品取得地理标志产品56个，获得湖北名牌产品、著名商标达206个，涌现出罗田板栗、麻城油茶、咸宁竹业、保康核桃等一批特色品牌。

树立和践行"绿水青山就是金山银山"理念，探索"两山"理念转化有效途径，"绿水青山就是金山银山"试点县建设工程，走开了生态产业化、产业生态化的可持续发展之路，不断提升了绿水青山的"颜值"，实现了"金山银山"的价值。通山县是全省首批"两山"试点县，大畈镇规模化建设的2万多亩枇杷连片基地，使890户果农增收致富。近年来，通山把新增的16.9万亩绿化面积全部建设经济林，直接带动5.6万林农增收。如今的大幕山，高山赏花、休闲采摘、森林人家、农家乐等旅游业态方兴未艾，森林山水旅游渐成富民新支点。数据显示，森林旅游产业链上，全县1.7万群众年增收9000余万元。

湖北林业"十四五"规划表明，积极完善森林公园和森林康养基地基础设施建设，大力培育和开拓生态旅游康养市场，促进森林康养与生态旅游、森林疗养、养老服务、中医药产业融合发展，加速新建一批国家级森林公园和全国森林康养基地。"十四五"期间全省生态旅游康养接待游客规模达到 3 亿人次以上，实现收入 2500 亿元以上。全省新建国家级森林公园 5 个，总面积增加 1 万公顷以上；新建全国森林康养基地试点 100 个以上。

让龙头企业带一方

把绿水青山建得更美，把金山银山做得更大，让湖北森林生态更优美、林业产业更兴旺。湖北林业着力加强省域治理的林业功能现代化水平，自觉当好服务林业产业科技人员和林业企业的"店小二"。三级林业部门担当善为，将林业产业与精准扶贫和全面脱贫有机融合，抓好产业、人才、规划、组织、政策衔接，夯实第一产业，提升第二产业，壮大第三产业，提升品牌影响，快速发展具有湖北特色的林业产业。2023 年，湖北林业着力加快发展林业特色产业，加大与央企对接合作，积极培育林业龙头企业，拟新培育省级龙头企业 30 家以上，力争实现林业总产值 5300 亿元。

湖北林业在建设鄂东南幕阜山森林生态屏障中谋划，优化提升林产品加工业。我们在红安县新开工的宁丰木业找到了答案。2023 年 5 月 1 日，山东济宁宁丰集团 9 号线在湖北红安经济开发区首板下线。这条生产线采用意大利意玛帕尔集团的前工段设备，亚联机械铺装压机主线，产品是五层结构的轻质高强刨花板，设计年产能 60 万立方米，是国内人造板产业产能最大最先进的连续平压生产线，从奠基到首板下线历时 11 个月，再次刷新了湖北林业产业的建设速度。

宁丰集团是人造板行业的龙头企业，2022 年 5 月 16 日在红安投资 10 亿元，从签约到具备开工仅用了 50 天时间，良好的营商环境写出了"红安速度"。红安县委书记刘堂军说，红安以这个项目开工为契机，坚持"用户思维、客户体验"，坚持"项目为王""企业家老大"，带着责任一线推进，带着感情一线服务，带着问题一线调度，把宁丰项目打造成了全市的重点项目和红安的样板项目。近一年来，省林业局和红安县共建宁丰集团，进一步强化要素保障，优化审批程序，当好服务项目和企业的金牌"店小二"，给予精准、优质、高效的服务，推动了项目的早竣工、早投产、早达效。仅红安这一个开工厂，每年可实现产值 6.5 亿元，安排就业 260 多人。以此为基材和基础，助力红安成功引进了金牌橱柜、千川木门、雅居乐等一批龙头企业，引领带动全县家居建材产业突破性发展，逐步成为全县经济高质量发展的重要增长极。

仅在红安经济开发区，以宁丰集团为基础的基材和家具及配套企业累计落户 150 多家。其中，上游企业 40 家、中游制造业企业近百家、下游家具配套企业 6 家，建成厂房面积超过 100 万平方米，平均每家家具企业占地面积 50 亩以上，拥有厂房面积 1.5 万平方米以上。除原木及刨切、注塑、皮革、五金环节外，家具行业工艺所需三胺纸、压贴边、封边条、家具包装、石材制品等红安均已经完备，有着极大产能释放空间和产业融合空间。金牌橱柜高端定制家居项目落户红安，是因为园区的产业集聚程度高、产业链完善。

听长江新潮，观荆楚山水。伴随着省域治理现代化的持续发力，湖北林业不断刷新城乡生态"颜值"的高度，力争到 2025 年，森林覆盖率达到 42.5% 左右，全省林业年产值达到 5500 亿元，森林火灾受害率控制在 0.9‰ 以内，林业有害生物成灾率控制在 15‰ 以下，人居环境和兴业环境全面提升，推动湖北高质量发展的路子越走越宽广。

第二节　广西林业：高质量建设现代林业强区

广西山水交融、海陆相通，在国家生态安全和生态文明建设战略格局中具有重要地位。习近平总书记高度重视广西生态文明建设，对广西绿色发展寄予厚望。习近平总书记强调，广西是我国南方重要生态屏障，承担着维护生态安全的重大职责；山清水秀生态美是广西的金字招牌，广西生态优势金不换；要扎实推进生态环境保护建设，在推动绿色发展上迈出新步伐。党的二十大期间，习近平总书记在参加广西代表团讨论时发表重要讲话，提出"五个更大"重要要求，特别强调"在推动绿色发展上实现更大进展"。自治区党委、政府坚决贯彻习近平总书记系列重要指示精神，系统谋划生态文明建设，召开全会作出关于厚植生态环境优势推动绿色发展迈出新步伐的决定，把发展壮大现代林业、高质量建设现代林业强区作为重大战略，加快建设美丽广西和生态文明强区。自治区林业局领导班子团结带领广西务林人科学践行"两山论"，精准贯彻落实自治区建设

广西现代林业产业示范区创建工作推进会暨高端绿色家居产业发展现场会

生态文明的新要求，高质量建设现代林业强区，为建设新时代壮美广西贡献绿色能量，想方设法兑现习近平总书记的嘱托。

广西集"老、少、边、山、库"于一体，全面推进乡村振兴，林业是重要发力点。木本粮油、林下经济、林业生态旅游等已成为自治区乡村振兴的特色支柱产业，林业是山区农民最重要的就业渠道、最稳定的收入来源。自治区林业局团结带领广西务林人持续筑牢祖国南方重要生态屏障，牵头推动西南岩溶国家公园纳入国家公园总体布局，高位推动央地共建全国首个现代林业产业示范区，林业改革发展全方位融入新时代壮美广西建设，交出了一份优秀的林业答卷。

广西林业依托自治区林科院办好"两山"发展研究院，将林业科研成果转化为造福人民的"金扁担"，一头挑起"绿水青山"建设，一头挑起"金山银山"转化。人工林面积、国家储备林建设规模稳居全国首位，油茶种植面积、林下经济发展面积位居全国前列，林业产值跃居全国第二，形成了集木材生产与加工、林产化工、林下经济、森林旅游等一二三产立体经营、多维发展的产业体系，每年为国家贡献商品木材超40%。在国家林草局通报表扬的2022年12项林草重点工作表现突出单位中，广西国土绿化、自然保护地体系建设、林业产业发展等5项重点工作获得通报表扬，稳居全国第一方阵。

一、站上生态优先"新台阶"，高标打造森林资源富集区

造福人民，绿染广西山川；如磐初心，温暖壮乡大地。始终把人民放在心中最高位置的广西林业，坚持以人与自然和谐发展为目标，实施山水林田湖草沙综合治理，使广西成为全国重要的森林资源富集区。虽然林地面积仅居全国第6位，但在现代林业科技推广下，林木综合生长率处于全国平均水平两至三倍，人工林面积和森林蓄积可采率稳居全国第一位。当下社会进入绿色发展轨道，发展与保护由消长权衡进入协同共生关系，生态环境效益成为社会经济效益的增长引擎，新时期如何才能走出一条绿色、低碳、高质量发展之路？广西林业局党组认为，唯有科技创新，才能更好地造福生态保护，因此决定成立"两山"发展研究院，运用"一轴两翼"理念，站上生态优先"新台阶"，开启一流生态智库研究，探寻新质林业生产力建设规律，高标打造广西森林资源富集区。

提高"两山"转化能力在立足之本

勇于开拓创新，推进事业发展。近几年来，广西林业着力打造万亿林业产业目标，在"两山"转化中植绿增绿护绿、强链延链补链，林业助力稳增长有力有为，绿色富民产业趋稳向好，林业展会经济蓬勃发展，林业脱贫贡献持续扩大。进入精耕细作的高质量发展新阶段，林长制受到中央重视，广西林业树立"两山"转化系统观念，把科学、精心、精准、精细的标准用到推进发展的各个领域，不断提升发展质量，创造出了经得

起历史检验的发展成果。2020 年 4 月，广西林业局党组作出决定：成立广西"两山"发展研究院，立足丰富的生态林业资源，服务生态建设、产业发展、乡村振兴大局，挖掘生态产品价值内涵，阐述人与自然和谐共生关系，讲好广西林业故事，增强大众对生态林业发展成果的获得感，不断满足新时期人民群众对美好生活的需要。

理技融合，研用结合。2019 年 4 月 27 日，"两山"发展研究院在广西林科院正式揭牌成立，以习近平生态文明思想是立院之本，立足广西林业实际，紧扣广西所需、所想，破解林业生态建设、林业经济发展、林业改革开放、林业脱贫攻坚、林业治理能力等体制机制问题，把自身打造成广西林业的高端智库和核心参谋，在更阔领域、更大范围、更深层次上凝聚起更多的智慧和力量，全面打造万亿元林业产业，持续擦亮"山清水秀生态美"金字招牌，奋力建设现代林业强区，切实为建设新时代壮美广西贡献绿色能量。

提升森林资源的关键在于科技推广

落实之要，不在于形式上多么轰轰烈烈，而在于说到做到，抓有重点，一抓到底，抓出实效。新时代的十年里，广西壮族自治区林业部门一手抓生态建设做美绿水青山，一手抓产业发展做大金山银山，经过艰苦努力、接续奋斗，多项指标全国领先，走在了全国林业改革发展前列。

全区各级林业部门突出森林生态建设，持续推进国土绿化，加强自然保护地体系建设，强化林草生态资源监管，推进生态敏感地区保护修复，已经建设成为全国重要的森林生态优势区。森林覆盖率居全国第 7 位，森林生态服务价值、生物多样性丰富度均居全国第 3 位，红树林面积居全国第 2 位，重度、极重度石漠化土地减少面积居全国第 1位。这背后是自治区林业局两山研究团队的科技帮扶和贡献，结合"一轴两翼"发展战略，着力对示范区的调研摸底、规划编制、创建实施、考评验收前指导等四个阶段，从材料编写、方案制定、技术集成、总体推进、整体建设、现场布置及人员培训等各个阶段进行全方位、高效率的专业化服务和细致化指导。先后到南宁、柳州、钦州、防城港、玉林、来宾、河池等全区各地级市调研现代特色林业示范区建设发展情况，协助指导创建。

广西"两山"发展研究院是继浙江丽水"两山"学院之后创立的。广西林业局坚持不走重复路，把基础理念研究与广西社会科学院（以下简称社科院）和丽水两山学院合作，结合广西林业实践进行运用。院里对应成立"两山"研究所，强化质量导向，完善智库研究闭环；着力聚力汇智，强根固本培育人才；做强特色品牌，拓展交流合作网络。两山研究团队以提升林业决策咨询科技含量作为办院之魂，高标准地承担起了七坡林场、东门林场、雅长林场、钦廉林场的"十四五"发展研究项目，编制的玉林市"十四五"森林康养与森林旅游规划受到专家好评。全院加大对现代林业示范区建设的科技服务，重点对环江速丰林、北流沉香、桂平肉桂、天峨油茶、东兰油茶等示范区的建设实施指导，依托林科院科技支撑，整合资源，服务地方示范基地建设，助推广西林业产学研一体化体系构建。专家团队深入百色、玉林、河池等地区，精心总结产业发展经验，树立了"两山"转化生态经济的发展样板。

先进林业科技发展应用是催生新质生产力的重要基础。广西"两山"发展研究院、"两山"研究所谋求新质生产力建设发展，既前瞻未来，又立足当下，把握好机械化、信息化、智能化三者发展的关系，通过前瞻智能化技术特征和发展趋势，围绕全区各级认定的 9 批 150 个现代特色林业示范区，以规划设计为牵引，提供先进的林业科学技术服务，涵盖珍贵树种、优势用材林、特色经济林、花卉苗木、林下种养、林产品精深加工等各个方面，稳步推进建设方案落地落实。

二、集聚产业优良"新动能"，开放扩大林业产业集中区

绿水青山就是金山银山，"转化"就要集聚行动，努力增强产业优良"新动能"，在开放扩大中当好中国林业产业的主力军和排头兵。自治区林业局明确："林业科技力必须转化为产业生产力，否则一文不值。通过林业科技'一轴两翼'支撑服务，围绕自治区林业局发起的商品林'双千基地'、油茶建设'双千计划'、香精香料'双千'工程建设，使广西成为全国重要的林业产业集中区。"盘点广西林业产业，木材产量居全国第 1 位，以约占全国 5% 的林地生产出了超过全国 40% 以上的木材，人造板产量居全国第 1 位；油茶种植 856 万亩，居全国第 3 位，油茶产业综合产值超过 300 亿元，累计带动超过 40 万贫困人口稳定脱贫；林化产品产量居全国第 1 位，木本香精香料种植超过千万亩，产

第三届广西"两山"发展论坛

值超过千亿元。2022 年林业产业总产值超过 8800 亿元，稳居全国第 2 位，全区规模以上林业企业达 2700 个，"国家级林业龙头企业"19 个；林业产业园区达到 40 个，"国家级林业产业示范园区"6 个，重点园区实现工业总产值超 1300 亿元。

绿色使命，科技帮扶建设商品林"双千基地"

广西林业，让人们触摸到了科技帮扶商品林"双千基地"的创新、实干和情怀。蔡中平局长接受采访时说，全国每产三根木头，就有超过一根来自广西。2017 年，广西木材产量 3059 万立方米，以全国 5% 的林地生产出超过全国 40% 以上的木材。但当年的林业总产值虽然首次超过 5000 亿元，但远不及木材资源缺乏的广东、山东，广西国有林场人不甘心。为了改变产业格局，使资源和产值成正比，自治区林业局以建设高质量商品林"双千基地"为抓手，发挥自治区直属（以下简称区直）13 个国有林场的领头羊作用，带动整个市县国有林场、政府和参加集体林改的林农共同建设，使一二三产业平衡发展。

广西"双千"基地建设目标，是区直林场到 2022 年在现有 594 万亩商品林的基础上，通过与市县林场合作、收购集体林地等方式，使商品林规模达到 1000 万亩以上。到 2024 年通过精准培育和精细化管理，使 7 年速丰桉树每亩林木蓄积量超过 12 立方米，年商品林木材生产能力从 2019 年 380 万立方米提升到 1000 万立方米以上。自治区林业局为各区直林场统一划定了场外发展林地林木的范围，并将基地建设细化落实到了年度。

一产做大，培育资源保增长。大桂山林场经营面积 84 万亩，森林蓄积量 537 万立方米，平均每个职工拥有森林 500 亩。坐拥"大桂"之山，并不意味着"大桂"人"大富大贵"。林场在第一产业建设中，抓好经营提产量，巧抓置换促增量，培优管护大径材。林场落实"双千"基地，通过收购租赁（合作）场外林地，在贺州和梧州收购租赁 10 万多亩，建设以桉树为主体的高效商品林，并把任务破解到了外造办、7 个分场和贺州、梧州、藤县、蒙山 4 个造林部。2022 年，林场把资源增长的重点任务定位于延长桉树采伐年龄，统筹全场资源科学作业，对长势较好、高产潜力大的桉树林延长采伐期限，做好存量工作。

二产做优，资源转化促增值。2019 年"双千基地"实施后，局党组提出在高峰林场国旭林业发展集团的基础上，合作建设广西森林工业集团股份有限公司（以下简称森工集团），用第二产业振兴拉动广西木材第一产业升值。2019 年 12 月 26 日，广西森工集团在南宁揭牌，注册资本 10 亿元，发展工业原料林、高端环保板材制造、环保胶黏剂、家具家装等主营业务，用 10 年时间，分两步实现集团资产总额和营业收入达到 50 亿元和 100 亿元战略目标，打造成全国一流的综合性林业产业集团。

三产做精，资源转化促增效。南宁树木园"体小力大"，是"三产"做精的典范。林场仅有自有林地 5.7 万多亩，却在园外的自治区和外省租地营造桉树商品林 40 多万亩。

林场在森林资源培育的同时，开展以森林旅游、种苗绿化、林下种养等为主的多元化第三产业，2022 年实现营收 3 亿多元，利润 4200 多万元，总资产 30 亿元。树木园抢抓环绿城南宁森林旅游圈发展重要契机，大力发展森林旅游，深入挖掘绿水青山所蕴含的经济优势，大力发展绿色生态经济产业，努力把生态优势变成经济优势，每年接待游客 20 多万人次，森林旅游经营收入可观。

招大引强，集聚国内科技振兴油茶"双千计划"

"人不负青山，青山定不负人"。每年植树节，自治区和各市县都组织机关干部和林业科技人员深入当地义务种植油茶林。油茶科技推广是广西各主产区和林业科技人员的重点工作，仅 2022 年全区新造油茶林 50 多万亩，低产林改造 30 多万亩，油茶种植面积达到 900 多万亩，年产油茶籽 30 多万吨，居全国第 3 位，油茶产业综合产值超过 320 亿元，累计带动超过 40 多万贫困人口稳定脱贫。

广西有 2000 多年的油茶种植史，但曾经的产量和质量并不靠前。2018 年结合"两山"研究转化，自治区政府印发《关于实施油茶"双千"计划助推乡村产业振兴的意见》，提出"建成千万亩油茶基地，实现千亿元油茶产值"的奋斗目标。从此，广西各级林业科技院所加大油茶科研力度，为各种植产区和加工企业定向定点服务，3 年新造油茶林 142 万亩、低产林改造 109 万亩。通过扩大油茶良种覆盖、建设油茶"高产高效"示范基地、推进油茶低产林改造、增加资金投入和加大科技支撑力度等措施，大力提高油茶种植产出水平，经组织开展全区油茶产量测定，连续 3 年测定样地平均亩产茶油在 17 千克以上。

加强科技支撑，提高服务水平。广西林业部门加强现代林业示范区建设科技服务，通过举办油茶"双千"计划推进工作培训班，向油茶产业发展重点县选派科技特派员，在油茶发展县区开设油茶科技课堂等，深入开展油茶科普惠农活动。每年印发油茶产业发展政策及栽培技术手册 30 多万份，组织举办油茶技术培训班 800 多场次，选派油茶科技特派员 348 名。广西选育推广良种 31 个，主要种植岑软 3 号、岑软 24 号等岑软系列良种，桂南陆川油茶、桂北小果性状优良，亩均产油 40~70 千克。广西先后组建了"国家级油茶种质资源库""广西油茶良种与栽培工程技术研究中心""广西油茶加工工程技术研究中心""广西农业良种培育中心（油茶）""广西油茶产业技术创新战略联盟""广西油茶产业国家科技特派员创业链""广西特色经济林培育与利用重点实验室"等科技创新平台。多年来，培育了"桂之坊""六道香""九龙桂""增年""金茶王"等一批知名企业品牌，获得过多项国际高端食用油展会金奖。

广西林业科技推广使油茶产业破解了发展与保护难题，实现了林业产业发展的现代化路径。广西油茶产品不仅走进了国内高端市场，而且赢得国际声誉。2021 年 3 月 23 日，在澜沧江－湄公河合作成立 5 周年纪念大会上，外交部王毅部长赞誉："油茶良种从广西引种到泰国山区，促进了区域减贫事业发展。"广西林科院实施的"澜沧江－湄公河地区油茶良种选育"项目，两年向泰国、越南输出油茶良种大树换冠、苗木培育等 4 项成熟技术。

未来可期，科技转化崛起香精香料"双千工程"

广西"两山"发展研究院成立之时，也是广西林业打造香精香料"双千工程"的关键之时。在近几年的工作谋划中，各级林业部门积极主动做好千万亩林地、千亿元产值的香精香料"双千工程"作为科技支撑的重点工程。通过几年的建设，广西林化产品产量居全国第 1 位，八角、松香及其深加工产品占世界贸易量的 50% 以上，茴油、肉桂、桂油、栲胶产量占全国的 90% 以上，是全国最重要的林化产品生产基地，创新发展的能量未来可期。

打造香料产业核心，做大做强香料产业。2020 年 10 月 19 日，在广西林科院主办的香精香料产业高质量发展研讨会上，如下建议成为主导：广西林业部门要进一步提升天然香料"产、学、研、用"水平，促进香精香料传统产业转型升级，推动广西乃至南方香精香料产业高质量发展，打造特色、树立品牌，在香精香料市场国内大循环、国内国际双循环中占据主导地位，使香精香料产业成为林业助力脱贫攻坚和乡村振兴有机衔接的重要抓手和拓展"一带一路"林业开放合作的重要载体。

近几年来，各级林业科技人员通过先进的帮扶和指导建设合浦钦廉木本香料示范区，首次规模化应用院里的白千层、香樟苗木组培技术，推广纯林种植、罗汉松白千层混交、香樟油材两用培育、多密度等多种模式，建设种质品系园等，实现了木本香料林种植栽培的高产高效、多元收入，也降低了木本香料单一培育途径的风险；应用自治区林科院的木本香料精深加工专利成果，建成了木本香料加工厂，年设计产值可达 1 亿元；与钦廉花卉小镇、星岛湖度假区等旅游区域形成滨海森林休闲旅游线，构建了一二三产联动发展的良好格局，补足了广西木本香料产业加工短板，也为钦廉林场调整单一树种结构，加快林业产业转型发展指引了方向。

在钦廉林场新建的北海海丝香料加工厂可以看到，这个 5685 亩的现代农业核心示范区，集香精、香料、林产化学产品初级加工及销售于一体，主导产业加工白千层、芳樟等木本香料产品，具有种质资源收集、良种繁育、高产高效栽培、产品加工、展示销售、科研培训、质量检测监测、林农带动等多种功能，试产成功的生产加工线全部采用的是广西林科院专利技术，蒸馏生产线每年出油 200 吨，年产值 4000 万元，精馏生产线年加工处理芳香油 3000 吨，年利润 150 万元，可消化示范区约 5000 亩以及示范带动的周边木本香料原料林。该厂副总梁永海告诉我们，精馏生产线主要设备自动消沫多功能塔和自动消沫高效精馏塔各一套，主要加工重质松节油、樟油、八角油、肉桂醛、香茅醛、柠檬醛等，年生产能力达 3000 吨以上，产值可达 3.2 亿元。

三、开辟治理优化"新空间"，创新驱动森林生态优势区

立足新发展阶段，贯彻新发展理念，构建新发展格局。广西林业把握高质量发展的时代要求，让"两山"理念更贴近基层森林资源保护和林业建设的实际，建成了全国重要的森林生态优势区。统计表明，广西森林面积 2.23 亿亩，森林覆盖率 49.7%，森林蓄积量达 9.78 亿立方米，森林蓄积可采率居全国第 1 位；人工林面积超过 1.34 亿亩，约占全国的 1/10，是全国主要的速生丰产林生产基地和国家储备林建设基地；森林生态系统功能服务总价值超过 1.84 万亿元，居全国第 3 位；沿海红树林面积达到 9330 公顷，位居全国第 2 位；生物多样性丰富度位居全国第 3 位；森林生态改善程度位居全国第 1 位。林业产业总产值超过 8800 亿元，位居全国第 2 位；年木材产量达到 3900 万立方米，超过全国木材产量的 40%，位居全国第 1 位；在确保林木采伐年发证蓄积量超过全国总量的 40% 前提下，仍实现了年森林蓄积量净增长 2000 多万立方米，实现了森林面积、蓄积量和森林碳汇"三个重大增长"。

深化推进广西林业治理体系现代化

"守护八桂大地绿水青山、打造共建共享金山银山。"加快建设现代林业强区是自治区党委、政府的要求，林业部门已经将广西打造成了全国重要的林业优质资源富集区、林业生态功能优势区、林业绿色产业集中区、林业深化改革促进区、林业开放合作核心区、林业乡村振兴示范区等"六大现代林业优势"，各级林业部门要对照建设现代林业强区要求，查找林业治理体系和治理能力不相适应的问题，用理论研究成果纵深推进林业治理体系和治理能力现代化。

广西国有高峰林场是广西规模最大的国有林场。林场建设的高峰森林公园是环绿城南宁森林旅游圈重要组成部分，总投资 13 亿元。

近几年来，大家自觉用"两山"理念指导实践，从自治区到基层市县对标对表，按照生态文明建设和经济社会发展要求，坚持全面深化林业改革开放，围绕统筹推进"五位一体"总体布局和"四个全面"战略布局，突出把制度建设和治理能力建设摆到更加突出的位置，继续深化林业重点领域体制机制改革，推动林业体制机制更加成熟更加定型，实现了林业治理体系和治理能力现代化，重点建设了"五大现代林业体系"。

建设彰显高质量发展要求的现代林业经济体系。着力深化集体林改，加快落实资源变股权、资金变股金、农民变股民"三变"改革。着力深化林业科技创新体制机制改革，全面落实林业科技创新支撑林业高质量发展三年行动计划。巩固提升国有林场改革成效，成功组建了广西森工集团。

建设彰显为民服务理念的现代林业法治体系。着力完善林业重大行政决策程序制度、权责清单动态管理机制，加快形成边界清晰、分工合理、权责一致、运转高效、依法保障的林业行政职能体系。着力推行"双随机、一公开"监管，深化林业行政综合执法体制改革。

建设彰显人与自然和谐共生理念的现代林业文化体系。着力加强林业生态建设示范基地建设，推动国有林场、森林公园、自然保护区、自然公园等成为林业生态文化建设的重要载体。着力突破林业传统宣传方式，将文化艺术深度融入产业发展的各个环节。

建设彰显共同富裕要求的现代林业民生体系。着力巩固和提升林业脱贫攻坚实效，优先安排油茶发展专项、林下经济、防护林、森林旅游等财政资金项目，大力培育新型经营主体，厚植林业生态扶贫、产业扶贫优势，释放林业惠民政策扶贫红利。着力深化林业共商共建共治共享，推动林区水、电、路等基础设施建设纳入地方盘子同步规划同步建设，推动森林生态效益补偿、林业特色产业扶持资金、生态护林员补助等林业惠民政策全面落实。

建设彰显高水平保护要求的现代林业生态体系。完善建立自然保护地监测评估机制及时评估和预警生态风险，建立森林生态效益标准动态调整、差异化补偿机制，建立林业生态资源责任审查追究机制，建立林业自然资源资产产权和用途管制制度，建立林业防灾减灾工作机制，防止出现森林防火、森林有害生物以及林业安全生产、林业防汛抗旱等方面的重特大事故，确保林区长期和谐安全稳定。

全面推行林长制管护森林生态资源

"美丽中国就是要使祖国大好河山都健康，使中华民族世代代都健康。""壮美广西"建设离不开每个人的努力，不断增长的森林资源背后，是众多林业工作者的坚守、广大民众的付出，以及不断织紧织密的制度保障。广西壮族自治区全面推进林长制，依托改革精准解决制约发展的突出问题，坚决扛起推进改革的政治责任，确保全区森林覆盖率持续提升。

自治区林业局明确保护生态必须依靠制度，建立林业生态资源责任审查追究机制，全面落实国有林场分级管理保护责任制，形成以林长制为主体的林业生态资源责任审查目标评价考核办法。广西提前一年建立五级林长体系，持续深化集体林权制度改革，全区林权抵押贷款余额规模、林权交易平台年交易额、政策性森林保险投保面积持续扩大。全区首笔林业碳汇预期收益权质押贷款、首笔"林权收储＋融资担保"贷款、首张"国家储备林林票"落地见效。广西国有林场改革在国家重点抽查验收中获"优秀"等次，成为全国第一个实施人工商品林采伐试点、第二个实施林地占补平衡试点的省份。

"林长制"建立以来，各市县全面设置"林长办"并配置工作人员。截至2022年年底，全区所有市县都建立起了运转顺畅、行之有效、体系完备的林长制，全部建立起了完整的林长制组织体系、明确的责任体系、完备的制度体系、科学的任务体系，在试行林长制过程中发现和解决了一些重点问题，积累了好的经验和好的做法，广西的一草一木都有林长制下的"当家人"。

对接乡村振兴建立实践转化样板

让壮乡人民日子越过越红火，是广西壮族自治区党委政府脱贫攻坚、减贫巩固的目标。在过去的"四大战役"和"五场硬仗"中，林业表现突出，脱贫贡献很大，全区生态护林员6.4万人，通过林业产业扶贫、生态扶贫累计带动超过60万名建档立卡贫困人口稳定脱贫，带动120万名以上贫困人口增收。54个贫困县林业总产值超过2400亿元，年均增长10%。定点帮扶隆林县6个贫困村723户2959名建档立卡贫困人口全部脱贫摘帽，贫困发生率降至零，6个村集体经济年收入均达10万元以上。指导来宾市764个行政村集体年经济收入达到5万元以上。

林业助力乡村振兴，就是要使广西林业服务生态建设、产业发展、乡村振兴大局。自治区林业局加大乡村振兴的理论与实践研究，打造出了猫儿山国家级自然保护区和华江瑶族乡"乡村振兴"实践转化样板基地。

群峰叠嶂，高耸入云；悬崖沟壑，深不可测。这是"华南第一峰"猫儿山所在山麓越城岭给人的印象。这里又称老山界，是80多年前红军长征突破湘江后翻越的第一座大山，一处被视为鸟儿也飞不过的天险。保护区是全球环境基金项目实施单位，重点营造速生丰产用材林、多功能防护林等，同时是世界银行在中国开展参与式设计的第一个造林项目，涉及保护区及周边社区20万农户。

广西壮族自治区安排林科院跟踪落实项目，组织专家团队帮助保护区和项目涉及的周边13个自然村，科技开展绿化苗木培育、毛竹林营造和低产林改造等示范项目，探索出了社区替代生计的新路。走进猫儿山脚下的兴安县华江瑶族乡高寨村，鸟语花香、溪水潺潺，一栋栋精致的小楼房点缀在绿荫丛中，曾经深居于此的少数民族群众，摇身变成了民宿、农家乐的经营好手，昔日地势险峻、资源贫瘠的老山界旧貌换新颜。村民邓凤志说，当年有红军战士曾住过他家，他的曾祖父还给红军带过路。现在政府帮助他把老房子改造成民宿和农家乐，每年接待游客几千人，赢利几十万。

邓凤志所在的村寨现已成为两山发展研究院与兴安县合作建设的华江瑶族乡"红绿"融合的乡村振兴示范样本，2018 年获评"广西养生养老小镇"。这个"华江九寨"以生态绿色、历史红色、瑶乡原色"三色"文化为引领，开通了千祥至高寨等 9 个村寨的特色旅游主线，配套建设了一系列中高端的森林生态康养和三色文化体验项目，并将融入长征国家文化公园兴安段建设中。

阔步前行新时代，八桂处处是新景。如今，广西林业以新发展理念为指引，紧紧围绕林业经济助力乡村振兴、国有林场深化改革、林业生态品牌价值建设体系等方向，纵深推进"十四五"林业建设改革攻坚，引领全面深化改革全面发力，向更深层次挺进、向更高境界迈进，不断塑造发展新优势。

第三节　广东国有林场：转型重塑再跨越

北依南岭，南临沧海，西邻桂地，东接八闽的南粤大地广东省，是"敢为天下先"的改革开放先行地，是中国经济转型升级的重要动力源，是国家推进粤港澳大湾区建设的主阵地。重视生态文明建设的习近平总书记两次视察广东，2012 年 12 月 8 日，在深圳莲花山公园邓小平铜像边亲手种下一棵高山榕，发出了深化改革的动员令。2018 年 10 月 27 日，习近平总书记回访广东，考察大湾区建设，走进山多地少的粤北山区英德市，亲身体察生态保护下的百姓民生改善。

改革走前头，开放立潮头。广东省委、省政府高度重视生态文明建设，带领全省人民按照党中央"四个走在全国前列"、当好"两个重要窗口"的要求，牢牢抓住粤港澳大湾区建设之"纲"，构建"一核一带一区"区域发展新格局，把广东国有林场改革当作"建成全国绿色生态第一省"的关键大决战，较好地体现了省委、省政府的主体责任和担当。

主动作为，拼搏实干。广东林业局科学领会广东建成"全国绿色生态第一省"的科学决策，带领全省林业推进绿美南粤行动，特别是在国有林场改革中，对照党中央、国务院的改革要求，不等不靠不观望，率先探索改革路，在全国林草系统创造了"第一个通过省委常委会审议、第一个上报国家审批、第一个获得国家批复、第一个以省委省政府文件印发实施、第一个召开全省国有林场改革工作会议、第一个举办全省改革工作培训班"等多个第一的速度与质效。改革转型期间，国家林草局多次总结推广广东经验，赞誉国有林场改革走在全国前列。

日日行，不怕千万里；常常做，不怕千万事。近几年来，广东省林业局推动全省国有林场深化改革，与全省发展战略和国家林业发展方向相融合，在波澜壮阔的强林兴场大潮中，换羽新生、转型重塑，守护森林生态资源，筑牢南粤生态屏障，整体面貌呈现出日新月异的根本性变化。国家林草局林场和种苗管理司（以下简称林场种苗司）一位主管领导评价说，广东自我进行深化改革，在绿美广东生态建设、林长制、国有林场管护站点建设、林场边界矢量化落界等工作中走在了全国的前列。

一、主责主为，党委政府挑起改革重担保证决战决胜

紧盯进度、敲钟问响，驰而不息、不舍寸功，时间有多宝贵，改革者的身影是最好的诠释。2015年2月8日，中共中央、国务院发布《国有林场改革方案》，吹响了新时期深化国有林场改革的号角。明确要求地方各级政府对改革发展和森林资源保护负总责，实行目标、任务、资金、责任"四到省"，2017年年底前基本完成改革任务。广东省委、省政府高度重视，各级林业、发改、编制办等部门合心合力，决战攻坚，实现了森林资源安全、城乡环境优美、林场和谐安定、转型发展繁荣的凤凰涅槃。

省委省政府立起一切为林重心在场的鲜明导向

一切为林，重心在场。广东林业在第一时间将国有林场改革的文件和广东国有林场的基本情况及改革意见呈送省委、省政府领导。省委、省政府同样在第一时间专题研究，组建省国有林场改革领导小组，要求林业、发改、财政、编制、交通等各部门凝聚力量，把国有林场改革当作广东一场全民小康的大决战，力争一步到位。

历经多次改革的国有林场，相当一段时间落后于社会保障体制，到底怎么改才是正确的方向和"一步到位"？广东林业在强化自身职能的同时，协调省委政研室、编办、财政、人社等多个部门深入基层进行多轮调研，向省委、省政府提交高质量的调研报告。建议将全省原有的217个国有林场全部核定为公益一类和公益二类事业单位，化解林场的沉重债务，强化森林资源管护意识。每一份调研报告都受到省委、省政府领导的高度评价，为制定改革方案奠定了坚实基础。

"只争朝夕，不负韶华。"2015年8月，广东省国有林场改革方案经过省政府常务会议、省委常委会审议后，报送到国家林草局。9月17日，广东方案获批实施，10月15日，《中国绿色时报》发表评论文章，称《广东省国有林场改革实施方案》，是第一个经省委、省政府审议通过并获国家批复的省级实施方案，是改革开放先行省的再次潮头勇立，是全国学习的样板，其他省份应该学习借鉴、迎头赶上，向党和人民交上一份满意答卷。

基层市县自觉对照方案标准到位落实改革工作

政策的生命在于落实，好的政策要有好的落实。广东方案要求，坚持生态导向、保护优先，坚持改善民生、保持稳定，坚持因地制宜、分类施策，坚持政府主导、分级负责，科学划定国有林场属性，明确国有林场职责，理顺国有林场管理体制，建立和完善

位于南岭的广东省乳阳林场林相

资源监管机制和职工保障机制，坚决守住保生态保民生两条底线，确保国有森林资源不破坏、国有资产不流失，努力走出一条资源增长、生态良好、职工增收、林区和谐稳定的可持续发展之路。

心中有目标，风雨不折腰。改革推开后，各市县按照《方案》规定的方向和路径，对照全省国有林场改革电视电话会议精神，落实与省政府签订的改革责任书，结合实际召开改革动员大会，制订改革目标，破解各职能部门的落实任务，创新体制机制，完善政策体系。安排能够担当改革重任的林业领导干部和场长参加全省改革培训，力争本地政策执行到位，成为全省改革的排头兵。

服务改革贴心，破解难题用心。韶关市林场管理处明白，各市县的改革方案不是轻易就可以实施的，是由全省国有林场改革联席会议审批的，只有方案合格才会得到批复和改革落实。韶关的经济基础偏弱，财政事业编制紧张，一些市县的改革到位难。如果不是省林业局要求严，地方可能难落实一人一账，职工编制和财政资金可能真就落不了"地"，有可能成为又一次落空的"数字改革"。

改革需要成本。各地在中央和省级财政补助的基础上，加大政策和资金投入，确保国有林场改革定"性"、定"编"、定"保"。在这场改革中，全省以"一场一策"的方式整合改革为 201 个国有林场，全省 71% 的国有林场定性公益一类事业单位、29% 为公益二类事业单位。全省核定公益一类事业编制 4786 名、公益二类事业编制 1960 名。

省地联合检查验收提高国有林场体系治理能力

国有林场改革是林业的重点改革任务，也是国家治理体系的重要内容。2018 年 3 月，国家下发《国有林场改革验收办法》，明确省级指标、省级以下指标设定等验收工作内容。广东省迅速启动改革验收工作，要求各市县 6 月 30 日前完成改革自查并将情况上报省政府。

真情融注国有林场，真诚服务林场职工。广东省市县三级政府真正担负起主体责任，体现出了"首接负责"的意识、"马上就办"的担当、"心系基层"的真情，解决好了服务基层林场"最后一千米"的问题。基层市县政府对标《国有林场改革方案》，对表《国有林场改革验收办法》，对改革成效进行"全面体检"，准确客观地评价改革成效，对发现的一系列"痛点"问题不遮羞、不护短，紧盯问题提升了林场的帮建实力，确保了改革任务的圆满落实。

省检针对地方"痛点"开药方，找准症结提高林场治理能力。2018 年 7 月，省国有林场改革成员组织联席会议，研究林场改革验收工作，确定 7~9 月对广州、深圳、惠州、中山、梅州、江门、云浮、东莞 8 市首批检查验收；10 月对珠海、佛山、韶关、河源、潮州 5 市二批验收；11 月对清远、肇庆、湛江、茂名、阳江、汕头、揭阳、汕尾 8 市进行第三批验收工作。

验收基层林场改革发展的过程，也是不断发现和解决问题的过程。2018 年 9 月 1 日，省验收小组深入到梅州市蕉岭县，对皇佑笔林场、长潭库区林场检查验收改革成效。验收组分别对林场定性定编定经费、政事分开、管护模式、基础设施建设、人才队伍建设和档案管理等 13 个方面验收评分，肯定林场改革成果，但也发现了改革中存在的 6 个问题，让蕉岭县林业局局长和两位场长，现场说明并提出相应的解决办法和时限。

破解矛盾问题既需要参改林场的能动作用，也离不开林业领导机关的担当作为。参加检查验收的省市林业领导针对蕉岭县国有林场改革存在的问题一一给予解决建议，引导林场正确处理好保护和发展的关系，科学编制森林经营方案，推动区域生态文明建设。

严格自查验收，杜绝数字改革，不搞虚假繁荣。2018 年年底，求严务实的广东省林业局以"赶考"的心态，向省委、省政府报告改革情况，报请并通过国家林草局考验验收，向党和人民交出了一份满意的改革答卷。

二、科学指导，职能机关帮扶基层激活改革发展能量

走过壮丽的万水千山，跨越改革的险滩激流，广东国有林场改革追梦的足印，永远标注在历史前进的方向。广东国有林场仅占全省林地总面积 7%，却保存了全省 90% 以上的国家一二级野生保护动植物种类，是珍稀物种基因库。这些林场为省内新丰江、流溪河水库等 110 座重要水库和东江、西江、北江等 57 条河流保持水土涵养水源，地位极其重要。通过改革，使国有林地生态功能明显提升，林场生产生活条件明显改善，体制机制全面创新。几年来，省林业局林场种苗处发挥职能作用，按照国家林草局的要求，把国有林场改革建设与广东省构建"一核一带一区"发展格局一致，与广东林业建设"四区多核一网"的中长期规划和"一核、一带、一区"森林城市建设相结合，根据区域特点，明确林场功能定位，有效发挥林场在生态建设保护中的先锋队作用，在国家木材生产储备中的骨干作用，在提供优质生态产品中的主渠道作用。

引导北部生态发展区国有林场，发挥生态建设保护的先锋作用

改革使基层国有林场站到了广东发展的新起点上，必须适应新体制新职能新使命要求，有效发挥生态建设保护中的先锋队作用，这是时代呼唤、实践所需、战略考量。国有林场管理的职能部门认为，省里将韶关、梅州、清远、河源、云浮 5 市定为北部生态

发展区，围绕"一区"建设全省重要的生态屏障，重点以保护和修复生态环境、提供生态产品为首要任务，严格控制开发强度，大力强化生态保护和建设，构建和巩固北部生态屏障。

保护生态就是发展生产力。近几年来，省林业局指导帮建北部生态发展区的64个基层林场，坚定改革信心，强化使命担当，既打通"最先一千米"，也打通"最后一千米"，还注重打通"中梗阻"，确保改革有力有序推进、精准高效落实。这些国有林场在光热、水土等自然条件较好地区造林绿化任务接近完成的基础上，自觉把重点转移到荒山造林和生态林业修复中，啃下了一块块攻坚克难的"硬骨头"。

春意盎然，新绿醉人。坐落在龙川黎咀的坪山林场，是河源市海拔最高的国有林场。改革端上"铁饭碗"的职工温荣城，和他的工友们一起，把一棵棵树苗栽植在最后的一片荒山上。他说，他和他的爷爷温佰胜、父亲温志坤接力植树护绿63年，通过三代人的努力把一片荒山建成了万亩林海。坪山林场场长说，我们按照省国有林场的管理要求，加固北部生态屏障，虽然林场被五镇八村所包围，但管护实现了一体化、可视化、信息化、智能化，资源管护安全稳定。

帮扶珠三角核心区的国有林场，发挥提供生态产品的主力作用

改革使国有林场进入"新体制时间"，并不意味着可以坐等改革红利，也不代表着森林生态资源的管护建设力会"水涨船高"。改革强林蓝图的实现，归根结底要靠基层林场干部职工观念的更新、能力的提升、本领的扩容。没有林业职工个体潜能的释放、活力的迸发，就不可能有生态林业建设的光明前景；没有林业职工对森林资源管护的追求、用良好生态服务人民的使命担当，就不可能回答好新时代国有林场建设的"制胜之问"。

广东省林业局国有林场和种苗管理处作为广东林业国有林场管理职能处室，人人心中都有明晰的账：通过长期的努力，广东在珠三角地区建成了全国第一个国家森林城市群。广东的森林旅游目的地，大多分布在自然保护地和国有林场中。省林业部门引导地处广州、深圳、珠海、佛山、惠州、东莞、中山、江门、肇庆9个市域内的70多家省属和地方国有林场，重点围绕珠三角核心区市民日益需要的森林生态旅游和生态文化产品，提质建设"森林珠三角、美丽都市圈"的"绿核"，辐射带动东西两翼地区和北部生态发展区加快生态林业发展。

人民群众的生态旅游需求就是林场的改革创新方向。省属德庆林场规划建设3个万亩规模以上的城郊、郊野省级森林公园，提升森林生态系统的服务能力。林场规划研究，将782亩的县级香山城郊森林公园，扩建9500亩，升级为省级森林公园。同时规划建设面积分别超万亩的德庆悦城镇黄旗山森林公园、九市镇象牙顶森林公园。

合着国有林场改革转型的旋律，顺应人民群众生态幸福和小康生活质量的新需求，广东省林业局进一步推进森林旅游发展和森林公园建设，引导林业与旅游、体育、教育融合发展，让人民在旅游休闲中有了更多更好的选择。2022 年，以"绿核"为引领的广东森林旅游游客量超过 2.5 亿人次，提质森林生态旅游，牵引珠三角核心区的国有林场集体变身。

助推沿海经济带和实力型林场，发挥木材贮备生产的骨干作用

广东战略规划的沿海经济带，是经济建设主战场，这"一带"包含东翼地区的汕头、汕尾、揭阳、潮州 4 市，西翼地区湛江、茂名、阳江 3 市。广东林业规划"一带"重点建设沿海国家森林城市防护带，结合雷州半岛生态修复，集约经营用材林、特色经济林，大力培育珍贵用材和大径材，建设国家储备林。

新时代是奋斗者的时代，也是大有作为的时代。国有林场曾因为体制制约，导致动力不足"不想为"、能力不足"不会为"、担当不足"不敢为"。改革后林场职工生活有保障，创造的活力也应充分释放。省林业局组织国有林场改革下的森林资源经营管理课题研究，综合分析改革前的经营管理现状和存在问题，做出了建立健全体制机制、改变理念提高森林资源质量、加强人才队伍建设的创新对策，力争将全省国有林场森林蓄积量由 4700 万立方米增长到 7000 万立方米以上，森林覆盖率由 86% 提高到 91% 以上，生态公益林面积比例由 57% 提高到 75% 以上；生态功能等级一二类林面积比例由 70% 提高到 85% 以上。近几年来，广东省重点引导沿海经济带内的 36 个国有林场和全省实力型林场，有效地发挥出了在木材贮备生产中的骨干作用。

汕尾市东海岸和湖东林场是"东翼"地区的两个典型代表，是沿海防护林建设和修复的主力军，分别建成了 18 千米和 16 千米高质量的东南沿海基干带。两个林场通力协作，适地适树建造人工造林，精心抚育管护，既防风又育材的成效显著。"西翼"地区的代表是湛江市防护林场，林场党委带领全场职工在祖国大陆最南端的徐闻县东海岸，精心建成了一道长 25 千米的沿海防护林带，被当地人民誉为"海疆绿色长城"。雷州半岛区域内的国有林场把主攻方向，定位于全面推进森林、湿地、海洋、农田及城乡等生态系统的保护与修复，集约经营用材林、特色经济林，大力培育珍贵用材和大径材。

全省国有林场注重分类促进森林经营，科学提升木材培育质

位于西江边第一重山的广东省德庆林场林相

量，积极建设国家储备林。结合林场改革，广东省在粤东、粤北、粤西和珠三角 4 个林区规划建设国家储备林基地，这些区域内的国有林场成为建设主角，配合地方政府累计建成了 45 万亩，建立了一批省级森林经营示范样板基地，总结提炼出了一系列森林质量精准提升的技术模式。

三、夯实根基，放手基层林场主动作为自我兴林强场

目标是改革建设的方向。国家林草局将国有林场改革治理的目标确立为创建"绿色林场、科技林场、文化林场、智慧林场"。开展"四个林场"建设活动，既要激活一潭静水，也要用强有力的管理制度压好"水花"。广东省林业局制定国有林场管理办法，用完善的制度激发林场发展活力，维护林场合法权益，鼓励基层国有林场提高自建能力，引导国有林场争创全国"十佳林场"，争当全省林业科研的主阵地、木材战略的储备地、美丽森林的聚集地、生态产品的示范地、百姓向往的目的地。实践证明，基层国有林场自建能力的高低，决定着基层国有林场建设的质量。建设"四个林场"，省市县林业部门充分信任基层林场、还权基层林场、支持基层林场，激励基层林场以"主人翁"的姿态投身基层林场建设，把林场当家建，把职工当亲人看，把森林资源管护当事业干，但同时机关也不当"甩手掌柜"，尽心竭力为基层林场解难，使一大批基层林场在强大的内生动力推动下入选全国、全省先进行列，201 个国有林场如同 201 颗镶嵌广东大地的绿色明珠熠熠生辉。

广东国有林场一景

发展绿色林场

绿色循环低碳发展，是当代科技革命和产业变革方向。国有林场发展基础是森林，发展潜力也在森林，广东林业引导各国有林场建设"绿色林场"，探索培育高档精品木材之路，拓展森林旅游功能利用空间，开发林下经济扩大改革红利，把一个个林场建成人民向往的美丽森林主阵地和绿色低碳产业基地。

难题减多少，发展就增多少。位于肇庆西部的省属德庆林场，是改革期间由原西江林业局平岗、富石、象牙山、悦城4个科级林场，整合而成的正处级公益一类事业单位。林场东西跨度100千米，总经营面积13.1万亩，其中生态公益林面积9.8万亩，商品林面积3.3万亩，森林覆盖率93.5%。

新林场新征程，新气象新作为。林场106名干部职工，在扩建公园生态福民的亮点基础上，瞄准全省一流、国内先进的方向，科学落实《2018—2025年林场森林经营建设规划》，确保10年内使生态公益林中的阔叶树林、针阔混交林比例提高到90%以上，生态功能健康稳定、优质高效。建设一定规模的国家木材战略储备基地，珍贵大径材树种面积占比50%以上。通过高规格、高标准、高质量的森林资源培育，使森林覆盖率达97%以上。

打造科技林场

国有林场承担着林业科学研究、生产试验示范、新技术推广和教学实习的任务。广东结合改革，给国有林场赋予科技重任，让他们在良种繁育推广、营造林新技术、森林可持续经营新模式等方面进行探索创新，把国有林场建成林业科技示范基地，使林场的生态资源综合管护能力更"稳"，林业生产经营的结构更"优"，科技创新的发展新动能更"强"。

科技，是点亮文明的火炬。省沙头角林场，坐落在美丽的大鹏湾畔、梧桐山南麓，深圳盐田区沙头角，毗邻香港新界。林场拥有保护完整的珍贵原生态环境，山海和生态景观丰富，园区内山峰挺拔、云雾缭绕，天池幽深、飞瀑激荡，古木苍劲、森林锦绣，有"特区桃源"之誉。近几年来，林场担负了珍稀树种收集苗圃、林区抚育、特色观赏花卉栽培育苗、名木古树保护等林业科技研究项目。

林场以经济发展反哺生态林业科技的模式，加大林区生态保护和森林景观廊道建设，改造森林景观林相，培育林下珍贵中药材，使森林群落结构完整，林区抚育工作有层次，特色乡土树种的补植套种成效突显。林场综合实力提升，先后荣获全国、全省工人先锋号、省文明单位、省林下经济示范基地等荣誉称号。

塑造文化林场

以生态留人，靠文化引人，只有耐得住寂寞，在生态和文化建设方面下慢功夫，塑造文化林场，才有国有林场真正的"诗和远方"。广东省引领基层林场依据各自特色，挖掘构建森林文化、竹文化、花文化、茶文化、生态旅游文化，建设生态文化博物馆、科技馆、标本馆等生态文明教育示范基地。韶关有"马坝人"遗址、丹霞山世界地质公园、乳源大峡谷、"禅宗祖庭"南华禅寺、"粤人故里"珠玑古巷……这里的崇山峻岭中还有37处重要的红色遗址。省市林业部门引导38个国有林场的1500多在岗职工挖掘资源，绽放出多彩的生态文化光芒。2019年10月29日，国家和省林业部门在南雄市帽子峰林场举办以"古银杏、新思维、新合作"为主题的中国（南雄）国际银杏产业大会，开发银杏产品，使林场成为"全国9个最美银杏观赏地"之一。林场搭台，文化唱戏，南雄市与广东中林国际集团、贵州茅台集团携手签约，建设竹金生命科学产业基地、打造银杏酒等10个项目，投资41亿元。

林场略相似，文化各不同。佛山云勇林场凭着坚持与进击，打造出"冬春山花浪漫、夏秋缤纷绚烂"的迷人森林风光，逐步建成了集回归自然、森林观光、科普教育于一体的文化型郊野森林公园。林场以建设国家森林公园为目标，通过租赁方式整合周边农村林地纳入林场管理，面积扩大到4.5万亩，助力周边区域乡村振兴，建设美丽佛山，蝶变为"全国十佳林场"。放眼这片醉美的缤纷林海，山峰层峦叠嶂，花海百花争艳，水体碧波荡漾，动植物资源物种多样，森林旅游设施完善，体验丰富多彩，成为市民休闲游憩的好去处。

建设智慧林场

广东省林业局结合国有林场改革，引导基层林场建设智慧林场，重点建立起森林资源保护培育全方位、全领域的物联网管理系统，以及职工在岗出勤精准、绩效考核公正、人才评价科学的应用系统，把国有林场建成智慧林业的应用基地。

穗东"大氧吧"，生态龙眼洞。省龙眼洞林场，经营总面积1628公顷，是广州重要的生态屏障。林场在省林业局支持下，与改革同步建设智慧林场，现已分三期建成了以基础软硬件设施、林场网络和林场立体感知体系一体化的智慧林场，平台高效运行，实现了林场资源的智慧管理。我们在山间林路上看到，护林员张来仔头戴专用帽，身穿特制服在小雨中巡逻，林场领导告诉我们，技术员身上装备有GPS定位系统，林场与周边农林部门相互联通，并与省林业局联通了林业信息网。

覆盖林区山头的"荧屏点兵"，使"土行孙"插上了信息的翅膀。林场利用这一信息平台，将林业资源监管、林区温度预警报警、防火防虫、执法检查等融为一体，能及时看到每一个山头地块、工作现场，极大地提高了管理水平和工作效率。

林场改革天地宽，砥砺奋进正当时。在广东省深入推进绿美广东生态建设过程中，广东国有林场人珍惜全国改革先行省和排头兵的荣誉，努力发挥国有林场示范带动作用，深入实施绿美广东生态建设"六大行动"，推动生态优势转化为发展优势，打造人与自然和谐共生的绿美广东样板，走出新时代绿水青山就是金山银山的广东路径，为广东在全面建设社会主义现代化国家新征程中走在全国前列、创造新的辉煌提供良好生态支撑。

第四节　贵州习水：勇担使命再出发

习水，古称鳛部，因生态良好、气候宜人称为"绿洲"，因红色文化、丹霞地貌誉为"红城"。奋进在新时代的习水人民，牢记习近平总书记要求贵州坚持发展和生态"两条底线一起守、两个成果一起收"，让"百姓富、生态美"的嘱托，经济增长速度和生态环境质量改善稳居全省全国前列，不断缩小与发达地区的差距，在全省率先打赢脱贫攻坚战，实现整体脱贫摘帽。

习水林业助推乡村振兴的成果扎实，山区农民稳定脱贫更需林业经济勇猛攻坚。近几年来，县委、县政府顺应百姓新期待，提出深化七个习水建设，全面融入成渝经济圈，全力争创中国百强县的新目标。县林业局党委延续前任发展林业的产业方向，用高质量的林业经济巩固脱贫成果，推动绿色发展。

做实做细做精准，绿化美化珍贵化。习水林业勇担使命再出发，用"两山"理念检验管林护绿的初心使命，在敢闯敢试中树立了体系治理的改革旗帜；组织全县人民绿化山川，在使命履行中树起了生态林业的时代标高；深度开发蜜柚、花椒、方竹经济，在迎难而上中拓展出了产业富民的攻坚方向。森林覆盖率从 2018 年的 57.39% 提升到了 2022 年的 62%。习水县在生态文明建设、深化林业改革、湿地公园建设、林业产业发展等方面的新作为，获得世界自然保护联盟高度认可，多项经验被国家和省市林业部门推广，并被国家 10 部委联合授予"全国生态建设突出贡献奖先进集体"荣誉称号。

一、敢闯敢试，树立体系治理的改革旗帜

林业生态本身就是经济，保护生态资源就是发展生产力。习水林业自觉担负起森林生态保护和修复的责任，生怕优美但脆弱的生态资源受损，但又坚决不走"守着绿水青山苦熬"的穷路，新一届领导班子坚持用体系治理的思维和行动，敢闯敢试，全面推行行业改革，深化林长制改革，充分发挥改革后的国有林场建设生态文明的先锋作用，强化制度执行，坚定不移地走绿色发展之路，擦亮了绿洲红城的底色，打造出了青山常在、绿水长流、空气常新的美丽习水。

用"两山"理念检验初心使命

管护习水生态，责任重于泰山。2023 年春天，全局组织现代林业生产力标准大讨论，从县局机关到林场各工区（护林站），从局、场领导到普通职工，人人对照"两山"理念检验初心使命，找差距、查不足、定措施。确立的林业生产力的标准成为引领各级林业生态建设发展的航标。

"领导机关心往哪儿想、劲往哪儿使，是最实际、最鲜明的导向。"局领导告诉我们，在转型跨越的思想洗礼中，局机关以上率下带头参加，边抓边带，边带边抓，引领带动

习水县风光

各国有林场迅速掀起林业改革和建设新热潮，更让林业生产力标准进一步融入生态建设领域。

九龙山国有林场场长告诉我们，新任局长作风务实，上任不到半月，足迹踏遍了全县各地。结合大调研工作，机关带头讨论，查找自身问题，为基层林业立起学习标准、树起改革导向。

局党委把党的政治建设与落实"两山"理念摆在首位，把"四个意识"和"四个自信"化为"生态美、产业兴、百姓富"的工作抓手，全面推进基层林业自身整体改革，对照自查问题逐一破解，系统修订管理制度，强化体系治理现代化。党委担当改革重任，理论中心组学习与干部职工学习有机结合，定期开展新时代绿色大讲堂。

思想认识纠偏校正，改革行动归位正道。习水林业心向生态林业上想，劲朝民生林业上使，力往产业林业上用，钱向生态管护上投。2022年，习水完成林业产业总产值55亿元，林下经济产值6.5亿元，林下经济利用林地面积达到83.2万亩；招商引资1.3亿元；涉林案件查处率达100%；森林资源管护率达100%；森林火灾受害率严格控制在0.8‰以内、森林病虫害成灾率严格控制在0.2%以内。用改革推动工作创新，也培养锻炼了干部职工，机关相继有4名年轻干部走上中层领导岗位，10多名基层林场干部职工受到重用。

深化集体林改助力乡村振兴

脱贫摘帽后保持频道不换、靶心不散。县委、县政府在过渡期内，坚持政策措施不刹车，不撤驻村工作队，确保内生动力巩固提升，实现稳定脱贫、高质量脱贫。林业部门把关爱山区林农稳定脱贫视为自身职责，加大力度深化集体林权制度改革，精准发力集体林业的经济质效，坚决把最后的山头攻下来，确保不获全胜决不收兵。

"生态优先、产业富民。"15年前的集体林权制度主体改革，使山区农民吃下了分山到户的"定心丸"，经营管理能力和收益逐年有提升。为了稳住部分山区林农的"靠山吃山"路，保住林地经营的"钱袋子"，习水县在贵州省林业局和遵义市林业局的支持下，林业部门联合各乡镇深化集体林权制度改革，结合产业发展、林下经济等工作统筹推进，使"资源变资产、资金变股金、农民变股东"。近年来，习水林业以生态扶贫统揽工作，组建林下经济产业专班，深入基层培训林农，编制林下经济实施方案，推广实施的效果很好。

全面消除绝对贫困，靠前服务的林业有为有位。虽然林业部门自身的经济条件弱，但山区农民特别是林农长期依靠林业，把林业当作"娘家人"。全局共派出帮扶干部166人，配合程寨镇、东皇街道开展防贫监测，按季度对包保的石门村汤家坝安置点、关坪安置点进行走访；配合自然资源部门，开展全县乡村振兴集成示范点规划工作；向上争取资金293万元，用于全县乡村振兴集成示范点村庄绿化美化；严格落实帮扶干部每月两次走访，密切联系贫困群众，开展"3+1"问题排查和返贫风险排查；抽派4名第一书记参加驻村工作，抽派1名乡村振兴指导员到隆兴镇新光村指导工作。帮扶干部职工一心一意化解难题，让帮扶群众始终感到自己在"服务区"，他们急帮扶群众之所急，解帮扶群众之所困，以良好作风温暖帮扶群众的"心窝子"。

为了巩固脱贫成果，全县活用生态护林员聘用政策，逐年向省、市申报增加生态护林员，从2016年批准录用的400人，逐年增加到现在的1665人。近两年来，全县通过林业项目和产业资金扶贫累计1300多万元。在退耕还林和花椒产业发展中，优先满足脱贫村组和脱贫户，对异地搬迁户根据农户意愿，全部纳入退耕还林范围，优先安排经营主体实施退耕还林培育特色产业基地，林业建设用工，优先满足脱贫户。

引导国有林场融入镇村谋发展

国家解难题，林场当回报。习水县3个国有林场守护28.57万亩国有森林资源，曾经很困难，在新一轮国有林场改革中，县委政府用好用活国家和省、市政策，实施"山定权、树定根、场定性、人定编"的体制机制大

绿色习水

习水县东风湖国家湿地公园

改革，视县情场情全部定性为公益一类事业单位，林场179名干部职工全部落实事业编制，退休职工得到妥善安置，财政保障林场运转和职工工资及"五险一金"等费用，基本民生无忧愁。2019年，县林业局引导林场跳出林场建林场，"不做林中原始人，要做林中社会人"。改革的效能怎么样，林场所在地的乡村组织和百姓大众最有"打分权"，能否守好用活国有森林资源，对接乡村振兴需求则是最根本的"打分标准"。近几年来，3个国有林场大开山门，融入地方镇村大开寨门，场镇场村融合，共建美丽生态、美丽生活、美丽经济，"三美融合"使林场管护的森林生态资源变得更美了，乡村精准扶贫使务林农民变得更富了，提供林业技术助推林场周边的一村一品产业更强了。

管护森林资源，建设美丽生态。九龙山国有林场管护林地7.12万亩，其中公益林超过90%，全都确权颁证。林场联合林场周边林农共同守护森林资源，一名护林职工说，他在山林值守了20多年，改革使自己在深山老林中端上了"铁饭碗"，他表示要把责任扛在肩上，保证自己守护的山林不进火源，树木不被盗伐损毁。

开发乡村生态资源，旅游提升美丽经济。飞鸽国有林场管理范围内的习水国家森林公园，森林覆盖率高达95.8%，林场积极配合习水旅投集团公司，一如既往地深度开发森林旅游，形成春赏百花、夏享清凉、秋观红叶、冬踏瑞雪的四季游。近年来，林场结合县全域旅游开发总体规划，调整树种结构，大力营造景观林，使林场和周边农村的森林康养功能大大提升，被省林业局命名为康养休闲型林场，中国林业产业联合会将其列入全国森林康养基地试点建设单位。

场村共建消"痛点"，共建美丽新生活。土河国有林场，针对驻地良村镇大安村农民增收难、返乡创业缺少场地、融资等"痛点"，运用林场灵活的开发建设机制，带领林农着力市场联营苗木和森林旅游服务，帮助农民就业、创业、增收，增强人民群众的获得感、幸福感。

二、勇担使命，树起生态林业的时代标高

"山为锦屏何须画，水作琴声不用弦。"地处川黔渝接合部枢纽地带的习水县，依托赤水河酱酒工业以及红色旅游和习水河的生态旅游实施"酒旅并举"战略，生态地位非常重要。习水林业结合林业职责和地方经济要求迎难而上，以做好森林资源建设保护的志气、强烈渴望建功立业的心气、艰苦奋斗忘我工作的朝气，绿化山川补短板，美化城乡造景观，高质量扩绿提质，每年造林超过 10 万亩，在筑牢生态屏障的使命担当中，树起了生态林业建设的时代标高。

绿化山川补短板

改革添动力，创新增活力。在"绿水青山"与"金山银山"考验面前，往往偏向"金山银山"，通道不畅在于林业资源管护制度有"短板"。近年来，习水县建立县、乡、村三级"林长制"，制定出了一整套符合习水林情、科学合理、操作性强的工作方案并全

长征青杠坡战斗遗址被绿色青山环绕

方位实施，使一山一坡、一林一木专人专管，加快自然保护地优化整合，对无保护价值的错划区域予以剔除调整，对交叉重叠的自然保护地进行合并管理，进一步理顺了管理体制。

经过几十年的建设，习水县并不缺林少绿，但距离"美酒河"生态保护还有一定距离。习水林业着力提升森林质量，以经济林、防护林和大径材培育为主体，全面推进国土绿化特别是习水河、赤水河流域森林生态防护工作。近几年来，全县启动习水河畔还绿于河建设工程，投资 2000 多万元，对习水河流经的寨坝镇、大坡镇、三岔河镇和程寨镇 50 余千米的河段流域山林补植补造，生态修复废旧矿山。同时，绿化乡村公路 56 千米、河道两岸 84.3 千米、村镇节点 120 个，累计造林 3 万亩，建成了习水河绿色经济带。贵州、四川、云南学习联动，用生态林业保护"美酒河"，茅台、习酒、宋窖等 6 家酒业公司筹资重新崖刻"美酒河"。

林长制补"短板"，林长治谋作为。冉崇庆县长走到哪里都不忘身上的县级总林长职责，先后深入各个林场和乡镇实地调研，帮助解决监管队伍和工作机制建设的现实问题。林长制带动全民义务植树，2023 年春天，全县设立义务植树点 26 个，各级干部职工义务造林近千亩，植树 5 万多株。森林资源保护成为全民共识，近两年来，全县加大森林资源"六个严禁"专项行动，涉林案件减少，实现林业有害生物成灾率控制在 2‰ 以内，无公害防治率控制在 95% 以上，实现森林火灾"零"目标。

美化城乡造景观

公园生态秀，湿地风光美。美丽森林生态为习水县装扮出了最美的"颜值"。林业主导的箐山森林公园、东风湖湿地公园、文昌公园、习部森林小火车等项目陆续建成。近年来，林业着力城乡美化造景观，重点打造各具特色的森林生态景观带，突出抓好适生优质珍贵树种、彩叶树种的新造和补植补造，让景区景点焕发"青春态"，变身森林生态旅游"优势股"，增强山水生金的持续发展"动力源"。森林生态景观美化，完成了草莲坝至土河景观提升绿化工程、大水至三岔河美化绿化工程、湿地公园科普馆建设项目、土城至醒民赤水河沿岸三角梅基地建设项目，带动城区发展，多个房地产项目落户习水，县城面积拓展至 30 多平方千米。

习部森林小火车是习水重点森林生态旅游项目，是推动习水发展的核心之举。林业部门配合承建单位倒排工期，注重景区细节，对廊道修建、荒坡治理和边坡绿化并举，花、果、树种植并行，打造出了小火车轨道的沿线景观，释放出了小火车项目的经济效益、生态效益和景观效益。

山依水而妩，水依山而媚。习水林业探索湿地保护与利用双赢之路，打造人民群众共享的绿色空间，申报的贵州习水东风湖国家湿地公园，总面积 249 公顷，其中湿地面积 82 公顷。公园内建有一个大花海，飘带桥是观景、赏花和休闲的最佳地。近年来，加大投资和建设力度提升景观质量，改善公园水质净化和生态环境，高标准新建人工浮岛和宣教馆。2019 年 12 月 25 日，一次性通过国家林草局的国家湿地公园验收工作，成为习水又一张城市生态"金"名片。

生态优先把保护摆在首位，水清岸绿还湿地生态之美，共生共荣让城市融入自然。习水县立足森林生态，全力做活"酒旅并举·富民强县"大文章，近几年来，林业系统申报的森林旅游和康养基地项目中，荣获 2 个国家级基地、2 个省级森林村寨、13 个森林人家，北部片区的森林旅游红红火火。

习水花椒产业基地

珍贵化扩绿提质

习水县自然保护区的深山里还有很多古树级的珍贵楠木。今天的美丽习水，好林子、大径级林木主要集中在国有林场和偏远乡镇的深山里。

优质大径材资源是市场的急缺资源，也是务林人义不容辞的重大职责。近一个时期，国家重视大径材培育，实施了一项国家储备林建设战略。近年来，习水县林业局抢抓机遇迅速启动项目建设，不仅在 2019 年投资 2.5 亿元先期完成了 3 万亩，而且将其纳入"十四五"的总体规划中，确立了再筹资金 32 亿元，建设项目 32 万亩的大目标。

习水县林业局党委班子分析认为，全县可退耕还林地越来越少，可实施的地块立地条件也越来越差，"十四五"期间不会再有大规模退耕还林项目，必须顺应国家林业转型发展大势，把建设国家储备林项目作为全县未来两年的重大任务。他们联合各适宜乡镇、国有林场和市场主体的集体力量，着力河谷地带的生态修复，重点对赤水河、桐梓河沿岸已实施的退耕还林地，进行有效地扩绿提质，精心培育千年秀林，从根本上改变森林资源分布不均的现状。

习水林业结合国家储备林建设项目，对现有人工纯林逐渐采取措施修复，建设以乡土树种、珍贵树种、深根系树种为主体的阔阔混交、阔叶混交林，科学管理建设大径级珍贵用材林，拓展生态习水的绿色崛起之路。

三、迎难而上，树好林业产业的攻坚方向

习水县的"深化七个习水建设"与兴林富民的目标一致，都是为了消除这片土地

上的绝对贫困，让人民群众富裕稳定，美丽生活。地处大娄山山脉的习水，地势海拔高差大，东、中高，西、南低，决定林业产业、林果经济不能搞"一县一业"的"步调一致"，也不搞"一村一品"的分散经营，必须"因区兴业"做大做强主导产业，通过产业发展、品质提升，科技助推"育主体"，利益联结"带农户"，确保"绿水青山"与"金山银山"通道转换下的产业增长。全县在保留古树茶、林下菌、中药材等传统林下经济的同时，集中精力、财力、智力，在低山区改良扩种蜜柚，中山区集约发展花椒，高山区大师引种方竹产业。近两年来，全县围绕三大产业迎难而上，新建、扩建、低改16万亩，树立了林业产业的攻坚方向，让新时代的习水大地绿起来了、富起来了、美起来了。

低山改良扩种结硕果

最早引种蜜柚的隆兴镇淋滩村，位于"四渡赤水"渡口旁的河谷地带，结出的蜜柚甘甜可口，被当地群众誉为"红军柚"，过去主要靠林农在自家的房前屋后小规模种植。县林业局将其纳入新时期的三大产业统一规划，在南部乡镇和其他乡镇的局部河谷800米以下的低山区重点推广，涉及12个乡镇。

产业发展30多年来，存在着规模小、低质低产等问题。习水县成立蜜柚发展专班，林业局组织专家对产区种植户，分片区、分批次进行技术培训，在果树下面设课堂，根据林农的问题逐一解答。仅2022年5月至2023年5月，就对12个乡镇培训21场，参训人数520人，引导种植主体对柚园进行低产技术改造，并分散到一家一户进行技术督导，使果农们掌握了种植和抚育技术。2022年全县建设蜜柚基地2.05万亩、补植完善1万亩，2023年春天新建了2万多亩，历年来的种植面积已经接近"十四五"预规划的10万亩，目标是将蜜柚培育成习水地域标志品牌。全县现有蜜柚经营主体121个，其中专业合作社26个，大户95个，平均每个经营主体经营规模近120亩。

修剪不能误，一误误两年。土城镇、同民镇、二郎镇、醒民镇是传统的蜜柚产业镇，涌现出了幸福村、胜利村、钢铁村等蜜柚种植专业村。2023年春节刚过，县林业局党委委员袁刚带领6名高工，巡回到这些镇村，组织32名护林员和376果农中"匠人"，给果树修枝、防虫，运用"两撒两壅"新技术施肥，让每一个村组、每一片果园、每一户果农都享受到先进技术的"福佑"，赢得一个丰收年。

中山花椒开启幸福新生活

种植林果产业高山、低山比较明显，容易确立主导产业，中山产业是林业经济领域中的一道难题。而习水总体呈现中山峡谷地貌，海拔800~1200米的面积共有1218平方千米，占总面积的39%，产业制约了山林开发和林农致富。前些年有些林农集中种植花椒9000多亩，每亩近万元的效益，撬动了全县的荒山开发与利用。县林业局从中看到前景，向县委、县政府申报，在中部和东南的中山区大力发展花椒主导产业。

县领导十分重视这一意见，成立花椒产业指挥部，由县林业局组织实施。2019年在桑木、二郎等乡镇栽种花椒3000多亩，近三年扩种到目前的20万亩。县领导深入到二

习水怀抱中的飞鸽林场云海

郎镇调研，赞誉花椒产业质效双佳，发展迅速，是习水发展的主导产业，林业和中山区的乡镇村组要统筹利用土地资源，将其转化为产业发展的资产和资本，让农民变股东、变股民。

在扩大种植的同时，县林业局协同种植主力公司，会同专家研究开发附加值高的花椒高科技保健养生产品，通过功能化产品撬动市场，带动整个中山区的产业转型。

高山方竹未来定有大天地

山山有竹，四季有笋。方竹分布在南方地区的高山上，竹笋肉丰味美，成林后具有较强的观赏康养功能。方竹产业加工在周边的桐梓县早成气候。习水县仙源镇、官店镇和桃林镇拥有原生方竹资源，组织引导可以在全县占有"半壁江山"的相对高山区集中发展，打造一条新的林业产业链。

2019年，在仙源、官店两个镇成功实施方竹笋栽植 1139 亩的基础上，县林业局组织扶贫、农业、产投集团和桃林、官店、仙源、温水、双龙等乡镇领导，深入遵义市桐梓县、四川省峨眉市，专题考察方竹产业的种苗繁育、基地建设模式和产品加工、产销对接等经验，并向县政府专题报告，成立竹产业工作机构，给予政策支持，提前做好优质种苗繁育，力争 3 年内在北部高山区发展方竹林 10 万亩。通过近三年的工作，全县新增方竹基地 2 万亩、改造低产方竹林 3 万亩、改培方竹 1 万亩。

仙源镇是习水县海拔最高的乡镇，境内山脉纵横、层峦叠嶂，优美的自然环境却是制约产业发展的瓶颈。毛坪村驻村流动党支部，在县林业局和镇政府支持下，带领村民种植管理方竹笋 1 万多亩，直接带动群众 100 多户，惠及村民 600 多人。

结构调整美生态，栽种方竹富百姓。2023 年春节期间，县林业局配合官店镇政府，对返乡民工宣传方竹产业，调整种植结构，培训管理技术，使 800 多户种植方竹 5000 多亩，带动 3000 多人在家乡就业增收。先期发展户已经尝到甜头，村民刘永怀说，在林业的技术支持下，一亩地采摘 500 多千克，收入 3000 多元。帮扶何村村第一书记在产业主推中，采用"公司＋合作社＋农户"模式，公司和合作社提供技术支撑和产销对接，让种植农户有好销路。

县林业局从镇村大户和农民的种植经营行动中，看到了产业发展的新未来。他们整合资金和科技力量，进一步精深打造产业样板基地，协调县政府加快建设加工厂、研发产品、拓展销路，做到一年四季有上市产品，最大限度地实现方竹笋的价值。

有抱负的人干有抱负的事。习水林业以全面推进林长制为突破口，创新林业治理体系，在林业高质量发展上实现了新突破；以提升综合执法管理为突破口，创新林业执法体系，在确保生态资源安全上实现了新突破；以武陵山区生物多样性项目和树种结构调整森林质量提升项目为抓手，在森林质量提升上实现了新突破；以花椒产业和林下经济产业为突破口，在推进林业产业高质量发展上实现了新突破。我们欣喜地看到，习水县把兴林富民当作最大的政绩，县、镇、村、组爱护森林生态资源，把提高林业生产力视为"寂寞的长跑"接力跨越，必然赢得决定性胜利，打造出更加美丽中国的"习水篇章"！

第五节　海南澄迈：兴林守护绿富美

——海南省澄迈县围绕"两区两县"战略加快创建国家生态文明建设示范县纪实

从琼州海峡登陆海南岛，首站便是拥有"中国长寿之乡"的千年古县澄迈，北宋大家苏东坡在此留下了"兹游奇绝冠平生"的千古名句。从北部的花场湾红树林到南部的热带雨林风景如画，中部东流入海的南渡江两岸浪漫唯美，给流传千年的"澄迈八景"增添了无穷的生态魅力和发展活力。

高起点谋划，高标准推进。县委带领澄迈人民深入践行习近平生态文明思想，按照海南省委、省政府建设自由贸易港的要求，确立数字创新生态引领区、港产城融合发展先行区、生态文明建设示范县和农旅融合消费样板县的"两区两县"经济社会发展战略，建设数字强县、油服强县、物流强县、农业强县、制造强县、港口强县"六个强县"目标任务，定位建成海口经济圈产业发展副中心、热带果蔬高价值转化示范区、出岛冬季瓜菜产销集散地、全域旅游转型升级加速器"四个角色"，扎实推进共同富裕，高质量建设现代化幸福澄迈。

建设和美城乡，推动绿色共富。澄迈县林业局带领全县务林人，强化责任担当，认真履职尽责，不折不扣落实国家和省林业决策部署，按照县委、县政府工作安排，扛起责任高位推进林长制，确保全县扩绿提质；聚力生态修复，科学守护红树林，让家园更秀美；厚植林业产业，助推乡村振兴，为城乡共富提供坚实的林业支撑和保障。如今，一幅蓝天白云、水清岸绿、生态和美的"高颜值"画卷正在这座沿海城市徐徐铺陈。

一、扛起责任，高位推进林长制

"山有人管、林有人护、责有人担"，是党中央、国务院全面推行林长制的基本要求。澄迈县是最早在海南省建设林长制的县份，县委、县政府认真学习国家和省有关林长制改革建设的文件精神，在林长制实施过程中，根据本地森林生态资源情况，因地制宜合理设置考评指标，建立差异化、动态化、科学化考评体系，不搞"一刀切"。构架县、镇、村三级林长制责任体系，实施森林资源网络化管理；建立林地管理和建设运行机制，强化绿化投资，上下同心扩绿提质，使森林生态资源稳健增长；运用现代信息技术精细化管理林草资源，守牢生态保护底线，促进城乡人与自然和谐共生。2022年9月13日，国家林草局编发第19期《林长制简报》，以《海南省澄迈县全面推行"林长＋网格员"林地网格化管理运行机制》为题，专期向全国推广了他们的创新做法。《简报》赞誉："澄迈县林长制与林地管理相结合的做法是林地源头化管理的重要探索创新，将有力遏制破坏林地行为的发生，推动林业生态高质量发展。"

率先构架海南区域林长制

澄迈快速全面推行林长制，是因为他们过去吃过林业"单打一"管林护林不到位的亏，"小马拉大车"导致问题出现领导干部同样要问责。为了从根本上扭转林业部门的管理被动局面，建立各方面齐抓共管的林业工作新格局。县委、县政府以"林"为主题，将"长"当关键，借鉴各地先行经验，构建切合澄迈实际的党政同责、属地负责、部门协同、源头治理、全域覆盖的林长制长效机制，有效解决了全县森林生态资源保护的内生动力问题、长远发展问题、统筹协调问题。

"长"与"责"表现在县镇村三级党政领导干部保护发展森林资源的目标和责任上。澄迈县分级设立林长，对各级党政领导保护发展森林资源的职责进行科学划分，明确三级林长和县林长制协作单位的职责。三级林长的责任区域按行政区域划分，实现网格化全覆盖监管，确保每座山、每片林不仅有制度管、有人管，而且管得牢、管得好。

澄迈高位推动，架构建设以党政主要负责人为双林长的县、镇、村三级林长制责任体系。县委书记、县长担任总林长，另从县级领导干部中选设13名副林长，任命镇村两级正副林长309名。每年都由县政府与各镇政府、镇政府与各村委会签订林长制工作暨森林资源保护发展目标责任书，将造林绿化、林地保有量、森林图斑整改、森林灾害防控等重要指标分解下达各镇、村，实现指标任务量化、细化和具体化，层层压紧压实各级责任，形成齐抓共管森林资源保护发展强大合力。

澄迈县出台林地网格化管理实施方案，以"定格、定员、定责"要求，将全县林地划分为"一总三级"单元网格，县委、县政府为总网格，管控全县林地资源，各镇党委政府、行政村及村民小组分别为一、二、三级网格，管控各自辖区内的林地；明确县级林长为总网格员，县级副林长为副总网格员，各镇及行政村班子成员分别为一、二级网格员，三级网格员聘用村民小组成员或村民担任，每个村民小组至少有1名三级网格员；全县166.5万亩林地共划分1075个网格，各级林地网格员共1354名，其中一级网格员108名，二级网格员171名，三级网格员1075名，平均约1500亩林地由1名三级网格员具体开展常态化巡查护林工作。县里明确网格员的工作职责，建立健全考评奖惩机制。

落实林长制，耕好"责任田"。澄迈县将"林长"和"网格员"融合管理运行，有效整合了服务林业资源，极大充实了基层巡护力量，使得林地监管关口前移由口号变为现实，确保每一个自然村、每一座山头、每一块林地都有专人专管，建立起了"横向到边、纵向到底"的管理体系，林地源头化治理成效初显。近几年来，每年15名县级正副林长开展巡林都在65次左右，309名镇村级林长开展巡林3500多次，研究解决造林绿化、森林督查图斑整改、森林灾害防控等森林资源保护发展问题。

上下同心扩绿提质增资源

澄迈林长制并不是严看"死守"森林资源，而是在精心管护的基础上，做好"林"和"绿"的扩绿提质新文章，目标定位"三保""三增"。"三保"是保森林覆盖率稳定、保林地面积稳定、保林区秩序稳定。"三增"是增森林蓄积量、增森林面积、增林业效益。

生态优先，绿色发展，澄迈县书写的"林""绿"新文章，让林长制富有生命力。近几年的植树节，县总林长、县委书记带领在家的四套班子领导、法检"两长"和县直机关植树造林。全县同一时间，三级林长和网格员在各个镇村和城区街道设置植树点，种植油茶、沉香、椰子等生态和经济兼具的树木，折合造林300多亩。

林长制使扩绿提质增资源成为三级林长的职责和使命，确保自己属地和网格内的森林资源只增不减。2022年年底，县林业局组织对金江镇长村1.8千米道路进行绿化，规划种植小叶榄仁、凤凰木、重阳木、小叶榕、三角梅、狐尾椰和椰子等景观树。承建单位实施过程中，县镇村的三级林长先后到建设工地调研，查看树种规格、栽种标准和管护质量是否达标，使这段道路的新植树木一夜成景、一季成林。

三级林长落实"责"，三级网格员护好"林"，完善的林长制度在澄迈的山林之间落地生根，从县到村超额完成造林任务，绿化水平不断提高。2022年，县财政安排120万元购买沉香、花梨、油茶等各类优质苗木无偿提供给群众植树造林和生态修复，全年新增造林面积9050亩，是省下达任务的150.8%；新植苗木20.5万株，是省下达任务的

澄迈绿美

澄迈红树林

102.5%；新增花卉面积 820 亩，是省下达任务的 102.5%；共完成森林图斑复垦复绿面积 3000 亩，森林质量不断优化，国土绿化水平不断提高。2023 年规划造林 5000 亩，仅一个春季造林的面积就有 6000 多亩。

守牢底线人与自然共和谐

坚守林业生态安全底线，筑牢绿色安全屏障。澄迈县林长制坚持问题导向、增加制度供给，健全政策体系优化治理格局，使"制"与"治"统一，把防控森林火灾、防治林业有害生物、防范破坏森林资源行为的"三防"工作落到实处。

林长制实施之前，大丰镇、福山镇有 4 个森林督查图斑，因多种历史原因成为治理和解决难题。2022 年 7 月，县级林长、副林长深入两个镇的 4 个森林督查图斑区，与镇村林长、镇村领导一起查看，将历史与现实相结合，现场做好了林业图斑的整改销号工作。县委、县政府要求各级林长和领导加强沟通协调，强化部门协同，形成工作合力，确保整改工作高质高效推进，确保不再出现新的森林资源问题。县林业局充分发挥职能作用，配合镇村做好图斑整改工作，提供技术指导工作，使 4 片林地植被得到高质量恢复，受到省林业局的验收肯定。

澄迈县自从健全完善县级总林长发令机制、镇村林长巡林机制、部门协作机制、督查督办机制、林长对接机制后，形成了森林生态资源保护的长效机制。野生动物保护得到加强，《澄迈县野生动物禁猎区和禁猎期的通告》发布后，全县范围全年禁猎，为野生动物生存生长提供了安全的栖息环境。定期组织"清风行动"，打击惩治破坏野生动物资源违法专项行动。与海南东山野生动物园建立濒危野生动物救治机制，对全县古树名木现状进行全面调查评估，对 7 株需要修复的见血封喉等古树名木进行抢救扶壮；开展林业执法检查，打击涉林违法犯罪，对破坏森林资源违法行为"零容忍"。强化种苗质量检查，维护种子种苗生产经营正常秩序，为造林绿化和生态修复提供良种壮苗；抓好森林灾害防控，营造安全发展环境，抓好木材加工安全生产工作，加强林业有害生物防治，林长制使森林生态资源管理实现了"林长治"。

二、聚力修复，科学守护红树林

因"澄江""迈岭"而得山水之名的澄迈县，是世界长寿之乡和世界富硒福地。北靠琼州海峡的澄迈海岸线全长 114 千米，内港湾有浅海涂滩 2.3 万亩，沿海海边风光绮丽，沙白水清，是开辟海边旅游度假景点的黄金地带。澄迈的红树林资源丰富，共有 4965 亩，主要分布在花场湾沿岸及东水港沿岸。1995 年，县政府在大丰镇、福山镇、桥头镇、老城镇四镇围合的沿海内湾设立花场湾红树林县级自然保护区保护建设，但 20 世纪 90 年代初期的近海海岸围垦养殖、开挖虾塘，使红树林遭到严重破坏，恢复非常困难，曾被国家督察过。红树林素有"海上森林""海洋卫士"和"国宝"之称，澄迈县担起对花场湾红树林自然保护区的生态修复责任，多年建造红树林，加强网格化管理，跟踪督促，到位整改，解决了 27 年保护区边界范围不明确和无矢量界线的问题，受到国家和省的"督察整改看成效"正面典型报道。

尊重自然综合整治恢复海上生态

红树林是生长在热带、亚热带海岸潮间带的一类胎生木本植物群落，既可防风消浪，又能净化海水，还为鱼虾鸟类提供栖息之所。1995 年成立的花场湾县级自然保护区 165.22 公顷，其中红树林地面积 117.76 公顷（天然林面积 111.63 公顷、人工修复红树林面积 6.13 公顷）、内陆滩涂 36.95 公顷、河流水面 9.76 公顷、坑塘水面 0.75 公顷，土地权属均为国有。保护区涉及丰镇、福山镇、桥头镇、老城镇四镇的花场村、盐丁社区、五村社区、沙土村、西岸村、石联村 6 个行政村（社区），分布在双杨河、美浪河、花场河、美未河 4 条河流河口区域，人为影响大，四至界限明晰。花场湾分布有秋茄、白骨壤群落、桐花树、榄李群落、红海榄、海漆群落等红树林品种。但过去一起存在红树林遭受多重威胁、管理措施与体制不完善、生态保护与社区经济协调发展能力较低、科教体系不完善等问题和矛盾。

为了从根本上改变管理现状，把这片红树林"像爱护眼睛一样守护好"，澄迈县联合国家林草局中南调查规划设计院、海南大学，于 2020 年制定《花场湾红树林县级自然保护区总体规划（2021—2030 年）》。这个总体规划尊重自然，结合生态综合整治和恢复海上生态规划两期建设，2021—2025 年是前期，建立管控制度，明确职能职责；配强管理机构和保护人员，完善日常巡护工作制度；加强宣传教育，改善社区关系；开展红树林修复，严防严控有害生物与外来物种，出台《花场湾自然保护区保护管理条例》。2026—2030 年为后期，目标定位建设管护实现智慧化，监测体系预警智能化，科普宣教基地化，保护区与社区关系更和谐，升级省级自然保护区。

顺应自然生态修复"海上森林"

花场湾红树林县级自然保护区总体规划、花场湾自然保护区保护管理条例，为红树林保护撑起了两把"制度之伞"，使红树林管护有章可循、有法可依。

近几年来，澄迈林业顺应自然，建立林业局—自然保护区管理中心—联防队保护管理体系，对这片"海上森林"进行生态修复。开展水系连通工程，使曾经围垦养殖造成的红树林自然潮汐通道畅通，增大红树林生境与潟湖的水体交换能力，增大恢复栖息地水体的自然降解能力，提高红树林生境的适宜度，营造良好红树林生境。对保护区内严重退化的 11.09 公顷红树林，采取人工恢复的方式种植修复，对保护区边界的 0.75 公顷零星坑塘水面实施退塘还红工程，使其得到恢复。

保护区通过科研与监测，摸清了自然保护区及周边的资源状况、所处的环境条件、特点和固有的规律，探索自然保护区受威胁的状况与原因，寻求有效的保护措施，以实现花场湾红树林湿地种群数量、质量恢复与发展，为资源合理利用提供科学依据，实现了花场湾红树林湿地的可持续发展。近两年来，保护区组织区内镇村退塘平塘整滩，栽种高约 60 厘米的红树林大苗，不断补种提升苗木成活率，高标准地还建出了一片"海上森林"。自 2020 年 1 月至 2022 年 12 月，澄迈县共完成新造红树林面积 51.86 公顷，完成退塘面积 21.794 公顷，其中还林面积 8.184 公顷，主要种植红树林。

澄迈林业指导保护区开展宣传教育，向全社会宣传红树林湿地独特且重要的生态、社会和经济的功能、价值，宣传生态环境与野生动植物保护知识及相关法律法规，以此来提高公众对红树林湿地及其生物多样性与生境保护的意识和积极性。公众认识到了保护红树林湿地、恢复红树林以及可持续利用红树林的重要性，为今后红树林湿地的保护奠定扎实的群众基础。澄迈红树林生态公园现已成为科普教育的理想地点，这个公园按照国家 4A 级标准打造，世界级红树林占地 2200 亩，公园 4.2 千米木楼道贯穿红树林湿地博物馆、亲子游乐场、火烈鸟餐厅、火烈鸟岛、红树林风情集市、大树茶室，开通了漫步湿地、红树林探险、碰撞大湿地、湿地自转、烟雨红树林等丰富多彩的游乐项目。

保护自然助力"国宝"郁郁葱葱

经过多年的抢救性建设和精细化保护，澄迈红树林净增面积过千亩，成为海南自贸岛的一张闪亮名片。这背后是澄迈县委县政府的遵循规律和科学保护，是澄迈林业的制度完善和责任落实，是澄迈人民的科普重视和全民参与。

走进三面青山环绕，一面敞开面向大海的花场湾，放眼望去，蓝天碧海和沿岸滩涂内的红树林，碧波荡漾、岸线蜿蜒、鹭鸟飞翔、"红"树成荫，犹如一幅优美的生态画。

建设红树林没有旁观者，保护红树林没有局外人。澄迈县把红树林的保护修复作为生态文明建设的重要抓手，推动生态优势转化为经济效益，让红树林真正成为"金树林"。县里把花场湾 4965 亩红树林纳入林长制管理，将保护区内的红树林划分成 122 个小斑块，全部分解落实到具体责任人，实行专人专管，同时完善监督考核方法，对护林员巡护情况采取全球定位系统（GPS）痕迹跟踪定位方式进行监督检查，有效提高了巡护水平和效果。

为使这片"国宝"郁郁葱葱，澄迈林业强化科技监控手段，通过无人机、在重点区域设置监控摄像头等方式，对花场湾红树林重点区域进行全天候、全方位监控巡查，以高科技手段补足日常巡逻、监控的短板，为打击重点区域范围内违法破坏红树林提供了坚实的保障。组织专职护林员对保护区边界进行巡查监控，对违规进入保护区内捕鱼、捡螺等行为进行劝阻教育，收缴非法捕抓工具，教育劝阻 17 人次，并在环岛旅游公路澄迈段内移植栽种红树林 1755 株。

澄迈把红树林的建设和保护工作延展到林业之外，由政府、企业、学者、行业协会、志愿组织和社会群众通力协作，多种形式宣传红树林在净化海域环境、防风固堤、抵御自然灾害、绿化美化海岸环境、保护生物多样性、提高水产品质量等方面的作用意义，提升了全社会保护红树林的生态文明意识。只要走进澄迈红树林，就能充分感受到红树林的自然之美，内心深处记得住这幅美丽的红树画。

三、厚植产业，提升经济新动能

念好"林"字诀，打好林特牌，壮大林业产业，是林业经济助力澄迈乡村振兴的重要力量。近几年来，澄迈县深化集体林权制度改革，在已经形成的橡胶、槟榔、福橙、咖啡等传统林业产业体系上不断调整，使林产品的种植结构更加优化稳定。基于一方水土，开发林特资源，做专沉香经济产业，被国家林草局授予"中国沉香之乡"称号；突出热带地域特点，体现当地特色，改造升级油茶种植的方式方法，把热带油茶产业做精，荣获全国油茶产业建设示范县称号；做优林菌、林禽、林畜等林业经济，帮助务林农民端上林下经济开发建设的"金饭碗"。厚植林业产业，全链条升级建设，2022 年完成林业生产总值 12 亿多元，有效地提升了澄迈经济新动能。

绿韵澄迈

做专沉香产业争得"中国之乡"

"海南沉香，一片万钱，冠绝天下"，可见沉香产业的经济价值之高。沉香浑身是宝，树产沉香，叶可做茶，一克沉香精油价值 500 元，是一棵比黄金还贵重的"宝树"。澄迈县效古村村民蔡亲信是最早培育沉香产业的林农，他外出学习掌握了沉香的种植、加工等技术，回乡创业成立澄迈加乐雅尚沉香种植专业合作社和沉香加工作坊，年销售 2500 多万元。全村 136 名村民跟着他种植 1500 多亩沉香，打造出了"效古沉香"商标和品牌，分店开到了海口、三亚等地。

澄迈林业经济强盛

顺应民意拉长加粗沉香产业链，做专产业经济打造"中国沉香之乡"。县里规划林业产业经济和发展区域，鼓励加乐、文儒、金江、福山、大丰、中兴、永发等适合沉香种植的乡镇，大面积建造基地，现已拥有基地面积 2.9 多万亩，种植的白木香、奇楠，既可造香，又能成材。全县发展沉香种植合作社 12 家、造香合作社 6 家、沉香造香和加工基地 42 家，提供加工就业岗位 632 个，其中贫困户 210 户，年产值近 1 亿元。

近几年来，县里从"四个层面"支持帮扶，使沉香产业得到快速推进和发展。加大政策扶持，县政府成立沉香种植产业工作领导小组，统筹协调全县沉香种植和成品加工，出台优惠政策，给沉香造林农户给予经济补贴，开发沉香文化推动旅游经济；加强技术指导，在创建国家级沉香种植综合标准化示范区的基础上，培养专业型沉香乡土人才，引导县中职技校开设沉香专业班，培养沉香专业人才，推选蔡亲信获评国家林业乡土人才。落实沉香用地，鼓励林农将低质低效的槟榔地、甘蔗地、橡胶地改种或套种沉香；打造促销平台。县政府与中国经济信息社每年共同发布《中国沉香产业景气指数调查报告》，从行业预期、原料供给、生产经营、市场表现、融资情况、品牌经营等方面，对我国沉香产业进行了全方位、多角度的量化评估。建立由 53 名会员组成的澄迈县沉香协会。建立市场销售平台，培育沉香市场经济增长极，沉香成为全县经济的第三产业发展新亮点；旅文结合推动。县里统一打造加乐沉香小镇等特色产业小镇，支持推广沉香新兴产品开发建设，加快沉香精深加工产业发展，生产出了"沉香茶""沉香酒""沉香烟""沉香手链""沉香线香""沉香精油""沉香粉""沉香片"等旅游特色产品，有效拓宽了产业链和提高沉香附加值，推动沉香产业长远持续发展，助力脱贫攻坚和乡村振兴。

做精热带油茶荣获全国示范县

沿着生态优先、绿色发展的方向，澄迈林业始终前瞻布局，找准优势，发展热带油茶的蓝图清晰，每年新增油茶面积 2500 多亩，被国家林草局授予木本油料特色区域示范县荣誉称号。

属于热带特色高效林业产业的海南油茶俗称"山柚油"，有超过 600 年的种植史。海南油茶在品种与加工方式上有别于内地油茶，价格高居全国之首，每千克近 600 元，适合海南自贸港建设对高品质食品的需求。

澄迈县林业局紧紧抓住油茶发展的国家机遇，将山柚油建成了海南土特产和全国农产品地理标志。县内产地集中在金江、文儒、桥头、中兴、永发、加乐、福山、大丰、仁兴等9镇145个村。县林业局支持澄迈林场科研育苗，现已改良培育出了侯臣、海科大、海油等品种，纯度、优良度高，油品色泽金黄、澄清透明、味道纯正、浓郁香醇、滑口留香。历经多年的发展，澄迈现有油茶近4万亩，挂果面积2.2万亩，拥有规模化油茶加工点2家，油茶主要销往全省各市县及北京、上海、深圳等城市。

澄迈围绕油茶产业集中攻坚，全面落实产业发展的年度规划，县政府将发展油茶种植产业列为全县为民办实事好事，专门拨付资金扶持林农种植，长期给予每亩700元造林补贴，调动了林农发展油茶产业的积极性和主动性。县林业部门加大油茶良种苗木科研机构建设和技术培训力度，引进中南林业科技大学、海南大学、省林科所等科研院校的技术力量，在澄迈乐香集团和澄迈林场建设油茶科研基地建立现代化苗圃、油茶良种采穗圃及高效栽培示范园，重点抓好高产优质油茶品种选育工作，实现优良品种本地化。引导企业打造油茶品牌，乐香生态公司开发的"寿百山"茶油、丰瑞实业公司与国营澄迈林场开发的"海优宝"山柚油、新美特科技公司开发的"高朗山"山柚油、北雁农业公司开发的"儒小生"油茶品牌受到市场青睐，侯臣生物科技公司还研发出了一些油茶日用护肤化妆品。

做优林下经济端上"金饭碗"

乡村振兴的大幕拉开，林下经济的舞台广阔。澄迈林业引导务林农民投资，把创业的梦想种在希望的田野山林上，着力林菌、林禽、林畜等产业做优林下经济，做活花卉种植、森林旅游、森林康养等具有澄迈林业特色的林业产业，既有效地挖掘出了林业产能产量产值的潜力，又帮县林农乡亲端上林下经济"金饭碗"，让日子过得更红火。

乡村振兴，林业有为。澄迈县开放山林，立足特色资源，精准发力林下经济，拓展乡村林业产业的发展空间，完善利益联结机制集聚乡村林业产业发展动能，深化集体林改激发乡村林业产业发展活力，更多更好地惠及林农。

林下种菇收入高。仁兴镇林农把林下食用菌种植作为大产业，从68亩橡胶林下的蘑菇种植起步，基地化种植发展过千亩，家家户户有收益。海南金麦穗农业发展公司严献洪率先到这里投资，基地化种植虎奶菇和红托竹荪，再利用当地气候反季节种植，差异化发展使他和公司有不错的收获。林菌产业是澄迈林下经济的主要模式之一，林下种植更生态，不仅可以节省成本，还能充分利用空闲土地资源，不与粮食作物争夺土地。公司带领当地林农共同发展食用菌，得到县林业局和仁兴镇党委政府的支持，根据食用菌的市场需求，规划产业发展第三期，拓宽了绿色发展的振兴之路。

林下养殖富路宽。文儒镇夏云孔雀养殖合作社利用成片的橡胶、黄花梨林下，养殖五黑鸡、孔雀、大鹅、芦丁鸡等，把一个林业养殖合作社办成了乡村动物园。夏云孔雀养殖合作社的主人是村民周鹏夫妇俩。2016年，周鹏从央视二套《致富经》节目中，看到不少省份利用林下资源养鸡、养鸭、养猪、养羊很成功，当即动心在林下养孔雀。周鹏通过翔实考察，瞅准林下养殖孔雀具有潜在的市场和无限的商机，在妻子老家文儒镇租下一片带林坡地，专心孔雀饲养，当年养殖孔雀150多只。现在，他的合作社有了配套的基础设施和标准化的孔雀养殖基地。林间养殖省时省料省人省遮阳网，日晒、通风好，利于禽类生长，这样的禽产品市场好、价格高。2022年，周鹏开启二次创新之路，由单一的饲养销售升级为繁殖、孵化、育雏、销售、标本深加工的完整链条，成为名副其实的"孔雀王子"。

林下畜牧有特色。福山镇福汉野生动物养殖场基地在槟榔树阴下成功养殖鳄鱼5000多条的基础上，引进特色产品五脚猪，较好地解决了产业结构单一带来的预期经营风险，年产值超过1400万元，直接带动30多家农户共同发展。澄迈县林业局总结推广福汉的畜牧养殖经验，拓展林下创意产业模式，引导和鼓励更多的林农开辟创业路径，创造林菜、林花、林蜂、林苗、林茶、林药、林鱼、林蛙、林粮、林游等多种经营模式，让绿水青山的生态价值得到更大力度的提升。

稳进增效，改革求变。澄迈县着眼长远、发挥优势、聚焦聚力，进一步激活生态林业资源，打造产业兴旺、生态优美、群众富裕、社会和谐的美丽城乡。这座山青海美、鸟语花香的沿海城市，在用行动诠释"两山"转化生动实践的同时，也让人们看到了绿色发展的无限可能。

第六节　国家林草局华东院：奋进在林草生态综合监测第一线

——国家林业和草原局华东调查规划院建院70年发展观察

"开路先锋""开山祖师"，是我国原林垦部首任部长梁希对全国林调人的赞誉。坐落在杭州的国家林业和草原局华东调查规划院（以下简称华东院），正是梁希老部长赞誉的集体，是我国最早成立的几支林业调查规划"国家队"之一。

自1952年成立后，华东院七易其址，12次更名，2次下放，1次撤销，经历了组建、下放、重建、解散、重组，可谓起起落落，历程曲折。直到十一届三中全会后，这支队伍才逐渐稳定下来，2011年4月迁建杭州至今。

建院70年来，华东院几代人秉承科学报国理想，赤诚奉献林草调查规划事业，以"党建统院、文化立院、人才强院、创新兴院"的发展理念，紧紧围绕国家林草重点工作，充分发挥专业技术优势，重点服务上海、江苏、浙江、安徽、福建、江西、河南6省1市的森林资源监测和林业调查规划等工作任务。几代干部职工描"图"布"点"，替河山妆成锦绣；按"图"落"界"，把国土绘成丹青；上"天"控"地"，守护祖国的绿水青山，铸就了"忠诚使命、响应召唤、不畏艰辛、追求卓越"的华东院精神。

一、党建统院，铸牢几代华东院人的魂

华东院历届党委带领干部职工历经磨难却锲而不舍，在一穷二白时发愤图强，在时代发展中与时俱进，历经了我国森林资源调查规划发展的光辉岁月。

70 年前，华东院在辽宁营口诞生，成立伊始就建立了党组织，招募青年学子，实行军事化管理，为新中国森林调查事业打下坚实基础。70 年来，从冰天雪地的黑龙江到人迹罕至的青藏高原；从全国森林资源连续清查到林草生态综合监测；从万里海疆绿色屏障规划到"三北"防护林建设工程核查……华东院人始终以助力生态文明建设和林草事业高质量发展为使命担当，自立自强，艰苦奋斗，敢为人先，迎难而上，传承文化基因，赓续红色血脉，构建起党建统领的发展体系，进一步鼓起了迈进新征程、奋进新时代的精气神。

1958—1980 年，华东院奉令两次就地下放和两次迁移重建，老一代华东院人俯身耕耘、苦干实干，燃烧激情、创新拼搏。70 年来，一代代华东院人响应召唤，将报效国家写在奋斗的旗帜上。从创建初期的林业开路先锋到挥师南下参与国家西南大会战；从金华重建投身改革开放大建设到迁址杭州进入高质量发展新阶段；从帮扶脱贫攻坚到助力乡村振兴……华东院人始终心怀"国之大者"，为我国林草事业高质量发展提供坚实有力的技术保障。

1980 年恢复重建后，华东院涅槃重生，迎来了新的春天。在院党委的带领下，于 20 世纪 90 年代后期，干部职工同心奋斗，谋划搬迁杭州，为华东院事业发展插上了腾飞的翅膀。70 年来，华东院人追求卓越，筑梦前行，步履铿锵。在东北国有林区、南方集体林区开发建设中，为新中国摸清森林资源家底发挥了基础作用；在全国森林资源连续清查工作中，为我国建立森林资源调查体系发挥了重要作用；在全国沿海防护林体系规划、林地保护利用规划、湿地监测评估、天然林保护修复等重点工作中，发挥了骨干作用；在承担林草生态综合监测、国家公园建设、自然保护地监测评估、生态保护修复等指令性任务中，发挥了智库作用。

70 年来，华东院人"上登千仞峰，下临万丈渊"，足迹踏遍祖国山河，历经转战东北、移师西南、定居金华、迁址杭

20 世纪 50 年代初期在东北开展外业调查

1989 年苏联森林经理代表团访问华东院

州的光辉岁月，凝练形成"忠诚使命、响应召唤、不畏艰辛、追求卓越"的华东院精神，发展成为我国林草调查规划的国家级骨干队伍。

二、文化立院，书写改革强院时代答卷

华东院一直以来自觉传承优良传统，强化科学谋划，注重精神文明建设，在"尊重自然、顺应自然、保护自然"的文化自觉中，探索知行合一的"文化立院"路径，书写出了一份改革强院的时代答卷。

华东院党委提出"文化立院"发展战略，成立领导机构和专班，强化省级文明单位创建，当年申报年底即通过了浙江省文明办组织的各项考评，2021 年 1 月 15 日，浙江省委省政府授予华东院"浙江省文明单位"荣誉称号。荣誉背后是历届领导班子一棒接着一棒干的传承，是全院干部职工长期奋斗的结果。多年来，华东院完善"职工之家"建设，相继成立摄影、音乐、篮球等七大协会，充分发挥工会、团委作用，推进"微笑亭"志愿服务品牌上新台阶，践行"我是党员，我先上"誓言，得到了省直机关工委和所在街道的充分肯定，获得"领潮先锋"先进集体称号。

2021 年华东院编制了"十四五"发展规划，紧紧围绕服务国家林草事业大局，聚焦国家生态、经济、社会发展之所需，集全院干部职工的智慧，明确目标任务，形成了全院改革发展的战略定力和创新动力。在全面总结"十三五"发展基础上，科学确定了

2022 年开展全国林草湿调查监测外业工作

"十四五"总体发展目标：到 2025 年，实现创新发展硬核化、人才队伍一流化、治理能力高效化、文化内涵厚重化、民生发展幸福化、党建特色品牌化，建成政治过硬、业务精良、人才集聚、治理高效、文化厚重、幸福和谐的高水平现代化强院，为林业草原国家公园融合发展新阶段提供有力支撑。以规划为指引，在近两年的转型建设中，华东院建成了自然保护地监测评价、湿地保护修复技术支撑、海岸带生态保护修复技术支撑、林长制督查考核评价、林草生态网络森林防火感知系统研发、激光雷达辅助林草资源监测、"云臻＋"智慧监测平台研发、《自然保护地》期刊等八大特色品牌。

三、人才强院，创构人才支撑的新格局

华东院党委坚持党管人才原则，凝心为林育人，努力培养大批政治素质高、业务知识强的新型林草调查规划人才，为建设一流林草规划强院提供有力的人才保障。

华东院党委坚持以人为本、激发活力为导向，突出抓好新型林草调查规划人才的培养。一是重视年轻干部的培养和选拔。近几年来，相继完成了 30 多名中层干部的选拔任用工作，正副职岗位变化率近 70%，平均年龄下降了 5 岁，研究生学历比例翻倍，有效推进了华东院中层干部队伍建设的年轻化、知识化、专业化。二是注重年轻技术人才培养和锻炼。把抓好"后继有人"作为根本大计，紧紧围绕培养高层次、高水平林草科技领军人才和中青年学术技术后备人才的目标任务，大力支持和鼓励中青年专业技术人才积极承担或参与省部级以上重大科研技术创新课题，为培养领军人才及特色专业队伍搭建更多平台。三是营造风清气正的政治生态。激励干部"想干事、能干事、干成事"，让"讲实诚、求实干、出实绩，鼓干劲、下狠劲、使韧劲"的作风成为全院党员干部和职工的共同价值追求。

多年来，华东院坚持导师带动攻关，以有形和无形的师徒传承这一制度化、高效率的结对培养模式，让组织内部的知识和技能，以心手相传的方式得以快速传承。同时依托大型规划科研项目，由杰出的专家人才作为项目的攻坚主力，激发全院专业技术人员创新潜能，鼓励职工基于兴趣与特长自主选择，形成全院互通流动的人才方阵，使科技素养与专业素养有机融合，将专业导向与任务导向有效结合，在最大程度上实现人尽其

才，实现创新人才个人能力素质的整体跃升。

依靠"揭榜挂帅"激发人才创新活力，是华东院党委创新人才队伍建设的新模式。通过注重激发现有人才的创新能力，使"榜"与"帅"的管理不脱节，责权利相统一，使华东院的一大批年轻干部和青年专家把兴林强院的责任使命化为立足本职工作的强劲动力，把人生理想、价值追求融入林兴民富、民族复兴的伟业之中。华东院一方面加大人才引进力度，面向高校和科研院所，选用优秀博士生和硕士生，为干部和人才队伍持续注入新鲜血液；另一方面加大院内培"土"育"苗"力度，从各处室选定优秀人才至其他重要岗位历练，打破业务条块、身份限制，坚持立足实际、综合统筹，不断畅通年轻干部的选用渠道，真正做到优中选优，把真正的人才发现出来、任用起来。

四、创新兴院，迈上高质量发展新征程

华东院围绕自身职能，坚持质量至上，结合实施"创新兴院"战略，切实提高思想认识，牢记指令性任务是立院之本，创新发展是兴院之路。

华东院对照指令性任务的职责，把工作清单分解到处室、落实到岗位、具体到个人，形成权责明晰、上下衔接、配套完善、科学高效的责任体系，确保事事有人管，件件有着落。多年来在全国林草湿调查监测、森林资源连续清查、营造林综合核查、森林督查、森林资源管理"一张图"年度变更、天然林保护实施情况核查、国际重要湿地生态状况监测等重要工作中，为国家和地方摸清家底产出林草基础数据、评价森林经营效果、加大对破坏森林资源违法行为的打击力度、全面加强森林资源保护管理等方面提供了重要技术支撑。院党委在"十四五"发展规划中把"高质量完成指令性任务"作为"业务创新发展工程"的首要内容。明确要重点做好林草生态综合监测、自然保护地监测与评价、碳汇计量监测、政策研究和标准规范制定等9个方面的工作。

与此同时，在完成各项指令性任务的基础上，服务国家战略，多方谋划前瞻发展方向。近几年来，华东院自主研发的激光雷达监测、"云臻+"系列平台、林火生态网络感知系统、林长制管理平台、《自然保护地》期刊等五大

华东院杭州院区全貌

综合服务国家精尖平台受到普遍欢迎。激光雷达监测技术平台，被业内称之为善于捕捉信息的"慧眼"，达到国内技术领先，产出成果获得全国林业优秀工程咨询成果一等奖；"云臻＋"智慧监测管理平台具有"基层好用、领导好管、质量好控、督导好查"的"四好"特点，以森林资源各类管理数据构建的"云中心"，实现了各级林草部门实时共享共用"一张图"的底图数据，"云臻＋"技术逐步扩展到了"云臻湿地""云臻自然保护地"等各个应用领域；林火生态网络感知系统是林草监测行业的"新宠"，运用新一代信息技术和手段，实现了林火卫星热点、雷电监测数据源、"运五"有人机和"彩虹四"无人机实时视频等信息数据源融合；互联协同的林长制综合管理平台使林长制促进"林长治"，实现省、市、县、乡、村五级林长上下联动、纵横协同，满足各级林长、职能部门、考核部门管理决策和社会公众参与监督的需求；将创办 33 年的《华东森林经理》更名为《自然保护地》，于 2021 年正式创刊，成为我国自然保护地领域第一份自然科学类综合性学术期刊，致力于搭建学术交流、信息沟通和技术推广应用的新型集成服务平台，2021年年底被评为中国农业优秀期刊。

多年来，华东院与监测区 7 省（市）深度合作，共谋生态林业建设"一盘棋"，着力构建林草发展新格局。支持上海城市林业和生态林业建设，以森林资源监测和生态公园规划为支撑，实现了"生态与经济并重，森林与城市同步发展"的城市建设理念；合作铺陈江苏"绿"底色，支撑美丽江苏统筹做好"添绿""留白""治污"文章，系统谋划沿江、沿河、沿湖、沿海地区的发展，成为"强富美高"新江苏最直接的展现；助推浙江数字林业"锦上添花"，研建浙江省数字森防平台，为浙江省松材线虫病疫情防控工作发挥了技术支撑作用；助力安徽"林长制"改革探新路，编制完成的"安徽省林长制建设与激光雷达结合其他遥感技术的全省森林资源年度出数及一张图应用"成果，有力地推进了林长制的改革与深化；参与福建完善森林生态资源综合监测评估和信息化建设，与全省各地共建共治，做好自然保护地整合优化，产生了一大批生态林业规划成果；加强支持江西深化林业改革发展，在监测评估方面做好森林生态资源增长的加法，做好各地生态保护修复及木竹、油茶、种苗、林下经济发展规划等方面的编制和设计，培育壮大绿色发展新动能；助力河南林草生态建设，合力保护黄河生态，使林草事业融入全省工作，努力在推动中部地区高质量发展上奋勇争先，实现绿富同兴共荣。

进入新时代，华东院把落实全面从严治党各项要求与推动高质量发展结合起来，将党建与业务工作深度融合，工作业绩和综合实力有效提升，获得全国生态建设突出贡献先进集体荣誉称号。值得一提的是，近年来华东院先后完成的杭州西溪国际重要湿地资源专项调查、长三角国家森林城市群建设总体规划、沂蒙山区域山水林田湖草沙一体化保护和修复工程、湄洲碳中和岛全域森林碳汇计量与潜力评估等项目获得广泛好评，在国内同类领域中具有示范引领作用。

70 年的智慧成就梦想，今天的视野昭示未来。华东院的历史，是中国林草事业改革发展史的重要组成部分；华东院的未来，将继续在一代代华东院人手中创造。在实现我国第二个百年奋斗目标的新征程上，华东院全体干部职工将凝心聚力、团结奋进，认真学习贯彻党的二十大精神，深入践行习近平生态文明思想，切实履行好核心职能，高质量服务林草生态建设。誓用奋斗续写新篇章，与全国人民一起，共享中华民族伟大复兴的荣光！

第七节　湖北生态学院：服务荆楚林业，提升"双高"质效

中共中央办公厅、国务院办公厅印发《关于深化现代职业教育体系建设改革的意见》要求，职业教育改革关键做到"一体、两翼、五重点"。"一体"是改革基座，探索区域现代职业教育体系建设新模式；"两翼"是改革载体，打造区域产教联合体和行业产教融合共同体；"五重点"是职教的重点工作，提升职业学校关键办学能力、建设"双师型"教师队伍、建设开放型区域产教融合实践中心、拓展学生成长成才通道、创新国际交流与合作机制。

砥砺七秩辉煌路，再绘生态新篇章。湖北生态工程职业技术学院始建于 1952 年，建校 70 年四易校址，五更校名，六处建校，虽然历尽艰辛，但始终践行"心修自然，强技养德"的校训，围绕"举生态旗、走绿色路、打林业牌、创特色校"的办学思路，不忘初心，牢记使命，筚路蓝缕，栉风沐雨，砥砺前行，为国家培养了大批服务林业生态建设和区域经济发展的高质量技术技能人才，赢得"湖北林业摇篮"的美誉。2019 年以来，学校连续 4 年在全国职业院校技能大赛中获得一等奖，是湖北省唯一一所连续 4 年获得一等奖的学校。学校现已建成世界技能大赛突出贡献单位、世界技能大赛中国集训基地、国家级高技能人才培训基地、全国示范性职教集团牵头单位、全国生态文明教育特色学校、湖北省"双高计划"建设院校、湖北省优质高职院校、湖北省十大职业教育品牌。

服务荆楚林业，提升"双高"质效。对照国家现代职业教育体系建设改革要求，学院感到自身的教育教学与林业经济建设实践对接不精准等问题仍然不同程度存在，为林育人的职能还有待进一步挖掘，迫切需要打通从学院到山区农村、从课堂到农林一线的人才培养链路，加快构建林教耦合的育人新格局，强化乡村振兴的农林建设人才供给，推动人才供给侧与农林建设需求侧的精准对接。

一、聚焦"双高"建设，全面服务"绿美湖北"

党中央加快推进生态文明建设和生态文明体制改革，开启了新时代林业现代化建设新征程。近几年来，学院党委担起第一责任，按照习近平总书记"六个要"和"八个相统一"的要求建设教师队伍，围绕中国职业教育的模式和标准，进行全方位的学校特色治理，坚持林业生态为特色，围绕"美丽事业"建设"山水风光美、城市环境美、居室

艺术美、休闲生活美、科技现代美"的"五美教育",学校据此打造出了各美基础类课程、个美拓展类课程、共美融合类课程、大美卓越类课程、特美新兴类的"五美课程",培育的"美丽家乡建设人才"受到全国林业企业特别是湖北林业生态建设的欢迎。

国家"双高计划"落地后,学院以敏锐的洞察力和快捷的行动,谋划创办林业技术、园林技术两个高水平专业群建设,辐射带动其他专业按照"双高"标准建设与发展。学院以此作为落实"十四五"规划的抓手,制定了务实推进的路线图和时间表,力图满足湖北生态林业和乡村振兴的需求,做大、做强湖北生态学院特色。

观操守在利害时,见忠诚于担当处。学院结合"双高"创建,深化教师队伍建设,在"十四五"规划落实中,全体教职员工坚定"举生态旗、走绿色路、打林业牌、创特色校"的总体办学思路,坚持党建引领,把牢办学方向的"一个引领",围绕高水平教师队伍建设、高水平专业群建设的"两个聚焦",完善生态技术技能人才培养平台、林业科技创新与服务平台、生态文化传承与创新平台的"三大平台"建设,把握引领改革、对接产业、支撑发展、彰显特色的"四个关键",实现产业贡献力、区域影响力、同行辐射力、学校治理力、学生发展力"五力提升",争取到 2024 年,完成省级双高建设任务,资源整合和校企合作办学深度推进,类型定位进一步优化,育训并举成效显著,建成"生态特色、省内领先、行业一流"的高水平高职院校。学校成为:生态技术技能人才输出的先行军、职业院校传播生态文明的引领者、湖北林业职教科技创新的标杆校、湖北园林技术职业教育的领头雁、林业职教服务乡村振兴的样板田、技术技能汇入美好生活的领跑者、生态文化传承创新示范的主阵地。到 2030 年,学校内涵指标将达到全国同类院校先进水平,成为全国林业高职院校特色发展的引领者,职业教育类型发展的积极实践者,向全国贡献湖北特色、生态特点的职教发展模式。

面对林业高等职业院校的新老观念碰撞和结构重组的转型,学校正视办学的困难和问题,以教师为主体实施学校体系治理。在近两年的"双高"建设中,学院在六个方面取得办学成效:一是在专业布局动起来,把"双高"建设紧密围绕学校生态特色和湖北省十大重点产业、江夏区五区战略相结合,紧跟时代新变革、新技术,融入新规范,参与新标准,培养出了一批适应时代发展的人才;二是把产业学院建起来,充分利用订单班、世赛、国赛基地、校企合作企业、产业教授、大师工作室、省级龙头企业、产业园等资源和优势,形成动力与合作、人才培养目标、科技合作与推广、教材开发与参与、教师培养共合作的新型校企合作,产教融合出现新气象;三是把教师队伍强起来,突出教师培养重点,打造出了一支高水平教书育人的教师团队;四是把教学改革活起来,使教学改革充分匹配职业教育特色,充分服务学校的学生;五是把教学资源用起来,整合使用,灵活运用,确保教学资源得到充分利用;六是把实训基地连起来,使实训基地与学校的高度整体布局,纵横连贯,合理安排,保证每一个学生享受到学校优质的实训资源。学院重点依托教师调整专业优化专业群设置,创新模式推进教育教学改革,关注

湖北生态工程职业技术学院全景

竞赛提高师生技能水平，聚焦社会需求扎实推进招生就业工作，强化技术积累提高社会服务能力，用"五美教育"书写林业职教振兴新篇，在强林兴林的宏伟征程中交出合格答卷。

二、聚焦大赛"技能趋势"，助推学生校内成长

现代职业教育"一体两翼五重点"的战略任务，要求各高职院校把服务国家战略、服务区域经济社会发展、服务人的全面发展作为根本目标，把提高办学质量作为基础工程，职业院校技能大赛是展示师生风采、提升素质、成长成才的有效载体。湖北生态学院坚持把林业高职教育与湖北林业经济发展紧密相连，畅通校内学生的成长之路，把技能成就作为人生出彩的现实，牵引"双高"创建下的学院职业教育进入提质培优、增值赋能新阶段，激励更多校内学生走技能成才、技能兴林之路。

湖北生态学院拥有花艺、家具制作两个项目的世赛中国集训基地，培养了3名世赛金牌选手，有10多名学生入选国家集训队，是湖北省唯一连续4年获得过一等奖的高职院校，2022年获得花艺、园艺、水处理技术3个一等奖。多年来，学校结合"双高"创建，在备赛中充分结合学生的实际需要，重视学生技能培养，将为赛而训转为日常课堂训练，实现了技能大赛专业全覆盖、学生全面参与。本校毕业学生吴文霖曾在全国职业院校技能大赛花艺赛项获得大奖，是全国技术能手和世界技能大赛国家队选手，学校将他留校任教，成为指导学生备赛的专家型教师。学校将他安置到园林建工学院，赋予他牵头组

织制订《花卉生产与花艺》专业教学标准，使《花卉生产与花艺》入选教育部职业教育专业目录，成为全国 28 所林业高职院校的必修课。

林业高等职业教育是林业经济的工匠摇篮。新时代的林业高等职业教育，关系林业职业院校就业保障，关乎产业升级，承载着培养更多高素质技术技能人才、能工巧匠、大国工匠的使命。夯实基础、补齐短板、凝聚合力，造就大批知识型、技术型、创新型的中国林业工匠，就能为全面建设现代林业提供更有力的人才支撑。近几年来，学院主动对接世赛、国赛标准，持续推进教学改革、校企合作和人才培养，高标准建设世赛集训基地，探索出了一条以赛促教、以赛促训、以赛促学的成功路子。2022 年 8 月，学院承办全国职业院校技能大赛高职组"花艺"赛，在 28 个省（自治区、直辖市）54 支代表队的角逐中，成为本次参赛队的 5 个一等奖的获奖代表之一。

学生成长有支撑，校内创新有舞台，学习奋斗有回报。学院不断完善学生参赛的教育制度，为校内学生成长成才完善"培养链"、畅通"快车道"。学院抓好源头培育，深化产教融合、校企合作，结合学生校内学习的专业特长分配指导教师，量身定制培养计划、职业生涯规划，根据企业发展需要，探索"订单式"人才培养、"套餐制"培训模式，引导学生适应林业经济和林业产业建设需要，勤学苦练、深入钻研、勇于创新、敢为人先，不断提高技术技能水平。学院鼓励学生在校内、省内、国内和世界大赛"闯关夺冠"，大家频频获奖的背后是劳动力市场的"技能趋势"。学院以此加强教师队伍建设，直接提升学校内涵建设，使人才培养质量跨上新台阶。近年来，学院对标"双高计划"，切实推进专业群建设，聚焦职业教育提质培优任务项目，全校承接了 50 多个任务 60 多个项目。深入开展"1+X"证书制度试点，获批 1+X 证书 25 个，考点 10 个，成为湖北省承担试点任务最多的院校。内涵建设助推人才培养质量的提高，使技能大赛始终保持全国领先地位。湖北省林业局局长说："学院立足湖北实际，推进技能成才实践，是林业职业教育发展的重点方向，未来的林业事业前景广阔、大有可为。希望学院认真总结经验，把技能大赛成果转化好、利用好、发展好，真正实现以赛促教、以赛促学、以赛促建、以赛促改，不断提高专业技能人才的培养质量，不断擦亮林业职业教育的办学特色，不断提高'双高'计划院校的建设水平，更好地服务全省林业高质量发展，努力建设全国构建新发展格局先行区。"

三、聚焦农林人才培养，有力支撑山区乡村振兴

山区乡村振兴，农林人才是关键。在荒山野岭兴山务林的农林岗位很艰苦，林业高职院校是培养锻造植树造林一线建设人才的平台，应立起向林而师的鲜明导向，始终把生产力作为根本标准。湖北生态学院把握现代林业建设的特点与要求，紧贴建设"绿美湖北"的使命任务，紧贴一线林业的建设实际，通过教研培养学生的专业能力和创新精神，切实做到林业需要怎么建设就怎么教，绿化建设需要什么就教什么。学院引导全体

教师在不忘林业育人这本的基础上，注重加强教师全员的中国特色社会主义理想信念教育，引导教师树立崇高的理想信念，履行好教书育人的光荣职责。学校通过加强教师队伍的理想信念教育，建成了一个理想高远、信念坚定的师资团队。

聚焦农林人才培养，有力支撑山区乡村振兴。学院以多年建设的"五美教育"作为学校办学的专业特色创建"双高"学校，立足服务面向，对接产业结构，理清群内专业关系，逐步形成了"五美专业群"。

由山水风光美建设林业生态特色专业群。林业生态特色专业群的核心专业是林业技术专业。学校从建校起就开设了造林专业和森林经营专业，后来合并为林业专业，并一直将林业专业作为重点建设专业。高职以后改为林业技术专业，生源一直稳定，在校生500多人，毕业生就业率在95%以上。林业技术专业是湖北省第二批普通高等学校战略性新兴（支柱）产业人才培养计划项目，是中央财政支持的高等职业学校提升专业服务产业能力建设项目，被评为国家林草局高等职业教育重点专业，林业技术实训基地被授予湖北省高等职业教育实训基地。本专业群已为湖北林业培养了数万名林业专业人才。通过核心专业带动，形成了以林业技术为核心，园艺技术、生物技术及应用、环境监测与治理技术等共同组成的林业生态特色专业群。

由城市环境美建设园林建筑特色专业群。园林建筑特色专业群是学院最有特色的专业群，也是学校重点建设的专业群。核心专业园林技术是学院的支撑专业，有一批楚天技能名师。建有中央财政支持的职业教育实训基地，是第44届、第45届世界技能大赛国家训练基地，能满足学生校内外实习实训需求。园林技术专业遵循"以服务发展为宗旨，以促进就业为导向"的人才培养思路，坚持特色发展，与众多园林企业积极进行合作，在人才培养方案制定、专业教学模式创新、课程教学内容整合、双师型教师培训、实践基地建设、教材开发与建设等方面进行了广泛和深入的合作，取得了良好的教育教学成果，专业获得湖北省风景园林行业教育科研卓越成就奖。

由居室艺术美建设家居设计特色专业群。家居设计特色专业群以建筑室内设计技术为龙头、家具设计与创造为主干、木材加工技术为两翼的艺设家具特色专业群，木材加工技术是全国仅有的7家林草职院专业之一，建有湖北省首家非物质文化传承基地。建筑室内设计技术专业是楚天技能名师设岗专业，家具设计专业是国家骨干专业，现已成为国家林草局首批10个重点专业之一。

由休闲生活美建设森旅服务特色专业群。学院森林生态旅游专业在全国仅有9所林草职院开办，是湖北省高职高专的第7批教学改革试点专业，获批湖北省楚天技能名师教学岗位。森林生态旅游实训基地是湖北高校省级实习实训基地，以此带动生态酒店管理行业，为省内生态旅游行业提供人才供给和智力支持。森林生态旅游专业建设现已成为国家骨干专业，围绕森林生态旅游这一核心特色专业，物流管理、电子商务、市场营销三个专业进一步被整合成为具有涉林性质的特色商贸管理专业，成为湖北省内唯一的

全国森林康养产教联盟暨产教融合共同体在湖北生态工程职院成立

林产品物流、农林产品电子商务和林业经济服务营销的特色专业群。

由科技现代美建设林业信息技术专业群。林业信息技术专业群的核心专业是木工设备应用技术，专业开办院校全国仅有两家，支撑专业是信息安全与管理专业。学校木工设备应用技术（智能制造方向）专业紧贴前沿，是教育部认定的"新工科"项目，学院培养的"懂木工、会编程、熟自动化"的复合型智能制造人才，就职于全国300多条人造板智能制造生产线上，毕业生供不应求。木工设备应用技术校企共建生产性实训基地被列为国家级项目，标志着木工设备应用技术专业的内涵建设工作取得了新的重大突破。

学院培养高质量的农林人才，有力地支撑着湖北山区乡村振兴的"精准度"。湖北启动"一村多名大学生计划"后，学院抢抓机遇，将其作为推进"乡村振兴"人才战略的重要举措，学校派出工作组深入各市州摸清学员结构，弄清基层林业需求，成功地开办了"五峰订单班"、巴东订单班、神农架林区特色经济班，探索性地建立了以区域需要、产业需求、行业应用为导向的农林人才培育机制，造就了一支高素质的农林人才队伍。

四、聚焦培养与就业衔接，探索建设产教联合体

"双高"创建要求"与行业领先企业在人才培养、技术创新、社会服务、就业创业、文化传承等方面深度合作，形成校企命运共同体。"湖北生态学院聚焦培养与就业衔接，长期通过订单式培养，使学生不出校园，就可以提前学习了解企业运作模式和相关专业技术。针对中共中央办公厅、国务院办公厅《意见》建设区域产教联合体的新要求，学院直面堵点，将职业教育与行业产业区域发展深度捆绑，着眼过去"联而不合"的实际难点，想方设法借助中国林业产业联合会、全国林草职业教育教学指导委员会等单位，构建全国林业行业职业教育产教融合共同体，以此为平台实时共享各方资源储备与资源

需求，促进全国林业职业院校、林业企业实现强强联合，优势互补，充分发挥空间集群效应，建立动态资源配置机制，形成林业高职院校产教联合体资源一体化共享的生态格局。

湖北生态学院的探索实践是以自身作为全国林业行业职业教育产教融合共同体的发起单位，在全国林草职业教育教学指导委员会的帮助下，在中国林业产业联合会的平台上架构建设。这一谋划得到了国家林草局和湖北省林业局的政策支持，得到全国几十所林业职业院校的积极参与，得到国内近百家林业龙头企业的响应支持，学院代拟的《全国林业行业职业教育产教融合共同体章程（讨论稿）》得到大家认同。

全国林业行业职业教育产教融合共同体，是林业职业教育与林业行业深度合作的产物，对林业职业高质量发展至关重要，对"双高"建设至关重要。在组织领导体系中设立共同体建设指导委员会和共同体理事会组织。共同体实行理事会制，理事会由各单位会员组成。理事会根据平等、公正、互利、共赢的原则，对共同体的重要事项作出决议。理事会下设秘书处、中国林业产业联合会森林生态旅游与康养产教融合联盟、湖北省家具协会家具设计与制作产教融合联盟、全国花卉协会花艺生产与栽培产教融合共享联盟、中国林学会自然教育委员会产教融合共享联盟、全国林业职业院校世界技能大赛赛训中心，有序开展共同体的各项活动。

共同体架构按照参与主体之间合作的紧密程度，产教融合共同体基本架构拟由核心层、中间层和支撑层三部分组成。核心层由校企合作头部企业组成，实体平台放在湖北生态学院，支撑载体先由湖北省林业职业教育集团承担。中间层是全国林业行业产教联盟汇聚，根据各参与学校的实际需求，组建不同的林业产教融合联盟。支撑层由各地政府、行政、学校、科技、企业、服务联盟共同架构。

共同体的发展方向就是林业高职院校的工作重心，明确的关键点是对接全国及区域林业主导产业，构建特色专业集群；夯实支撑点，科学对接林业行业的技术与人才标准，构建专业标准体系；在实施中把握侧重点，使共同体与林业企业协同推进改革，完善林业职业人才的培养和支撑体系。打造全国林业行业职业教育产教融合共同体，要以习近平新时代中国特色社会主义思想为指导，重点做好八个方面的工作：

一是发挥校企资源优势，实现校企资源共享。建设产学联盟，吸引林业行业龙头企业和行业组织参与学校教育教学，充分发挥联盟行业、企业、学校各自的资源优势，实现校企资源共享、优势互补。通过专业设置与产业需求对接、课程内容与职业标准对接、教学工程与生产过程对接，将学校、企业等市场主体和人才培养的各个环节有机联结，并动态地加以组合，形成单个成员的"小"与"专"和整个联合体的"大"与"全"的综合优势，实现资源优化配置和功能整合，形成生源链、产业链、师资链、就业链，促进联盟成员单位共同进步、共同提高、共同发展。共同体内学校与学校、学校与企业、企业与企业、学校与学会（协会）通过广泛深入的交流和沟通，为联盟成员单位提供人才、科研与技术服务等各种信息的交换与共享。

二是落实人才互培互聘，促进队伍力量壮大。建立教师校际交流与联合培养机制，落实教师周期性企业锻炼制度，建立"双师型教师培养培训基地"，共同培养"双师型"教师，全面提高教师队伍整体素质。建立兼职教师信息库，聘请企业专家、技术人员和能工巧匠担任现场教学专家和兼职教师，并完善企业人员参与学校教学的机制，为高职院校提供充足而又优质的兼职教师，为兼职教师参与教学提供便利条件。建立校企双向互聘专家机制，学校向行业企业聘请专家担任专业建设指导委员会和教学指导委员会成员，企业向学校聘请专家担任技术顾问和培训顾问，推进企业工程技术人员和学校教师双向流动，促进校企共同发展。

三是构建人才培养体系，开展专业教学改革。共同开展行业产业人才需求预测，科学编制职业院校招生计划。结合产业发展趋势及技能型人才现状，分析行业的发展动态与趋势，做好涉产业和岗位人才培养规划。针对林业产业和相关产业发展需要，不断健全和完善以企业、行业为主体、高职院校为基础、学校教育与企业培养紧密结合的人才培养体系，更好地完成职业教育培养面向生产、建设、服务和管理第一线的高素质技术技能人才的使命，使林业产业职业教育朝着健康有序的方向发展。根据涉林产业及其相关工种岗位特点，积极开展专业教学改革，动态调整专业设置、课程设置和教学内容，共同制定人才培养目标、培养规格、专业教学标准和课程标准等，面向林业产业开展师资队伍建设、教学环境建设、实训基地建设、教学活动安排和教学过程组织等。

四是利用行业联盟优势，建设开放性实训基地。积极探索建立联盟内若干涉林产业、企业、学校为主导，集实践教学、社会培训、企业真实生产和社会技术服务于一体的高水平林业产业职业教育实训基地；探索创新实训基地运营模式；提高实训基地规划建设和管理水平；依托主干专业，合作创建教学工厂、教学性公司等；优化实践教学环境，使实践性教学场地逐步成为学生学习活动的主要场所，增加学生在真实的生产性实践中学习机会和时间。

五是加强产学研合作，建设林业产业技术服务中心。建立联盟学校、企业产学研合作以及科研开发与技术服务机制，学校与企业合作开展应用类研究和技术开发服务，以企业、学校的科研开发能力为基础，以丰富的人才储备为根本，广泛开展产学研合作，联合建立科研技术服务团队，结合企业实际需求，有针对性地开展科研与技术服务。利用职业院校专业师资优势，研究确定技术服务项目，开展技术咨询和技术服务进现场活动，以及技术、信息等中介服务项目。建立产学联盟技能竞赛平台，每两年举办一次职业技能竞赛，鼓励教师、学生、企业员工同台竞技，提高专业技能水平，大力促进企业职工教育的发展。

六是聚焦联盟战略主题，构建林业产业职教体系。以市场需求为导向，按照职业教育规律要求，联合其他高职院校和本科院校，积极探索专本衔接培养的体制和机制；根

学院 2023 届毕业典礼

据集成电路产业及林业产业群要求，探索学历教育和培训并举的体制机制，努力构建学历教育和非学历培训的立交桥；发挥政府主导作用，利用联盟资源优势，构建集教育培训、信息传播多功能一体化的林业产业教育培训体系。

七是完善教育联盟网站，搭建信息交流平台。加快共同体网站建设，宣传共同体成员企业的产品、服务以及企业文化，发布企业的用工信息；宣传共同体成员学校的办学模式、培养规格、课程设置、学生风采，发布毕业生的就业信息；发布行业企业新技术、新产品、科技攻关、技术改造等校际、校企合作科研信息，共享、交流、沟通校企间对人才培养模式、岗位要求、员工素质等的成功经验和有效举措。

八是争取政策倾斜和项目支持，营造成员单位良好发展环境。利用联盟的集团优势和社会影响，主动加强与有关部门协调配合，积极为政府部门提供产业发展政策、职业教育发展政策咨询和建议，合力争取有利于产业、企业发展和学校发展的政策、项目和资金支持，努力营造有利于成员单位发展的良好环境，为林业职业教育、林业产业发展、湖北经济社会高质量发展作出更大贡献。

第三章

生态保护修复

第一节　湖北武汉：群山归来更秀美

——武汉市修复破损山体生态的"换颜"之路

滚滚长江水，极目楚天舒。拥有1373万人口的大城市武汉，不仅仅是一座滨水的国际湿地城市，也是国家森林城市、国家园林城市，目前正在昂首向国家生态园林城市迈进。近几年来，武汉市成功地承办了第七届世界军人运动会、《湿地公约》第十四届缔约方大会，这里面包含着武汉全市人民持续7年修复破损山体的生态之功。

绿色是大自然的底色。长江与汉水交汇的大武汉，有亮丽的"百湖"绿水，也有秀美的"百山"青翠。丘陵岗地武汉市的相对高度在30米以上的山体共有446座，山体保护面积7.68万公顷，占市域面积的9.04%。武汉市的山体矿产资源富集，蕴含丰富的熔剂石灰石、白云岩、石英砂岩等矿产资源。因为20世纪80年代的过度开发，辖区山体20%遭到不同程度的破损，导致森林植被被毁、粉尘和噪声污染、水土流失、地质灾害问题突出，自然生态系统退化。截至2012年，公路线、铁路线、水路沿线，开发区、风景区、居民区的"三区三线"范围内的破损山体54座（处），面积1.28万多亩。2013年，武汉市历时7年耗资10亿多元，进行了一场全域范围内的破损山体生态修复攻坚战，总共修复75座（处）破损山体，创建了生态环境保护的可持续运作的模式，实现了环境提升、经济发展、居民受惠的"多赢"格局。

武汉山体"换颜"之路，群山归来更加秀美。多年来，武汉人民珍惜破损山体生态修复成果，坚持生态优先、绿色发展，忠实践行"绿水青山就是金山银山"理念，统筹山水林田湖草沙系统治理，让人与自然和谐共生，"诗意栖居"绿美城乡，生态福祉不断提升。

一、尊重自然，探索破损山体生态修复新模式

生态环境是人类生存和发展的根基，生态环境变化直接影响文明兴衰演替。武汉市在20世纪80年代的生态破坏教训引起各级特别是林业部门的深思，先后有400多家采矿企业进驻武汉开山采矿、采石取土，因过度开发，武汉市所辖山体20%遭到不同程度的破损，给武汉市的自然生态系统带来了严重的影响，主要表现为：一是开山采石采矿产生的大量粉尘颗粒，严重污染环境，造成空气质量严重恶化；二是破损山体裸露，千疮百孔，特别是在铁路、公路、水路等沿线可视范围内，影响城市生态景观；三是废弃的矿坑、迹地成为城市各种垃圾随意倾倒的场所，形成社会卫生环境污染的源头之一；四是由于采石采矿、修路及其废渣堆积等人为影响，直接或间接造成山体裂缝、滑坡、泥石流等综合性复杂地质灾害的发生；五是局部山区水土流失、土壤瘠薄、植被稀少、生物多样性贫乏，严重影响了自然生态平衡，威胁着全市生态系统的稳定性。武汉市委、

市政府深刻反思，认为杀鸡取卵、竭泽而渔的发展方式走到了尽头，只有尊重自然规律，才能有效防止在开发利用自然上走弯路。全市统一思想，强化组织领导，高位谋划布局，把破损山体生态修复作为"城市双修"的重要内容，决定从 2013 年至 2020 年，利用 7 年时间开展破损山体生态修复，并让这一行动由林业部门主抓，一开始便在有组织、有规划、有目标、有任务、有责任、有奖惩、有分工的轨道上运行。修复中坚持尊重自然，深化人与自然生命共同体的规律性认识，站在人与自然和谐共生的高度，探索破损山体生态修复的新模式。

高位谋划确保破损山体早修复

"人类可以利用自然、改造自然，但归根结底是自然的一部分，必须呵护自然，不能凌驾于自然之上。"在处理人与自然的关系上，要坚持有取舍、守底线，控制向自然的无度索取，限制过度利用自然的不合理行为。

自 2013 年开始的破损山体修复行动，武汉市坚持高位谋划，成立由分管副市长任组长、市直相关部门负责人和各区政府领导为成员的全市破损山体生态修复工作领导小组，全面负责山体生态修复工作的方案制定、计划实施、资金筹措、管理督查和考核验收等工作，形成市级领导、属地负责、部门协同、社会参与、基层落实的领导体制和工作机制，形成了层层有责任、层层抓落实的格局，确保破损山体早日得到修复。

绿美武汉

破损山体修复工程启动之初，武汉市确立了"三步走"的目标，一是组织"百日大调查"，做好全市破损山体摸底调查，重点修复 54 座山体 1.2855 万亩生态。二是快速达标修复破损山体。按照"市定目标、区为主体、社会参与、三年达标"的工作要求。按照"一山一策、一处一景"的修复目标，采取实地调研、座谈讨论、网上征询等形式，广泛征求社会意见，精心编制修复方案，组织专家评审并下达年度修复计划，确保了破损山体生态修复工程快速有序推进和落地见效。三是做好后期巩固和融合建设工作，让修复的破损山体生态为民谋福。

细化责任分工，强化行动自觉。武汉市在破损山体生态修复工程中，坚持政府主导、部门合力、责任到区、上下联动，把山体生态修复作为重要工作突出出来，列入重要议事日程，纳入绩效考核目标，明确责任分工，细化标准流程，坚持高起点进入、高标准落实，层层压实责任，久久为功，常抓不懈，自觉为山体生态修复工作贡献力量、创造价值。

优化功能立起生态修复新标准

古有愚公移山，今有武汉修山。2013 年，武汉市启动破损山体修复工程，当年完成 2728.8 亩修复任务，超过年度计划近百亩。他们一边修复破损山体，一边总结修复标准，确保生境上的多样性、功能上的融合性、空间上的均衡性。

生境体现多样性。在此之前，武汉市已经在自然山体保护与修复方面进行过一些探索，但修复仅限于局部的"疮疤"小修小补，理念还停留在恢复植被、种草种树的"山体复绿"初级阶段。2013 年系统修复工程启动后，武汉市重新定位"生态修复"理念，印发了《关于加快实施破损山体生态修复的意见》，明确实施破损山体生态修复以习近平生态文明思想为指导，充分考虑物种与山体生境的复杂关系，选择与原山体生态系统相近似的生物物种，尽可能恢复原生态系统结构和功能，实现生物多样性和生境可持续性。

功能体现融合性。以行政区划为参考，兼顾生态安全、资源保护、旅游休闲以及农业、林业发展要求，采取自然修复与人工技术相结合的方式，对破损山体进行功能定位和合理规划，为修复后山体的开发利用进行顶层设计，形成以生态功能为主导、其他功能为附属的多层次、多维度定位体系，构建生物多样性系统，促进多产业融合，最大限度地提升山体生态修复工程的生态效益。蔡甸区依托近郊区位优势，深度融合城市发展新理念，采取削方减载、弃土回填、缓坡造林等技术措施，生态修复山体 11 座，修复面积约 2699 亩，并将部分修复区域改建为军运场所射箭馆和工业园，实现了生产、生活、生态多功能融合。

空间体现均衡性。依托大别山余脉、幕阜山南北两翼山群两个生态屏障，以长江流域、汉江流域两个水土保持带和江汉平原湖泊湿地生态区为主体，对规划重叠、功能重复等区域实施均衡布局、生态互补，优化和连接山体群落结构，构建全域生态涵养空间。东湖新技术开发区以保护优先，充分尊重自然规律，合理利用区域破损山体进行空间优化，分别将区域内破损山体生态修复打造为"光谷绿心、半山花海"城市郊野公园、"体育运动主题公园""儿童游憩乐园""高新区南侧生态屏障"，形成了山水林田湖草与城市、交通、工矿之间合理布局。

做好保障创建山体修复新模式

回望武汉长达七年之久的破损山体生态修复，可谓点位多、分布广、规模大，生态修复面临技术、资金、人员等诸多困难，武汉市始终坚持保护优先，以自然修复为主，与人工修复相结合，分类精准施策，逐一研究攻克，真正摸索出一套涉及政策、技术、资金、人员等全方位的山体生态修复"武汉模式"。

技术要求上坚持培训先行、难点攻关。武汉修复实践表明，山体生态修复涉及地质灾害、岩土勘察、环境地质、建筑施工和园林绿化等多个学科，技术含量高，质量要求严。为确保山体生态修复符合标准、质量保证，先后多次组织全市实施山体生态修复工程建设的管理者和技术人员开展专题培训，邀请国家、省山体生态修复知名专家传授先进的山体生态修复技术及模式，研究探索破损山体生态修复模式。针对破损山体山型、位置和程度各不相同等实际，摒弃传统的单一的"复绿增绿"做法，加强难点技术攻关，摸索新举措、新技术，普及推广使用，切实摸索出了符合"武汉实践"的山体生态修复模式，提高和夯实了山体生态修复的技术基础。

修复模式上坚持因地制宜、因山制宜。武汉市把"补山绿山"作为国土绿化的主战场，根据山体受损情况，将破损山体分为石质立面、混合坡面、石质缓坡、混质缓坡四大类型，根据山体坡度、朝向、水源及当地植被状况，分别采取梯步降坡、立面遮挡、客土喷播、缓坡造林等造林绿化模式，采用削方工程、坡面整形、矿坑回填、挡土墙、截排水工程、生物工程（绿化）等修复措施，分类开展受损山体综合治理和生态修复。为达到最佳生态恢复效果，因地制宜，因山制宜，及时合理调整修复技术和模式，将部分坡度大于60度以上的山体生态修复模式由客土喷播调整为筑台拉网，仅此一项技术调整为全市节约修复资金3000多万元。

二、顺应自然，打造常态修复为民造福新样板

人不负青山，青山定不负人。绿水青山既是自然财富、生态财富，又是社会财富、经济财富。保护生态环境就是保护生产力，改善生态环境就是发展生产力。武汉市生态修复破损山体的实践证明，经济发展不能以破坏生态为代价，生态本身就是经济，保护生态就是发展生产力。武汉市在过去7年的破损山体生态修复中顺应自然，以"一山一策"的治理修复方案构建一体化修复新机制；2016—2018年用"青山绿水"行动计划，重点对市内残存的11座破损山体实施修复，修复面积3000亩，显现出"山水工程"的非凡成效；全市在修复中综合施策，较好地处理了绿水青山和金山银山的关系，使修复山体进入自然休养，实现了有效的治理利用，打造出了常态修复为民造福的新样板。

构建一体化修复新机制

2013年，在武汉市政府的统一部署和安排下，由林业部门联合国土规划、水务、财政、发改委等相关部门，编制出台《2013—2015年破损山体生态修复实施计划》，将山体修复理念由此前简易的"山体复绿"重新定位为"生态修复"。制订《武汉市山体保护规划编制规程》，在青山区率先实行山体保护巡查制度，建立区、街、村三级"山长负责制"，选聘山体巡查员，并将这一制度迅速推广到全市所有行政区实施。出台的《武汉市山体保护办法》划定山体本体线和保护线范围，明确山体保护范围内禁止擅自采伐林木，实施擅自侵占、破坏山体的6条禁令，使全市的每一座山体都有保护规划，明确了管理责任人。

武汉市一体化修复破损山体新机制，采用"一山一策"的治理修复方案，科学定制了梯步降坡、立面遮挡、客土喷播、缓坡造林四种生态修复技术。梯步降坡，对于坡度大于60度，且比较长的陡坡，创新性地借鉴植树造林中经常采用的"等高地形切整"技术，对坡面进行梯田式的地形整理，让坡度逐级下降。在梯田的平面上，再种植花草树木，进行绿化和景观营造；立面遮挡，对于坡度大于60度，坡度较短，不具备降坡条件的陡坡，采取立面遮挡技术进行修复，即在坡脚构筑种植池，回填种植土栽种植物遮挡；客土喷播，对小于60度，大于16度的坡面，采用客土喷播技术进行复绿。在坡面打入钢筋、挂上植生毯或植生袋，用金属网固定后，再将混合有乔、灌、草等植物种子，以及水分、凝固剂、黏合剂的黏性土壤搅拌成泥浆状，通过喷头喷播到坡面，让植物依次生长出来，绿化整个坡面；缓坡造林，对于坡度小于16度的采石、采矿平缓迹地，直接覆盖种植土种植花草树木。这是最简单，也是通行的一种生态修复方式。

现已变身休闲打卡地的光谷黄龙山，曾是满目疮痍的残山，巨大的矿坑深达十五六米，山的"龙脊"断裂，周边的二妃山、荷叶山、凤凰山的遭遇与此相同。2013年，东湖新技术开发区管委会按照适时的决策修复治理，将黄龙山定位为生态郊野公园，二妃山定位为体育休闲公园，荷叶山定位为儿童游乐公园，对形如长龙的凤凰山定位为建设光谷南部生态屏障。经过全区一年多的生态修复和建设，使四座残山山体恢复"青春"，共同构成了光谷的生态绿心。当年修复黄龙山的"龙脊"需要回填土方123万立方米，修复者将城市建设弃土回填矿坑，累计运送7万车城建"垃圾"，他们在恢复"龙脊"上覆盖种植土，在自然沉降的稳定山体上种植花草树木，不仅有效地修复了黄龙山，而且节省成本2600多万元，创造出了武汉的修山范例。

江夏区的生态修复山体20座，修复面积3786.2亩，是生态修复山体最多，面积最大的一个城区。破损山体点位多，分布广，破损情况复杂，修复工作的难度非常大，但全区人民坚持不懈地实施修复，将20座山体相继还绿于民。庙山幸福村大花山的老鼠尾，是全市山体修复面积最大的山体，也是山体修复最难啃的一块"硬骨头"。修复山体东西绵延2千米，曾是一处露天采石矿区，山体南面布满了深浅不一的矿坑，坡面上则是高低不平的裸露岩石，表层没有任何土壤，实为一座"石头山"。他们将这座"石头山"整理成一道道"梯田"，负土挑树上山，"钉植"刺槐和马尾松，用好雨水渗透，确保树木存活。山体修复累计成功种活4万多株树木，3年后验收一次通过。

"山水工程"成效显著

武汉75座山体修复，可以说每个都是一体化保护修复的"山水工程"。各个担负修复任务的城区区分山体区域、生态系统、山体环境，以及规划、设计、实施、管理维护四个阶段，在不同尺度上确定不同的目标任务、解决不同的问题，较好地体现了生态修复措施的整体性、系统性、关联性和协同性。

黄陂区累计承担生态修复山体16座，累计修复面积1065.1亩。黄陂区的山体破损原因，一方面是20世纪90年代发展区域旅游劈山创伤，一方面是中小规模的开山采石致使山体受损。黄陂区在山体生态修复中，把每一个任务都视为"山水工程"，对各山体因地制宜进行修复。对木兰湖环湖西路、锦里沟至清凉寨公路、云雾山入口至山顶，以及长岭街至素山寺国家森林公园公路等4条旅游公路沿线，通过客土喷播、蔓藤拉网、平面造林等方法完成山体修复后，景观与周边景区生态环境相融，呈现赏心悦目的景观效果。黄陂区在山体修复中在险陡处用钢网固石，其他裸面用客土喷播，坡度较小处用蔓藤拉网，在公路拐弯平坦处栽有特色的绿化树。这一修复模式，较好地消除了地质灾害

武汉破损山体修复

隐患，改善了旅游生态环境。

蔡甸区生态修复山体 11 座，修复面积约 2699 亩。蔡甸区开山采石始于 20 世纪 60 年代，开采范围分布于 7 个街（镇），涉及 53 座山体，全区曾有采石企业 340 家。蔡甸区完成生态修复的 11 座山体中，有 7 座纳入武汉市地质灾害综合治理示范工程，先对关停的采石场进行削方减载、回填压脚、修筑护脚墙、布设排水沟等治理，消除地质灾害和安全隐患，后者覆土后，采用客土喷播、缓坡造林等各种技术措施，进行生态修复。爹山修复地位于爹山街爹山村、双丰村、一致村境内的 318 国道旁。因为曾经的大面积的人工采挖土石，导致山体严重破损，地表形成多处深浅不一的采挖坑，山体边坡高陡，存在滑坡、垮塌等地质灾害隐患。修复工程对爹山的破损坡面进行削方减载，坡面整形，然后采用客土喷播进行坡面复绿。修复的爹山现已完全恢复植被，增加了森林面积，涵养了水土资源，显著改善了当地的生态环境。

综合施策实现有效治理

武汉破损山体生态修复是山水林田湖草沙一体化保护修复工程，有利于促进自然生态系统及人工生态系统质量的整体改善，全面增强生态产品供应能力，是国土空间规划体系的科学布局，践行的是生命共同体理念，需要在修复过程中统筹考虑自然地理单元的完整性、生态系统的关联性、自然生态要素的综合性，以区域或流域为单元统筹实施。回顾武汉市的破损山体生态修复之路，他们综合施策，既防止一些地区的过度修复和急迫见效，加强多功能目标设计和区域社会发展协同机制，加强全链条科技支撑能力，强化综合成效考核评价，建立动态调整机制，鼓励多部门协调和多主体参与，实现了破损山体有效地修复和治理。青山区生态修复山体 4 座，修复面积共计 671.9 亩。青山区的山体修复，重点是对裸露岩石进行清理修整、对高边坡进行削坡减载，进行锚杆加固。回填种植土，修建截水沟，采用挂网客土喷播植绿，以及砌平台、植苗造林、草灌直播等方式，实现破损山体整体复绿。通过有效的综合治理，青山区的山体稳定性得到了进一步增强，消除了地质灾害隐患，植被得以恢复，改善了生态环境。

青山区的徐家山、张家山、凤凰山、白羊山山体遭到不同程度的损坏，一起列入武汉的整体修复建设中。经过三年多的综合治理，参与山体修复现场的施工负责人何小鹏记忆深刻，"岩石上种树，太难了！"他们先用啄木鸟工程车将裸露的、凹凸不平的岩壁一点点啄松啄平，然后专业施工人员像"蜘蛛侠"一样，用绳索从山上吊下来，悬挂在半空，先在岩壁上钉下钢钉，再挂上一层铁丝网，最后进行客土喷播，即把草籽、营养土、水泥等混合在一起，喷在岩石上。如今，白羊山原来裸露的地方已经长起了各种草灌，山脚下的樟树、栾树、桂花树等也都长得十分茂盛。修复后的凤凰山山林也全都被纳入省级生态公益林。

水作青罗带，山如碧玉簪。独居武汉三镇之一方的汉阳区"坐拥十山，臂揽六湖"，山水景观得天独厚。汉阳也有米粮山、仙女山、汤山、锅顶山四座山体 556 亩参与综合治理修复。这四座破损山体也是因为采石破坏造成的"伤痕"。米粮山通过坡面客土喷播、坡脚种植等技术手段增加植被覆盖，修复山体裸露坡面和坡脚周围延伸区域80余亩。锅顶山和仙女山通过缓坡栽植、客土喷播和板槽修复等方式完成修复面积约267亩，其中锅顶山破损山体修复面积151亩，仙女山破损山体修复面积116亩，利用山体开采形成的深坑，消纳了40万立方米的建筑弃土。既解决了城市建设弃土无处安放的窘境，又解决了环境治理的成本消耗。对于这些破损山体的重新复绿，并不是一蹴而就的事，全区付出了艰辛的劳动和耐心的时间。建设当年只要一下雨，施工人员就要到现场去看情况，担心雨水把尚未牢固的土壤和植物冲走，发现问题马上补种，真是像照看孩子一样看护树木。

三、保护自然，塑造修复保护合作共治新优势

从"山体修复"到"群山归来"，武汉市保护自然，塑造出了修复保护合作共治的新优势。武汉市曾经总结出了"理念先行、立法为本、精准施策、合作共治"的四条基本经验，目的是坚持在发展中保护、在保护中发展，实现经济社会发展与人口、资源、环境相协调。回望武汉市的7年修复之路，他们不是"就山论山"，而是通过拆除整治、生态修复、景观提升等一系列综合整治，建成了一批多功能山体公园和郊野公园，打造出了一系列生态人文廊道、山地魅力景观带，构建出了城市"北峰南泽"生态屏障，极大改善了城市周边生态，带动了生态旅游服务的新兴发展，这些复活山体和绿水青山，产生了巨大的生态效益、经济效益、社会效益。

山体公园构筑美好生活底色

环境就是民生，青山就是美丽，蓝天也是幸福。随着我国社会主要矛盾转化为人民日益增长的美好生活需要和不平衡不充分的发展之间的矛盾，人民群众对清新空气、清澈水质、清洁环境等生态产品的需求越来越迫切。武汉市结合破损山体生态修复，树立以人民为中心的发展思想，解决人民群众反映强烈的突出环境问题，就势更新建设山体公园，提供更多优质的生态产品，用生态效益让武汉人民过上了高品质的生活。

生态效益主要是通过系统治理和生态修复，有效遏制山体破损导致的地质灾害频发、生态环境恶化等问题，山体生态环境明显改善，构建城市"北峰南泽"生态屏障，逐步形成"一心一珠、两轴三环、六楔多廊、蓝绿织城"的生态格局，"一城秀水半城山"尽显武汉生态环境的生机和特色。城市生态环境的改善和提升，丰富了生物多样性，使武汉成为候鸟迁徙的重要中转站。

武汉经济开发区内的珠山修复，引进民营企业奥山圣达集团成功升级山体公园，斥资52亿元建成了华中首个冰雪运动主题旅游小镇。奥山圣达集团结合珠山破损山体复绿，按5A级景区标准打造一个1500亩的山体公园，无偿移交政府，对市民开放。奥山圣达集团在破坏最严重的盆地位置铺设五彩斑斓的地面，修建儿童乐园，旁边配建萌宠乐园、

植树造林

帐篷营地，将山脚下的冰雪运动主题旅游小镇建成了冰场、滑雪道和商业体，使主题乐园成为集亲子娱乐、山地运动、公园休闲、企业拓展、生态绿心为一体的城市综合性山体公园。这个山体公园提升了周边小区居民的生活质量，不仅为他们提供健身、休闲、散步的场地，周末或小长假也是一个不错的亲子娱乐、交友聚会的地方，可谓是一处世外桃源般的"后花园"。

群山回归，惠及百姓。也让绿林、草地、花海自然生长，使蜂蝶、虫鱼、鸟兽栖息繁衍，丰富武汉生物多样性，共建人与自然和谐秩序。武汉市结合山体修复建设出了一批山体公园和郊野公园群，依托北部木兰山、将军山等山体资源，打造出了一条山地魅力景观带，连接大别山余脉、幕阜山南北两翼山群以及梁子湖等生态片区，构建城市"北峰南泽"生态屏障。

生态廊道激发城乡经济活力

因地制宜促经济生态"两不误"。武汉把破损山体生态修复当作最普惠的民生福祉抓，既让曾经的重大生态环境问题得到有效解决，又引导焕发青春的山水生态廊道转化为改善生态环境的生产力，实现本身具备的经济效益。

事实充分说明，实现生态保护和民生保障相互促进与协调发展，就是要结合区域优势和资源禀赋，贯彻创新驱动发展战略，扬长补短、因地制宜地走出一条经济与生态

"两不误"的高质量发展道路。武汉市将破损山体生态修复作为提升武汉生态环境、改善民生福祉的重要工程来抓，出台相关政策鼓励和支持社会参与，将生态修复新增的林地、耕地、绿地或建设用地，用于美丽乡村建设、旅游资源开发、景观建设，极力改善城市周边生态，充分挖掘生态旅游资源，重点打造"木兰"品牌景区、云雾山杜鹃景区、东湖风景区等森林生态景区，实现产业融合和产品增值。以木兰文化生态旅游区为代表，占地面积 18.6 平方千米，游客年均接待量 2300 万人次，旅游综合收入高达 140 亿元，森林景观利用成为林业产业收入的主要来源。

武汉市修复破损山体，推进生态保护与经济发展双赢，妥善处理好了"破"与"立"的关系，加快培育出了新动能。历经 7 年多的持续修复和建设，武汉市打造出了"百里长江生态廊道"，构建出"一心一珠、两轴三环、六楔多廊、蓝绿织城"的生态格局，形成了"两江四岸"山成林、湖成片、滩成带、路成网、点成景的绿化景观，精心绘就了一幅美丽武汉的新画卷。黄陂区结合生态修复，建成了 12 千米木兰湖环湖西路，被誉为"最美景观路"，现已成为黄陂森林生态旅游经济的大通道。

多年来，武汉市遵循产业发展规律，在确保不破坏生态系统功能的基础上，将山水林田湖草沙等生态资源作为投入要素，通过有效运营实现生态资源的有利转化与有机应用，通过优化配置各类资源要素等方式，实现了生态资源的保值增值，也为武汉"1+8"城市圈和其他山水资源丰富的城市提供了很好的学习借鉴。

数字技术赋能林业高效治理

一流生态城市要有一流生态管理。2013 年以来，武汉市以山水资源为依托，陆续实施"绿满江城""破损山体生态修复""精准灭荒"等行动计划，改善山体生态，提升森林质量，城市"绿色空间"不断扩容。森林更近，绿道成网，城市颜值不断提升。市民穿行在"森林"之中，乐享家门口的绿色福利，体验获得感、幸福感的社会效益。

武汉破损山体生态修复的社会效益，更多地体现在矿山地质环境的治理中，经过对江夏、东湖开发区、武汉经济开发区等地 11 座破损山体治理的效果监测看，山体稳定，安全性有保障。国土资源部安排工作组专题调研，认为武汉利用地质灾害综合治理对山体进行修复的力度，处于全国同类城市前列，给予"全国学湖北、湖北学武汉"的高度评价。武汉市矿山地质环境治理示范工程，成为各省市学习典范，原国家环境保护部在 2015 年 7 月举办的全国地质环境管理暨矿山复绿行动现场会上，推广了武汉经验。

"武汉的山体生态修复，对湖北省乃至全国同类城市，都具有重要的示范价值和借鉴意义"，这是湖北省林业勘察院核查验收小组对武汉市的评价。2014 年跟踪武汉生态修复山体的核查验收小组，除了检查相关资料，还到现场核查验收山体修复的面积、内容、措施、完成率、苗木质量、挂网质量、种植土质量及厚度、苗木规格及数量、苗木及草坪成活率、草灌覆盖率、辅助设施建设情况等。

核查验收小组认为，苗木质量、成活率、覆盖率、山体的修整质量及辅助设施建设等都达到了设计和相关技术标准规范的要求。从生态效果上来说，既增加了绿地面积，净化了空气，涵养了水源，还改善了山体的生境条件和山体环境局部小气候等。东湖新技术开发区及黄陂区的这些山体因靠近市区或旅游区，地方政府高度重视，设计科学，施工到位，效果显著。蔡甸区的山体修复是国土资源部门和园林绿化部门全力合作，共同打造山体治理与山体复绿的高质量美丽武汉。江夏区的老鼠尾山治理难度大、面积广，当地相关部门根据实际情况因地制宜，分类施策，保障了资金的合理利用，达到了理想的复绿效果。

为使破损山体修复的社会效益持续发挥，武汉市结合推进数字园林和林业建设，以"统筹规划、分步实施、急需先行、边建边用"的思路，建立健全信息化建设、管理和维护的技术标准和制度规范，将修复山林纳入全市林业园林数字化应用管理，使其在纵向上与数字住建、智慧武汉、智慧林业等平台相衔接，横向上与规划、城管、环保等部门数字平台互通和业务协同，实现"共治共管、共建共享"的数字园林和林业生态体系。截至2022年年底，这一数字基础框架全面建成，现已进入数字成果的应用普及。

共抓大保护，不搞大开发。武汉市在生态修复和环境保护上不讲价钱，不说空话，不做表面文章，注重生态保护的多层面、立体化、系统性，巩固破损山体的修复成果，加快将城市发展成果转化为市民可感可及的美好生活体验。秉持生态惠民、生态利民、生态为民的武汉市擦亮了幸福的山水底色，城市显得更有温度、更有质感、更有内涵！

第二节　福建闽江模式：湿地保护看长乐

——福建省闽江河口湿地国家级自然保护区围绕
"闽江口金三角经济圈"创新打造湿地保护新高地

福建省闽江河口湿地国家级自然保护区，是习近平总书记于2002年4月29日在任福建省省长时的批示下开启保护建设进程的。21年来，保护区完成了从县级到省级、国家级的晋升"三级跳"，面积达到2381.85公顷，先后荣获"习近平生态文明思想示范基地""中国中华凤头燕鸥之乡""中国十大魅力湿地"等荣誉称号，是"清新福建"的一张生态名片。

东进南下，沿江向海，建设闽江口金三角经济圈。福建省及福州市党委、政府按照习近平总书记擘画的沿江向海发展路径建设福州新区，拉开了组团开发的城市框架，崛起了一座具有国际品位的滨海新城。长乐区区委带领百万长乐人民，坚持生态立区、绿色发展，把闽江口作为全域新城的一个重量级城市片区进行示范开发，融入滨海新城和国际航城，进一步凸显保护区"最美湿地、鸟类天堂"的品牌效应。

水润万物生辉，最美上善若水。闽江河口湿地国家级自然保护区管理处主任郑航，带领干部职工传承优良作风和保护成就，紧紧围绕"闽江口金三角经济圈"建设战略和生态地位，扎实践行"绿水青山就是金山银山"的理念，高起点提升保护规划，高水平建设湿地公园，高质量修复湿地生态，把公园建成了区域内最好的生态品牌；用新技术建设一流湿地，用新视野主动拓展职能，用新人才深化管护科研，创造出了"将使用者转变为共同管理者"的"闽江模式"；打开通向国际舞台的申遗路，拓展湿地空间外延的文旅镇，提升帮扶协作的产业发展力，提升了区域发展共赢的硬实力。保护区成功入选"中国重要湿地"名录，列入世界自然遗产预备清单，入选国家生物多样性保护优秀案例，成为中国湿地保护管理的一面旗帜。

一、全面提升，把公园建成最好的生态名片

长乐枕江面海，土地自古稀有。闽江河口是福州最优美的地方，汉代以来从江海浸润的湿地到生产生活的土地，长乐疆域不断扩展，区域经济变得富庶，长期保持"全国百强""福建十强"区县地位。为使家园不再受到吹沙造地、滩涂围垦等人为环境破坏，保护区管理处从组建起便担起了保护和建设的责任，创立了一系列湿地资源保护、国家湿地公园建设的经验和智慧。2017年新一届班子组建后，管理处领导带领干部职工牢记习近平总书记建设闽江口金三角经济圈的嘱托，紧跟福州市建设滨海新城，紧贴长乐区建设现代长乐、国际航城的步伐，朝着建设国际重要湿地的方向，重点提升了湿地保育、生态修复、科研监测、科普宣教、社区和谐建设。

高起点提升保护规划，让好山好水好风光融入闽江口金三角

活水清流，海草浓绿，候鸟翔集，业兴人和。春天寻访福州长乐闽江河口湿地，新时代高质量发展的保护区山水画卷渐次铺展。站立湿地公园的各个角度远望，湿地自然的空间维度都与新兴的闽江河口城乡片区和谐共生，让工作和生活在其中的人们，感觉这个新兴的美丽城乡是从自然中有机生长出来的，走出家门时就像走在自家的花园一样。

拥绿亲水，生态廊道。为了更好地把保护区融入福州新城，服务"闽江口金三角经济圈"，管理处在全面总结过去经验与成就的基础上，查找现实中需要改进的问题，更高起点提升保护规划，运用四级空间体系，不削山头、不填沟壑、不改水系，不仅把好山好水好风光融入城乡，还能最大限度降低新城片区开发对生态环境的影响。

因天时，就地利。管理处与福建省林业勘察设计院合作进行保护区建设规划提升，借鉴伦敦湿地公园、香港湿地公园、杭州西溪湿地国家公园建设经验，设计团队充分利用保护区自然地形特点，尽量保持原有地貌、地势，形成了《闽江河口湿地生态保护提升规划（2020—2024年）》，围绕"一园两区"格局提升建设，使闽江河口国家湿地公园这"一园"更唯美，让自然保护区和周边社区共同保护发展区的"两区"更和谐，影响带动湿地外围辐射控制区，保持自然生态的原真性和完整性。按照新规划提升建设，把

闽江河口湿地建成生态质量优良、水岸景观优美、鸟类栖息集聚的湿地保护窗口，建成福建省乃至全国湿地保护宣教培训和科研基地，建成国家 4A 级旅游景区和社区示范基地，走生态保护与社区经济协同发展的可持续之路。

提升规划以 5 年为期限，到 2024 年将保护区打造成集湿地观光、科研示范、休闲康养等为一体的多功能智慧滨海综合体，建成中国河口湿地保育与修复的先进样板，建成中国河口湿地科研与宣教的龙头标杆，建成福州滨海新城的城市"后花园"。时间仅仅过去 3 年多，保护区规划的提升目标基本实现。

高水平建设湿地公园，让闽江河口湿地成为价值转化的家底

走进闽江河口湿地公园，看到一端尽头的桃花、樱花芳姿明媚，与坡地上的山林浅深层叠，错落纷繁，使山下湿地公园与山上山林融为一体，每到桃花、樱花季，市民叫上亲友来湿地公园看日出、赏桃花、观樱花，好山好水好景致，给周边村民提供了发展生态旅游的"自然家底"。

保护区管理处主任郑航对我们说："我们在规划提升和建设中，注重守护闽江河口的文明根脉，这里的湿地、绿地不仅是城乡开发的点缀，更是生态价值转化的家底。我们遵循生态打底，积极探索生态价值转化，促进长乐经济社会发展提质增效。"

管理处在保护区提升规划中，没有只管自身建设提升，同时带动马尾闽江河口湿地省级自然保护区共同整合，使交叉重叠的自然保护地保持了生态完整性，优化边界范围，尽力解决好城镇、乡村和永久基本农田等与生态红线的历史遗留问题，把整合提升目标定位于保护自然，服务人民，永续发展，共建福建生态明珠。

提升规划瞄准国际重要湿地的申报，对保护区内的植被资源、野生脊椎动物资源、景观资源进行现状评价和保护价值评价，形成了珍稀濒危物种众多、物种濒危程度高、代表性和典型性强、种群结构合理、生物多样性丰富的共识，保护紧迫性和潜在保护价值大，科研价值极高。保护区按照这一提升规划，向福建省政府和国家林草局申报国际重要湿地，经过严格的论证审核和国务院的同意，上报国际湿地公约秘书处核准，列入了《国际重要湿地名录》。

美丽的闽江河口湿地（郑航 摄）

高质量修复湿地生态，做好发展与生态相融相促的"综合题"

天人合一，万物共生，是闽江河

口湿地国家级自然保护区提升规划保护的路径。保护区高质量修复湿地生态的智慧在于：自然恢复为主，人工手段为辅；优化保育措施，加大管护力度；强化专业培训，壮大人才队伍；兼顾保护与发展，促进"两山"互动；依托科技进步，勇于开拓创新；注重开放合作，加强多方交流；广泛组织动员，开展自然宣教。

闽江河口湿地地处中亚热带和南亚热带过渡区，是典型的中、南亚热带过渡区滨海湿地生态系统，植被有红树林、滨海盐沼植被和滨海沙生植被。这里是东亚—澳大利西亚候鸟迁飞区，水鸟资源异常丰富，是中华凤头燕鸥、勺嘴鹬、黑脸琵鹭、鸿雁等极危、濒危、易危或国家重点保护野生物种集中分布区。保护区管理处主动对标国际标准，构建价值意识，做好顶层设计，建立长效机制，创建保障措施，取得显著成效。

保护区既高质量修复湿地生态，又关注社区发展，科学处理保护与发展的矛盾，做好发展与生态相融相促的"综合题"。保护区与周边镇、村、社区健全部门联动机制，巩固执法共治实效，认真执行湿地生态保护制度，设置湿地保护区划界标、哨卡等设施50多处，安装升级巡护GPS定位装置等设施，完善巡护路网，配备巡护码头，持续推进湿地保护区常态化执法巡护工作。创建"闽江河口湿地生态司法保护基地""闽江河口湿地保护区检察联络室"，制定《闽江河口湿地生态环境联合保护实施方案》，成立由区法院、检察院、林业局、海渔局、自然资源和规划局、生态环境局、相关乡镇（街道）组成的闽江河口湿地生态环境保护联合执法队伍，对违法捕鸟、滩涂挖蛏等开展清查工作，进一步加大违法违规行为打击力度。在强化保护的同时，保护区管理处尊重历史，配合当地建设旅游康养等新兴产业，每年给当地一些稳定的就业机会，落实湿地生态补偿，支付补偿资金4000多万元，实现湿地生态与发展共融，让群众共享绿意空间。

二、模式创新，将使用者转变为共同管理者

大自然神奇而充满魅力，保护自然是为了让子孙后代永续享有同样的自然遗产。闽江河口湿地国家级自然保护区管理处面对快速城镇化、工业化和气候变化等多重因素的影响，结合湿地资源修复和保护，唤醒人们对湿地生态和功能价值的认识，把管理体系从林业部门独立出来，驻扎湿地科教馆办公管理，研发湿地管理技术、强化水鸟保护管理、提升湿地管理能力建设、维持湿地自然景观和生物多样性。保护区在近几年的湿地提升管理和建设中，系统地协调湿地多元利益相关者之间错综复杂的利益关系，在协调湿地保护与可持续利用方面，创造性地探索出了独具特色的"将使用者转化为共同管理者"的"闽江模式"，管理处实施总结的基础研究、生态保育、社区融合、产业带动、生态教育、开放合作等"六大工程"，对当下的湿地科学保护利用及生态文明建设具有重要的参考和启示作用。

用新技术建设一流湿地

尊重自然、顺应自然、保护自然。湿地保护是一个复杂的系统性工程，闽江河口湿

地国家级自然保护区付出了长期的艰苦努力。在新一轮提升建设中，管理处主动作为，以"保护优先、生态共享、环境提升、融合发展"为工作方针，改变过去"简单出人出力"的单一管护模式，有效凝聚科研机构、国际组织、社区利益相关者等多方力量，运用新技术向"使用者转变为共同管理者"的创新管护模式转变，着重在基础研究工程和生态保育工程方面下功夫，既为实现保护区永续发展开辟了广阔前景，也为湿地生态修复贡献了长乐经验。

"闽江模式"中的基础研究工程，是管理处依托高校、科研院所和非政府组织的人才队伍，建设的湿地科研监测平台。管理处结合生态修复和资源管护中的现实问题设置合作研究课题，聘请中国科学院刘兴土院士做顾问，在保护区成立湿地院士工作站，依托湿地生态系统国家定位观测研究站开展滨海湿地生物地球化学循环、滨海湿地对全球变化和人类干扰的响应、湿地生态恢复与湿地生态服务功能维系等方面的系统研究。近几年来，管理处进一步完善监测技术体系，构建适用于闽江河口湿地的生态系统监测技术体系，对区内鸟类、水质、水文、植被、气象、土壤等资源本底进行常态化监测，为湿地保护与可持续利用提供了基础支撑。

"闽江模式"中的生态保育工程，重点对互花米草进行了根治，退养还湿恢复水鸟栖息地，跨区合作推动流域综合治理。闽江河口从夏至秋、由绿至红的自然奇观，曾一度被入侵物种互花米草所挤占。保护区与国内外多家科研院所合作研究适合闽江河口湿地的互花米草治理方法，探索出了"割除、围堰水淹"法、"刈割＋旋耕"法、"块状人工翻除"法、"水泡式除治"法相结合的多种方法，辅以生物代替，在部分区域补种秋茄、芦苇等原生植物进行植被恢复，经过除治和植被恢复，累计完成互花米草治理4590亩，恢复乡土植被2605.5亩，使区域内的互花米草得以根除修复。在此基础上，管理处相继投入4000多万元"退养还湿"3197亩，生态修复改造，跨区域合作恢复水鸟栖息地，最大限度满足了不同水鸟觅食、休息、隐蔽、繁殖等活动的需求，恢复和保障了湿地范围内的生物多样性。

用新视野主动拓展职能

同一项工作，不同的目光，看到的是不一样的风景；不同的职能，干出的是不同的效果。保护区地处闽江入海口、长乐东北部与福州东南部交界处。在福州市推进东进南拓、向海发展的城市发展进程中，这片湿地不可避免地给福州新城特别是新规划启动建设闽江河口片区开发带来了新压力。

是损失湿地给交通和城建让路？还是保护湿地而加大城市建设投资？管理处发挥资源保护的职能作用，建议福州市和长乐区把湿地保护放在第一位，统筹协调湿地生态保护与城市建设发展的关系。在闽江河口片区开发中，市区两级的交通、城建等部门在规划中优先考虑，确保保护区内的湿地生态系统和水质影响减到最低限度。

"闽江模式"中的社区融合和产业带动工程，体现了保护区干部职工用新视野拓展出的新职能。管理处实施的社区融合工程，主要是吸收转化养殖户为湿地管护员。管理处聘请湿地周边居民为湿地巡护员，管护员定期接受与湿地保护相关知识的培训，并对湿地全域及其野生动植物资源等进行全天候巡护管理，一方面为湿地周边居民提供就业机会，减缓生态保护与当地农民生产生活冲突形成的压力，另一方面增强乡村居民的湿地保护意识，让湿地生态冲突者转变为主动保护者，提高保护湿地的责任感。近几年来，管理处吸纳爱鸟人士和社区居民参与湿地保育和管理，与福建各级观鸟会建立长期合作关系，让社会上的观鸟爱好者与摄影爱好者成为保护区的保护志愿者。

产业带动工程是带动周边社区参与旅游业发展，以湿地生态旅游助推地方产业高质量发展。产业带动工程将闽江河口湿地的生态资本转化为了区域共享的生态福利。新视野拓展保护职能延伸，使保护区的生物多样性保护成果显著。截至 2023 年 6 月，湿地野生动植物恢复至 1311 种，其中水鸟有 166 种，占福建水鸟种群规模 87.8%，栖息湿地的水鸟年均超 5 万只，鸿雁、针尾鸭、环颈鸻等多种水鸟数量超过种群个体 1%，中华凤头燕鸥、勺嘴鹬、黑脸琵鹭等极危、濒危物种成为闽江河口湿地"常客"。"退养还湿"区域正逐渐成为候鸟利用率最高的栖息区域，水鸟数量最多可达 5500 只，是改造前 3 倍，越冬季保持 3500 只左右，种类超过 50 种。

用新人才深化管护科研

保护区"闽江模式"中的生态教育工程和开放合作工程，体现了管理处用新人才深化管护科研的新成就。他们不唯地域引进人才，不求所有开发人才，不拘一格用好人才，闽江河口湿地保护区广开人才渠道，较好地解决了管护人才待得住、用得好、流得动的问题。多年来，保护区先后派遣专业技术人员前往香港、北京、上海、哈尔滨、浙江等地参加各种学术研讨、开展湿地保护与管理、湿地资源调查、野生动植物鉴定、野生动物疫源疫病监测与疫情演练等专业技能培训达 100 多人次。通过参加各类学术研讨与专业技能培训，提高了自然保护区专业技术人员的业务水平与科研能力。

湿地保护人才作用的发挥，深化湿地科研管护，需要"智慧湿地"作支撑。管理处在保护区和公园规划提升中，加大投入建设了闽江河口"智慧湿地"。数据中心实现数据标准化处理、存储和共享，打通已有的环境监测设备、视频监控网络，接入整个智慧湿地体系，使已有的云计算平台软件硬件资源更合理完善。智慧湿地监测系统收集湿地内各种相关信息，利用物联网技术，通过智能感知终端，自动、高频地完成湿地生态数据采集和传输共享，实现湿地资源实时监测。智慧管理建设通过视频监控、管理 APP 综合定位，对湿地执勤的人员、车辆实施实时调度。同时助力自然教育、湿地旅游等多方面，实现"资源保护智慧化、管理服务智能化"。

两岸携手实施开放合作工程，共同守护"神话之鸟"成为全球自然保护的佳话。2008 年两岸救助燕鸥的共同行动开启合作空间，闽江河口湿地设立闽台生态道德教育基地，两岸鸟类保育组织轮流举办燕鸥保育研讨会。管理处新一届班子深化沿海合作，推动中国沿海湿地保护网络成员合作交流，不断提升了湿地保护的组织合作和利用能力。对外开放合作工程搭建了跨越边界的湿地保护与利用共同体，将多主体纳入湿地保护利用的共生框架之中，强化了湿地保护利用能力。

领略自然魅力，品读湿地史诗。管理处通过生态教育工程建设多层次宣教体系，在公园里建成了以湿地博物馆为科普站点、湿地科普中心，与趣湿地、观鸟会等组织机构开辟主题科普线路，与福建博识教育机构合作开展自然教育学校、湿地公园等点、线、面相结合的科普设施体系，构建了以湿地基础知识、湿地动植物知识、湿地保护理论等为主的内容体系，宣传保护湿地的价值和意义，同时形成了以网络、报刊、自媒体等为主的多元宣传媒介网络，成为福建省科普教育基地、省市县三级党校现场教学点、福州科技馆分馆、福州市青少年思政教育基地、长乐区中小学实践基地等。管理处学习世界自然基金会先进的可持续教育经验和方法，与周边中小学老师合编湿地教材《心系绿色闽江》，通过多种形式的宣教工作，将湿地生态思想传播给更多的人，进而推动全社会对湿地保护意识的提高，以及整个社会层面的更广泛的行动参与。

三、倾力申遗，用能力提升谋区域发展共赢

申遗成功，担子更重。2022 年秋天，福建闽江河口湿地列入世界遗产预备清单，成为申报世界自然遗产"预备役队伍"的一员，这是管理处对保护区和公园提升建设的最大成果。历经近 5 年的申遗准备和组织申报，国家以"福建闽江河口湿地：海、陆生物地理区划过渡带"的生物多样性突出价值，将闽江口南侧 4 处保护区和湿地公园合为一体成功申报。标志着管理处的管护能力得到提升，打开了保护区湿地保护管理通向国际舞台的路径，使保护区的资源保护更科学更持续，也意味着区域发展共赢的担子更重、责任更大。2023 年长乐区《政府工作报告》明确建设闽江口片区：抓住闽江河口湿地申遗契机，以金潭片区综合开发为重点，谋划推进"三江口—闽江口—航空城"一体化发展示范区，促进闽江口片区融入滨海新城和国际航空城建设。闽江河口湿地"申遗"和闽江口片区建设，是保护区建设和发展的新机遇，干部职工以清醒、理性，反思、审慎的态度深化资源保护，拓展湿地空间外延，与当地共建湿地文旅小镇，帮扶保护区内的人民群众，有效地提升了产业经济的发展力。

打开通向国际舞台的申遗路

申报国际重要湿地、申报世界自然遗产，是湿地保护通向国际舞台的两条重要路径。闽江河口湿地国家级自然保护区管理处总结过去多年的工作，划定湿地管控红线，启动立法保护，让"失地"重回湿地，在回答"人重要还是鸟重要"之问中开启建设提升的新征程，确保国际重要湿地和世界自然遗产申报成功。近几年来，管理处的重点工作就是推动湿地迈入国际舞台，前期集中力量申报国际重要湿地，同时筹划申报世界自然遗产，探索湿地生态价值保护。

"申遗"是一条艰辛的路。闽江河口湿地保护区为此准备和奋斗了21年。郑航主任说："为推进申遗工作，我们以国际重要湿地的定位加强建设保护提升，使闽江河口湿地的滨海湿地生态系统、珍稀濒危物种、水鸟数量、洄游鱼类等达到和超过国际标准，成为世界湿地界中的一颗'珍珠'。"

国家林草局世界遗产专家委员会成员闻丞博士，参加了闽江河口湿地申请列入世界遗产预备清单的全过程，是这份报送文件的主撰人。"10年前，世界自然保护联盟曾针对全球海洋申遗优先区发布了专门报告，推荐优先申报世界遗产的海域，其中包含中国东海和南海的交汇区域。闽江河口正是位于这一海区。"闻丞在报送文件中说，闽江河口自然保护地涵盖了闽江河口从陆域、湿地直到近海10米等深线海域的各类典型栖息地构成的景观格局带谱；覆盖了鸿雁、小天鹅、中华凤头燕鸥、勺嘴鹬、黑脸琵鹭等珍稀濒危鸟类的觅食地和高潮位栖息地；也覆盖了海洋哺乳动物、海龟位于近海的主要觅食区和洄游区，以及各种鱼类、底栖动物在闽江河口的主要繁殖、索饵和洄游场所。闽江河口湿地是生物多样性原址保护的最重要的自然栖息地，从科学和保护角度看，是具有突出的普遍价值的濒危物种栖息地。

国务院在正式申报的文件中说："今天的闽江河口，我们能够同时见证充满山海之间的勃勃生机和人类延续千年不断进步的社会形态，更能读取人与海洋间一段从开发到保护，从对抗到和谐的历史经验。闽江河口的景观格局为全球一些最濒危的物种提供了庇护所，更为人类思考在当今日益拥挤的星球上如何善待海洋提供了一种可能性的示范。"

列入"预备清单"，只是完成申遗的第一步。闽江河口湿地保护区的最终目的，是以更高站位、更高标准保护湿地，取得保护和发展的综合效益。

拓展湿地空间外延的文旅镇

闽江河口湿地距离长乐城区和福州新城只有十多千米，沿闽江水道上溯30千米可达福州中心城区。保护区和公园提升建设的每一步，都与大都市发展目标，与陆海统筹、发展海洋经济、建设海洋强国的国家战略紧密相关。

长乐结合千年古邑区域建设，出台了一体化建设海滨文梅潭片区生态文旅带的利好政策。近几年来，保护区通过招商引资，启动闽江口渔湾生态旅游小镇项目，以闽江河口湿地公园为亮点，结合潭头二级渔港建设改

大美湿地（郑航 摄）

造升级，整合、提升周边自然及人文资源，加快"旅游+"产业融合，拓展闽江河口湿地的外延空间，建设集文化、旅游、研学、康养为一体的文旅小镇，实现湿地生态与发展共融，让群众共享绿意空间。

经过 21 年的持续建设，闽江河口国家级自然保护区和国家湿地公园，荣膺"中国十大魅力湿地"，入选国际重要湿地名录，列入世遗清单，可以惠及保护区内 3 个乡镇 13 个行政村的生态文化和旅游康养产业。保护区和国家湿地公园现已建成百榕文化街、湿地博物馆、牛山公园、马山炮台遗址公园、龙山生态园、卧龙滩涂栈道以及多条景观步道，设立水鸟栖息地保育区，配套完善生态停车场、公共卫生间、湿地科普等配套设施。

公园内观鸟休憩亭错落有致，百米腾龙田园长廊可倚栏听风，观赏两侧百亩花海，虽然部分花卉已过花期，但处处依然可见绿意盎然；观光步道、滩涂栈道上可欣赏湿地四季美景、百舸群鹭、飞鸟掠影，良好的自然生态充斥着整个湿地公园。公园牛山上可"朝看日镜浮金，晚眺月轮沉璧"，欣赏闽江千张帆樯；马山上可闻古炮台硝烟，感受文石沧桑历史。湿地公园依托湿地保护区，以生态和人文相互交融，已形成了闽江口一道独特的风景线。近几年又在公园周边配套建设了黄沙部落、翠涛书院、卧龙滩涂栈道、牛山顶峰观景台等旅游景点景区设施。

管理处加大投资提升湿地博物馆的软硬设施建设，使其集收藏、研究、展示、教育、宣传、娱乐功能于一体。7 个展厅内的图表物与声电光配合，让参观者探索湿地与水鸟、湿地与人类之间相互依存的关系，唤起人们尊重自然、保护湿地的意识。每年省市县都在这举办"世界湿地日""爱鸟周""国际海岸清洁日"等主题活动，接待生态教育团体志愿者 3.6 万多人次，湿地公园年接待游客量近 50 万人次，是周边社区居民重要的健身运动后花园。

管理处用活用好各级党委政府的文化旅游政策，带领保护区和周边人民打通湿地旅游的生态富民"新路径"，继续做好传统农家乐、渔家乐、花家乐、林家乐等生态旅游业，引导大家就地就业与转型，开发集海滨生态、古镇体验、海鸟观赏于一体的湿地生态旅游，这种"混搭"使管理处驻地的文旅小镇面容日趋清晰。

提升帮扶协作的产业发展力

好生态铺开致富路，人与自然和谐共生。无论是"闽江模式"的"六大工程"，还是"三个机制"的管治路径，产业带动和帮扶协作都是保护区带领人民群众共建共赢的重要内容。

"产业带动工程"是"闽江模式"的重点，目的是带动周边社区参与旅游业发展。闽江河口湿地实施一系列社区共同发展项目，湿地周边的汶上村完成了百榕街与村容村貌改造提升工程，与文石村合作开展马山炮台、妈祖广场道路修缮，建设基础设施，文石村成立村集体所有的旅游发展公司，与湿地实现更加深入的对接与融入，通过旅游业的发展为周边乡镇注入活力，改善了与周边居民的关系，有效解决了湿地保护利用与社区相隔绝的问题。

"产业带动工程"促进了保护区生态观光农业的发展。管理处支持引导周边社区依托湿地发展生态观光农业，鼓励使用高效、低毒、低残留的农药，防止湿地面积减少和湿地生态环境污染，同时种植农户搭建农产品售卖小程序，而游客流量为周边村民售卖特色农产品提供了机会，与湿地目前的旅游产品和服务形成互补，湿地保护利用与农业的融合为农户增加收入的同时推动了湿地保护。

"产业带动工程"以湿地生态旅游助推地方产业高质量发展。管理处采取自然保护区＋湿地公园＋湿地外围发展区的保护与利用总体布局，在湿地外围区域布局主要的生态旅游项目，充分整合、提升周边自然及人文资源，将片区打造成具有休闲观光、生态康养、文化体验等功能的综合性生态旅游目的地，旨在拓展保护区外围保护缓冲地带的同时带动地方经济发展，将湿地保护的生态福利进一步向周边扩散，实现整个区域的共同发展。

结合"产业带动工程"，管理处建立协作帮扶机制，激发保护区内的产业发展活力，实现湿地保护区与社区产业可持续发展，呈现出"芦苇摇荡绿水悠、留鸟候鸟满洲头"的湿地田园生态风光。助力周边村镇"一产转三产"的乡村振兴效果明显，长年聘请在湿地周边生产生活的居民为湿地巡护员及保洁员，并通过设置公园摊位专区进行合理管控，为周边居民提供就业岗位，让湿地生态冲突者转变为主动保护者。

四、闽江之珠，保护区管理者心目中的明珠

红树林，海水清，云深燕鸥飞；天空蓝，湿地绿，湾浅鱼虾肥……置身闽江河口湿地，给人一种"复得返自然"的感觉。保护区管理处主任郑航一直坚持尊重自然、顺应自然、保护自然的生态文明理念，积极投身湿地生态保护和濒危鸟类保护的工作中，竭力探索解决湿地保护与发展的双赢之路，结合管护工作创作了一系列生态文论和生态影像作品。下面的这篇文章是他心目中的"闽江之珠"。

闽江之珠
郑航

闽江，是福建的母亲河，从建宁的闽江源到闽江口的五虎礁，闽江蜿蜒曲折一路奔向大海，宛如一条巨龙舞动着熠熠光辉。在江海之间的闽江口湿地，就是这条巨龙顶托的一颗生态明珠，在东海之滨闪耀着光芒。

自然的真谛

闽江口湿地是一块神奇的沃土。闽江上游来水夹带的泥沙到这里慢慢沉积，在江和海之间、淡水和咸水交替之际，形成淤积，进而形成新的土地。潮涨潮落，这片土地时而接受潮水的漫灌、时而如大地一般得到雨露的浸润、时而风沙漫卷、时而水草葱荣。每年、每季、每月、每日都有不同的飞鸟游鱼在这块乐土上繁衍生息、展示大美身姿。

站在位于长乐克凤村的五门闸前，面朝大海，向左，可以探寻自然的真谛；向右，可以追溯文明的痕迹。

闽江口国家级湿地自然保护区就在五门闸外不到百米处，向着江海的方向，五门闸的出口，是一道深深的潮沟，这道由两岸厚厚的淤泥层护送的潮沟一直把五门闸里的水护送到大江入海口。传说，这道潮沟的前身就是著名的梅花水道，六百年前，著名的航海家郑和在不远处的妈祖庙里敬献了离开大陆前的最后一道香后，庞大的船队就是沿着这个梅花水道开赴南洋。如今，两岸厚厚的淤积，就是闽江口湿地保护区的核心区。鳝鱼滩，形似鳝鱼，是核心区的核心。

如果，人类的脚步一百年不踩进这里，鳝鱼滩和她的周边会是怎么样的形态呢？

潮沟，是海水退出滩涂的最后通道，也是潮水浸漫陆地的先行通途。由潮水、风和泥沙借由时间的作用，共同塑造了湿地最原始的地貌，每天四个历程的潮涨潮落在几万公顷的滩涂上勾画了潮汐树，水泽和沙地的纹路。

芦苇、短叶江芏和海三棱藨草是这里的本土植物，秋茄作为人们最喜爱的红树林树种几十年前被引进到这里，它一年四季的翠绿和金黄、碧绿交替的其他植物一起，构成了湿地里又一道美丽的波浪。

但闽江口湿地就在城市的边沿，它的不远处就是福州长乐国际机场，机翼下的临空经济区、滨海新城是福州市两个成长最快的新经济区和城市副中心。人类的脚步不可能止于湿地之外。自2013年建立国家级自然保护区之后，这里，人为干预在显著的减少，养殖塘全部退出了保护区和公园，养鸭户、养猪户也退出了沙滩水岸，曾经闻名远近的海水鸭蛋养殖户陈慎振成了湿地管护员，每天戴着红袖绔巡逻边界的他和其他十几个养殖户变身而成的管护员一道守护着这颗闪亮的生态明珠。

而自然，正在自愈一般地慢慢恢复到自己的最初的状态。滩涂、沙滩、绿树、芦苇丛，鱼虾满滩、候鸟纷飞，充满生机。

文明的痕迹

从五门闸下水，我们乘坐一艘小船沿着陈塘港朝西进发，可以探寻这块被称为长乐北乡的土地的文明发展痕迹，沿途的庙宇殿堂、港湾码头无不在印证人类对自然、对湿地利用、妥协的过程，而陈塘港本身就是一段历史记忆。

在不远处的草塘村三门闸边，一座叫陈林大哥庙的小庙堂，传说是阜山陈姓和厚东林姓两个大村在分占湿地滩涂的过程中，因为纷争不断，屡出人命，两村大哥协商想出一个办法：双方各选出一位大力士，抱起一个大石碾子在滩涂上走，谁一口气走得远，走过的部分滩涂就是谁的村的，从此两村避免了争斗，重新开始通婚走亲戚了，为了纪念两人，在两村交界地带修了这座庙。这是民间版的瓜分滩涂的办法。在不远的浪头山，以前立着一块奉宪示碑，记载着清代道光三年福建道台委托长乐知县做的一项关于划分滩涂蛏埕的公告，内容主要是对闽江口湿地蛏埕划分的判决，判自浪头山正北方向

以东归梅花、以西归后山（今阜
山），碑当时刻了两块，一块在
县衙门内，20世纪50年代被大
卸八块做房基，2019年被重新拼
好，立在和平街士绅文化展示馆
内，意日滩涂及新增土地瓜分，
士绅协商解决不了的，官府最终
要出面判决。可惜，立在浪头山
前面朝湿地的另一块，因为年代
变迁，不知道是被做了房基，还
是被拿去做了铺路石。

中华神鸟（郑航 摄）

在阜山村的姚坑自然村，有一座叫明教堂的知名古书院，这里培养出了状元陈文龙
等一批文人志士，陈文龙四岁随父迁居阜山村，在此习文练武，宋度宗咸淳元年（1265
年），34岁的陈文龙参加春考并夺魁，南宋国危之际，力挽狂澜，宁死不屈，名节长存，
流经老家的陈塘港经过他的疏浚扩港，成为集灌溉、航运和交通一身的港汊河道，对当
地的经济民生发展起了重要作用。传说这里也是明朝名臣姚广孝的老家。再一路往西，
还有建于陈塘港边的妈祖庙、昔日的闸门遗迹，一直到二十里*外的渡桥村边，唐代状元
林慎思的墓和林姓宗祠，传说当年海水可以长驱直入到这里，林慎思主持修建了渡桥被
当地人铭刻在心，唐朝末年，林慎思被黄巢乱军杀害后也葬于此。

这样一条充满历史故事和文明遗迹的河道，一千多年来，一路从西而来，上游的淡
水顺着河道奔流向海，闸门修到哪里，村庄就到哪里，繁荣就到哪里，学者也有考证说，
历史上海丝路上著名的甘棠港就在这里，这里自古就是闽江流域最为富庶的鱼米之乡。

陈塘港是弯弯曲曲的，从空中俯瞰，我们依旧可以看出当年潮沟的走向。田野上、
港湾旁那些礁石，依旧保留着经年海浪冲刷之后的棱角和洁净。历朝历代为了生息繁衍、
发展繁荣而修建的水利设施，把大海、湿地和闽江上游的淤积化作了田地、村庄和集镇。
多少年后的今天，我们把湿地留给了自然、留给了候鸟，为地球上的候鸟通道留下了一
座宝贵的加油站，这应该是怎样的智慧和勇气啊！

闽江口的四季

大江大河的入海口是自然界海陆过渡变化最为激烈的地带，江、海之间，水陆之间，
每天都在上演着不断变化的过程，潮汐、咸淡水、海陆生物，交替着成为这里的主角。
闽江口的四季里，冬季是最有特色的一个季节，原本荣盛至极的湿地植被在寒风劲吹之
下变得稀疏，海三菱藨草的繁茂的叶子早已被海浪冲的无影踪。留下香根让小天鹅一往

---

*1里=500米。

无前地把整个脖子扎到滩涂的泥淖里寻找自己的美食，芦苇黄了、芦花飞了，但秋茄等一些植物却逆势展示绿意，在一派金黄的地衣上给人以绿色的勃勃生机。

最具生机的还是那些冬候鸟，这里是成群的大雁和小天鹅越冬的最北限，几百只小天鹅和鸿雁、灰雁、白额雁成了这里的主角，还有几千只的野鸭子，闽江口湿地俨然成了最热闹的冬季海滨浴场，这些候鸟们每天随着潮水在滩涂上飞来飞去、嬉戏打闹、休养生息，连夜晚都在潮汐间度过。但冬季是很严酷的，这里的东北风从海上吹来，又冷又湿，吹得你睁不开眼睛、冷到你的骨子里去，站在突出处的牛山上望着闽江口，白茫茫的水天连接处，几乎只剩下空旷和寒冷。这里海边的渔民们只在潮水合适的温暖天气里才出门，或在滩涂上捡捡小鱼虾贝类，或者出海撒下一网，潮涨之时懒洋洋地收几斤海货。在整个冬季，如果你勇敢地迎接这样的江海的巡礼，空旷的海滩、凛冽的北风和潮涨潮落一起，就可以如候鸟一般，在欢愉中造就各种美景！

还有三个季节，在闽江口，是可以粘连在一起的。如果把3月当作春天的开始，那么，一直到11月，春夏秋的闽江口，基本就是一个热季。2月底，冬候鸟们陆续离开了闽江口湿地往北方去了。也有一些适应了这里优渥的环境的候鸟留在这里养儿育女，成了留鸟。斑嘴鸭是典型的会偷懒的候鸟，有几百只斑嘴鸭直接就在湿地的人工鸟岛上驻扎了下来，每天早上到周边的水面吃点鱼虾、打闹嬉戏，太阳升高的时候就着阳光在浅滩上睡觉，一只高大的负责警戒，不时抬头看看四周，时间久了，对周边的来往行人也不予理会了。五六月的时候，他们的宝宝出来了，一窝一般7只，父母们带着他们四处觅食，不到一个月，就可以飞起来了。有一种被称为鸟界时装模特的黑翅长脚鹬也在闽江口湿地扎下了根，它们就在看得见的水中小高台上垒窝生蛋孵化幼仔，以至于你可以全过程看到它们一代新鸟的成长过程，它们的宝宝偶尔贪玩上了人走的路，亲鸟父母看到人车过来，马上大喊大叫，飞起来在人的周围盘旋警告，如果无效，还会在前面装成自己受伤的样子，吸引你的注意，保护他们的孩子。

闽江口的热季虽然很长很热很晒，但它始终是生机盎然的。海草绿了、芦苇绿了，海三菱藨草把退潮后的滩涂塑造成了青青草原一般，在夕阳的霞光里，闽江口俨然成了放牧鸥鹭的辽阔草原。在合适的落潮时间、找到一条合适的滩涂之路，这里的晚霞和倒映在浅水滩上的青山，就是世界上最美的傍晚夕照。那种全球只有150只的黑嘴端凤头燕鸥，被冠以中华凤头燕鸥的名字，她们的美，完全无愧于"中华"二字，每年4~10月，她们在闽江口湿地求偶、配对、育雏，成双成对在沙滩上比美、嬉戏，经典动作成就经典美照，这里成为摄影家们神往的最美滩涂。

第三节　河北木兰林场：逐绿奔跑攀高峰

——河北省木兰围场国有林场艰苦奋斗赶考 60 年

情重如许，誓言若山。1963—2023 年，河北省木兰围场国有林场（以下简称木兰林场）从建场时的 30 万亩零星林地，发展到现有总经营面积 159 万亩，有林地面积 135 万亩；森林覆盖率从 18.8% 增加到 86.5%；林木蓄积量从最初 62 万立方米增加到 814.4 万立方米。几代人薪火相传，忠诚担当，把林场建成了河北省经营面积最大的国有林场，夯实了冀北生态根基，成为一支守护京津生态安全的主力军。

这组生态数据和建设成就的背后，是林场从 60 年前由 13 个人和 3 个科室开启建场"赶考"之路，现已发展到下辖 13 个基层单位、18 个机关科室，拥有职工 1534 人的省属正处级公益一类事业单位。几代人"赶考"艰苦奋斗 60 年，锤炼出了"感恩、奉献、求实、创新"的木兰精神，用心血和汗水换来了围场的山清水秀。林场先后获得河北省造林绿化先进集体、全国林业系统先进集体、全国五一劳动奖状等几十项荣誉称号，取得省以上林业科技成果 300 多项。

回望来时路，几多沧桑；踏上新征程，意气风发。如今，林场党委带领林场干部职工"牢记使命，艰苦创业，绿色发展"，以"生态立场、依法治场、文化兴场、人才强场、科技助场、共赢稳场"的总体思路，全新开启高质量发展"二次创业"的"赶考"路，更加有效地为北京阻沙源、为天津蓄水源、为河北增资源、为群众拓财源，不断攀登现代国有林场建设的新高峰。

一、牢记使命，林场管护山林由小到大

围场满族蒙古族自治县是河北省的北大门，地处内蒙古高原浑善达克沙地南缘，与喀喇沁旗、赤峰市、克什克腾旗、多伦县接壤，面积 9219 平方千米，辖 37 个乡镇 312 个行政村，拥有满、蒙、回、汉等 30 多个民族人口 53 万人。历史上的木兰围场，南拱京师、北控漠北，是清代皇家的猎苑，曾经的森林浩瀚绵延、万顷松涛，宛如绿色海洋；山间溪水奔流，鸟兽成群，恍若人间仙境。从鸦片战争赔穷的清廷准予"宽留围座，开放边荒，招发垦焉"，到日伪时期过度采伐和一场场天火、战火，使片片森林沦为荒漠，变得光山秃岭，水土流失，河床裸露，风沙南侵直袭京城。为了绿化治沙保卫京津，1962 年林业部成立塞罕坝机械林场，集中管理北部 6 个乡镇的 140 万亩成片荒山林地。对于原林业部无法管理治理的县内农村大面积的无主零星插花林地，河北省农林局于 1963 年在围场县组建孟滦国营林场管理治理。林场 60 年开拓建设的 159 万亩林地，分散在全县 34 个乡镇、285 个行政村、3000 多个居民组中，是河北省管理难度最大的国有林场。从建场到 2008 年的 45 年里，林场完成了创业初期的"三步走"，克服困难环境组建林场

把散落乡村的零星山地管起来了，牢记风沙治理的使命让木兰围场的荒山荒坡绿起来了，抓住政策机遇创建自然保护区把滦河上游的森林生态资源保起来了。

组建林场把散落乡镇的零星山林管起来

新中国成立前，木兰围场的接坝地域彻底荒漠化，仅在一些山沟残存一些被火燎黑的树骷髅。木兰围场是北京主要的风沙屏障，是天津人民的水源涵养源头。1963 年 3 月 25 日，河北省整合围场县的零星山林建立孟滦国营林场管理局。《场史》记载：当时的林地 30 万亩，森林覆盖率 18.8%，林木蓄积量约 62 万立方米。

翻开林场创业史，当年省农林厅任命优秀干部高峰担任局长组建孟滦国营林场管理局，从省厅、承德市、围场县三级农林部门挑选郭义、王泽等 12 名精英干部，随着"一声令下"，奔赴苦寒的冀北山区围场县组建孟滦林管局。他们按照省里要求，第一时间到达临时设立的"局机关"，开设最基础的局办公室、生产技术科、计财科。局长手握一张"资源图"，率队深入到四合永、新丰等基层乡镇调研，寻找最合适的地方开设 10 个基层林场。

这支创业队伍一边"治窝"，一边治坡。班子成员分工不分家，高峰局长带领办公室和财务人员，把西山根的 5 间破旧院落建成简陋的局机关后，便把主要精力用到基层 10 个林场的基建上，让创业者有个遮风挡雨的"家"。副局长郭义专业素养好，带领

木兰林场美景

生产技术人员进村入山调查林地林木资源，现场制定荒山绿化的眼前计划，并在当年秋天结合原林业部用材林基地建设要求，制定出了《孟滦林区次生用材林基地二十年规划（1963—1982）》，赢得"造林局长"称誉。

创业"安家"工作实，资源普查到位，很快在省市林校、林业部门和县内初高中毕业学生中招到了一批林场职工。当年的风沙考验着创业者的生存能力，也检验着务林人的建设智慧。林场从30万亩零星山林生态修复做起，一任接一任地苦干实干，使一片片荒山荒沟绿起来了。刚刚见到绿化起色，林场体制却经受到几大变更。1969年3月，省里将孟滦林管局下放围场县组建林业管理站；1972年4月，改建为县林业局；1978年年底，省政府将围场县各国营林场划出，与国家下放省管的塞罕坝机械林场合并，建设省属塞罕坝国营林场管理局；1980年10月，恢复河北省孟滦国营林场管理局；2006年7月更名河北省木兰围场国有林场管理局；2019年国有林场改革，更名"河北省木兰围场国有林场"，由公益二类事业单位调整为公益一类。60年来，无论林场体制如何改变，干部职工绿化木兰的使命从来没有变过，坚持人与自然从"对抗"走向"和谐"，探索出了经济、生态与社会协调发展的木兰奉献模式。

牢记使命让木兰围场的荒山荒坡绿起来

"荒山稀有树，河谷缺水流，做饭没柴烧，种地地不收"，是木兰林场组建的真实写照。为了改变这种生态格局，第一代创业者按照"造林局长"郭义领衔制定的《孟滦林区次生用材林基地二十年规划（1963—1982）》挺进荒山，"天当房，地当床，草滩窝子做工房"，干部职工白手起家，攻坚克难，以顽强的毅力在苦难的荒山上植树造林。

放眼青翠无垠的木兰群山，林中的"豆包地"提醒人们，这里"黄沙遮天日、飞鸟无栖树"的过往：草木下面，薄薄一层土，土层之下，就是石质山地或黄沙。林场组建时的森林覆盖率约为18.8%，多为自然萌生的矮林，寿命短、衰退快，难成可用木材。林场在荒山绿化中按规划种植华北落叶松、樟子松、云松，集中建设用材林，同时组织技术队伍对有林地抚育，保留林中的珍稀阔叶树种和可成材实生树种，促其健康生长早成材。

牢记初心使命，建设生态木兰。林场生态建设宣教基地的历史展图上，第一代创业者自强不息，斗严寒、战风沙、爬陡坡、越沟壑，投身植树造林和次生林改造工程。老职工说当年冬季寒冷，气温零下40摄氏度左右，雪深没膝，绿化职工住的是蒿草搭盖的马架子和地窨子，涌现出了以王守印、那焕庭、周继奎、金宝汉、杨发臣、路万山、杨玉成、刘延鹏、李培田夫妇等为代表的创业先锋，树立了以"雨雪艰辛林海情"李文治、"育苗女状元"牛秀杰、"绿色保护神"冯桂森、"滦河上游播绿人"胡庆禄等引领的绿化模范。他们"以造为主，造管并举，数质并重"，林场管理局统一指挥各个林场不搞粗放式经营，把分散造林尽量连片营造用材林，打造出了多片样板林。1965年春秋两季，龙头山林场在顺井、道坝子等17个作业点的50千米战线布局，造林1.02万亩，整地1.2

万亩，抚育1.13万亩，超额完成当年任务的6倍。五道川林场雨季栽植油松700亩，成活率70%，创下冀北造林新纪录。八英庄林场大西坡造林会战累计发动高中学生及社会力量千余人，连续奋战14天，植树造林两万亩。

截至1965年年底，建场不足三年，累计绿化荒山、建设用材林10多万亩，修建林路125千米，创造了有林地"八变""穿裙、戴帽、补窟窿""蘸泥浆植树法"及北方次生林经营实验等典型经验，创新苗圃云杉、落叶松育全光苗新技术，成功研发播种机、覆沙器、手扶植苗锹等12种先进工具，原林业部向全国林业发出"南学雷州，北学孟滦"的号召。

即使在"文化大革命"期间，县里用林场的部分林地建设农场，林场仍然坚持育林，兴办副业，培育良种，建成6600亩有质量的母树林、种子园，良种选育技术被"三北"地区普遍应用。林场在荒山迹地推行大穴整地造林法，创新"国有带民营"工作法，引导当地农民建设苗圃，生产优质种苗，保证了林场绿化工作的务实推进和职能稳定。

国家启动改革开放，林场紧紧抓住林业发展的利好政策，把木兰山川绿起来的目标从传统林业向现代林业过渡，对林区林分变化、抚育效果、病虫害防治等进行深度研究，编制天然杨桦次生林密度标准表、国家重点防护林和特种用途林管理规划等，全面建设林班，把造林护林的任务落实到小班，有效地推动了造林营林水平的大幅提升。

科学整合将滦河上游的生态资源保起来

以自然之道，养万物之生。围场县共有木兰围场、塞罕坝两个国家级森林公园，南大天、敖包山两个省级森林公园，滦河上游、塞罕坝、红松洼三个国家级自然保护区，御道口省级自然保护区。在这支自然保护队伍中，由木兰林场建设管理的滦河上游国家级自然资源保护区是规模最大的，生物多样性最丰富的。

为首都阻沙源，为京津蓄水源，是围场乃至承德林业、林场的神圣使命。2001年，刚刚结束靠木而活的木兰务林人，借鉴广东鼎湖山国家级自然保护区的建设经验，向省林业厅和国家林业局提出创建滦河上游国家级自然保护区申请。领导班子认为，林场处于内蒙古高原和冀北山地过渡地带，境内环境复杂多样，小滦河、伊玛图河穿流而过，森林、草原、湿地造就保存了丰富的动植物资源，是华北地区重要的生物物种基因库。林场抽出专家型人才组建保护区创建队伍，与河北师范大学合作野外考察和科研，采集6000多个动植物标本，发现区内麋鹿是中国特有的世界珍稀动物。

林场创新治理体制机制，坚持一体化保护修复。河北省政府认同林场意见和充足的创建准备，林场具有靠近京津、森林覆盖率高、野生动植物资源丰富、水源充沛、生态功能强大等五大特点，同意林场从上游涵养地抽出76万亩林地建设滦河上游省级自然保护区。林场在县市省的支持下，加强森林生态资源保护，提升生态林业建设质量，2008年1月，国务院批准晋升为河北滦河上游国家级自然保护区。林场加大"无坝水库"的建设保护力度，美丽混交复层林、沙地森林、高山草甸、奇山异石、龙潭飞瀑等生态景观，成为保护区的"塞外九寨沟"。林场同步加大科研管护，编写出版了《木兰围场自然保护区植物志》《河北滦河上游国家级自然保护区脊椎动物志》《河北滦河上游国家级自然保护区科学考察报告》等科研成果。

历经 22 年的建设与保护，保护区的生态系统得到提升和稳定。"十三五"期间投入资金 1434 万多元，建设二期基础设施，使保护区走上信息化、规范化道路，壮大麋鹿种群保护。进入"十四五"，林场一体化建设自然保护地，规划投资不少于 1200 万元建设三期基础工程，争取保护区专项资金，加大保护区科研工作，强化资源管理和主要保护对象监测，创建更新更美的国家示范保护区。

二、艰苦创业，流域经营提升资源质效

植树造林，为民谋福，考验历史眼光，见证历史担当。木兰务林人站在零星荒山化为百万林海的功劳之上，自觉跟随党的生态文明建设步伐主动求变，不做不扛事的软肩膀，他们走出深山谋发展，眼光向外探新路。自 2010 年起，林场的近三任领导班子遵守一张蓝图干到底的思想，借鉴德国近自然经营模式，结合林场实际试点提高森林建设能力；2013 年放大试验成果，自主创新流域经营，全面增林扩绿提质，被国家林业局确定为"中国北方地区森林经营实验示范区"，一度领跑国有林场森林经营；进入 2020 年，林场持续创新探索森林质量精准提升，被列为全国林业可持续经营试点，如今的百万林海，变成了木兰围场名副其实的森林"水库、钱库、粮库、碳库"。

借鉴创新提高林场森林经营能力

木兰林场建场后的 45 年里，与全国大部分国有林场一样，以"栽了砍、砍了栽"的"剃光头""皆伐"方式生产经营木材，传统模式一旦陷入"两危"困境必然导致木材生长砍伐"脱节"，经济"血脉"断流。

内外求索，遍寻良方。2008 年 9 月，林场领导徐成立参加由国家林业局组织的中德林业技术交流活动，结识到了森林经营知名专家邬可义，中国林科院研究员侯元兆，欧洲著名森林经营专家、德国弗莱堡大学森林生长研究所所长海因里希·斯匹克等。徐成立邀请专家组到木兰林区实地指导、把脉问诊。德国森林专家斯匹克"开药方"前，邀请林场技术组到德国林区进行对比考察。放眼国外，情景全然不同：德国拥有 1.65 亿亩森林，年产木材可达 4000 万立方米，林业销售额 8000 亿元，不仅满足国内市场需求，还成为木材净出口国。"按照这个比例，木兰林场 160 万亩林地，每年理应获得木材产值 80亿元，但实际上当时不到 5000 万元，相差 160 多倍！"调研组感到自身差距，也理清了林场的赶超之道。

木兰改革，问计于林。2009 年，林场组织中层以上干部和技术骨干开展"山场大调研"，全面展开"对标先进、查找差距"大讨论。2010 年，林场党委带领全场职工推行全

新的"近自然育林法",砍次留好、去劣留优,培育优质、高价、可持续的森林,实现森林资源效益最大化。

说破嗓子,不如做出样子。木兰林场开设对照实验区,用"样板"给大家作答。3个对照区,一号纯自然生长模式区,林地杂乱无章,林木长势平均;二号是德国近自然经营模式区,林地中标有红漆的"目标树"挺拔高大,其余树木则密集、杂乱、低矮;三号是木兰近自然经营模式区,除了标有红漆的"目标树",其余树木经修枝透光抚育,长势喜人。

目标树选择长势良好的树木作为重点培育对象,管理区别对待,促其迅速成材。市场上的大径材价格是普通径材的10倍,可实现价值产值最大化。对照区里的二号区和三号区,直观展现出近自然育林中的"德国式""木兰式"差异。德国中小径木材没市场,人力成本高,只有管理目标树最合算;而木兰林区的人力成本较低,中小径木材在国内有市场,有必要实施"以目标树为架构的全林经营"。在目标树培育的几十年里,每5~7年采伐一次"干扰树",可实现近期效益和长远效益兼顾的可持续发展。

"一棵顶一车,一车顶一坡。"这种个性化培植在北沟林场效果明显,他们的北方森林经营实验示范区天然矮林培育利用与转化项目,过去栽种的是40年左右树龄的桦树、柞树、枫树,生产力低下,生态功能弱化。过去的这种低产低效天然林多是一次性伐掉,然后栽上小树,一轮一轮地走。他们运用近自然育林新方法,把贬值树种逐渐清除,保留优势树种,在林地和树的空间改栽红松、云杉等优良耐阴树种,"腾笼换鸟"式的使森林由低质林向优质林快速转化。

为了弥补间伐的资金缺口,木兰林场瞄准绿化苗木市场需求,变"单一用材林培育"为"多目标个性化培育",对云杉、油松、五角枫、柞树、山梨树等采取拉枝、修剪等有针对性的精细化培育,使之成为城市美化的景观树、装饰树。当年仅城市绿化苗木一项收入四五千万元。这些歪歪扭扭"当柴烧都嫌扎手"的残次树,摇身一变成了价值成千上万的"抢手货",发挥了"变废为宝"的绿化奇效。

林场探索的森林近自然流域经营,受到中国林科院、北京林业大学、河北省林科院、河北农业大学的跟踪科研。河北农业大学林学院院长黄选瑞感到,"流域经营、整体推进"的作业方式,是"抓造林、严管护、重经营"可持续经营的最佳路径,他没想到林场工作推进这么扎实,中幼林抚育作业年均超过15万亩;没想到林地经营后的质效这么优秀,林分结构优化,生物多样性增加,火险等级降低,林木生长自然健康。

国家林草局鼓励木兰林场大胆探索森林流域经营,河北林业面向全省推广经验,对林场中幼龄林抚育作业的采伐指标"需要多少给多少"。林场成为全省林业唯一荣获2012年度的省五一劳动奖状单位,受到河北省省委的亲切接见。

自主创新流域经营增林扩绿提质

木兰推行近自然流域经营期间,每年组织一次冬季森林抚育大会战,攻坚15万亩抚

木兰青山美如画

育生产任务，增林扩绿提质的效果明显。2012 年 12 月 14 日，国家和省林业合作在木兰林场组织中德印森林经营学术交流研讨会，推广林场可持续经营"抓造林、严管护、重经营"的最佳路径。12 月 18 日，国家林业局派出调研组考察林场森林经营创新工作，认为国有林场改革的目标是资源优质高效，管理科学规范，基础设施完备，民生得到改善，木兰林场流域经营的质效证明这一目标、定位和作用的正确性，为全国林场改革树立了旗帜。

2013 年 6 月 4 日，国家林业局联合人力资源和社会保障部把北方地区森林抚育经营管理技术高级研修班的课堂搬到木兰林场的经营林地。60 多名学员是来自北方 15 个省份的森林经营负责人，授课人是木兰林场的森林经营技术员。研修班通过讲授、观摩、研讨等环节，形成了从追求"完成项目任务"向追求"求质森林经营"转变，大家表示把木兰林场的经验带回去，尽快转化提升本省份森林经营的管理水平和技术含量。

林场实践得到国家林业局肯定，坚定了木兰林场的科学育林观。形成并固化了群落演替规律的遵循、实生萌生起源的认知、林分生长阶段的划分、天然更新方式的首选、树种培育周期的延长、抗干扰意识和连续覆盖意识的形成、自然力的运用以及覆盖全林分的九大林分类型、九种经营类型和三大主导经营目标的确定等新理念新做法，林场科学编制的《木兰林场森林经营方案（2015—2024）》，成为全国 15 个森林经营试点国有林场中的第一个通过论证，第一个得到批复实施的单位。林场结合国有林场 GEF 项目优化方案，成为森林经营系统化、规范化、标准化的样板。

林场党委接下深化流域经营的"第二棒"，带领木兰务林人荒山造林 16 万多亩，整体成活率达到 95% 以上，全场基本实现宜林地灭荒。林场在培育好乡土树种的基础上，强化引进珍稀树种，不断丰富适生树，使目的树种由 5 种增加到 20 种，珍贵树种面积比重由 17% 增长到 22.5%。林场建设的 4 万亩种苗基地和 3.6 万亩苗材兼用林绿化大苗基地，年均实现销售利润 4300 多万元，是平均每年采伐收入 3172 万元的 1.4 倍，吸引了新疆、山西、黑龙江、甘肃、内蒙古森林工业集团、中国林业集团等 10 多个省份国有林场和林业集团的学习考察。国家林业局时任局长深入林场考察赞誉："木兰林场的森林经营工作是全国的教科书，是一本活生生写在大地上的教科书。"

引领创新探索森林质量精准提升

森林是陆地生态的主体，是国家和民族的生存资本，是人类生存的根基。新时期的森林经营，要充分释放森林的"水库、钱库、粮库、碳库"多重效益。2020 年，新一届班子组建后，以"建设人与自然和谐共生的中国式现代化"为目标，系统总结 10 多年近自然育林经验，累计抚育森林 129 万亩次，立木总蓄积量比 2015 年年底净增 91 万立方米，平均每亩蓄积量 5.6 立方米。但从"植绿""绿值""绿殖"的绿色多维思考，一些技术标准尚未定量精准，抚育设计和施工质量有待提高，技术人员对经营理念和技术理解还有偏差，需要全面实施森林质量精准提升工程。

科学编制长期森林经营规划，强化经营方案的执行落实。林场认为森林经营是长期的，仅靠五年十年远远不够，需有一个长期规划。林场明确到 2050 年，森林资源的功能区划、目标构成、树种结构、林龄分布要有明确的定性和定量目标，将长期规划分解成前后衔接的短期森林经营方案，保障森林经营的方向性和持续性。在森林经营中注重阶段性分析，保障落实率；详细研究未落实任务的补救措施，并在后续的工作中加以落实，确保规划期结束前，把规划的任务全部落实。

以流域经营布局推进系统治理，优先经营利用优质林分林地。林场针对小班经营存在的不利于全面治理的缺陷，打破传统小班经营思维，以"流域"沟系作为经营单元，确保流域内资源集中连片无间断，便于综合经营、集中作业，有效提高林地利用率和林地生产力；按照"宜抚则抚、宜造则造、宜改则改、宜封则封、宜留则留"治理原则，统筹推进流域连片经营，充分考虑整体，优化树种配置、林龄构成和林层结构，实现森林景观优化恢复，充分体现山水林田湖草沙系统治理理念。林场共规划流域 67 个，面积 50143 公顷，本经理期重点打造 4 个精品流域，提升 39 个流域森林质量。探索建立"优质林地优先利用、优质林分优先经营"量化标准，建设"优质林分林地数据库"，按照经营顺序和时间，优先培育和利用优质林分和林地发挥更高效益，避免林地生产力浪费。林场结合实际建设相应的苗木基地和苗材兼用林，着眼长远目标培育优质大径材。

深入探索矮林转化经营技术标准，加大珍贵乡土树种普查培育力度。萌生矮林是木兰林场占比较大的森林类型，林场注重矮林转化经营，使其向优质乔林转变，明显提升林分质量，稳定森林健康，充分发挥生态功能。林场加大珍贵乡土树种普查培育力度，通过种质资源库普查建立健全珍贵乡土树种名录，关注珍贵乡土树种的数量和分布，在经营方案中把良种选育、育苗、造林、转化，作为经营的重点培育对象。林场加强森林经营中的数表和经营经验运用推广，强化人员队伍理念技术培训考核，进一步加强人才队伍建设，为森林质量精准提升提供了坚强的人才保障。

林场新一届领导班子将森林质量精准提升列入"十四五"发展规划，不仅保有森林经营量，更重视优质木材和生态林业质量。2022年，各分场按照林场森林质量精准提升要求，高效推进重点项目，高质量完成了11.7万亩森林抚育项目。新丰分场建设的杨桦矮林疏伐转化利用林、华北落叶松目标树经营林和山杨均质经营林3个示范点，为精准提升不同林分森林质量提供了样板。

三、绿色发展，"六场"定位林场新发展

科学作为，绿色发展。木兰林场的近自然流域经营，使山水资源产生了蓄水保土、植树增绿的蝶变，生态奉献得到党和人民厚爱，在新一轮改革中由公益二类事业单位调整为公益一类，标志着林场职能从"向山要树"变成"爱山护林"。新体制下的木兰林场按照国家和省林业要求全面推行林长制，落实"三长三员"组织体系、"一方案五制度"制度体系和考核评价体系，设立各级林长129名，年度巡林5000多次。林场在高质量发展的轨道上，同步创新森林资源网格化管理机制，将全场159万亩林地划分为472个网格，在充分发挥森林资源管护监管平台作用的基础上，配强配齐护林员，确保一人负责一网格，既管林又管地，既防人又防火，探索出了一系列管护新经验。林场党委落实国家和省林业改革大势，结合国有林场的"三大任务""四个林场"建设要求，以"生态立场、依法治场、文化兴场、人才强场、科技助场、共赢稳场"的新思路，定位高质量发展的新走向，全面开启"二次创业"，立志在"塞罕坝精神"实践区树立新时代国有林场建设的新样板。

生态立场，夯实林场高质量发展之基

生态林业是国有林场存在的核心要义。木兰林场身为京津冀国有林场群中一支排头兵式的生态修复建设主力军，在涵养水源、防风固沙、生物多样性保护、固碳释氧等方面发挥了巨大作用。林场职工、区域百姓富裕与林场森林生态美丽同频共振，是林场夯实高质量发展的立场之基。"生态立场"怎么立？林场"十四五"规划和森林经营方案明

确：把森林资源"保护好、培育好、利用好"。

保护好。木兰林场将传统的林木、林地资源保护从防火、防虫等方面，向森林生态系统保护的高度提升，既重视林木林地资源保护，更重视生物多样性和森林环境保护，确保森林生态系统完整稳定。在资源保护手段上，实施"人防、物防、技防"融合，着力加大区块链、无人机、物联网等现代科技手段运用，提升森林保护数字化、智能化水平，做到"藏富于林、藏技于林"。

培育好。林场顺应国家高质量发展大势培育优质森林资源，实现生态效益、社会效益、经济效益可持续发展。未来，林场要深化近自然育林的方式方法，站在生态建设高度和公共服务角度谋深谋远，持续优化培育目标，完善培育结构，走保护培育并举、经营利用共赢的绿色发展之路。

利用好。林场既要着力做好木材、苗木、山野资源等传统产品，又要依托良好的森林生态环境和资源，服务驻地经济社会，给辖区百姓开拓绿色产业之路，形成林业经济可持续发展的良性循环。

依法治场，筑牢林场高质量发展之底

林场改革实践向前推进一步，依法治场建设就要跟进一步。木兰林场改革公益一类事业单位后，党委发现有的基层单位和个人动力反而变得不足，长久发展会成为停滞不前的隐患。要想高质量发展，必须破除不思进取、消极懈怠的不良风气，通过"科学合

木兰群山万壑

法、必要可行、可靠有效"治理模式依法治场，以激励与约束并重的体制机制，筑牢林场高质量发展之底。

林场党委结合林长制和森林资源网格化管理，把2021年设为推进规范化管理落实年，对照国家和省市县要求，对规章制度、业务性工作、关键环节和技术等重点内容进行规范化管理，制定《规范化管理措施清单》，明确规范化管理内容、落实举措、责任单位和考核办法。通过近两年的持续努力，逐步建立按制度管人管事，按流程规范行为，用关键技术引领科学发展的长效机制，为健康、稳定、高质量发展提供坚强保障。龙头山分场创新实施的每周一会、每周一课、每周一扫、每事一议、每日一记"五个一"规范化管理工作机制，现已变成全场规范。

全场129名各级林长、472名网格护林员、55名技术员、33名警员，严格按要求巡林督办，护林防火、解决问题。2022年，全场入山车辆2万多台次，检查入山人员4.2万余人次，清理林边、路边74.4万余延长米，清理坟头9000余座，排查林区输配电线路180余千米，投入防火资金1800余万元，建设加固各分场、营林区和望火楼等一线森林防火基础设施。林场依法解决林权纠纷2起，面积733.7亩，收回小片开荒林地41.5亩。林场对2018—2021年度森林督查图斑自纠自查，核实图斑187个，较好地解决了遗留问题。

林场设立综合执法科，培训配备56名专职执法队伍，相继开展禁种铲毒、古树名木保护和候鸟迁徙保护专项行动。近两年查处结案20多起，责令限期恢复植被和林业生产条件6745.1平方米。依法治场调动了干部职工的主动性，形成了真干事、能干事、干成事、不出事的良好氛围。

文化兴场，舒展林场高质量发展之翼

挺立不屈的松、经霜傲雪的梅，树木常被视为中国文化精神象征。生态脆弱的木兰林场，用60年艰苦奋斗凝聚的"感恩、奉献、求实、创新"木兰精神，走出了一条"以绿生金"的文化兴场路。

木兰林场的生态文化，走出了早期发展森林旅游业的传统生态文化模式，把增强政治性、先进性、群众性的党建融入新时代的生态文化之中，以人为本拓展木兰精神的文化内涵，充分发挥群团组织作用，通过丰富多彩的文化活动，不断提升干部职工凝聚力向心力，同心构建党政工团协调联动、齐抓共管的良好局面，舒展出了林场高质量建设的发展之翼。

林场全面加强文化建设，充分发挥生态宣教功能。林场组织文化技术力量，全面编撰总结近自然育林实践的《木兰林场育林精要》，由中国林业出版社发行到全国各国有林场。宣传科、培育科配合GEF项目国家执行办公室拍摄的以近自然森林经营为蓝本，兼顾有害生物防治、科研、防火等经验做法的视频课程"木兰林业课"，在国家林草局的"林草网络学堂"和"中国林草教育培训网"公众号播出，受到全国林场青睐。结合60

年场庆建设的木兰林场生态建设宣教基地，围绕教育谁、为什么教育、怎样教育、教育到什么程度 4 个问题，全面总结林场建设 60 年的经验，突显生态文明理论在一个基层林场的实践检验。林场在精心布展的同时，在林区建设 4 条生态建设宣教精品线路，编辑出版《林场志》《近自然森林经营技术管理手册》《森林草原火灾扑救训练与应用》《森林消防读本》《河北木兰围场昆虫》《绿野无垠》等 6 部图书，高标准建设党建中心、科研中心，用优秀的林场文化塑造人、引导人、感染人，是林场高质量发展的不竭动力。

人才强场，建设林场高质量发展之本

人才是衡量林场发展的重要指标。木兰林场因为地处山区，条件艰苦，曾有较长一段时间人员老化，专业技术人才匮乏。随着近自然流域经营的全面开展，林场着眼事业发展选培政治坚定的好干部，发现善于学习的好人才，任用勇于担当的好职工，开发肯于实干的好能人，通过"引育用留"全链条培养，打造出了一支顶用的人才队伍。

进入"十四五"的"二次创业"，林场把"人才强场"作为林场高质量发展之本，结合发展需要，引进急需人才、专业人才、高端人才，确保林场发展有后劲、人才不断档。优化选人用人机制，在关键岗位推行公开竞聘、择优上岗机制，使能者上、庸者下、平者让。强化职工培训教育力度，选送职工学习，邀请专家培训，鼓励技能人才冒尖，先后有百余名干部职工争得荣誉。2022 年，林场专业技术人员比例将由原来的 55% 提升至70%，名额增加 130 多人。

林场为育林兴林而存在，人才培育服务森林培育，既需"筑巢引凤"，更要"举才生凤"。木兰林场适度降低门槛放宽晋级职称评定条件，合理制定绩效考核办法，畅通人才晋升通道，搭建人才成长平台，持续改善基层生产生活条件，用好用活各方面的人才，让干部职工快速成长、踏实创业、实现价值，为林场高质量发展提供强大的人才保障和智力支持。

科技助场，打磨林场高质量发展之钥

唯改革者进，唯创新者强。木兰林场艰苦创业 60 年的实践证明，哪个时代牵住了科技兴林这个牛鼻子，哪个时期走好了科技兴场这步先手棋，就是林场的先机和优势。建场 60 年来，李文治的"华北落叶松种子园的建立与经营技术的研究"项目，获原林业部科技进步三等奖。龙头山林场的"华北落叶松全光育苗自控扦插技术"获国家科技成果奖。林场在近自然流域经营期间与国省科研部门合作科研 11 项，全部达到国内先进水平；自主研究成果 7 项，2 项达到国际先进、2 项国内领先、1 项国内先进水平。

林场提升科技支撑能力，生态管护和林业科研得到全面进步。2022 以来，林场设立"冀北山地蒙古栎实生更新技术研究"等 6 项科研课题，与中国林科院、河北农业大学科研院校合作科研多个项目，为林场创新发展提供了强大的科技支撑。

木兰务林人在科技助场中，打磨出了林场高质量发展的钥匙。林场注重在科技兴林中走引智支撑、合作发展之路，让产学研协同创新。探索建立合理的利益共享合作机制，聚集林业发展需要的优秀人才和团队，合理安排项目经费，形成合作研发、科技服务、委托培养人才、建设科研中心、资源共享合作等机制，积极开展森林经营技术和资源保护方面研究，智慧林业建设以及生态综合监测、固碳指标测算、生态价值评估等方面合作，林场做好基地孵化扩繁和承接对接落地，加快科技成果转化，进而促使自主专业人才共同成长进步。

共赢稳场，共享林场高质量发展之果

服务衔接，场县协同，体现出了木兰林场人民至上的价值立场。林场是省直驻外单位，各方面工作开展需要驻地党委政府和人民群众大力支持，自然也要全面参与配合驻地经济社会发展。生态共建共享，经济共育共赢，林场把"共赢稳场"作为高质量发展的共享之果，在做好林场稳健运行的同时，一如既往地主动承担社会责任，给驻地农民提供具有民生温度的就业岗位，用林业经济助力乡村振兴，给当地人民群众提供良好的生态福祉。

提升围场绿水青山"颜值"，做大木兰金山银山"价值"。近两年来，林场在非防火期全部对外开放林区，让周边百姓进山采摘林食林药产品，每年约有 1700 农户从中平均获益 2000 多元。统计表明，通过精细化森林抚育，林场每年为当地群众提供季节性就业岗位 1.8 万个，使林区群众增收 2500 多万元。林区累计修筑林路 683 千米，全部开放给林区群众生产、生活，进一步助推和巩固了乡村振兴的成果。

在未来"共赢稳场"的高质量建设中，木兰林场巩固合作基础、扩大合作范围、促进彼此发展，在守护好绿水青山的前提下，进一步发挥国有森林资源生态功能，提供社会服务职能，优化地方共建共赢发展模式，促使林场发展行稳致远。

情重如许，誓言若山。60 年山林耕耘，60 年艰苦奋斗，木兰林场人站在新的起点上，开启"二次创业"的新甲子，他们践行新理念，抢抓新机遇，在中国式现代化进程中笃定前行，必将创造各方协同、共建共赢的绚烂未来。

第四节　绿美东莞：生态福祉领跑大湾区

——东莞市聚焦"科技创新＋先进制造"的城市特色
转型提质生态林业为民谋福

时间属于奋进者。习近平总书记赋予广东"努力在全面建设社会主义现代化国家新征程中走在全国前列、创造新的辉煌"，东莞市委、市政府在科学落实中坚持"科技创新＋先进制造"城市特色，扎实推进中国式现代化，全市人民稳中求进的实施森林进城围城工程，1979 年仅有森林覆盖率 14.7%，经过历届政府的植树造林，2022 年森林覆盖率 35.85%，建成区绿化覆盖率 45.26%、绿地率 42%，人均公园绿地面积 21.61 平方米，交出了一份以"国家森林城市"为鲜明标识的林业答卷，全市共有 11 个国家和省级森林城镇乡村、13 个园林城镇，东莞先后荣获全国绿化模范城市、国家园林城市、国家森林城市等荣誉称号。

当下属于奋进者。东莞市市委带领东莞人民，攻坚克难、开拓进取，把这座与中国改革开放驰名的先进制造之都，建成了 GDP 过万亿、人口超千万的"双万"城市。东莞市林业局带领全市务林人科学领会市委、市政府建设生态林业的决策，以"绿美东莞"为抓手，提高"绿美东莞"的经济效益，增强"绿美东莞"的社会效益，挖掘"绿美东莞"的文化价值，全面保护森林生态资源，完善自然保护地体系建设，高质量建成森林公园 21 个、湿地公园 24 个、自然保护区 6 个，镇级以上城市公园 165 个、口袋公园 375 个，建成绿道 1372 千米、森林步道 428 千米、碧道 350 千米、生物防火林带 671 千米，点带布局的绿色明珠，给这个世界级城市群增添了绿美之光。生态林业领跑大湾区的东莞市，对所有的自然保护地全部免费开放，提升了粤港澳大湾区人民群众的森林旅游、自然体验等最普惠的生态民生福祉。东莞市林业局总工程师徐正球说，东莞市在新一轮机构改革中保留林业局的编制，这本身就是市委、市政府对东莞务林人的厚爱和期待。

未来属于奋进者。走进东莞，山清水秀，城乡绿美。站在"双万"新起点上的东莞林业，充分发挥生态建设主力军作用，全面落实林长制，精准发力高质量，立志打造高水平绿色生态屏障、高端化生态公共产品、高标准自然保护网络、高效能资源监管体系、高品位林业生态文化，加快实现从世界工厂向生态之都、绿色之城的转变提升。

一、做美现代城市林业，提高东莞城市的经济效益

绿色映底蕴，山水见初心。省委、省政府要求"绿美广东"提高经济效益，推动林业生态产品的价值实现。绿色发展理念是东莞市工业制造之都转型升级的共识，东莞林业结合新一轮城市品质提升，把工作重心从山上资源建管转向做美现代城市林业，紧跟"一心两轴三片区"的城市建设思路，打造城区公园会客厅，为市民拓展共享城市生态的幸福空间；提升镇街公园和湿地公园品质，给全市的自然公园赋予生态灵魂；东莞在全省地级市率先成立关注森林活动组委会，聚全民力量破解城市林业的热点难题，立起东莞宜居宜业的城市生态形象，彻底改变了东莞原有的"世界工厂"传统印象，加快向资源节约型和环境友好型城市转型，全面提高了城市知名度、美誉度和城市综合竞争力，使城市林业成为"科技创新＋先进制造"的湾区东莞建设的生态经济支撑。

创造中心城市公园的幸福空间

把实事办好，把好事办实。东莞市围绕中心城区品质提升作出了"一心两轴三片区"的战略规划，"一心"是市行政文化中心区，"两轴"系东莞大道时代发展轴和鸿福路山水文化轴，"三片区"指东莞国际商务区、"三江六岸"历史休闲区、黄旗南生态科创区。

东莞市内的大小公园有 1200 多座，有各种特色的社区公园、综合公园、郊野公园，是典型的千园之城。林业部门配合城市园林、城建规划、交通运输、街道社区等单位扩绿提质，修建公园会客厅，拓展健康呼吸、快乐休闲的幸福空间。

公园山水秀，春风花草香。东莞黄旗山曾有盛唐岭南第一名山之誉。经过几十年的建设，成为景色秀丽、配套完善的城市公园，占地 243 公顷，园内有黄旗山顶灯笼、黄旗古庙等景点古迹，新建的广场、门楼、旗峰湖景点典雅秀丽，为公园"四季常绿"增添"四季花开"。为了给这座城市公园开辟市民的幸福空间，市委成员进园义务栽植无忧树、黄花风铃木、宫粉紫荆、木棉等名贵树木，给公园增添了盎然绿意和生机。如今，黄旗山城市公园的绿树林花，与四周的绿道景观带相连，放射出一个个空间开阔、景色优美的休闲观绿赏花打卡点。历任领导率先垂范，全市民众坚持 41 年义务植树，累计3000 多万人次植树过一亿株。

中心城市公园幸福空间的拓展，使东莞成为全国最"绿"的城市，东莞大道、松山湖大道等城市主干道两旁的绿化树各具特色，全市主干道路绿地率超过 42%，次干道路绿地率 27%，道路绿化率达到 98%，中心城区绿化率超过 51%，均居全国前列。品质筑城，匠心之作，松山湖科学城被纳入大湾区综合性国家科学中心先行启动区主体，东莞市重点打造园区生态，使自然与科技深度融合，形成山水、城市与风景相互融合的优美格局，出门入园、推窗见绿，人文氛围与良好生态共荣共生，呈现出高端创新经济要素的吸引力。

提升自然公园品质并赋予灵魂

良好生态环境是最普惠的民生福祉。东莞林业牢固树立"绿水青山就是金山银山"理念，加强林区生态保护和修复，年复一年植树造林，开发森林生态美景，在全国率先开展国有林场转为财政核拨事业单位的机构改革，实现森林公园和林场"场园合一"，以大岭山、大屏嶂、银瓶山森林公园为龙头，带动镇村建设小公园、小广场，大大改善了市民的居住环境。

青山绕城，绿水环山。东莞市加大市、镇森林公园、湿地公园等自然保护地的森林生态资源管护和系统修复，

感受自然

把公园内的绿水青山转化为金山银山，推动人与自然和谐共生，展现出了自然之美和生态之美。坚守东南生态屏障的大屏嶂森林公园，三代人在25平方千米的林区奋斗，经过近60年的开发建成了公园核心、塘厦和黄江三片景区，园内林竹山水特色鲜明，年均接待游客超过200万人次。大岭山森林公园聚焦品质建设实现"颜值"与"内涵"双提升，他们按照市局要求，持续开展景观改造提升，使石洞核心区、虎门景区的生态景观和广场景观亮丽，茶山路、大板绿道等沿线彩色林带俏丽多姿，直接带动了公园周边的6个出口绿地的布局和升值，分别成为东莞市"科技创新＋先进制造"的动力支撑基地和七大战略性新兴产业支柱基地，助力市委、市政府进一步优化了"黄金内湾"的科技创新生态，赢得了区域竞争的新优势。近几年来，市林业局支持公园提升品质，智慧服务管理的启用，给公园赋予了"重在自然、贵在和谐、精在特色"的灵魂。

生态高颜值，民生高福祉。东莞市自身的山水资源不足，但辖区内的省属樟木头林场拥有山林9.7万亩，并建有宝山、九洞、红花油茶3个省级森林公园。因为林场投资单一，没有足够的资金搞建设，使森林公园有名无实。2018年11月，东莞市政府与广东省林业局合作，探索出了一条省市共建森林公园的新模式。2019年5月，启动第一个共建项目——九洞景区，2020年国庆节免费开放，让人民群众在自然生态之美中享受到幸福生活。崇尚实干，注重落实，省市扩大合作，投入财政资金，提质扩建宝山森林公园和红花油茶公园，共同打造大湾区的高品质森林公园，给老百姓看得见的生态经济幸福感。

东莞首创省内市级关注森林委

地方林业担负着抓生态、促经济、保民生的三重责任，既要守住森林生态资源的底线，又要支撑城乡经济建设，扭转城乡建设外延林地扩张的态势。东莞市林业局时刻保持清醒头脑，不忘务林职责，局领导定期给党员干部职工上党课，引导大家学习国家和省市林业发展史，特别要珍惜东莞林业从无到有，从有到好的奋斗精神和建设成就。局机关在2019年机构改革中完整保留，内设7个正科机构，把"人与自然和谐共生"的本质要求，"绿水青山就是金山银山"的基本内核，化为"良好生态环境是最普惠民生福祉"的宗旨精神，落实到"山水林田湖草沙是生命共同体"系统建设治理中，聚焦东莞生态建设的突出问题，科学精准发力林业高质量发展。

推动绿色发展，建设生态文明，重在关注森林，全面研究并吸收全社会智慧，形成共建人与自然和谐共生现代化的良好局面。2021年11月11日，市政协、市林业局联合市文化广电旅游体育局等12个部门，组建东莞市关注森林活动组织委员会。东莞是广东省第一个组建关注森林组委会的地级市，这个组织一成立，便出台了工作规则，通过了2021—2022年全市关注森林活动的工作规划。明确东莞以城市品质提升计划为抓手，助力森林公园和湿地公园建设三年行动和"三大节点"等重点项目建设。

关注森林，真解难题。东莞市关注森林组委会组织专班调研大岭山森林公园，发现公园交通拥堵、停车位不足、人车混行易发安全问题。组委会将调研报告提交各相关领导和部门，召开会议联席会商，多途径探索解决办法。

二、做优现代生态林业，争做国土绿化高质量发展"示范生"

人与自然是生命共同体，必须尊重自然、顺应自然、保护自然。东莞市结合森林城市创建，以森林进城围城建设大面积、多层次、多色彩的森林景观，建成了森林公园和湿地保护体系、生态景观林带和水乡生态林网。近一时期，东莞市着力打造现代生态林业，提升国土绿化内涵，推进城乡绿化一体化，全面加强森林经营，构建森林生态安全屏障和生物多样性宝库。全市结合林长制的启动和推行，完成了珠三角国家森林城市群东莞核验工作，进一步优化自然保护地体系和自然公园建设，严打破坏森林资源行为，维护林业生态安全。东莞林业坚持做优现代生态林业，全面推行林长制督察考核，设立三级林长 1195 人，把管林护绿的工作落实到了 34 个镇街（园区），构建出了"林长 + 检察长"的创新机制。在此基础上不断完善"数字林业"体系建设，实现全部林业业务一平台、一张网、一张图、一套数管理，完成了全市智慧林长综合管理平台建设。数字林业通过场园一体高水平建设绿色生态屏障，镇村一体高水平提升国土绿化内涵，林企一体高水平发展"美丽经济"，推动"山林细管""山林众管"，争做大湾区国土绿化高质量发展的"示范生"。

场园一体高水平建设绿色生态屏障

让森林资源更好，让公园生态更美。东莞市针对人均森林资源量在全省偏低，部分地区森林生态水平不高、林相不够完整，而可用绿地空间趋于饱和，造林成本越来越高，造林难度越来越大的现实，把林业提质增效的重任赋予局直属的大岭山、大屏嶂、清溪 3 个国有林场和森林公园，引导他们场园一体建设高水平的绿色生态屏障，并将其放置在林业"五高建设"之首。

地处抗战时期东江纵队革命根据地大岭山森林公园，横跨东莞西南四镇，是广东省首批被认定的 4A 级森林公园之一。大岭山森林公园 3 年内两次改造林相，种植彩色树种近 20 万棵，铺设彩色植被 4 万多平方米，使公园花开四季。登上 530.1 米高的公园主峰茶山顶，远眺城市新貌，近赏湖光山色，森林覆盖率 93.2%，成为莞邑大地至珠江口的一道绿色屏障。

大屏嶂森林公园的森林覆盖率高达 96% 以上，本身就是一道天然屏障。场园一体建设的公园分为森林浴区、登山游览区、植物景观区、休闲农业区、森林生态保育区、亲水活动区、行政服务区 7 大功能区。景点景观围绕大屏嶂、观音山和雷公山骨架结构建设，以森林景观为主体，林泉溪水为脉络，自然屏障为根本。场园合并一体建设以来，在强化公园设施建设的同时，年年加大森林培育力度，提高森林质量建设，活立木蓄积量超过 8 万立方米，生态公益林面积 397.19 公顷，公园维管束植物种类达到 650 多种，

绿满城乡

野生动物超过 80 种。

进入"十四五"，东莞林业加大林业生态工程和森林屏障建设，共建粤港澳大湾区水鸟生态廊道、珠三角生物生态廊道，实施全域绿道升级，接驳断头绿道，开展广深高速、广深港高铁等沿线景观品质提升工程，做好地铁 2 号线、莞惠城轨等轨道交通沿线绿化景观修复工作，打造畅通完整的城市生态廊道，缝合城市组团间的生态屏障。

镇村一体高水平提升国土绿化内涵

一镇一村以绿为底色，镇村一体焕发新活力。东莞现已形成"城市绿带、镇村绿景、山区绿屏、水乡绿网"的生态格局。"重工"也"重农"的东莞市，乡村振兴远远走在全国前列，全市 32 个镇街中有 15 个全国百强镇，5 个镇街进入 500 亿元俱乐部，所有发达镇 GDP 均超 100 亿元，拥有超亿元村 30 个。东莞林业引导各镇村，一体化高水平提升国土绿化内涵，在"重工"的同时"重林"，造"新型业态之园"不忘生态特质，造"共同富裕之园"不忘田园生态风格。

"以人为本、园城互动、多元融合"，是东莞市林业局坚持遵循的总体原则，有条不紊地推进城乡森林公园品质提升，建成了一批镇村森林公园。常平镇政府在市林业局的指导帮助下，新建的旗岭森林公园评定为市级森林公园，公园内的登山道全长 1782 米，宽 4 米，沿途设有路灯、风雨亭、观光走廊。近年来，镇政府加大投资 4000 多万元，对道路两旁的绿化植物进行调整，栽植红花紫荆、铁刀木、火焰木、山茶花等名贵树木，让游人在登山的同时观绿赏花。

虎门重视生态林业建设，曾将一座"垃圾山"变成了碧绿的秀美青山。而今，美丽虎门加大生态公园建设，让山青天蓝水碧清岸绿。他们在高水平提升国土绿化内涵建设中，镇村一体修建高标准的威远岛森林公园。这座新生的森林公园是从全球竞赛征集的设计方案，由荷兰园林设计专家 MLA+B.V 与广州园林建筑规划设计院联合设计。新建的威远岛森林公园位于鸦片战争古战场遗址的滨海湾新区威远岛中部，距虎门高铁站仅 7

千米，距离东莞市区和深圳宝安国际机场约 30 千米。公园人文历史厚重，作为东莞生态廊道的重要节点绿心，与南沙黄山鲁森林公园、沙角大松山 – 捕鱼山等共同构成珠江入海的生态屏障。正在加紧建设中的威远岛森林公园，是品质、生态、特色兼具的国际化森林公园。

镇村一体提质建设小公园、小广场，进一步推进了全市的"森林城镇"建设，不断拓展城乡绿色空间，实施绿道连接、精品绿带提升、立体绿化增量、增花添色等工程，因地制宜打造各具特色的绿美乡村。

林企一体高水平发展"美丽经济"

林业产业是林业生态、生态文化三大体系之一，东莞森林生态总效益超过百亿元，仅清溪一镇，便凭借"中国最美小镇"称号的优美生态环境，吸引来 10 多家实力雄厚的企业总部，落户清溪产生新的经济增长点。

深入实施乡村振兴离不开外部引领拉动。东莞市林业局引导各国有林场发挥人才、技术优势，助力当地因地制宜推动生态产业化，提高传统产业的生态附加值。市局加快推进传统的林业产业发展，形成了莞香、荔枝、龙眼等东莞特色的林业产品品牌。结合当下推进的"五高建设"，打造高端化生态公共产品，林企一体高水平发展"美丽经济"，探索社会投资运作机制，深度引入社会资本参与自然公园建设，加强与优质文旅企业合作，逐步构建以优质生态资源为核心载体的产业化、品牌化、高端化生态经济产业体系，打造全域旅游生态品牌。

三、做精现代人文林业，树立生态服务大湾区人民"新标杆"

风起大湾区，潮涌东江畔。东莞市历经几十年的生态林业建设，千座公园景色秀丽，城乡道路绿树相伴，江河湖库绿映花红。不损害国家森林生态资源，但求湾区人民共建共享。新时代的东莞林业通过一系列微改精提，打造现代人文林业，使生态价值大转化，引导全市人民共建高端化的生态科普基地。共享高品位的森林生态文化，共创高质量的生态自然教育，在大湾区树立起了生态服务人民的"新标杆"。

共建高端化的生态科普基地

走进东莞城乡，到处可见高端化的森林生态科普基地和教育设施。市林业局总工程师徐正球说，东莞的林业成就来之不易，新中国成立时的森林资源底子薄，品质低，当年仅存疏残林 7333.3 公顷。直到改革开放初期，森林资源虽有 10 倍扩展，但森林覆盖率不足 15%，林木总蓄积量仅有 110 万立方米，且是单纯的林木树种松杉桉树林。在改革开放的 40 多年里，全市人民通过消灭荒山、"三个十万"（三年绿化荒山迹地十万亩、改造疏残林十万亩、营造农田林网保护面积十万亩）、"七年绿化东莞"、集体林权制度改革、森林城市创建等持续不断的工程和行动，东莞务林人以塞罕坝林场为标杆，使东莞山川大地"宜林则林、宜果则果、林果结合"，多次荣获国家和广东省造林绿化先进单位。

近年来，东莞市坚守"生态优先"的发展初心，奋力开创"绿色崛起"的先行路径，以东莞乡村振兴林业行动方案、珍贵树种推广种植方案、森林公园彩色林建设总体规划、红树林资源调查与种植规划，率先探索出了绿水青山转化金山银山的价值方式。林业部门用生态文明赋能激发乡村新活力，组织专业团队打造高端化的生态科普基地，示范带动焕发生态科普新生机。市林科所率先垂范创新"森林探秘"科普教育，获评省级科研示范基地、第四批全国林业科普基地。东莞林业帮扶茶山镇立足本地丰富的森林生态资源，打造大湾区美丽乡村与特色生态小镇，一系列镇村森林生态科普基地，使茶山镇荣获广东省全域旅游示范区，牛过蓢村获评全省十大魅力古树乡村。

共享高品位的森林生态文化

自然是生命之母。东莞市尊重自然的生态系统，打造生态保护和经济社会良性互动的自然受益型经济，东莞共享高品位森林生态文化的一系列成功实践成为"绿水青山就是金山银山"的鲜活例证。

东莞人民在打造现代人文林业中，把高品位林业生态文化作为林业工作的"五高建设"之一，大力弘扬森林生态文化，开展生态文化项目建设，广泛传播生态文明理念，提高公众生态保护意识和责任意识。东莞因地制宜结合资源环境禀赋，深入发掘绿水青山蕴含的价值，把生态环境优势转化为发展优势，让人民在绿水青山中共享自然之美、生活之美、发展之美。他们整合森林公园、湿地公园中现有的佛教文化、知青文化、疍家文化、水乡文化等森林生态文化资源要素，依托大岭山林场"知青点"旧址、银瓶山传说典故等历史资源，建设景点解说标牌等一批生态文化基础设施，开辟生态文化艺术创作基地，组织文学艺术工作者体验挖掘，讲好森林公园故事，繁荣森林生态文化，使绿水青山的环境承载力、品牌影响力、资源贡献率稳步提升。

提升文化底蕴，共享生态文化。东莞林业在加强各级森林公园的建设和管理中，充分发挥森林公园弘扬生态文明的主力军作用。积极举办具有特色亮点的文化活动，定期举办书画、美术、摄影等森林生态活动。2020 年 9 月，结合银瓶山森林公园樟木头景区的扩建和开放，东莞市联合广东省艺术摄影学会举办了一场"聚焦银瓶山·感受生态美"的主题摄影比赛，征集参赛图片 1500 幅，评选出 60 幅获奖作品。近几年来，东莞林业鼓励各大森林公园、湿地公园联合镇村举办"荔枝文化节""登山节"、季节性赏花节、客家文化活动等丰富多彩的旅游节庆活动，开辟赏花游、特色景点游等生态旅游路线，不断扩大森林公园、湿地公园知名度。

共创高质量的生态自然教育

大自然使人类得到发展，而人类要实现永续发展，就要尊重自然、爱护自然，形成与自然彼此依赖的关系。东莞林业动员社会力量参与自然教育，编制《东莞自然保护地自然教育体系建设方案》，探索建立自然学校、自然教育中心等，构筑大屏嶂森林公园科普展厅、银瓶山自然教育径等各类软硬件设施平台，开展自然教育培训体系建设、自然教育课程设计等工作，完成了东莞森林植物自然教育丛书编纂工作，推动自然学堂进学校、进企业、进社区，开展志愿者品牌建设，构建了一个志愿者服务体系。

弘扬森林文化，开展自然教育。近几年来，东莞林业构建了一支灵活的自然教育队伍，打造出了上百个生态自然教育平台，累计举办各类活动 77 次，受众 2 万多人。2021 年 3 月，市林业局牵头成立自然教育专业委员会，成功举办了 2021 年国际森林日主题宣传活动暨东莞自然教育共建启动仪式。东莞市通过自然教育共建活动，让社会广泛关注森林与民生的关系，构建共建共治共享的生态文明建设格局，搭建更广阔的森林文化和自然教育交流平台，为广大市民提供更优质的绿色福利，让更多人亲近自然、感受自然，被广东林业、广东教育赞誉为自然教育的"东莞模式"。

"开放、自愿、合作、共享、服务"，东莞林业以这一理念组建自然教育联盟，着力培育自然教育事业共同体，广泛凝聚各类自然保护地、自然教育机构、专家团队、社会组织、志愿者团队等力量，推出丰富多彩的自然教育课程、路线和特色产品，举办各类形式新颖的自然讲堂、专题论坛以及公众自然教育科普活动，推动自然教育体系化、标准化和规范化发展，更好满足广大人民群众对生态文化的需要，使人与自然和谐共生的观念深入人心。

绿美东莞

进入"十四五"，东莞市林业局全面落实自然教育，组织自然教育丛书编纂，推动自然学堂进学校、进企业、进社区，开展志愿者品牌建设，构建志愿者服务体系。构筑大屏嶂森林公园科普展厅、银瓶山自然教育径、林科所自然教育学校等各类软硬件设施平台，利用微信公众号等平台，完善自然教育智慧导游导览系统。近年来，林业联手教育部门评选出了《不一样的郊野》《奇妙的昆虫世界》《自然与园艺教育课程》《探究"帝王木"檀香》《茶文化》等自然教育优秀公益课程。

以改革转型为引领，以创新谋变为驱动。抬眼可及的天空之蓝与草木之绿，正成为大湾区东莞创新生态林业之路的有力注释，是迈向高质量发展的坚实生态保障。站在"双万"起点上的东莞市，将比较优势转化为湾区融合的集成优势，着力林长制深化改革主线，担当依法治林的资源监管主责，优化绿色生态产品供给，持续改善生态系统质量，在碳达峰碳中和、乡村振兴、生物多样性保护、自然保护地管理等方面，放胆思想大解放，写好"绿美东莞"新文章。

第五节　海南五指山：雨林焕绮万物生

——海南省五指山市把习近平总书记的嘱托化为
高质量建设现代林业的能量观察

"我爱五指山，我爱万泉河。"远山如黛的五指山，海拔最高峰 1867 米，被誉为海南"屋脊"；近水含烟的五指山，海拔最低处仅有 160 米，琼州"水塔"分流出南渡江、昌化江、万泉河；雨林苍茫的五指山，位于海南省的中南部，是海南岛最早的黎族人民聚居地，这座全国首批国家公园腹地里的"翡翠山城"，曾是海南黎苗自治州首府，现有城乡居民 10.7 万人，面积 1144 平方千米。全市人民珍爱家园，全情建设海南热带雨林国家公园核心区，全心保护生态系统和生物多样性，全力投身优质生态资源向优质生态产品的转化，交出了一份国家公园建设的五指山精彩答卷。

"绿水青山就是金山银山。"2022 年 4 月 11 日下午，习近平总书记深入到五指山市水满乡毛纳村考察公园生态环境，要求"海南要坚持生态立省不动摇，把生态文明建设作为重中之重，对热带雨林实行严格保护，实现生态保护、绿色发展、民生改善相统一，向世界展示中国国家公园建设和生物多样性保护的丰硕成果。"五指山市党委带领五指山人民，科学落实省委、省政府高质量发展海南的要求，对照习近平总书记亲临五指山考察的"六个嘱托"，加快建设琼崖革命初心悟园、黎苗文化精神家园、底蕴厚重州府故园、热带雨林国家公园、农旅融合富美田园、四季宜居康养乐园等"六园"。

雨林焕绮万物生，宝山开发硕果累。2023 年 4 月，我们沿着习近平总书记 1 年前在五指山的考察路，踏访五指山建设成果。感到五指山市林业局的领导班子务实创新，全市务林人围绕"六园"建设方略，创新架构"林长制"，强化生态保护，科学规划林业发展，运用"四库""两化"建美山清水秀的热带雨林国家公园；建立"十二个林"经济体系，差异化发展茶产业，打造四季宜居的森林旅游康养用绿色发展打通"两山"路径让宝山硕果累累；促进民生改善，让"生态搬迁"稳定发展，靠全民"创森（即创建国家森林城市）"宜居宜业，用"智慧林业"为民谋福，努力舒展出五指山林业助力乡村振兴的美丽新画卷。

一、强化生态保护，建美山清水秀的热带雨林国家公园

五指山市把习近平总书记"海南热带雨林国家公园是国宝"的嘱托，化为在核心区加快建设热带雨林国家公园实际行动。全市 63% 的国土面积划进了国家公园，全省市县中的占比最高。全市人民跳出五指山、跳出海南、跳出全国看"国宝"，创新落实林长制改革，严格保护好辖区内的每一座山、每一片林、每一棵树；严守生态底线，按照城乡建设实际精准修订"十四五"林业建设规划；对照森林"四库"（水库、粮库、钱库、碳库）和"两化"（生态产业化和产业生态化）要求，建美山清水秀的热带雨林国家公园，提升绿美五指山的影响力和知名度。

用林长制严格保护热带雨林资源

织密制度之网，筑牢治理根基。五指山市把建设山清水秀的热带雨林国家公园视为生态文明建设的"国之大者"，坚持以忠诚强化担当，把生态文明建设摆在全局工作的突出位置，成立市委、市政府主要负责同志牵头的生态文明建设排头兵、林长制工作领导小组，严格实施"党政同责、一岗双责"、尽职免责、失职追责，制定生态环境保护责任清单。强化部门协同，建立健全督察、整改、追责等工作机制，严格落实党政领导干部生态环境损害责任终身追究制，让制度成为刚性约束和不可触碰的高压线，为生态文明建设提供可靠保障。

2019 年，五指山市率先在海南省推行"一长多员"网格化管理，创新架构市乡村三级林长制组织体系，对 10 名市级林长、87 名乡级林长、444 名村级林长、45 名专职护林员、813 名生态护林员，8 名社会监督员的职责与管理，按方案划分责任片区和责任人。结合"天空地人"一体化林业感知体系构建林长制管理运用平台，对林业资源立体化管护、全方位监测。"一长多员"全员运用平台手机端应用，上报巡林、巡护、涉林问题处置等情况，打通了管护站、乡镇、林业部门、执法部门之间的信息流转渠道，实现了林长与护林员、林长与执法人员之间的协同联动，建立了涉林问题线索全流程闭环指挥调度机制，达到林业生态保护业务事项一屏总览、一网协同、一键指挥，提升了森林资源管护的效能。

2017 年，五指山市畅好乡青春岭有个村民毁林 70 多亩违法建设养殖场，被国家林草局挂牌督办，省市联合查办整改，两年才复绿完成。类似的违法图斑整改全乡还有 27 个。

海南热带雨林国家公园五指山片区晨雾氤氲

林长制实施以后，党政同责，齐抓共管，打开卫星图斑一目了然，从乡到村一起整改，很快就使27个遗留问题清零。

山有人管、林有人造、树有人护、责有人担。五指山林长制实施4年来，网格管护制度完善，瞭望塔观察、地面人员巡逻、基础设施助力、防治措施到位，再也没有出现国省图斑督查整改的问题，体现了生态文明试验区建设中的五指山"1867"峰值担当。

按科学规划恪守生态底线攀高峰

"牢记总书记的嘱托，我们在海南热带雨林国家公园核心区，更要把'国宝'保护好、建设好！"

五指山的"现代版富春山居图"怎么画？林业局党委和相关部门调研，对照省市落实总书记嘱托的生态建设要求，进一步精准修订提升了《五指山市林业发展"十四五"规划》。把发展的目光放到了国家公园核心区生态保护和"四库""两化"利用上，延长林业经济链条，增加林业产业，增加农林收入。如今，一个林业资源富集、城乡生态绿美、公园景区各异，人与自然和谐共生的美丽五指山，正在从蓝图变成现实。

五指山林业紧紧抓住海南省建设自由贸易港和生态文明示范区的机遇，突出"六园"建设的林业作为，力争在"十四五"期间，把改善生态环境作为林业发展的根本方向，把保护资源和维护生物多样性作为林业发展的基本任务，把改革创新作为林业发展的关键动力，把做强产业作为林业发展的强大活力，把依法治林作为林业发展的可靠保障，把开放合作作为林业发展的重要路径，确保到2025年森林覆盖率稳定在87%，活立木蓄积量超过964万立方米，每公顷乔木林蓄积量稳定在96立方米的健康森林，林业产值达到5亿元，生态文化功能得以更好地发挥，成功创建国家森林城市，着力打造林长制改革的"五指山样板"。

修订后的《规划》围绕"一心、两区、多点"格局，建设五指山城区绿心，打造东北、西南两个林业功能区，带动基层乡镇"多点"秀美。《规划》围绕森林生态网络、资源管护、林业产业、科技支撑方面，投资千万建设覆盖全市的生态安全屏障工程，加大投入保护公益林、修复退化，提升林业产业。

依照规划迈上新征程，攀登生态保护新高峰。五指山市决心把从祖宗继承来的秀美森林留传给子孙后代，把建设守护的森林视为最大的生存资本和根基。

高规格研讨公园"四库""两化"

建设守护国家公园森林生态资源，也要充分释放热带雨林的经济潜能。五指山市全方位学习习近平总书记的水库、粮库、钱库、碳库的"森林四库"论述，对照中国林业经济历来倡导的生态产业化、产业生态化的"两化"实践战略，成立"四库"研究专班，编制"四库"规划，与中国海洋石油集团签订碳汇合作开发意向协议，共同探索以五指山为试点的热带雨林碳汇价值实现路径。

围绕"四库""两化"建设，五指山先后举办了两次高规格的新闻发布会和研讨会。2022 年 6 月 10 日，海南省委、省政府举办"奋进自贸港 建功新时代"五指山专场新闻发布会，邀请五指山市市委书记专题介绍五指山市以"六园"建设为工作主抓手，努力成为民族地区高质量发展典型的经验，向社会展示的这张"四库""两化"建设的答卷令人满意。五指山是全海南的"水塔"，全市以"六水共治"为抓手，实施昌化江上游滨河雨林生态修复综合治理工程，以槟榔退出转产为引领，在槟榔林下种植固土涵水植物；建设森林"粮库"，发展林禽、林畜、林蜂、林菌等富含蛋白质的林下经济，推广雨林油茶种植，逐步替代槟榔种植作物，研究推广栗子、榛子等淀粉类作物；开发林下经济文章"钱库"方面，做好"雨林 +"文章；建设前沿"碳库"，把国内各大金融机构、环保机构、土地资源利用研究机构引进五指山研究探索，念好 GEP（生态系统生产总值）、EOD（以生态环境为导向的开发模式）、CER（碳排放权）"三字经"。

百名"群星"齐聚五指山，拓宽"四库""两化"新路径。2023 年 4 月 15 日，由海南省生态环境厅、海南省林业局指导，五指山市联合海南国家公园、天合公益基金会在五指山市举办了一场热带雨林国家公园"四库""两化"高质量发展研讨会。会议邀请全国首批 5 个国家公园管理代表和"四库""两化"专家百余人共同研讨，这是国家公园设立以来的第一个以县级名义主办的高规格研讨国家公园建设会议。参加研讨的领导和专家认为，五指山的"四库""两化"成果，证明"海南热带雨林国家公园是国宝"，科学用好公园的森林生态资源，都能实现产业生态化和生态产业化的宝山价值。五指山市政府带头发起创建生态产品生产总值（GEP）实现联盟，致力推动国家公园生态系统价值转化，签订了一系列"两化"建设项目。

二、推动绿色发展，打通"两山"路径让宝山硕果累累

"宝山硕果累累，把日子过得更红火"，是习近平总书记对五指山的嘱托。近两年来，五指山市坚持绿色发展，珍惜"九山半水半分田"的森林生态资源，着力产业生态化和生态产业化，重点发展茶叶、雪茄烟叶、野菜叶"三片叶"和"十二个林"的林下经济，帮扶一个乡镇建设一批美丽乡村、一片高标准茶园、一个研学基地、一个露营基地和一乡多品"4 个 1+N"谋划生态产业项目，做强做大有机农林产品生产、乡村森林生态旅游康养等产业。依靠林业经济打通"两山"路径，开发宝山结出累累硕果，截至 2023 年 6 月，全市种植茶叶过万亩、油茶 1.9 万亩、益智仁 5 万多亩，新植波罗蜜 4 万多棵、矮化椰子 1 万多棵。

"十二个林"探索建立生态经济体系

五指山森林面积大，但土地资源稀缺，林业经济发展空间相对较大。五指山林业科学落实市委、市政府发展经济的思路和要求，在新赛道上创新方式方法，找准拓宽生态价值的实现路径，走出了一条农林融合建设"十二个林"的生态经济体系之路。

"过去是身在宝山，空手而归；今后是身在宝山，硕果累累。"五指山市印发《林下经济产业发展指南》（以下简称《指南》），依托丰富的森林"四库"资源，重点发展林茶、林花、林果、林草、林菜、林菌、林药、林禽、林畜、林蜂、林游、林养等"十二个林"的林下经济产业。五指山市围绕这些热带特色高效林业产业，整合资源优势，打造具有特色的林下经济示范片区，通过"企业＋合作社＋农户"等组织模式，促进林下经济规模化、标准化、规范化发展。鼓励支持龙头企业发展林下经济产品深加工产业链，进一步提升了林下经济效益扩展林业发展空间。

开展林下经济试点，发挥示范带头作用。近几年来，五指山市林业局依据《指南》，指导全市 7 个乡镇分别完成了林下经济的试点任务和试点工作，培植了一批产业经营主体和龙头企业，实现了林下经济产销一体化经营。建立了忧遁草、灵芝、益智、五指山鸡等重点林下经济产品品质的质量标准，规范完善了林下中药材品种选育、种植、加工、仓储的标准化技术体系，完善了林下中药材生产、经营质量规范。照这样的建设速度和质量，预计到 2025 年全市林下经济示范基地将达到 10 家，发展林下种植面积 10 万亩，林下养殖面积 1 万亩，农村依靠林下经济户均增收两万元。

差异化发展把茶叶变成"金叶子"

习近平总书记在水满乡毛纳村考察时，走进王柏和、王菊茹夫妇开办的"和茹手工茶坊"座谈，王菊茹说她家每年卖干茶 50 多千克，收入 3 万多元，村民依靠茶叶摆脱贫穷，家家户户盖起了小洋楼。总书记嘱咐五指山市"把茶叶经营好，把日子过得更红火"。

技艺传承上千载，雨林红茶香万家。五指山市把茶叶排在雪茄烟叶、野菜叶"三片叶"的产业之首，"五指山红茶"获得农产品地理标志证书，茶产业形成了林下经济产业链。海南省林科院五指山分院党委带领干部职工，除完成指令性的中部热带雨林区域林业综合科研课题外，着力国家公园建设保护培植生产与产业兼具的乔木乡土树种，着力当地产业需求组建团队攻坚差异化发展的大叶茶种苗培育、种植技术和红茶制作技艺。科研团队以水满雨林茶园小镇和番阳雨林农产品加工园为抓手，凝结一片茶叶的智慧与匠心，引导林农有良种茶苗，种出优质茶叶，完善制茶工艺，传授让林农听得懂的茶业课。毛纳村共有 33 户 128 人，全村种植茶叶 570 多亩，户均 17 亩多。2023 年 4 月，五指山市举办中国红茶消费发展论坛暨五指山雨林红茶文化日，发布海南大叶茶基因测序结果，将海南大叶茶这一新茶种命名为五指山茶。

五指山市精细化、高端化建设大叶红品牌，不断升级红茶制作工艺，将黎族传统制茶技艺纳入市级"非遗"传承项目。现在的五指山红茶更加香醇，种植面积逐年扩大，"十四五"规划明确，至2025年建成3个良种繁育基地，持续改造老茶园，创建知名品牌，推动五指山茶走向全国、走向世界。

建设四季宜居的森林旅游康养乐园

五指山是一座有山有水有底蕴的诗画城市，这里的"一山、一园、一情、一城、一路"紧密相连，融为一体。"一山"是五指山，"一园"是热带雨林国家公园核心片区，"一情"是中部黎苗民族风情，"一城"是五指山城市旅游，"一路"是通贯海南岛中部公路。

五指山市紧紧围绕"生态核心区"的战略定位，主动融入服务海南自贸港的生态旅游，充分发挥森林生态资源环境优势，结合琼崖革命初心悟园、黎苗文化精神家园、底蕴厚重州府故园、热带雨林国家公园、农旅融合富美田园、四季宜居康养乐园的"六园"建设，以雨林生态、文化体验、自然教育为重点，打造森林人家、雨林婚庆、科普游学等雨林特色生态旅游产品，推进五指山生态旅游高质量发展。

打造文旅发展新优势。五指山市林业部门针对东部和北部山地森林景观优美，旅游配套设施相对完善，交通便捷，在保护原始森林生态景观的前提下，加大生态旅游综合开发力度，重点建设森林生态旅游综合区。林业部门引导投资主体利用资源开发建设郊野型森林景观、秘境探险的山野原始森林、休闲旅游森林景观，依托"六园"旅游资源禀赋，培育林旅融合新业态，大力发展培训、研学、写生、医养康养等特色产业；以创建"雨林人家"民宿品牌为抓手，全力打造民宿特色市；用好国家公园名片，探索开展特许经营，定期开展"雨林与您"体验活动、"鹿拉松"、雨林电音节、雨林音乐节、雨林骑行等雨林生态文化活动，讲好雨林故事，提升国家公园影响力。

夯实基础配套设施。五指山市加大投入建设热带雨林博物馆，启动雨林旅游公路（二期）工程，在水满、南圣、通什、毛阳四个乡镇建设旅游入口服务区"山门"，并在水满建设生态旅游中心服务基地。市政府在雨林国家公园五指山市辖区内的乡镇驻地、旅游景区、原林场场部、自然村落建设46个"天窗"社区，进一步提升森林生态旅游接待能力和服务经营功能，满足社会上的森林生态旅游、生态休闲度假、生态教育体验市场。

强化管理科学运营。五指山市林业局配合文化旅游等部门，布局建设热带雨林景区旅游和林下旅游开放开发。集中全民智慧，在水满乡毛纳村精心开发的"跟随总书记足迹，发现五指山之美"旅游线路，合力创建的"不到五指山，不算到海南"品牌，精选打造的黎苗文创产品展示、茶艺冲泡展演、黎苗本土文化表演、黎族长桌宴和篝火晚会等生态旅游精品套餐，受到旅游人群的好评。五指山市充分利用紧邻三亚的优势，加大与中国旅游集团、北京首都旅游集团等企业的对接力度，积极做好游客引流，谱写出了"山海联动"的生态旅游新篇章。

三、促进民生改善，舒展五指山乡村振兴的美丽新画卷

习近平总书记在五指山市考察时，嘱托"把所有精力都用在让老百姓过好日子上"。五指山市委、市政府结合落实中国共产党海南省第八次代表大会精神，坚持人民至上，坚定不移践行以人民为中心的发展思想，发挥林业建设助力乡村振兴的强大作用，坚持城乡融合、城乡一体、产城融合，确保"生态搬迁"的群众生产生活稳定发展；引导全民创建国家森林城市，用"三城连创"提升城镇颜值，美化城乡环境，建设四季宜居的康养乐园；林业部门主动把林长制建设的智慧管理平台向全社会开放，使"智慧林业"与"智慧五指山"对接共融，服务乡村振兴，让五指山人民的获得感成色更足、幸福感更可持续、安全感更有保障。

"生态搬迁"稳定发展

"生态搬迁"是国家生态建设的重大政策举措，海南省在热带雨林国家公园的规划建设中，明确要求五指山市报龙、毛庆等5个自然村的139户实施生态搬迁，投资建设安居工程异地安置。五指山是全省生态搬迁任务最重的市县，他们把"搬得出、稳得住"的基本导向搬迁村民做好宣传动员，将"有就业、能致富"作为服务搬迁村民的工作落脚点，高标准建设安置新区，配置电梯、天然气、文化、生产、教育等设施，基本完成搬迁任务。

综观五指山的"生态搬迁"家庭，他们不仅仅是挪地，更是挪观念。为了减轻搬迁村民的生活负担，市政府配套教育、医疗等政策性服务，对水电费用减免优惠，依托国家公园特许经营，建设现代化特色农林产业，服务生态旅游，使他们在家门口实现增收，彻底扭转了过去的生产生活顾虑。王健全是原龙庆村的党支部书记，他带领村民搬迁到龙庆新村时，政府还给各家配置了热水器、洗衣机、电视等家电设备，可谓拎包入住。搬迁后，王健全带领村民结束传统的农耕生活，过上了与城里人一样的现代生活，上学就医不再愁。有文化、有头脑的新村民投资创业，老人和家庭主妇则由村委会统一安排公益岗位。

随着生态搬迁的实施，五指山市组织相关部门有序拆除国家公园核心区的老旧村庄房屋建筑和附属物，因地制宜补种重阳木、五味子等适合本土生长的树木，以自然生态修复为主，人为修复为辅，逐步恢复村庄旧址区域的生态涵养功能，给当地的野生动植物腾出了更多生存栖息的新空间。

全民"创森"宜居宜业

绿色决定发展的成色。推动绿色高质量发展，必须对生产方式、生活方式、思维方

式和价值观念进行全方位、革命性变革。五指山市牢固树立和践行绿水青山就是金山银山的理念，坚持在保护中开发、在开发中保护，着力厚植生态底色，推进经济结构战略性调整。市委、市政府提出"三城连创"，持续巩固国家卫生城市创建成果，争创全国文明城市和国家森林城市，为实现经济社会发展与人口、资源、环境相协调打下坚实基础。

绿满五指山

紧盯节点抓落实，"省森""国森"稳步创。五指山市林业局作为"创森"工作的牵头部门，按照市里定下的五年国家森林城市创建规划，力争2023年年底夺得海南省省级森林城市，再冲刺国家森林城市。他们求是制定年度任务分解表，把各个完成任务内容细化成项，分解到各单位抓落实。建立工作专班群，每月通报一次各牵头单位创建省级森林城市任务完成进度，统筹协调各有关单位有序开展创建省级森林城市工作。持续深入开展义务植树造林活动，实施退耕还林、防护林、森林抚育等增绿工程，国土绿化成效显著，确保全市森林覆盖率始终稳定在86%以上。指导各乡镇开展以老残林更新造林为主，积极推进造林等工作，每年造林绿化过千亩。

高水平推进国土绿化美化，改善城乡人居环境。五指山市结合"省森""国森"创建，系统建设城区绿地，美化城市景观，方便群众游憩，彰显出城市传统风貌特色和热带雨林景观特征。村镇森林景观建设的重点是提升镇村绿化水平，改善人居环境，生态修复受损弃置地，提升廊道绿化，建设森林乡镇和森林村庄，全民创森使城乡百姓更加宜居宜业。

创建森林城市，繁荣生态文化。五指山市建设"雨林与您"系列体验活动，邀请广东歌舞剧院到五指山水满乡毛纳河畔举办"雨林时光"田园实景演出，策划推出生态文化品牌，留下了一系列雨林文化艺术精品。2022年11月，五指山市成为海南首个成功入选国家生态文明建设示范区的城市，成为五指山市在建设海南热带雨林国家公园和国家森林城市创建过程中收获的一张金色名片。

"智慧林业"为民谋福

"智慧五指山"将古树名木、建筑物、道路、市政化、社区、产业等数据化，以"数据＋应用"集成管理平台，推动部门间数据共享，打破数据壁垒，探索城市规划、设计、治理、运营一体化，给五指山市的科学化和精细化管理打下了坚实基础。

五指山市争当生态保护的尖子生，结合林长制改革在全省率先开发建成了林长制管理平台。市林业局将全市城乡的生态林业建设和林业产业经济数据化，将其扩展为"智慧林业"平台，实现森林资源"天空地"一体化监测，织密了全市森林资源监管信息网。

五指山市林业局不仅仅是利用这一智慧平台管护国家公园和全市城乡的森林生态资源，同时将平台资源向城乡社会开放，服务全市的经济建设和城乡社会治理，使民生福祉更加殷实。

志不求易者成，事不避难者进。站在新起点上的五指山人民深知责任重大、使命光荣。他们牢记嘱托、坚定信心、团结奋斗、攻坚克难，"以功成不必在我"的精神境界和"功成必定有我"的历史担当，凝心聚力，开足马力，加快实现宝山硕果累累，努力向党和人民交上一份满意的答卷。

第六节　广西兴宾：强林兴宾美如画

——广西兴宾区巩固拓展林业产业成果同乡村振兴有效衔接的实践

盛夏的桂中大地生机勃勃，绿意盎然。走进广西来宾市的主城兴宾，放眼森林城市有灵气，远望绿美乡村品乡愁。我们在进镇入村的主干道上，看见一辆辆满载枝丫材的卡车和农用车向三大木材产业园奔驰，在绿水青山中撒播希望。

推进中国式现代化，必须全面建设产业体系，推进城乡和谐振兴。乡村是绿水青山资源的集聚地，山林是林业产品制造的"大粮仓"。习近平总书记对广西人民提出的"五个更大"嘱托，明确要求"在服务和融入新发展格局上取得更大突破，在推动绿色发展上实现更大进展"。区党委带领百万兴宾人民，将广西壮族自治区和来宾市党委、政府的要求交会对接，聚焦"升级产业、振兴乡村、改善民生"三大工作重点，确保经济社会大局稳定，奋力谱写兴宾经济社会高质量发展新篇章。

兴宾区林木资源禀赋好，又有得天独厚的区位优势和四通八达的交通网络，是林产工业制造的理想宝地。兴宾区林业局带领全区务林人，把国家、自治区、来宾市林业部门的林业建设要求，以常态化的林长制工作为抓手，大力开展绿化造林，加强森林资源保护，狠抓油茶产业和木材加工业，2022年实现林业经济140多亿元，交出了一张强林兴宾的完美答卷。

一、坚持生态优先，用"林长制"保绿美城乡

精准护绿，稳步增绿，有效用绿。兴宾区率先在广西开展集体林权制度改革，试行"分山到户、均林到人"，实现"山定权、树定根、人定心"。国家"林长制"政策出台

后，区委、区政府紧跟自治区林业部门的决策，务实架构区、镇、村三级"林长制"，运用网格化和数字化依法保护城乡的绿美环境，创新"林长＋检察长"的协作机制，在严格管护森林资源的基础上，大面积植树建造国家储备林，充实林产工业的"大粮仓"。林长制实施两年来，兴宾区保持林地面积253万亩，森林覆盖率49.91%，总活立木蓄积量790万立方米，国土绿化实现由规模化向精细化，由数量型向质量型，由绿起来向美起来、富起来的转变。

务实架构兴宾"林长制"

"山有头，林有主，有了问题找'林长'！"如今，这不仅是很多林农的口头语，更成为兴宾镇村森林资源保护发展的共识。

兴宾区地处亚热带，山林资源多，林地条件好，光热雨水足，林木生长旺，以桉树为主体的商品林生材快、价值高。过去的森林生态资源管理，一直由林业部门"单打独斗""小马拉大车"，缺少基层一线林业建设保护力量，造成林业系统的功能弱化，保护和发展的难度相对较大。

破局从2021年开始，兴宾区按照广西壮族自治区《关于全面推行林长制的实施意见》，建立起覆盖全区的"双林长"工作机制：区委书记、区长担任总林长，在区委副书记和区政府副区长中设立5名副总林长，以镇、乡、街道为单位划定责任片区，贯通区、镇（乡、街道）、村三级林长体系。全区共设立乡镇级林长50人，副林长190人，在村组设立290名林长和护林员，这是一支基层主体管护队伍。区委明确各级林长对各级行政区域林业资源保护发展负总责，副林长按分工履行职责，分片负责责任区域。从此使兴宾区林业部门唱"独角戏"，转变为党政各部门齐抓共管的"大合唱"。

结合"林长制"建设，兴宾区建立了"林长＋检察长"的协作机制，给森林资源保护工作提供了有力的组织保障和司法保障。2022年7月正式实施后，林长和检察长协同工作、协作办案、共享信息，使破坏森林资源的行为得到有效遏制，森林及野生动植物资源得到有效保护。驻区内的维都国有林场部分林地被长期侵占，2022年在林长和检察长的协作机制中，通过综合整治使林场回收2538.46亩，为本地林农处理历史纠纷林地1772.4亩。历史上遗留下来的违

维都国有林场的绿水青山

法图斑，有的被国家森林督查，通过区内刑事办案和森林督查整改，完成量 100%。全区扎实开展森林防火和松材线虫病防控行动，2022 年有效防范森林火灾 3 起，最大限度减低林业有害生物发生面积，确保不成灾，普查松林面积 6711 亩，未发现松材线虫病，使森林灾害风险得到有效化解。

依法保护好城乡绿美环境

"林长制"是手段，"林长治"是目标。兴宾区巧用"1234 法"管理森林资源，保护城乡绿美环境，加快构建现代林业经济体系，打造广西中部生态高地。兴宾创新运用的"1234"法，是"一个抓手""两个机制""三个从严""四个提高"。"一个抓手"是"林长制"，定期研究部署森林督查整改工作，确保森林督查责任全面落地落实；"两个机制"健全领导机制和政治监督机制，高位推动森林督查整改，激励干部抓好森林督查；"三个从严"是通过从严把关、从严查处、从严问责，加快森林督查的推进；"四个提高"是保障森林督查成效，提高变化图斑核实质量、提高执法办案能力、提高林木采伐监管能力、增强群众法治意识。

坐拥绿色生态这一突出财富和独特优势，兴宾区牢固树立"绿水青山就是金山银山"理念，用"林长制""护绿"，依法保护古树名木，综合治理红水河流域水土流失及石漠化防治。兴宾区对古树名木"过度硬化"进行专项整治，制定古树名木"过度硬化"破除工作方案，按照自治区古树名木过度硬化确认和破除标准，对城乡 1 株一级古树、4 株二级古树、15 株三级古树的周边"过度硬化"环境进行改善，对水泥硬化地板采取打孔的方式整改，在已铺装的水泥或沥青、水稳层上间隔打足够多的"孔"，利于透水透气，把硬化地面对古树名木生长的影响降到最小。兴宾区有部分山林处于红水河流域内，是南岭山地森林及生物多样性生态功能区，部分地方森林质量不高，出现水土流失和石漠化问题，兴宾区林业局主动担责实施生态修复综合治理，截至 2023 年 6 月，完成天然林保护与营造林工程 1.5 万多亩，完成退化草原修复工程人工种草 400 亩、草原改良1600 亩。

提升绿化景观，创建"森林村庄"，绿美城乡环境。兴宾区林业局在保持城市城镇绿美成果建设的基础上，对村屯绿化景观进行提升，投入资金将寺山镇石塘老街村和高安乡高连村建成了自治区绿化景观提升示范村。林业部门引进全区乡村创建"森林村庄"，涌现出以五山镇福塘村为代表的一批荣获自治区和来宾市的"森林村庄"，构筑了一道区域城乡森林生态体系。

建设林产工业"大粮仓"

兴宾林业以人造板制造工业提升了山林的经济价值，使城乡生态底色更加厚重，打通了"绿水青山"与"金山银山"的双向转换通道，全区人民自觉做优以绿生金的文章，做优做强国家储备林项目，建成了兴宾的林产工业"大粮仓"。

建造原料林，扩展木材仓。近几年来，兴宾区加大植树造林力度，来宾市 2022 年给兴宾区下达植树造林任务 6 万亩，当年建造 8.83 万亩，其中荒山荒地人工造林 400 亩、迹地人工更新造林 1 万亩、萌芽更新造林 7.79 万亩。2023 年春季造林 7 万亩。

做好"山"文章，深挖"林"潜力。兴宾区结合"林长制"实施和推进，以国有林场引领，吸纳集体林地有序参与和个体林农化整流转，现已建成国家储备林 2 万亩。兴宾林业规划到 2029 年全区累计投资 15 亿元，新建国家储备林 17 万亩，使森林蓄积量、森林生态功能稳步提升，推动林业全产业链发展，实现倍增效应。林业部门规划打造国家储备林高质量发展示范基地，创建现代林业产业示范区，统筹推进林区基础设施建设，壮大集体经济助推乡村振兴。建设模式主要有国有企业控股、"公司+合作社+农户""企业自主经营"三种模式，建成了权属清晰、国有林场全面参与、流转和收储方式灵活多样的国储林建设样板，2023 年 2 月 10 日，广西壮族自治区林业局在兴宾区召开国家储备林建设现场会，全面推广了兴宾区的国家储备林建设"专业服管护"经验。按照这样的速度和效果推进建设，到 2029 年全面完成 17 万亩国家储备林建设任务，可以再创建一个林业产业示范区，带动全区林业总产值达 200 亿元。

二、打造林产工业，将绿水青山生成金山银山

打造绿色环境，升级绿色产线，研发绿色产品。连续多年的中央一号文件都要求培育壮大县域富民产业，引导劳动密集型产业向中西部地区、向县域梯度转移。兴宾区距工业重镇柳州 60 千米，距南宁市 153 千米，地处通向东盟区域的国际通道上，经济、交通、资源地位重要，投资兴宾等于占领、开拓我国西南、中南和东盟市场的制高点。近几年来，兴宾区在加快新型工业化和城镇化进程中，以"工业强区"战略主动承接广东、浙江产业转移，科学规划产业园区，建设改善公平宽松的发展环境，相继建成了三五东融生态木材产业园、石牙林木储备及深加工产业园、石陵东盟国际木材产业园等木材精深加工园区，木材规模以上企业 56 家。兴宾区在做大做强林产工业制造城的同时，正在规划建设寺山、蒙村、陶邓、七洞等多个木材产业园，初步形成"一域、三核、多点"的木材加工产业集群格局。

建强产业园区，加速木业制造"聚起来"

制造业是立国之本、强国之基。以"生态优先、绿色发展"理念为引领的兴宾区，集体林地资源多，活立木蓄积量 790 多万立方米，森林资源居广西前列。兴宾区发挥自身优势，抓住林产工业转移机遇，优化配置资源，打造县域富民的人造板制造全产业链。

创建林产工业，赋能高质量发展产城融合。在兴宾区，市民推窗见绿是一种生活常态。多年来，"小而美"的兴宾区厚植绿色发展空间，持续优化空间布局，以"产城景"融合推动城市发展。近一个时期，兴宾区紧盯制约木材产业发展的瓶颈问题，坚持以培育"木材全产业链加工+研发+销售+总部经济"产业集群为攻坚目标，系统谋划推进一批具有标志性、牵引力、可推广的改革事项，并将目标任务项目化、清单化、具体化，

东融木材产业园

为加快木材产业改革写好任务书、画好作战图。全区实施领导领衔重点改革任务推进机制，由党政主要领导任总指挥，四家班子成员领衔分工，部门一把手抓落实，拧紧"一把手"责任链条。区党政主要领导定期到改革一线现场办公，由企业提问题、部门做承诺、专班促落实，确保改革任务落地见效。在此基础上，加强对重要经济部门配备招商、金融和工业等专业干部，积极向上争取从重要经济部门选派 6 位干部到兴宾挂（任）职，推动木材产业项目落地建设。建立干部正向激励机制，对在推动产业发展中实绩突出个人给予优先使用或晋升职级，2022 年以来提拔重用项目一线领导干部 48 人，激发了干部改革创新的积极性。

建强园区，集群发展。为有效解决园区前期资金不足、规划建管不完善、产业资源不活等突出问题，兴宾区按照"高起点谋划、高水平建设、高效益发展"要求，大胆探索"政府主导＋企业运营＋抱团进入"的园区建管模式，成功引进福建漳州木业协会管理园区及社会资本对园区提档升级，推动三五、石牙、石陵 3 个园区初具规模，南泗、蒙村、陶邓等园区加速推进，短短两年时间园区规模由 1200 亩迅速发展到 6000 亩，扩大了 5 倍；成功引进包括总投资为 40 亿元的奇尊超级红木等 56 家龙头企业，产值突破百亿元，增长了 110%，实现"一年打基础、三年上台阶、五年成集群"的改革目标。2022 年 7 月，广西来宾东融生态木材产业园获评广西特色农业现代化示范区（四星级）。自治区政协副主席徐绍川在园区调研说："'一核两翼'的发展格局，使兴宾工业与乡村同频共振，体现了兴宾林产制造的高质高效。"

龙头引领转型，让高精尖产品"硬起来"

林产制造工业高质量发展要蓄力，培育壮大龙头企业才能引领高精尖产品"硬起来"，地处三五镇东北部的东融木材精深加工产业示范区最有说服力。

园区位于来宾南高速出入口南面，东北面邻近来武高速公路，西面临近 210 省道，一期面积 2560 亩，总面积过万亩。示范区引进福建漳州和广东木业协会，全力发展木材初级、精深加工的企业过百家。以精深加工为主导产业的各龙头企业，以铁帽山林场为主要林产品原料生产基地，采用先进的人造板材生产工艺，引进加拿大、意大利、德国等国家长材刨片机、超级振动筛、调施胶、铺装机、压机系统等先进生产设备，实现商品率达 90% 以上，产品主要有定向结构刨花板、生态板、家具定制、建筑模板等。生产工艺产品质量在区内处于领先水平，已形成集生产、加工、销售、服务于一体的加工产业体系，通过合理布局生产加工、仓储物流、经销展示、交易流通等设施，建成集林产品初加工、林产品精深加工、林产品销售及相关上下游产品于一体的综合性服务型园区。

广西星汉木业公司成立 5 年实现两期发展，2019 年建设当年投产运营，年产值 3 亿元，纳税 900 多万元。2022 年开工建设二期工程，2023 年初建成投产，产品高端生态板、家具板等，产值 4 亿多元，年纳税 1000 万元以上，提供就业岗位 300 多个，锤炼出了"追求卓越、永创一流"的企业精神，成为自治区林业产业龙头企业。

省级林业龙头、企业广西绿邦新型材料有限公司，是一家行业领先的现代化工业智能人造板企业，年产 80 万立方米新型定向结构刨花板，企业占地 700 亩，总投资 16 亿元。2003 年可实现年产值 20 亿元，上缴税收约 1.5 亿元，为周边乡镇村屯提供就业岗位约 300 人。

省级龙头企业、广西绿邦新材料公司，是智能人造板企业，产品高端无醛，生产线上装备的是德国刨片机、意大利超级筛、德国连续平压机等全套世界一流智能制成设备。在家具制造、定制家居、室内装修、建筑结构、地板基材及高铁车船厢体底板等领域为客户提供有竞争力、绿色环保可信赖的产品、解决方案与服务。绿邦公司是以树皮、枝丫材、加工剩余边角料等木材废料作为原料的纤维板和刨花板生产企业，实现木材资源综合高效利用，促进生产与环境保护有效结合，真正做到了绿色、环保和安全生产，促成木材加工产业链条在兴宾区内形成较为完整的闭环，填补了兴宾区木材产业板材类型的空白。

改善营商环境，力促兴宾品牌"强起来"

优化林产工业结构，发展优势特色产业。兴宾区经过多年的建设，形成了"完整性"优势和现代化产业体系，产生了独特的区域经济效应。为使兴宾木业制造的品牌"强起来"，根据自身条件走合理分工、优化发展的路子，区委、区政府和林业部门在强优势和锻长板中自觉担当好"规划师""落实人"，从资源禀赋、专业园区、制造特点等角度入手，制定发展目标、时间表、路线图和扶持措施等，打造出了一批竞争力强、美誉度高的产业品牌名片，既巩固了传统产业的优势地位，又着力提升了产业制造的高端化、精细化、智能化和绿色化水平，不断创造出了新的竞争优势。

改善营商环境，产业前途和品牌前景开阔。兴宾区以招链引群的方式精准招商，组建 10 个招商专班，创新"六个一"招商机制，采取"以商招商、抱团进入"招商模式，重点引进以林浆纸为重点、板材深加工为核心的木材产业集群，党政主要领导亲自招商洽谈、亲自协调督办，促成奇尊超级红木、绿邦新材料等 3 个总投资为 80 亿元高端木材加工产业项目顺利落户，为高质量发展积蓄更强动能。深化林业行业改革，创新"协会＋企业＋政府"运营模式，引导成立 21 家木材协会，通过企业兼并重组等方式，鼓励"小散乱污"企业抱团整合，新成立木材加工企业 29 家，推动木材加工业由"小规模零散"向"上规模集群"发展，有效破解"大资源、小产业"难题。加快木材市场交易建设，抓住兴宾区获列自治区数字乡村试点机遇，推行林木加工贸易"互联网＋"平台建设，引进云上智慧木业、中南科技、农林科技等 3 家企业，打造现代化林木加工贸易示范基地，实现木材企业签约上线 569 家、交易 618 万元，推动木材产业数字化、规模化、规范化。兴宾区林业局连续 3 年荣获自治区林业产业、科技知识推广先进单位。

拳头产品硬，龙头产业强，细分行业精。兴宾林业推动木材加工业向全产业链、高端绿色发展，经住了市场的检验和历史的检验，木材加工业产值逐年攀升，带动 2 万多人就业，成为区域内的首个百亿级加工产业集群，为现代化产业体系的全面构建、可持续发展提供了更加坚实的支撑。

三、发展特色产业，让林特产登台"唱大戏"

尽管为广西乃至全国木本粮油和重要林产品稳产保供作出了突出贡献，但兴宾林业对自身的短板弱项始终有清醒认识：砂糖橘、沃柑、红心蜜柚、百香果等林果种植面积、产量、产值年年提升，但长期存在产业链条短、产品附加值低，重生产、轻加工，重产出、轻市场的情况，林特产品的知名度高、认可度高、溢价率高的名品较少。林业部门把解决的路径，放在千方百计壮大乡村"林特产"的生产供应链、精深加工链和品牌价值链"三链同构"上，从"生产型"思维转向"产业型"思维，做精乡村振兴的油茶产业，建设林旅康养新经济，全方位开发林下经济，推动林业产业全链条升级。2022 年兴宾区林下经济发展面积 46.12 万亩，其中林下种植面积 15.18 万亩、林下养殖发展面积 28.52 万亩、林产品采集加工发展面积 0.35 万亩、森林景观利用发展面积 2.07 万亩，产值 11.5 亿元。

油茶渐成乡村振兴新产业

仓廪实，天下安，莽莽青山也是"绿色粮仓"。兴宾是由来已久的油茶适生区，现有油茶面积 2.7 万亩，经过改造和提升，基本成为优质高效油茶林。自治区林业局给兴宾区下达的种植任务是，到 2025 年，新建油茶基地 3.7 万亩。

向森林要食用油，需要良种、良法和良技，要持续完善油茶溯源标准化体系建设，延伸供应链，全面提升优质油茶产品的供给能力。兴宾区林业局会同区发展和改革局、财政局，出台加快油茶产业发展三年行动工作方案，明确 2023—2025 年，全区油茶良种壮苗出圃 400 多万株，其中香花油茶良种苗木 250 多万株，确保油茶种植面积超过 6 万亩，新增油茶高产示范基地 2~3 个。基地达产稳产后，示范林基地每亩每年茶油产量在 40 千克以上，其中，香花油茶 70 千克以上，油茶籽年产量 0.42 万吨以上，年产茶油 0.1 万吨以上。油茶基地全部达产后，力争实现油茶初级产品年产值 1 亿元以上。新增规模以上油茶加工企业 1 家以上，逐步形成具有兴宾特色和文化的油茶品牌产品 1 个以上。

推广新品种，探索新模式。兴宾区按照自治区和来宾市的油茶产业规划，结合兴宾区的实际因地制宜，多点开花布局油茶基地，把重点放在有优良品种，有管护能力的国有林场和有传统种植能力的乡镇。通过多年的品种改良，基本优化为岑软 2、3 号和香花油茶系列的义丹、义禄等优良品种。截至 2022 年，全区种植三年香花油茶亩产油达 37.16 千克，亩产值超过 3700 元，油茶种植持续扩面、提质、增效，效益达到全区先进水平。

推广"油茶 +N"模式，释放产业潜力。兴宾林业以"基地示范 + 企业引领"的经营模式全面探索基地化油茶种植。凤凰镇北五林场在 500 亩澳洲坚果基地套种油茶 3 万株，2022 年收获油茶果 3 万千克，亩产值平均增加 180 元，实现一地多用助农增收，有效破解了油茶造林用地难问题，提供了新选择。推广"品种 +"模式新造、改造油茶林 2000 多亩。引导建立"企业 + 基地 + 合作社 + 农户"的产业发展模式带动油茶种植，广西益元油茶近 4 年来陆续与合作社、周边群众合作开展香花油茶种植超 1 万亩，维都油茶产业示范区带动周边地区的 460 多家农户和 500 多名技术骨干种植油茶 3.2 万亩。

油茶产业高质量发展，让油茶果变身富民强区"金果果"，走出了一条"生态美、产业兴、百姓富"的油茶产业新路子。2023 年春天，广西壮族自治区林业局在兴宾区组织油茶产业现场会，面向全自治区宣传推广了兴宾的发展经验。

开发建设林旅康养新经济

思路决定出路。让兴宾区的绿水青山充分发挥经济社会效益，关键在于树立正确的发展思路，因地制宜选择好建设好林旅康养新经济。2023 年《政府工作报告》写道：深入践行"绿水青山就是金山银山"理念，坚持走生态优先、绿色发展之路，着力把生态优势转化为发展优势，全区 2022 年森林生态旅游总收入 65.13 亿元，蓬莱洲（时光岛）旅游度假区成功创建国家 4A 级旅游景区。守好绿水青山，绘就生态宜居新画卷，繁荣发展文旅事业，加强旅游品牌建设，重点创建油茶小

兴宾区广西益元香花油茶新品种中试基地

镇等一批国家 4A 级旅游景区，新增提升一批星级乡村旅游区。

靠山唱山歌。随着人们生态环境意识的增强，走近大自然成为越来越多人的愿望与需求。兴宾务林人和山区林农认清了森林的生态服务功能，体验到了森林旅游、森林康养、自然教育等新业态的巨大商业价值，走出了"以绿生金"的创新发展路。兴宾区的山水田园秀美，古村古镇淳朴，民俗风情浓郁，森林生态资源优势独特，是打造乡村旅游康养的基础坚实。通过多年的森林城乡建设，产生了一批精品化的林家乐、生态旅游民宿示范点和乡村旅游节庆品牌。

站在高处俯视五山镇的三利湖国家湿地公园，林绿、水清、鹭翔、景奇，美不胜收，成为市民休闲游览的好去处。兴宾林业局将这片湿地管护起来建设三利湖国家湿地公园，重点保护黑头白鹮、白琵鹭、野生稻、水蕨等 60 多种野生动植物，在景观设计和营造上，别出心裁地设置了自然生态型水岸重建、亲水型水岸、木栈道、亲水平台、农耕文化体验园、垂钓长廊等主题景观，建成了推进虾稻共作的高效生态种养美丽湖区和美丽乡村生态产业园，既展示了湿地公园天然湿地景观的形象特色，又满足了游客亲水体验的要求。

打造生态旅游，绿水青山成金山银山。兴宾林业倾力推进森林生态旅游康养业发展，探索出一条林旅融合的发展之路。林业部门将近年来集中建设的油茶产业与森林生态旅游康养产业相融，以油茶产业景观为特色，汇集油茶生态休闲、油茶科普研学、油茶文化体验、油茶娱乐体验、油茶森林康养运动、水果采摘等众多旅游功能于一体，致力发展油茶旅游休闲项目，提升油茶产业综合效益，持续推进"油茶＋文旅"产业深度融合发展。助力雅江林场 5300 亩油茶基地建成了 4A 级油茶小镇，"油茶科普基地＋体验基地"向学生、旅客和油茶从业者开放油茶科普教育、植入农耕摘茶观光体验等，创造就业岗位 300 个，年接待游客 32 万多人次，创造营收 5500 多万元。

林下经济融合发展势头旺

林下经济产业旺，林农丰收富一方。兴宾林业重视林下经济建设，并将其与农村村级集体经济融合发展，近几年每年新增经济林种植面积 3 万亩，截至 2022 年，林下经济面积 46 万多亩，其中林下种植 15 万多亩、林下养殖 28 万多亩、森林景观利用 2 万多亩，实现总产值 11.5 亿元。

兴宾林业的林下经济，正在从产品发展向产业发展转变，不单纯追求规模和体量，而是追求数量向追求质量的转变，形成了林药、林菌、林畜、林蜂、林菜等多种形式的林下经济产业，逐步形成"一县一业、一镇一品"的产业发展格局，促进林农增收。自治区林业局指导一些油茶种植大户在基地油茶林下规模化种植艾、天冬、土茯苓、巴西人参等中药材和樱花、风铃木等高端景观树种，实现了人工林林地的可持续经营和油茶产业发展双重目标。在国家储备林基地因地制宜种植草珊瑚、黄花倒水莲、砂仁、三叉苦、天冬、铁皮石斛、十大功劳等中药材及林菌、林菜产业，以短养长，提高了森林资源的利用率。协助维都林场探索油茶林下经济，套种中草药每年增收 500 多万元，走出了一条"树上有果摘、树下有药采"的高效复合经营路。

国家如期实现碳达峰、碳中和目标，重要在于提升生态林业的固碳能力。兴宾区林业局积极参与林业碳汇的发展和开发工作，2022 年 3 月，兴宾区政府与广东埃文绿科技有限公司签订框架协议，5 月签订正式的《应对气候变化与林业碳汇项目合作开发框架协议》，利用国家储备林培育周期长、木材径级大、固碳能力强等特点，探索创新林业碳汇产权交易形式，稳步有序推进林业碳汇工作，实现生态效益与经济效益双丰收。

锐意进取，苦干实干。兴宾区务林人鼓起"闯"的勇气，拿出"拼"的劲头，铆足"实"的干劲，在新时代新征程上，自觉对标国家、自治区、来宾市的决策部署，对标兴宾区 2023 年政府工作报告的目标任务，推动林业经济高质量发展，为全面建设社会主义现代化新兴宾注入强劲动力。

第四章

林业产业振兴

第一节 贵州林业：做山桐子产业的中国引领者

习近平总书记嘱托贵州守护绿水青山，扎实推进乡村振兴，不断开创百姓富、生态美的多彩贵州新未来。贵州省委、省政府带领3800多万人民，依托山水资源，开发山林经济，走出了发展和生态两条底线齐守、发展和安全两件大事同抓、发展和民生两个成果共要的生态经济之路，推动多彩贵州精彩蝶变，创造赶超跨越"黄金十年"，与全国同步建成小康社会、实现了第一个百年奋斗目标。

北接川渝，东毗湖南、南邻广西、西连云南，跨长珠水系的贵州地势西高东低，北部和东南三面倾斜，全境山地丘陵92.5%，森林覆盖率62.81%，精准印证了"九山半水半分田"的省情概括。贵州省林业局党组一班人带领全省务林人，吃准国家支持贵州打造生态文明建设先行区的《国务院关于支持贵州在新时代西部大开发上闯新路的意见》文件精神，吃透《贵州省粮油生产能力提升行动方案（2022—2025年）》，在巩固油茶产业的基础上，通过对全国木油产业比选论证，最终做出全省集中发展山桐子产业的决定。这既是贯彻落实总书记视察贵州重要指示精神，又是落实国家战略，符合贵州省情实际。这一行动上升到省委、省政府战略，出台《贵州省山桐子产业发展行动方案》，明确省委领导、省政府主推，林业部门主抓，到2030年发展500万亩山桐子基地，把产业布局在全省适宜的地方。贵州林业部门坚持市场化原则的谋划深、措施实、力度大，一二三产业融合，掀起了一轮山桐子产业发展的热潮。

山桐子扮靓贵州山水，木油品质提升金山成色。贵州林业落实省粮油生产能力提升行动，用新战略高位布局，引领山桐子产业专精特发展；强链聚变，靠强产业支撑乡村振兴；以长远目标架构新兴产业，用近期项目促进绿富同兴。贵州山桐子产业成效受到省长李炳军的批示，希望山桐子成为贵州的一棵富民树，能够成为国家食用油安全和木

贵州省林业局调研山桐子产业

贵州省林业局到仁怀调研山桐子产业

材安全的有力保障，得到财政部、国家林草局、中国林业产业联合会的专题调研。2022年8月30日，国家林草局考察贵州山桐子产业，赞誉这是一篇用木本粮油产业建设金山银山的大文章，有力地推动了贵州林业高质量发展。

一、高位布局，用新战略引领产业发展专精特

让生态回归自然、让生产顺应自然、让生活融入自然，是贵州林业确立的"三生"共赢、人与自然和谐共生的新目标。贵州省林业局扛起林业责任，确保山桐子产业发展行动方案在全省落实，2025年高质量建成100万亩基地。

以"闯"的胆识用山桐子产业扛起林业责任担当

2021年春天，贵州省出台《以高质量发展统揽全局，努力开创百姓富生态美多彩贵州新未来》，要求各级强化担当作为，创造无愧于党、无愧于人民、无愧于历史的成绩。

敢闯是改革成功的前提，善闯是改革成功的保障。面对省委、省政府高质量发展和现代化建设的新要求，林业部门必须围绕"四新"主攻"四化"，在奋力建设"四区一高地"方面有所作为。局党组成员和机关干部全面总结林业建设成就，借助林长制改革深入基层广泛调研，对照省和国家林草局的期望自找差距，感到退耕还林的提质进展"一慢三低"（总体进度慢，成林率、合格率、资金兑现率低），林业产业整体效益与各省份横向比有差距。省局深化改革，向内调整树种结构，向下强化项目建设，对外发展林业产业，报请省委、省政府出台《加快推进林下经济高质量发展的意见》，到2025年，全省林下经济利用面积新增1000万亩，全产业链年总产值达1000亿元以上。到2030年，林下经济产品生产、加工、销售体系更加健全，产品供给、特色品牌、质量安全、竞争能力全面提升，良种选育、装备研发、科技人才水平大幅提高，基础设施配套更加完善，创建一批国家现代林业产业示范区，着力构建林下经济的特色产业、生产经营、科技服务、基础支撑、政策保障体系。

思路决定出路，改革力度决定发展速度。在全省大调研中，局党组看到黔东南和黔南州的政府和民众，同心发展山桐子产业的势头迅猛，知道这是一棵很好的产业树，仁怀、习水还有成片的山桐子古树群，是生态绿化、木本油料、木材储备的优质树种，贵州全省适合种植，是国家倡导的木本油料产业和国储林建设树种。并安排外合产业处、林草发展公司、林科院、种苗站、科技推广站、营林总站、科技处等职能部门，深入湖北、四川、重庆、陕西、云南等地专题考察山桐子产业，在省内和周边省份调研，集中大家的智慧，决定把山桐子作为振兴贵州林业的"一棵树"。

局党组将全省上下的意见形成共识，全力发展经济林和用材林兼具的山桐子产业，既通过"油料上山"保障国家食用油安全，又通过森林质量精准提升保障国家木材安全，打通"两山"转化通道，助力乡村振兴。局领导告诉我们，省委、省政府的领导非常重

视山桐子产业，亲自品鉴用山桐子油炒菜的口感与香味，在非常紧张的情况下，拿出3.6亿元专项帮持资金发展全产业链。局党组要求贵州林业抢抓国家政策大力支持的发展机遇，加快推进山桐子产业种苗繁育、基地建设、技术研发、示范推广等工作，抢占山桐子产业发展先机，努力将贵州山桐子打造成全国引领型产业，助力谱写多彩贵州现代化建设新篇章。

用"创"的勇气组织林产联和林发公司统筹统领

历史只会眷顾坚定者、奋进者、搏击者，而不会等待犹豫者、懈怠者、畏难者。贵州林业以一省之力选定山桐子产业突围突破，必须有"没有条件创造条件也要上"的勇气，在产业发展中经风雨、见世面，壮筋骨、长才干。

山桐子产业振兴梦想不是喊来的，也不是等来的，而是靠贵州务林人以"创"的勇气拼出来、干出来的。局党组认为全省新选一棵产业树，面临很多风险和挑战，不能让基层民众承担过多的试验风险，省局机关要有"国之大者"的胸怀，在关键时刻扛住顶住风险挑战。

局党组对山桐子产业高看一眼，对担负政策统筹的对外合作产业处和统领产业发展的林草发展公司厚爱三分，从四方面考量发展山桐子产业。一是助力国家粮油安全战略：我国食用植物油长期依赖进口，自给率仅为31%，国内耕地资源紧缺，发展不占用耕地的木本油料作物迫在眉睫，到2030年，贵州预计发展山桐子产业基地500万亩以上，年产油达到20万吨以上。二是保障国家木材安全战略：山桐子根系发达，生长速度快，播种当年苗高即可达80~160厘米，3年株高可达4米，且山桐子树躯干挺直、木材质量好，是优质速生木材。贵州是山桐子适生区、优生区，将山桐子产业与国储林项目紧密结合，走出一条生产能力高效、经营规模适度、储备调节有序、生态环境良好的木材安全道路。三是助推贵州乡村振兴：用山桐子的综合效益显著提升林地亩产值，助力农民持续增收，实现乡村振兴。四是助力贵州森林质量提升：山桐子是优质的木本油料作物，不仅经济价值高，而且躯干挺直、叶大浓密、水分含量高、木材质量好，可用于景观美化、防火隔离带，是进行树种结构调整的优势树种。

省林草发展公司，融合发展木本油料、国储林等四大主业的业绩不凡，资产总额近9亿元。公司前期不仅有成功的山桐子种苗建设和平塘基地试验，而且有与贵阳学院合作的山桐子食用油研究课题，形成了"种苗培育有基础、试点基地有基础、科技研发有基础"的产业发展优势。林发公司有能力引领全省山桐子产业大声势发展、大力度推进，使贵州成为"第一个吃螃蟹"的山桐子产业发展省。

凭"抢"的劲头制定省山桐子产业发展行动方案

大道至简，实干为要。举全省之力发展山桐子产业，是当代贵州的火热事业和美好未来，召唤全省务林人带领广大林业企业和林农动起来、忙起来、干起来。

踏上产业发展新征程，要有奋楫出发的新目标。省局领导机关协调对外合作产业处、林业产业联合会、林草发展公司牵头，按照贵州省《加快推进林下经济高质量发展的意见》和《贵州省粮油生产能力提升行动方案》建设要求，快速精准地制定《贵州省山桐子产业发展行动方案》（以下简称《方案》），报请省委、省政府由省特色林业产业发展领导小组于 2022 年 10 月 25 日颁布实施。

贵州林业产业联合会会长、时任林发公司董事长张光辉向我们解读了这一行动方案。《方案》提出到 2025 年，全省发展山桐子产业基地 100 万亩以上，将山桐子产业发展成为全省巩固脱贫攻坚成果同兴村振兴有效衔接的特色优势产业，着力将贵州建设为以山桐子为主的国家木本油料生产基地。

《方案》明确，贵州发展山桐子产业采取"全省布局、分步实施"的方式。产业布局上，建设以黔南、遵义、铜仁、六盘水为核心发展区，毕节、黔西南、贵阳、黔东南、安顺为一般发展区的种植基地；在贵阳、遵义、六盘水、铜仁、黔南各布置山桐子食用油加工生产车间，在其他市（州）布局初加工生产车间。

具体实施上，2022 年和 2023 年分别完成山桐子种植 20 万亩，2024 年和 2025 年分别完成山桐子种植 30 万亩；到 2025 年，全省累计建成山桐子产业基地 100 万亩，山桐子产业良种繁育、丰产栽培、产品深加工等产业链条发展体系基本建立。为了科学推进山桐子产业发展，《方案》明确了种苗建设、产业规模、示范基地、全产业链、市场主体、利益联结、品牌塑造、产销衔接、科技创新等九大重点任务。

靠"拼"的意志加快构建山桐子产业体系现代化

奋力拼争，笃行不怠。创新落实行动方案的干事状态，反映出了贵州省布局建设山桐子产业的好作风。2022 年 10 月 27 日，在仁怀市召开的全省山桐子产业发展推进现场会，在山桐子产业建设史上具有里程碑意义。

这一天，省林业局党组，仁怀市、水城区、江口县、贵定县、晴隆县等 18 个山桐子产业发展重点县份的林业主管部门主要负责同志到会，实地观摩仁怀市合马镇新坪村山桐子产业基地，现场分析新华丰农发展公司依托退耕还林项目建设的山桐子利益联结模式，倾听参与农户的增收心声。会议组织黔西南州林业局山桐子产业招商引资、水城区建设山桐子种苗基地、贵定县山桐子基地建设、贵阳学院山桐子加工、灵智林业创新全产业链、贵州林草发展有限公司统筹产业发展等经验做法，全面落实《贵州省山桐子产业发展行动方案》制定的"九项任务"，助力贵州打造"巩固拓展脱贫攻坚成果样板区"和"生态文明建设先行区"。

国家要求"油瓶子"里尽可能多装中国油，贵州林业要在山桐子新兴产业发展中建良林、配良法。引导各地结合国储林规划、低质低效林改造和退化林修复以及地方公益林优化调整，充分释放林地空间，将符合条件的部分地方公益林调整为山桐子种植区。在 700 万亩茶园、210 万亩刺梨基地"套种"高大乔木山桐子，实现"一地两用"增效，

贵州省山桐子产业栽培试验地　　　　　　　　贵州野生山桐子树

用活荒地、草地、坡地、河谷两岸、房前屋后的种植资源。结合国储林项目建设和其他人工商品林树种逐步置换，增加一部分山桐子种植面积。

贵州林业加快设计构建山桐子现代化产业体系，坚持走好中国式现代化道路，尽快打通产业生产、市场流通、品牌消费等全产业链的发展路径。在生产体系方面，夯实种苗基础，在水城等县（市、区）建设40个以上保障性苗圃，培育山桐子苗5700万株以上，建设10万亩高标准示范基地；在经营体系方面，培育壮大市场主体，加大招商引资力度，构建利益联结机制，加强品牌塑造，强化产销衔接，拓宽市场渠道；在技术体系方面，推进科技创新，建立全省山桐子产业重点科技需求清单，整合资金、技术、人才、资源推进山桐子产业发展的深度研究，2022年建成山桐子油精炼中试线1条，2023年完成山桐子中试产品2个，到2025年形成系列科技成果。

二、强链聚变，靠强产业支撑乡村振兴富经济

路虽远，行则将至；事虽难，做则必成。当前的山桐子产业多为国家和产区政府倡导下的民营企业自发行为，贵州是整合全省林业和地方党政力量建设山桐子产业的唯一省份。省林草发展公司全力发展山桐子，把"为国储材、藏油于林"作为宗旨，把山桐子作为四大经营板块的核心产业。并于2022年10月27日，在全省山桐子产业发展现场推进会上分享了题为《主动担当、敢闯敢干，助力贵州打造以山桐子为主的国家木本油料生产基地》的经验。省林草发展公司作为省属唯一林业国企，要主动担当，认真履责，严格按照省委、省政府和省林业局对山桐子产业的战略定位和发展规划，从良种选育、基地建设、生产加工、品牌打造等方面进行全产业链布局，用一往无前的顽强拼搏让明天的贵州更美好。

牢牢牵住种苗保障"牛鼻子"

山桐子产业是贵州林业"改善提升自然生态系统质量"的一盘"大棋",以此作为山川"绿起来""美起来""富起来"的重要支撑。张光辉董事长认为,山桐子产业的"牛鼻子"在于种苗保障,面对全省不同的山地资源环境和繁重的产业建设任务,牵住种苗保障的"牛鼻子"是重要的方法论,种苗是产业突破的重点,具有"四两拨千斤"带动全局的好效果。

省林草发展公司胸怀全局意识,专攻种苗保障"硬骨头",找准发展方向下足"笨功夫"。2019—2022年,公司相继在平塘、黄平、南明三个县(区),高标准建成了500多万株山桐子育苗基地,为全省各市州树立了种苗建设样板。2023年,省林草发展公司新一届领导班子组建,按照原有思路建设,影响带动全省16家林业企业生产山桐子苗木3500多万株,可以保障满足全省前期建设任务的用苗需求。

省林草发展公司把种业发展视为产业建设"芯片",由公司主体发起,与省种苗站和省林科院先后开展了贵州野生山桐子资源调查、优株母树选择等良种选育工作,并与贵州大学和省林校联合开展了山桐子苗木组培研究。他们在全省调查收集以黔中地区为主的80个单株种质资源102份,完成了国家级良种基地播种育苗,并从中初选出优良挂果母树进行嫁接保存。公司坚持适地适树适种源,以本地优树采种育苗为主,加快无性繁殖技术攻关,逐步推广应用无性繁殖苗。公司加大苗圃建设力度,确保达到2000亩保障性优质苗圃基地,谋划建设山桐子种质资源基因库和组培繁育中心,确保贵州山桐子苗木保质保量供应。

积极稳住基地建设"基本盘"

公司主动扛起加快推动高质量发展的责任,积极稳住山桐子产业基地建设"基本盘"。2022年5月,贵州省林科院和贵州大学、贵州财经大学的专家组深入到独山县,对贵州林草发展有限公司承担的山桐子科技推广示范林建设省级项目进行实地踏查、听取汇报、质询讨论,认为项目规范合理,山桐子苗木品种优良,组装运用测土配方施肥、水肥一体化、林下复合经营、绿色防控等技术,推进了省级林业科技示范基地向集约化、高效化发展,吸纳基地建设的人均增收过万元,形成了"国有+集体+农户"和"公司+科研院校"等建设模式,产生了良好的山桐子产业示范效果。

龙里林场是贵州林业局直属国有林场,国储林建设早,综合成效不错。与省局合作建设了一片优质山桐子国储林基地,探索"山桐子大径级木材+山桐子木本油料+林下经济"的立体复合发展模式,彻底改变过去森林质量不高、效益低下的问题。国储林油木兼得和林下经济结合的发展模式,有效破解了林业经济效益高但缺资金、国储林项目有资金但盈利慢的矛盾,实现国储林项目和林下经济互动双赢,受到国家林草局的推广。仅2022年,林场就接待了省内30多个县市区的团队考察,借鉴省林草发展公司和林场合作模式,重点建设以山桐子树种为主体的国储林产业基地。

中林集团看好龙里国储林发展模式，与贵州林草发展公司投资合作，搭建国家储备林建设省级合作平台，通过退耕还林低产低效改造等方式实施"国储林+"，倾力营造山桐子大径材和油料基地，打通了山桐子木本油料产业发展的路径，共同推动贵州林草产业发展和生态产品价值实现。

努力抓住木油加工"主动权"

贵州省发展山桐子产业最根本的是保障国家粮油安全。全省设定到 2030 年发展山桐子产业基地 500 万亩以上，年产油达到 20 万吨以上，约可满足 667 万人的食用油需求。国内专家测算，亩产加工油料获利近 6000 元，随着加工的精深发展，市场前景更加看好。林草发展公司自力更生，把产业发展放在自己力量基点上，紧紧抓住山桐子食用油的加工"主动权"。

保障油品优质，科技先行先试。省林草发展公司联手贵阳学院，合作开展"贵州不同种源山桐子果实成分分析及食用油脂加工关键技术集成研究与示范"课题研究规范有序。近几年来，公司联合贵阳学院、中粮集团、贵州大学和省内实力型林业企业，向国家林草局申报成立了山桐子加工工程技术研究中心，邀请国内知名油脂加工专家组成专家委员会，形成了山桐子采后加工的技术支撑力量。

经过两年多的科研，省林草发展公司和贵阳学院食品与制药工程学院围绕山桐子油工业生产技术优化与工艺规程、资源开发与利用、食用油新产品的开发、树种选育及生理研究等方面，产生了一批新成果，解决了山桐子食用油在加工过程中脱色、除臭等适度精炼工艺。双方在山桐子食用油加工工程技术领域中，解决了山桐子采后酸价快速升高，精炼过程中营养成分流失等技术问题，压榨后的饼粕残油小于 5%，山桐子毛油经处理后浓香宜人，油品质量超过山桐子油国家标准。公司紧跟省内发展进程，适时投资建设山桐子食用油加工厂。

谋划下好品牌打造"先手棋"

"伟大事业都基于创新。"《贵州省山桐子产业发展行动方案》紧扣"生态产业化、产业生态化"要求，依托低质低效林、国储林、退化林，通过实施补植补造、树种更替等方式，大力推进山桐子发展，采取"政府引导、市场为主、群众参与"的方式发展山桐子产业。省林草发展公司着眼《方案》，明确"十四五"行动中的各个年份发展计划，主动瞄准目标"领跑"，谋划山桐子品牌建设，实现补齐短板、跟踪发展、超前布局同步推进，下好"市场为主""先手棋"。

黄叶灿灿，红果满枝，叶与果争奇斗艳，贵州山桐子俨然初冬一道亮丽的风景。近几年来，贵州省林草发展公司根据省林业局培育壮大市场主体，加强品牌塑造工作的要求，张光辉董事长带领公司和国内山桐子食用油专家，组织专班开发建设出了"贵仙森"品牌的山桐子食用油。这一山桐子油是用物理冷榨方法生产的特级初榨油，没有经过加热和化学萃取，保留了维生素等各类营养成分。检测表明，山桐子油品中的油酸、亚油酸、亚麻酸等不饱和脂肪酸含量达 70%~81%，是一种健康的食用油。

贵州省林草发展公司围绕"贵仙森"山桐子食用油的品牌，现已完成了商标注册和包装设计等工作。2022 年冬今春，公司借助国家和省林业、粮油发展和展销的大型活动，集中精力进行"贵仙森"山桐子食用油的推介和宣传，通过多种传媒方式，增强了"贵仙森"山桐子食用油的曝光率。公司组织专业团队，将山桐子食用油森林生态标志产品认定和有机食品认证的申报作为品牌建设的头等大事，与国内食用油头部企业合作，全力开发山桐子食用油系列产品，增强"贵仙森"山桐子食用油的知晓度。

三、绿富同兴，以远目标架构新兴产业近项目

"奋力开创百姓富生态美的多彩贵州新未来"，是省委、省政府对生态文明试验区所定目标生动形象的描绘。贵州举全省之力发展山桐子产业，就是为了守好发展和生态两条底线，引领多彩贵州走向绿富同兴之路。贵州发展山桐子产业保障国家粮油安全，减少油脂对外依存度，使国人拎稳"油瓶子"。近几年来，贵州省林业局在政策上给力，在技术上支撑，指导省林草发展公司发挥引领和协调能量，专业业、强科技、优结构，在省内探索国有民营混改之路，加大外引内培合作力度，对外引进名企优商扩大投资，以宏远目标架构山桐子新兴产业的近期重点项目，争做向森林要油的先行者，更好满足人民美好生活的需要。

支持省内企业示范引领

贵州是山桐子的适生区、优生区，野生山桐子资源遍布全省，现有 10 万余株，水城区在全国首家获得"中国野生山桐子之乡"称号。经过多年探索，以仁怀新华丰公司和贵州灵智公司为引领的民营企业带动，现已形成"种苗培育有基础、试点基地有基础、科技研发有基础"的产业发展优势。

新产业新思路，抓机遇抢发展。新华丰农业公司总经理王民黔，曾在贵州山桐子产业发展现场推进会上介绍了他和公司结合退耕还林人工栽培山桐子的示范经验。公司 2017 年开始种植山桐子，现已基地化建设 6800 亩，采取"公司 + 合作社 + 农户"方式，建立公司占 10%、村集体占 40%、农户占 50% 的"145"利益联结机制，利益联结农户1704 户，产业以"公司 + 集体经济 + 农户"的合作方式建立利益联结机制，带动群众致富。公司一边谋划产品研发，一边建设特色品牌，先后与江南大学、中山大学、贵阳学院等多家高等院校合作，在公司基地未挂果之前，从四川购买果子，着手产品研发，已初步掌握了超临界萃取、低温冷榨等毛油加工、精炼技术，并注册创立了"新华丰茅油"牌商标，实验性加工出了"新华丰茅油"牌山桐子纯油和调和油产品。

贵州灵智集团是"都匀毛尖茶"品牌的建设者，建成了黔南茶叶集散中心。刘灵董事长知道家乡开发山桐子产业的信息后，响应家乡召唤，回乡再创业，以山桐子产业生态效应缝合偏远的"断带"荒山，扩绿保障家乡生态安全；扩大种植木本油料原料林，

牵引农民心回家、人回乡、力回引，共同挑起开发山桐子产业的"金扁担"，两年建设示范基地1万亩、育苗基地1000亩，新建产品加工及产品研发基地10万平方米。局领导率领由产业处、营林处、种苗站、林草发展公司等职能部门实地调研公司产业，赞誉集团用产业链接乡村振兴的模式，兼顾合作农民和农村集体利益，是贵州林业经济与"万企兴万村"行动融合发展的生动范例。

"混改"出活力，"混改"出动能。省林业局支持林草发展公司改革，选中贵州灵智林业生物技术有限公司共同出资成立一家新合资公司，重点开展山桐子种植加工，开发山桐子食用油及日化用品等系列产品，打造国内木本油料领先品牌。双方合作的目的在于做优做大产业，站在示范带动全省林业产业发展的高度有力推进双方的合作事宜，选优配强新公司管理团队，高标准、高起点规划好新公司的发展路径，真正打造贵州省山桐子产业桂冠上的闪耀明珠。

帮扶贵定全产业链建设

绿色崛起先行地，"两山"转化排头兵。贵定县抢抓发展机遇，将"山桐子"作为全县三大主导产业之一来发展，全力推进40万亩山桐子全产业链项目。贵州林业帮助贵定县务实编制40万亩山桐子全产业链规划，县林业局、县自然资源局联合组织局领导和机关干部，深入各镇街的山头地块，共同对商品林区数据进行比对筛选，建立商品林区山桐子种植林地资源数据库，下发44.7万亩林地资源数据，由各镇街按照数据库进行实地比对核实，确定可用于山桐子种植面积29.76万亩，2022年度实施低产低效林改造7.79万亩，发动群众四旁植树和两园套种5.5万亩山桐子。种苗选定湖北旭舟林农科技有限公司，他们有国家林草局认定的优质种苗，地理位置靠近贵州。

种苗和林地落实后，省林业局帮扶贵定县与中国林业产业联合会、中林集团签约建设山桐子产业国储林项目，打通"银行贷、财政补、社会投"三条渠道，大力推动政府与社会资本合作。

贵定县率先成立县管国有公司金桐农林产业发展有限公司，负责山桐子产业发展项目申报、立项、入库、审批、建设资金筹措及组织实施，负责全县山桐子产业发展规划、设计和方案审查，负责产业发展政策、技术及业务指导、山桐子加工、招商引资等。引进中央企业中林集团，到贵定县投资建设山桐子国储林产业。贵定县引进湖北旭舟林农公司与贵州华裕控股集团合资建设贵州华裕旭舟科技公司，与政府投资平台公司合

贵州山桐子

作，负责运营全县 40 万亩全产业链项目，截至 2023 年 5 月，共计投入 4000 多万元，完成了甘溪林场示范基地建设、新巴镇乐邦村和金南街道新良田高标准育苗 500 万株、昌明镇光辉村育苗基地建设 1000 亩，4000 万株工厂化无性繁育项目将成为西南片区乃至全国最大、最具现代化的山桐子良种苗木无性系繁育基地。公司还在 8 个镇街完成了 34505 亩低产低效林改造升级，完成了 10 万吨山桐子油产业园选址并启动了第一期 1 万吨加工项目，奠定了乡村振兴、共同富裕"贵定模式"的根基。

唯有真情能成事。贵州省林业局结合现代林业发展山桐子产业，机关各职能部门以现代林业产业和国家储备林建设，把生态经济做强做大，使黔山贵水绿化美化，充分发挥万千农林的积极性，用产业化运作机制，把州县山乡分散经营的市场主体连接到一起，以龙头企业辐射带动万千农户参与乡村振兴的绿色产业发展，使一个个项目落地的村庄面貌一新，一项项特色产业蓬勃发展。林业强、林区美、林农富的画卷舒展原野，一面乡村振兴的鲜艳旗帜正高高飘扬在千峰竞秀的西南大地上。

第二节　桂林平乐：换道领跑打造中国生态运动第一县

千年古昭州，壮美新平乐。拥有近 1800 年建县史的广西桂林平乐，是唐朝至清朝的州府之地。美丽的平乐县位于著名的大桂林旅游核心区——漓江的下游，经过几十年的山水资源建设和保护，使厚重的历史人文和秀丽山水相得益彰，呈现出"一样的漓江，不一样的风光"。县委、县政府牢牢扛起美丽平乐建设的政治责任，把建成"工业强县、文旅强县、农业强县"作为平乐发展主战略，以生态文明建设的历史主动，带领全县 50 万各族人民用活山水资源，打通"两山"转化路径，转变产业发展方式，对标一流营商环境，在 1900 多平方千米的平乐土地上开启新征程。生态文明建设发展，山水资源保护利用，是一场涉及生产方式、生活方式和价值观念的深刻变革。

一、牢记领袖嘱托，首创"生态运动"概念

"绿水青山就是金山银山"

2021 年 4 月，习近平总书记深入桂林察看漓江生态，称桂林是"大自然赐予中华民族的一块宝地，一定要保护好"。习近平总书记一锤定音："当好保护桂林山水的'二郎神'""打造世界级旅游城市"，并嘱托桂林人民要"保护好漓江""保护好桂林山水"。同年 9 月，新一届县委、县政府牢记总书记嘱托，认真深入学习领悟总书记的重要指示精神，一致认为，打造世界级旅游城市既是当前的重大政治任务和新使命，更是平乐千载难逢的发展机遇，必须倍加珍惜、久久为功，一张蓝图绘到底。要在桂林打造世界级旅游城市中找准自己的定位，提供平乐方案，必须践行"两山"理念，立足得天独厚的山

水林田湖草生态产品资源，探索新的绿色崛起之路，让平乐的绿水青山转化成惠及百姓的金山银山。

锐意创新，换道赶超

"背靠大网红（阳朔），打好山水牌"。紧邻"中国旅游第一县"——阳朔的平乐县，拥有舒适的气候环境、独特的山水旅游资源、多彩的民族文化，县委、县政府探寻"两山"转化路径，谋求生态系统保护与开发的平衡，把"文旅强县"作为"三个强县"的目标之一。为进一步找准平乐发展定位，县政府领导率队到福建、浙江等生态旅游康养先行省学习调研，将外地经验与本县实际相结合，多次组织召开务虚会讨论经济社会发展路径。经过充分调研论证，2021 年 10 月，该县提出了"生态运动"这一具有首创性、鲜明性和差异性的概念，明确以"换道领跑"的方式差异化发展旅游，让"甲天下"的桂林山水更具互动体验"乐天下""富天下"。

只有提早谋划、提前部署，锚定"生态运动"的发展未来精准发力，才能用今天的发展引领明天的方向。平乐县认为抢抓"生态运动"新机遇，要认识到未来产业是一场时不我待的"竞速跑"，要求快人一步、抢占先机。为此设立了生态运动（平乐）研究院，配置办公场地、工作人员和研究经费，科学开展生态运动的各项工作。

环境保护本身是一种以人为主观意识为中心的社会活动，平乐县进一步拓展了生态运动即环境保护的概念，将生态运动的概念提升为两个层次：狭义概念，即依托绿水青山，运用自然资源，挖掘生态产品价值开展的体育运动，并通过体育运动更好地营造生态环境，由生态竞技运动、生态健身运动、生态营造运动三个维度构成；广义概念，即生态运动社会经济发展模式，以发展生态运动项目为引领，集中行政力量，优化县域资源配置，重点保障生态运动相关产业发展；优化产业结构，形成一二三产全产业链支撑的生态运动产业体系；创新社会治理，将生态运动发展要素渗透到社会发展的各个方面。

生态运动（平乐）研究院精心编制生态运动发展总体规划，科学提出平乐县的生态运动发展战略、生态产品价值提升工程、生态运动产业规划、空间规划、项目设计规划、品牌建设规划、宣传推广规划、重大项目规划、建设时序规划、建设保障措施等。规划明确建设范围为平乐县全域城镇乡村，定位通过以生态运动社会经济发展模式，推动平乐县成为中国生态运动第一县、中国生态运动乡村振兴示范区、中国两山转化试验区、桂林世界级旅游城市生态运动功能区、中国生态运动文化发展中心，建设中国生态运动产业集聚区。通过近中远三期建设，到 2035 年完成平乐县生态运动社会经济发展模式架构，基本建成以生态运动为特色的现代化经济体系，完成各类型生态运动场建设 5 万平方米，生态运动相关工业产值达到 160 亿元，生态运动现代服务业产值达到 50 亿元，其中生态运动文旅业产值 50 亿元。

规划中的生态运动空间，围绕"一心四轴五片区"进行总体布局。"一心"即以主城区的生态运动发展作为统筹中心；"四轴"是建设平乐县境内的漓江—荔江、榕津河流域两条水上生态运动产业发展轴，平乐主城区—桥亭乡—青龙乡—阳安乡—源头镇山地生态运动产业发展轴，桂梧高速公路平乐段生态运动工业产业发展轴；"五片区"是建设平乐镇及周边密切关联的生态运动经济开发区，沙子镇范围的服务型生态运动发展区，二塘镇范围的生态运动工业发展区，大发瑶族乡南部休闲型生态运动发展区，张家镇、同安镇、源头镇、桥亭乡、青龙乡、阳安乡所辖乡村型生态运动发展区。到 2035 年末，全县建成生态健身步道 500 千米、生态绿道 500 千米、城市生态运动公园 20 座、生态运动社区建设全覆盖、生态运动街区 1 个、生态运动主题乡村 100 个。

规划成立中国生态运动设计大赛组委会，每年举办一场生态运动设计大赛，推动市场多梯度研发，把生态运动赛事融入国内、国际赛事体系，创建自主品牌赛事。构建县域主题赛季，围绕"中国生态运动第一县"，倾力打造平乐县的"绿动"农业品牌、"生态运动产业集聚区"工业园区品牌、以"漓江"为核心的旅游品牌，将应用范围扩展到全县旅游业。

生态运动扬帆启航

打造"中国生态运动第一县"是生态文明建设的创新，平乐县委、县政府要求全县在生态运动创新建设中正确处理高质量发展和高水平保护的关系，正确处理重点攻坚和协同治理的关系，正确处理自然恢复和人工修复的关系，正确处理外部约束和内生动力的关系，深化改革的换道领跑不能"乱换道"，要有序推进"生态运动"的产业链，努力走出一条符合平乐实际的生态优先、绿色发展之路。经过半年多的大调研和大寻访，2021 年 10 月 29 日，平乐召开生态运动发展大会，吹响全面建设"生态运动"的号角，建设人与自然和谐共生的美丽平乐，挂牌成立桂林平乐赛艇协会、和鹭赛艇俱乐部平乐训练基地，启动平乐县全域生态运动场景建设行动。现场明确："十四五"期间做好体育旅游深度融合、文化旅游深度融合、康养旅游深度融合"三篇文章"，开发集"体育、文化、健康、旅游"为一体的高端文体旅融合品牌。以"体育+旅游"为突破点，挖掘差异化旅游资源，发挥三江汇聚、大江大河的优势，定期举办动力冲浪、皮划艇、赛艇等生态运动赛事；以"千年古昭州"为文化底蕴，以漓韵花海、千年古榕、仙家温泉康养、平乐三江口星空花城水上乐园为特色，以"慢生活"为理念，建设平乐漓江段生态旅游度假区，努力走出平乐旅游发展新路子，为桂林打造世界级旅游城市贡献平乐力量。运动搭台，经济唱戏，平乐借力生态运动发展大会，举办"行企助力　转型升级"签约仪式，成功签约 10 个项目，涵盖文体竞技装备、电子科技、生态农林等，总投资 26 亿元。

二、保护开发并重，创建"三县一带"

美丽平乐，江山如画。在平乐县领导班子的不断努力下，生态运动走进了山水平乐

山水平乐

的人民群众身边，激发出了全民健身的热情，夯实了全民健身的基础，"全域、全局、全员、全链"的"四全理念"已经不再是文体旅游人的事，逐渐根植于每一个平乐人民的心中。林业、生态环境部门和全县各职能部门及乡镇统一行动、各司其职，围绕"生态运动"，办好精品赛事，下足与本职职能有关的"绣花"功夫，构建以生态运动为亮点的文体旅融合发展新模式，为桂林打造世界级旅游城市补充平乐风采，努力实现文体旅事业"换道领跑"，有力地带动了平乐"工业强县、文旅强县、农业强县"总体目标的齐头并进。

引导城乡人民创建生态运动试点县，找准定位全员参与生态运动

把"生态运动"精品赛事办到群众身边，引导平乐县的城乡群众紧紧抓住桂林打造

世界级旅游城市的发展机遇，念好"山字经"，做活"水文章"，打好"生态牌"，打造"体育＋旅游"品牌，争创全国首个全域生态运动试点县，让绿水青山成为金山银山，一直是平乐县委、县政府发展"生态运动"的追求。

增强干好"生态运动"的动力，形成干好精品赛事的合力。平乐县围绕全民创建全域生态运动试点县的目标找准定位，引导全员参与生态运动。"全员"工作体系明确，全县各界人士全面参与生态运动建设，做好各自的分工与合作，让社会各界人士通过自身领域的生态运动化转型，都能够在参与中获得应有的红利，创建生态运动社会经济发展模式的社会大分工和价值分配体系。

厚植漓江生态，深耕运动沃土。平乐县引导城乡人民把创建全域生态运动试点县与创建绿美平乐自治区文明城市协调同步，县"四大班子"每到一地，都调研和宣讲"生态运动"的动因、思路与做法。县里多次举办桨板、冲浪、皮划艇、篮球赛等种类繁多的体育赛事，使"体育+"模式带动文旅行业在困难时期逆势上扬。这种集运动和旅游于一体的沉浸式旅游模式，是平乐把绿水青山转化为金山银山，实现"平乐山水富平乐"最好的途径之一，是推动经济社会发展的重要抓手，平乐县坚持走"生态运动"品牌化之路的信心和行动是坚决的。

伴随"生态运动"前行，推动"生态运动"兴县。县政府给相关机构赋予"全员"带动职能，鼓励全县成立生态运动相关社会组织，创建从事生态运动的合作社，并给县内的金融机构和相关企业赋予生态运动项目开发、建设、运营等职能，把每一个平乐人都纳入生态运动事业的人力资源库，成为生态运动的第一参与者。为了全县全员参与生态运动，平乐县重视宣传推广工作，专门成立了中国生态运动融媒体中心，营造出了全社会协同宣传的体系，谋划出了近期、中期、远期的生态运动宣传重点，确保墙内开花墙内香。

打造生态运动特色品牌，构建城乡健身服务体系，引导全员共建共享。平乐县创新赛事游戏规则，增强趣味性，把一些桨板皮划艇、村跑、村BA、乡BA、柿林球类比赛等一批时尚且大众化体育赛事下放乡村，推出多条"平乐乡村游"线路，吸引了更多的运动爱好者到平乐，延长了目标客群在该县的停留时间，有效提升了外地游客的单价消费力。近几年来，平乐县加大平乐—阳朔、桂江—漓江绿道建设，串联城区绿地、公园、广场、学校等主要节点，让全县人民"奔赴自然"。平乐生态运动产业的发展丰富了全县体育爱好者的业余生活，满足了"双减"后学生多元化的运动需求，进一步带动了全县人民积极参与生态运动建设。

对接"工业强县、文旅强县、农业强县"目标，全链打造产业体系

金杯银杯不如老百姓的口碑，金奖银奖不如老百姓的夸奖。平乐县委、县政府树牢造福人民的政绩观，不在新兴的"生态运动"建设中搞"花架子"，将其作为"两山"转化的未来产业新机遇，与"工业强县、文旅强县、农业强县"的目标交会对接，全链打造"漓江生态运动产业带核心区"的产业体系，真正干出有益于党和人民事业发展的实事，真正创造出经得起平乐历史检验的实绩。系列生态运动赛事，极大地促进了当地的旅游消费。

抢抓"生态运动"新机遇，打造"漓江生态运动产业带核心区"，是一场旷日持久的"马拉松"。平乐县建设"生态运动"的"全链"工作体系，引导全县人民围绕"三大强县"目标持之以恒、久久为功。平乐的"全链"就是全产业链，这一体系包括全县基于生态运动项目建设，向其上下游产业延伸发展，支撑和保障生态运动项目健康有序发展，以及平乐县既有产业向生态运动产业领域融合转型，进而向自身上下游产业延伸发展的产业体系建设方式。他们的"全链"工作体系并不仅仅是平乐县域空间内部的生态运动产业及相关产业的协同，也是以未来构建平乐县为资源调配中心的全国乃至全球生态运动全产业链体系。

创办主题赛事加速生态运动经济繁荣

生态运动赛事每年都在平乐大地精彩上演，醉了山水中的平乐农家，美了壮乡桂林的生态康养游。近3年来，平乐相继举办了击剑公开赛、赛艇大师赛、休闲运动挑战赛三场火热的体育赛事，"生态运动"点透了赛事"热"原因。大赛吸引带动了全国选手的参与，既丰富了形式多样的群众文化活动，又盘活了平乐优秀的山水资源，孕育出了农村社会的良好风尚。这种"生态运动"的良好风尚，反映了平乐人民群众办赛的主动性和创造性。平乐县现已将"生态运动"上升到县域发展战略高度，构建以"生态运动"为核心的县域社会经济高质量发展格局，倾力打造生态运动综合建设工程。平乐的"生态运动"赛事何以引起社会瞩目？是因为纯粹的群众"生态运动"所特有的恣意挥洒、忘情投入，多彩的民族文化所展现的绮丽风姿、动人情韵，淳朴的乡俗民风浸润下的浓浓感动、郁郁乡情。这一切，展露出新时代平乐城乡的勃勃生机，诠释着体育强国梦的深厚内涵。

击剑公开赛首开体旅融合新格局

"相约漓江，亮剑平乐。"2021年10月1日开赛的桂林平乐击剑公开赛，是第一个落户广西的全国性击剑赛事。千名参赛选手经过三天的角逐，决出个人和团体金牌84枚。这场在桂山桂水深处举办的击剑赛，打出了国际大赛的气势，当时的火爆程度和参与热度，超出了很多人的想象。

回顾这场大赛的"火"，平乐县文广体旅局副局长全雪桃说，那是全县确立建设"生态运动"后开展的第一场赛事，全县上下团结一心备赛办赛，县"四大班子"领导都投入赛事的举办工作中，决心把平乐独有的山水文化、历史文化，采用"体育＋旅游"的模式，通过一系列全国性的高端赛事，把平乐建成文旅强县、体教融合示范县。县委、县政府带领全县人民以"不畏困难，敢于突破"的亮剑精神办出"火"的大赛，这种"火"，"火"在全县人民齐上阵，"火"在民族文化绽华彩，"火"在真诚热情待远客，"火"在千行百业焕新机。

在2021桂林·平乐击剑公开赛上，共有70多名国际级和国家级击剑裁判现场裁决，吸引了全国各地近万名击剑爱好者前来观赛。县里把这场赛事作为"生态运动"的"第一战"，被中国击剑协会认证为国家C级赛事，按年龄段设置了U6、U8、U10、U12、U14、U16、U17+等7个组别，参赛选手由全国各地的俱乐部、校代表队、个人代表等组成，竞赛项目分为男子组、女子组的花剑、重剑、佩剑个人赛和团体赛。现场观赛的平乐市民莫先生说他是第一次近距离观看，他眼中的白色"战衣"运动员手持纤细钢剑，身姿矫健，短兵相接，上演了一出又一出技巧与优雅同行、激情与紧张共存的精彩对决。主办大赛的广西长靴猫体育文化发展有限公司总经理张鹏说，整个赛事非常顺利，既开

击剑公开赛

创了平乐"体育+旅游"的新兴"生态运动"市场，又通过赛事把平乐的秀美山水和传统文化推向了全国和世界，最终会为平乐争取到一张"最美赛事之都"的亮丽名片。

平乐县赛后组织各备赛办赛单位进行了全面总结，认为全县统一行动，文旅、财政等部门立足县情改造体育馆场，林业、城管、住建等部门亮化美化城乡环境，获得运动员和教练员的一致好评，公认这是近年来击剑C级赛事最好的一个场地；环保、公安、消防、应急、电力部门通力协作，保障赛场安全稳定；通过成功举办全国性击剑公开赛带动全县旅游蓬勃发展，促进体旅融合。2021年10月1~3日平乐县共接待游客9.1万人次，同比增长523.28%，实现旅游消费8735.58万元，同比增长703.05%。赛事组织工作环环相扣，得到桂林市和广西壮族自治区领导和行业主管部门的好评。自治区体育局副局长甘永辉赞誉平乐："借赛兴游、以体促旅，大力发展赛事经济，为促进全区体育旅游高质共融发展贡献出了'平乐力量'。"

赛艇大师赛荣获全国十大精品赛事

"相约漓江，艇进平乐。"击剑公开赛落幕不久，平乐县便拉开了2021中国桂林平乐赛艇大师赛的"战场"。2021年10月30日，平乐县城印山旅游码头水域百舸争流，国内30多支知名企业及高校赛艇队伍的500多名选手同江竞逐，吸引了众多区内外知名赛艇选手和爱好者前来观赛。

动力冲浪比赛

这次赛艇大赛由广西壮族自治区体育局、桂林市政府主办,中国赛艇协会指导,桂林市体育局和平乐县委、县政府承办。这个赛事是广西首次举办的全国性赛艇大师赛,是在漓江流域首次举办的专业性强、高规格、高水准的全国性体育赛事。这次升级为全国大赛的赛艇大师赛在平乐有深厚的根基,此前平乐县结合妈祖文化旅游节量身打造,已有三年经验积累。这一次成功举办的赛事,入选国家体育总局2022年十大中国体育旅游精品项目,是广西唯一获评的国家级体育旅游精品赛事。接受采访的县领导说,入选国家级体育旅游精品赛绝非"机缘巧合",而是平乐"生态运动"的"厚土深根"。这个"根",在于"根"的基底深厚,在于"根"的城乡共富,在于"根"的政通人和,在于"根"的政府护航。

回到那场漓江上的2021中国桂林平乐赛艇大师赛现场,两天的赛事分为大师组、专业组、大学生组、亲子组、夫妻组和青少年组6个类别。大师组分别举行男子单人双桨1000米、女子单人双桨1000,男子双人双桨1000米、女子双人双桨1000米,男子四人双桨1000米、女子四人双桨1000米,男子八人单桨有舵手1000米、女子八人单桨有舵手1000米,以及混合四人双桨1000米。赛事期间,平乐县举行精彩的水上运动表演、6.6千米平安欢乐跑等文体活动。中国青年报记者尹希宁采访冠军队湖南师范大学赛艇队主教练黎威的文章说,大学赛艇队成立仅半年,便在平乐获得了大学生组男子八人单桨和专业组男子四人双桨两个项目第一名。

平乐赛艇大师赛之所以荣获全国十大精品赛事，是因为平乐县委、县政府高度重视和高效筹备，裁判工作提前介入，协调布置积极有效，参赛运动员成绩优秀。平乐县结合办赛成立了和鹭赛艇俱乐部平乐赛艇基地和桂林平乐赛艇基地，通过陆地、水上、水下运动的结合，为平乐增添了独有的文体赛事活动城市标签。

平乐县在一个月内先后成功地举办两次全国大赛，不仅使平乐县荣获了广西体育旅游示范试点县，而且较好地拉动了旅游消费的增长，统计表明：2021 年全年接待游客 274.98 万人次，同比增长 33.96%，较 10 年前增长 9 倍；实现旅游消费 24.53 亿元，同比增长 28.74%，较 10 年前增长了近 14 倍，实现了跨越式增长。

休闲运动挑战赛带动旅游经济发展

"桂林山水甲天下，生态运动平乐美"。2023 年 4 月 22 日，中国桂林平乐 2023 "绿水青山"中国休闲运动挑战赛拉开战幕，首届桂林平乐漓江生态运动旅游周同时开启。休闲运动挑战赛是全国首次集"桨板、皮划艇、越野跑"于一体的国家级体育赛事，成为桂林市的年度重点赛事，来自全国各地 500 多名运动员和 6000 多名体育爱好者汇聚平乐参赛观赛。赛事设立桨板单项和皮划艇、桨板、越野跑，分男子精英组、男子大师组、男子 U45 组、男子 U30 组、男子桨板组和女子精英组、女子大师组、女子 U45 组、女子 U30 组、女子桨板组、女子大众体验组、团体三项接力组比赛。大赛得到国家体育总局、自治区体育局、桂林市人民政府、桂林市体育局的高度认可，赢得各参赛队伍、游客以及全县人民的广泛好评，充分展示了各乡镇各部门极高的政治站位和精益求精的工作态度。

平乐县在赛后进行了全方位的总结，认为本次赛事主题鲜明、内涵深邃，彰显了平乐生态运动之美；赛事规格较高、高手如云，代表了领域内的最高水平，挑战赛是国家体育总局水上运动管理中心创立的国家级精品赛事，来自辽宁、北京、湖南、广东等全国各地的参赛选手有声望，世界冠军、奥运冠军李婷受邀担任形象大使，扩大了赛事影响力，提升了平乐生态运动的知名度和美誉度；旅游周活动丰富多彩，融合平乐文化元素，策划开展的平安欢乐跑、奥运火炬展、生态运动研讨会、漓江水上运动嘉年华、篝火狂欢、竹竿舞、摄影大赛、烟花秀、三月三特色美食农文旅产品集市等系列特色文化体育活动鲜活有趣，展现了平乐县独特的文化底蕴和丰富的水资源优势。

在山水平乐蓬勃开展新的"生态运动"，同样也面临着"成长的烦恼"。县委、县政府精心策划活动，与合作单位联办大赛，确保平乐"生态运动"的山水味道不走样，让外地体育爱好、广大游客和更多的平乐人一样有获得感，把平乐的"生态运动"根基打牢实，让"热热闹闹"的"生态运动"给平乐真正带来好日子。综合观察和分析大赛，在给平乐县提升知名度的同时，带动了旅游经济的发展。仅本次大赛和活动期间，全县累计接待游客近 7 万人次，同比增长 346.52%，实现旅游总收入 5388.34 万元，同比增

2021 年 10 月 30 日，赛艇大师赛开幕

长 366.84%。县城各酒店、宾馆接近爆满，餐饮业、零售业迎来新增长，桂江游、漓韵花海、知行美宿、长滩湾等乡村旅游景点成为游客集中打卡地。平乐县"体育＋旅游"发展模式凸显新成效，借赛兴游、以体促旅，大力发展赛事经济，为融入桂林打造世界级旅游城市和促进全区体育旅游融合发展贡献了"平乐力量"。

部地三级支持，奋力打造"三县一带"大格局

"玩好山好水，品好山好水，享好山好水。"平乐县以"生态运动"这个具首创性、鲜明性、差异性的概念作为社会经济发展的核心，把"生态运动综合建设工程"作为战略性先导工程，把打造"中国生态运动第一县"作为具体目标，以非一般的决心、非一般的力度、非一般的功夫，构建平乐全新的产业布局和经济形态及社会发展格局，全县上下致力于打造"三县一带"——即广西体教融合试点县、广西体旅融合示范县、全域生态运动试点县、漓江生态运动产业带大格局。

平乐县依托丰富的山水林田湖草资源，打造以水上生态运动为核心，陆上生态运动为基础，低空生态运动为辅助的"水、陆、空"全域生态运动系统。广西龙舟系列赛（平乐站）、全国赛艇大师赛、"相约漓江，亮剑平乐"桂林平乐击剑公开赛等国家级和自治区级体育赛事以及一批下放乡村的时尚大众化体育赛事的成功举办，让平乐县在 2021年荣获了广西体旅融合示范县殊荣。平乐县还以生态运动打造"为一项运动，赴一座城市"出游目的地，在 18 千米漓江平乐段上开发以帆船、皮划艇、赛艇、动力冲浪、龙舟等水上运动，在国家和广西体育部门的支持下，建成了全国青少年桨板训练基地、广西

绿满平乐，林富平乐

水上运动训练基地、广西水上运动考级中心考级点等多个国家级和自治区级体育示范基地，2022年，荣获广西体教融合示范县称号。

务实的规划创新设计，精准的体旅设施建设，独特的全国"生态运动"竞技大赛，助力桂林市建设世界级旅游城市，高质量实施乡村振兴战略，让人们在绿水青山和金山银山的双转化、双增长中看得见、摸得着。2022年3月，桂林市委书记深入平乐县调研，希望他们坚定"生态运动"的信念，进一步放大坐标，走差异化发展文旅产业之路，在全国经济版图中找到平乐的机会和位置。国家体育总局、广西壮族自治区、桂林市委市政府支持平乐创建全域生态运动试点县，鼓励平乐挖掘开发得天独厚的山水资源优势，打造"全域、全局、全员、全链"生态运动亮点，实现文体旅游事业"换道领跑"。2023年，广西壮族自治区人民政府办公厅印发的《关于印发建设全国新时代体育高质量发展改革创新试验区实施方案的通知》（桂政办发〔2023〕21号）文件中提到，"重点支持平乐县创建全域生态运动试点县""支持建设漓江生态运动产业带"，为平乐县生态运动的发展注入了强大动力，平乐县领导班子表示，下一步平乐将把创建"三县一带"作为生态运动发展的重要目标，举全县之力朝目标奋进。

三、聚焦三产融合，打造中国生态运动第一县

开辟新领域，制胜新赛道。平乐从"生态运动"三年建设的各项赛事中拿到了自己的商业经：以生态运动的文旅体育赛事实践持续满足人民群众精神文化需求和美好生活

需要，从而助推平乐"三大强县"目标与"三产融合"的实现。

"稳定一产"是建设"农业强县"的基础

平乐县在"生态运动"中，以农事体验为主线，串联一批农耕场所，开发一批"体育＋农耕"的旅游路线，先后打造了二塘新华万亩柿子基地、长滩十里柿子产业带、桥亭乡月柿产业融合示范园，打造柿子种植、观光体验、生产加工、销售一体化的生态运动特色场景，开辟了特色旅游资源"新柿界"。以"农事游"为基本形式的"漫柿大塘"乡村旅游，被列入桂林"乡村旅游示范市"建设 25 条精品线路之一，成为乡村振兴农民增收的新渠道、新亮点。成功实现从农产品到旅游商品的跨越，有效提升农产品的附加值。例如"三月三"期间举办的休闲运动挑战赛暨首届桂林平乐漓江生态运动旅游周活动，活动期间接待游客近 7 万人次，带动马蹄糕、石崖茶、月柿、盐菜等特色农产品供不应求，实现农产品销额 700 余万元。

"做强二产"是助推"工业强县"的支撑

近几年来，平乐县以产业转型为抓手，建设生态运动产业集聚区。积极主动参与区域合作，加快承接产业转移。充分发挥生态环境优势，以丰富的山水资源吸引了由中国山水实景演出创始人梅帅元团队创作策划，以"中国文化溯源"为主题，紧紧围绕上古奇书《山海经》及其相关文化为主要题材进行开发创作的"山海经·神话原乡"文旅项目，已达成初步合作意向，下一步，平乐县将在项目引进的同时，充分利用项目合作伙伴山水盛典公司的影响力，发挥以商招商优势，带动与项目相关的机械制造、玩具、服装、道具等制造企业入驻平乐。同时根据生态场景建设和赛事需求，积极引进集旅游周边产品和水上运动器械、水上服装、救生服、防护眼镜等运动装备为一体的生产商，实现了新型工业、城市建设等多个产业的融合发展。

"做大三产"是实现"文旅强县"的重点

平乐县结合"生态运动"的开发和建设，一直坚持以生态旅游为主题，构建避暑康养、温泉度假、体育旅游新业态，开展源头镇冷水石林度假区乡村休闲生态旅游嘉年华、同安镇华山村妈祖文化旅游节、阳安乡首届三华李采摘节、二塘镇"五月十三"民俗文化果蔬节等活动。围绕"生态运动"开发周边一日游、县域游、广西壮乡深度游，着力打造一批集山地体育、民族运动、美食餐饮、户外休闲、度假养生、民俗体验于一体的文体旅特色路线。完善原味漓江、桃花岛等集中打卡精品景点路线，带动了一批 A 级旅游景区、精品民宿，助力产业结构升级，推出了适应市场需求多样化、个性化的旅游体验，使平乐县在桂林和广西旅游产业竞争中赢得了更大的主动权。

久久为功，全力"打造中国生态运动第一县"

打造"中国生态运动第一县"的"含新量"很高，如何提升平乐山水资源的"含金量"是关键。平乐县组织林业、环保、文旅等多个部门，共同调查可以利用开发"生态运动"的山水资源和生态旅游康养景观，总结提炼千年州府、船商老街、船家渔业、民

2021 年 10 月 29 日，平乐县生态运动启动仪式

族风情、桂剧彩调、农业生态、十八酿餐饮等历史文化资源，培育更多适于"生态运动"的山水基地，打造更富韵味的生态运动景观，让"中国生态运动第一县"的"含新量"与"含金量"兼具，持续释放由此延伸的文旅消费潜力。平乐县的主要领导说："日日行不怕千万里，时时做不惧千万事。生态运动的开辟与创新纵使千难万难，但也抵不住全县人民的夜以继日。平乐的未来是美好的，生态运动是充满希望的，生态运动第一县是可以做成的！"

绿水青山就是金山银山。三年来，通过系列生态运动赛事，实现一二三产融合，促进平乐经济高质量发展。2021 年地区生产总值完成 136.86 亿元，同比增长 11.2%，增幅在全市 17 个县（市、区）中排名第一。2022 年，全年实现地区生产总值 143.46 亿元，增长 6.2%，增幅保持全市 17 县（市、区）第一，实现"两连冠"。2023 年上半年，全县 GDP 完成 51.99 亿元，同比增长 5.4%，增速高于全区、全市水平，连续 8 个季度排在全市前三；其中三产增加值同比增长 8.3%，增速排名全市第一。

在对美好的执着追寻中，我们共同诠释着更盛大更恒久的美好。这，或许就是平乐县"生态运动"最可贵的启迪：以生态文明和"两山"转化为基石，以城乡人民和体旅赛事为主体，以人才创办和办活赛事为关键支撑，以县域经济和体旅产业为重中之重，尊重人民的首创精神，激发群众的内生动力，平乐人民之中蕴藏着无穷智慧和巨大能量！平乐体旅赛事因平乐"生态运动"而精彩！

第三节 广东佛山：云勇林场是大湾区的"塞罕坝"

——探寻云勇林场深化改革创新绿美建设的精神密码

春风拂面，南粤勃兴。习近平总书记要求广东当好改革开放的排头兵、先行地、实验区，围绕高质量发展这个首要任务和构建新发展格局这个战略任务，在推进中国式现代化建设中走在前列。历来重视林业生态建设的广东省委、省政府作出深入推进绿美广东生态建设的决定，团结带领全省人民扎实践行"绿水青山就是金山银山"理念，努力打造践行习近平生态文明思想的示范和窗口。

位于广东中部佛山市的高明区，是一个面积938平方千米，拥有47万多人的千年古治，区党委带领全区人民朝前"实力新高明、品质新高明、幸福新高明、美丽新高明"的"四个新高明"目标迈进，用"绿美广东"和"绿美佛山"的要求和标准，建设高明区人与自然和谐共生的美好家园，奋力推进打造中国式现代化县域样本，现已成为"湾区枢纽新门户、临空经济新中心、田园城市新样本"。

置身湾区，读懂改革，主动作为。当下的国有林场处于挥别昨日的艰难转身、超越自我的转型中。改革转型的过程，实质上就是不断寻求解决问题之道的过程。无论未来生态林业建设的态势怎么变，都离不开国有林场主力军的支撑、融合和纽带作用。只有回答好、对接好全社会生态文明建设要求、转型发展需求这道考题，把提高生态林业资源建设管护能力作为实现价值的核心指标，才能拿到国有林场改革转型大考的高分。风雨兼程65年的佛山市云勇林场，带领干部职工和周边林农，科学落实省、市林业管理部门的生态林业建设要求，深化国有林场改革，靠血脉传承的坚守和进击，提升了林场自身生态林业建设的社会效益；勇担务林人的绿美使命，提高了场内场外森林与托管经营的经济效益；时代托举奋斗希望，林场把森林公园从省级跃升至国家级，使服务湾区人民的生态文化价值不断提升，拓宽了林场走向未来建设的制胜之道，被人民群众誉为大湾区的"塞罕坝"。

一、血脉传承，提升生态建设的社会效益

珠江三角洲地区的企业密布，寸土寸金，而高明区却有着一座管辖4.4万亩山林（自有林地3.01万亩，托管集体林地1.4万亩）的云勇林场，地跨"两市四镇"。林场是1958年由几位军队转业干部带头创建的省属国有林场，同步植入了披荆斩棘、不畏艰险的奋斗基因。在65年的发展史上，管理从省里下放到佛山市，但几代云勇务林人在创业、稳定、转型的三大历史阶段中，自觉传承融入血脉的建设作风，在长期的建场实践中凝结出"国有林场是国家林业建设的先锋队，是区域生态建设的主力军，云勇务林人荣誉高于一切"的精神内核。云勇林场职能和任务不断增加，实行林场与佛山市野生动物救护

广东佛山市云勇林场自然资源优质

中心、广东云勇国家森林公园"三块牌子、一套人马"的管理体制,干部职工在市局领导下,着力"四个林场"和"三大任务",稳中求进勇蹚林场转型新路,精细培养管护高质生态林,在科学收容和救护野生动物中探索未知,使林场成功实现转型升级,全面提升了生态建设的社会效益,拥有野生动植物 900 多种,森林覆盖率高达 96.95%,森林蓄水量近 800 万立方米,生态服务价值超过 30 亿元,成为佛山面积最大、森林生态系统最完整的"城市绿肺",《人民日报》以《一个珠三角林场的坚守与进击》为题,对林场改革创新进行整版报道,赞誉林场是"珠三角的塞罕坝"。

稳中求进探索林场转型路

不同的历史阶段,相同的基因血脉。云勇林场在 65 年的发展史上,经历了"白了青丝、绿了荒山"的 20 年创业初期,职工们"半个月挖坏一把锄头,个把月砍钝一把镰刀",累计植树 3 万亩;闯过了开放初期的资源辉煌和木材萎缩下的困难重重,爬坡过坎的林场最终没有走"加大砍伐量"和"分山经营"的苦难路;跨越了创新谋变、自我改革的转型时期。进入 21 世纪,国家明确国有林场生态功能定位,鼓励林场大胆改革转型,云勇林场主动申请从商业性林场转为生态公益型林场,获得广东省林业局、佛山市政府批准。这一时期,林场放下斧头,专心护林,使林场在转型中获得新生。

久久为功,云勇蝶变。20 多年的改革探索,林场每年投入大量资金改造林分,增加樟树、榕树、鸭脚木等数十个乡土阔叶树种,置换生态效能低的经济林,建设出了多树种、多层次、多功能的省级生态公益林示范区,有效保护了生态环境。在 2016 年的新一轮改革中，林场的人员结构得到调整，现有大专及以上学历的职工 37 人，占编制总人数的 90.2%，其中硕士研究生有 7 人，占编制总人数的 17%，并在不断优化职工队伍年龄结构和文化知识结构。林场真正建立起了以生态公益林管护为主要任务的事业单位管理体制。在职职工和退休职工的工资福利均有明显提高，真正起到了促民生、促稳定的作用。

完成国有林场改革主体任务的云勇林场，并没有躺在公益一类事业单位的"温床"上混日子，干部职工思想一致，主动深化改革，要求广东省、佛山市不"给优惠"，多"给机会"，林场持续优化多树种、多色彩、多层次的林相结构，逐步建成了一个集回归自然、森林观光、科普教育于一体的郊野森林公园，打造出"冬春山花浪漫、夏秋缤纷绚烂"的迷人森林风光。林场在林分改造时种下大量降香黄檀、格木、香樟、红锥等珍贵树木，既为子孙后代留下了珍贵的木材资源，也提升了生态功能等级。云勇林场以建设国家森林公园为目标，探索通过租赁方式整合周边农村林地纳入林场管理，扩面提质至 4.4 万亩，全面提高区域森林生态功能和森林质效，助力周边区域乡村振兴，建设美丽佛山。林场因此荣获全国十佳林场、中国森林体验基地、中国最美林场、全国林业系统先进集体、全国关注森林活动 20 周年突出贡献单位等荣誉称号。

精细培养管护高质生态林

放眼云勇林区，花容绿意丛生，绿美建设下的生态红利不断显现。作为佛山市和高明区生态建设的重点区域，云勇林场坚持统筹规划、分步实施、自然和谐、突出特色的原则，精细养护高质生态林，使场内 2000 公顷森林的生态功能等级和健康度得到提升，保持了良好的森林自然度和森林景观等级，林场的总碳储量为 7 万多吨，其中公益林碳储量的占比为 99.77%，大大提高了佛山市和高明区的生态承载能力、绿色增长能力和可持续发展能力。

为持续扩大高明城乡绿色空间，推动佛山生态高质量发展，实现林区从绿起来到"活起来""好起来""强起来"的转变，2011 年佛山市政府在云勇林场加挂全市生态林养护中心的牌子，增加林场绿化全市的职能，把整个佛山市的植树造林工作向前一步，将爱绿、护绿、养绿、守绿做细做实，做好做精。林场强化养护中心的作用和职能，建立健全精细化管养高质林的制度措施，对林区内的生态林层层落实责任。

"三分种，七分养。"生态林想要高质量发展，提高绿化效果，后期养护便是最关键的一步。要巩固多年积累的植树成果，也让造绿向养绿转变有实际意义，就必须让林木养护工作见到实效。这既是全社会的共同责任，也是对造林绿化工作的新要求。近几年来，云勇林场不断完善生态林养护管理体制机制，实行由市和县区林业绿化管理部门、镇村、养护单位逐级对上负责制，做到全年有方案、月月有计划、周周有方案、天天有日志，由上而下，层层落实，将全市森林纳入养护的生态林开展精细化管理。除此之外，林场还制定和完善了生态林基础设施设备建设规范，对保护绿化建设成果、促进森林健康经营、持续发挥森林多功能效益具有重要意义。充分利用现有条件，科学确定设施设备内容和标准，全面提升生态林管护机械化、现代化、专业化水平。不仅促进绿色增长，更为辖区人民的休憩提供了优美的环境场所。

云勇林场结合森林养护，把林场的商品林大面积的转成生态林，创新理念建成了生态公益林示范区，受到国家林草局的充分肯定。场长在全国绿水青山就是金山银山有效实现途径研讨会上介绍了佛山市的森林养护的做法，经验入选全国"两山"典型实践100例。身为佛山市政协委员，苏木荣在大会上建议各级党委政府，"对林业养护更多一些关注，提高森林覆盖率"。他从森林养护的成效出发，认为佛山的森林覆盖率还有许多能够提升的空间，大湾区特别是珠三角的人民群众，对森林等绿色生态环境的要求越来越高。

科学收容和救护野生动物

加强森林养育，守护森林资源，云勇林场45年"零山火"。呵护林业生态自然的背后，是更多物种的生生不息，给各类野生动物提供了更多的生存空间。统计表明，仅云勇林区内的野生动物就有180多种，其中有豹猫、版纳鱼螈、虎纹蛙等23种国家二级保护野生动物，是野生动物栖息繁衍的绿色家园。佛山市政府在落实国家和广东省生物多样性保护的红线制度中，创新性的在云勇林场设立全市野生动物救护中心，承担整个佛山市的重点保护野生动植物物种的保护工作。

完善野生动物保护和管理制度，加大对违法行为的处罚力度，做好与相关法律的衔接，秉持生态文明理念，推动绿色发展，促进人与自然和谐共生。近几年来，新成立的救护中心主动与广东省林业局野生动植物保护处、省野生动物监测救护中心、省林科院合作，定期开展"爱鸟周""野生动物保护宣传月"等公益宣传活动，联合进行"生态恢复过程中不同森林群落结构下陆栖脊椎动物多样性监测与评价"等课题的科研攻关。创新性的野保工作得到省市经济帮扶和支持，累计投入2000多万元，建成了占地6670平方米，动物饲养笼舍1100平方的野生动物救护中心，笼舍、冷库、实验室等基础设施及配套装备有规模、有质量，为被救助动物提供了舒适健康的生活环境，也使工作人员的日常饲喂更为便捷。

开展收容救护，保护野生动物。近3年来，救护中心满足市民救助野生动物的意愿，面向全市单位和市民接收移交的野生动物并予以妥善救护。每年接收野生动物近千只，其中有国家一二级保护野生动物，长年养护动物500多只，对救治救护后达到放归条件的动物适时放归自然。救护中心加大管理人员自身的救护专业知识培训，积极履行全市野生动物疫源疫病监测职能，定期组织专业队伍深入到云勇林区、禅城区半月岛湿地、南海区金沙岛湿地、顺德区顺峰山公园和三水区云东海湿地及其他野生动物集中栖息地进行疫源疫病监测，做好监测信息记录，积极落实监测工作，及时将监测数据和情况汇总上报全市和区县主管部门。

二、勇担使命，提高森林经营的经济效益

山川披绿，林海生金，一直是务林人的梦想和追求。从靠山吃山到养山护林的云勇务林人清楚，只有科学经营森林才能既"生绿"又"生金"，产生可以资源再生的林业经济效益。林场所在的佛山市和高明区是山水富足的地方，高明区地貌呈现"六山一水三分田"，不缺林业生态资源，这里是保持多年的全国百强县（市区），立志打造中国式现代化的县域样本。置身这样的地域和环境，同样是建设经济的国有林场，不能因为改为一类事业单位而放弃手中的经济生产工具。云勇林场的当家人和职工认为，不必为工资从市场寻找的一类事业单位，是党和人民对国有林场人的关爱，更要珍惜国家和地方政府的财力，协调好林场自有山林和托管的农村山林的生态系统保护和利用，通过科学的经营设计和规划建设，让场内场外的经营方案有更强的可操作性，以人工修复、低效改造、良种良法、机械抚育、林旅结合、森林认证等多种经营方式方法，让云勇的绿水青山变成货真价实的"金山银山"，成为佛山和高明健康的生态经济和物质财富。

绿富同兴，科学规划各有侧重

要使云勇林场的"绿水青山"变为"金山银山"，就要努力建造和修复好绿水青山，努力安排好、经营好、管理好绿水青山这个自然综合体，使它发挥好最强的功能，取得最大的效益，然后才能得到真正的金山银山。为了搞好林场自有山林和周边农村托管山林的可持续经营转变，提升林地的高经济价值和高观赏保健价值，林场与广东省林科院合作，深入林区林地精准调研，分别编制了 2021—2025 年这一时期的林场场内林地和场外扩面租地的森林经营方案，通过各有侧重的规划和建设，实现林场和被托管林地的周边农村农民绿富同兴，让场内外的群众日子越过越好。

长期在基层林场工作的林场场长说，林场生态修复和森林资源的合理利用是可以协调共进的，长期依靠进口木材的方向不可取。国有生态林要实施严格的保护，森林公园可抚育间伐，也必须建设好林场的用材林和经济林，打通"两山"转化路径。《佛山市云勇林场森林经营方案（2021—2025 年）》是前期规划的提升版，补充修正了森林资源小班的基础数据，使其与国家及省市森林经营政策相衔接，进一步明确了这一经理期的低效林改造、森林抚育、森林采伐、森林生态旅游建设、森林生态文化建设、森林健康与生物多样性保护、基础设施及经营能力建设等任务，确保到 2025 年年底，高质量完成场内低效林改造 78.96 公顷、森林抚育 1092.48 公顷、森林采伐 5743.71 立方米。

云勇林场扩面租地的山林 1.4 万亩，源于林场山林管理得比较好，而与周边农民集体林地的低质低效形成了鲜明对照，部分农户向县、镇政府请求林场托管，佛山市和高明区依托林场建设国家森林公园，必须使场内外的山林面貌一致。林场托管甘蔗、苗村、云勇等村组山林后，一方面立即进行造林备耕工作，另一方面精准规划 2021—2025 年的

扩面租地森林经营方案。经营方案以高明区森林资源管理"一张图"的数据为基础，将托管山林以自然林貌、森林植被、生态区位、经济发展、产业布局、林地利用方式，细划为109个小班，以良种良法造林25公顷，划分353个小班科学抚育林地953公顷，兼顾森林公园景观提升，重点种植珍贵树种大径材，既培育稳定、健康、优质、高效的森林生态系统，又多业态增加森林经营效益。

坚定信心，场内资源精准提升

森林经营从来不是立竿见影，而是久久为功。党和政府将长期自谋出路的国有林场改为事业单位，用大量的财政资金换取无形的生态产品，长远看并不可持续，也窄化了生态建设投入资金的闸门。但"绿水青山"向"金山银山"转化不会一蹴而就，关键在人和思路。转化需要资本、劳动、技术、市场等因素的坚实支撑，关键要因地制宜，以人的主观能动性激活森林经营的源头活水。

金山银山源于绿水青山的森林经营。经过65年的建设，云勇林场的林地质量和林地保护较好，森林资源结构优质，以丰产油茶为主的经济林正在显效，森林旅游资源富集，森林经营管理的基础很好，场内自有林地的活立木蓄积量提高到了16万立方米。但林分生产力还不高，树种结构不够合理，龄组结构还有待优化。近几年来，林场秉承"生态优先，精准经营，科研示范，持续发展"的十六字经营方针，坚持"生态优先、保护优先、规划引领、稳步推进，分类经营、精准经营，科学经营、创新示范"的经营原则，

云勇林场的绿水青山

科学划分森林功能区划与经营类型，对生态防护保育区进行生态保护修复，对针阔混交风景林兼大径材进行造林、抚育、改造、采伐等技术优化，对人工马尾松纯林，选取火力楠、香樟、红锥等珍贵树种，进行国家储备大径材建设的低效林改造。

云勇林场结合场内山林的森林经营，对幼、中龄林进行科学的抚育采伐和林分改造，使产量低、质量次的林分得到有效的维护和改善，使林区既成为满足当前建设国家森林公园的自然保护地，又成为未来可持续经营的国家储备林基地。林场的经营绩效受到佛山市、广东省和国家林草局的重视，将云勇林场逐级申报，列入全国森林经营试点。截至 2023 年 6 月，林场严格按照国家的要求，完成了 34 个约 50 亩固定样地和 2 个无人机监测样地（约 20 亩）的布设和基础数据采集，逐步建成了森林经营试点长期成效监测体系。通过抚育和择伐的方式，完成了 2022 年度和 2023 年度全国森林经营重点试点单位任务 2000 亩抚育工程建设，进一步优化了场内的森林结构，提高了森林质量。

科学治理，扩面租地林海生金

尊重自然、顺应自然、保护自然，是全面建设社会主义现代化国家的内在要求。推进绿色惠民和乡村振兴，是绿美广东生态建设的重要内容。佛山市持续扩大在大湾区城市群、珠三角核心区的生态比较优势，云勇林场所在高明区实施的金山银山价值实现工程，正在持续探索建立生态价值转化和生态产品价值实现机制，促进绿水青山转化为金山银山。云勇林场顺应当地农民的新期待，将一家一户的小规划林地整合成片统一经营，打造出了一个绿色发展的扩面租地经营新样本。

云勇林场托管的 1.4 万亩集体林地，地处林场北部、西部和中部，由高明区明城镇的苗村、塘际村、甘蕉村、云勇村和更合镇的坑头村组成。为使经营有明确的产权，林场在区、镇、村的组织下以扩面租地的形式租用林地 70 年。林场在托管的经营实践中，以培育珍贵树种为主、生态与经济兼用的大径材林、生态与社会相融的生态景观林为总目标，扩大森林面积、提升森林质量、优化林种结构，培育优质高效的森林生态系统。

林场通过经营林种的调整，建设阔叶混交风景林，种植的优势树种是铁刀木、大叶紫薇、黄金熊猫、国庆花、无忧树、黄花风铃木、紫花风铃木、红花油茶、仪花、荷木、珊瑚树等。同时建设珍贵树种风景林兼大径材，主要栽种香樟、麻楝、乐昌含笑、观光木、桢楠、降香黄檀、浙江润楠、海南蒲桃、黑木相思、红锥等，经营以新造林为主，中幼抚育为辅，实施全周期经营作业。

林场运用现代技艺更新造林，从 2019 年启动，通过三年的努力，到 2020 全部更新建造一遍，按规划连续抚育三年抚育五次，确保了托管造林的成活率和成林率。既重视造林管护工作，又不让租林农户吃亏，林场精准测算复核林地面积，按政策规定按年度支付及时林地租金，截至 2022 年年底，累计发放奖励金和租金 2381 万元。2022 年 11 月，云勇林场荣获广东省第一批省级林长绿美园先进单位，中央电视台新闻频道深入广东，为云勇林场拍摄播出了长达 90 多秒的新闻报道，称林场的扩面提质工程，既促进了高明区的乡村振兴，又在大湾区构建了一道生态屏障。

三、时代托举，提优森林公园的文化价值

一个地方有一个地方的自然风貌，一个地方有一个地方的发展路径。让人们如意地工作，诗意地栖居，人与自然和谐共生是始终如一的追求。在时代的托举下，国家建林场，政府买生态，云勇林场干部职工着力当地人民的最普惠的生态福祉，把良好的生态家底转变成郊野型森林公园，逐步上升为省级、国家级森林公园，林场结合公园建设和服务社会的森林旅游和生态康养，高水平地打造出了云勇自然教育的特色品牌，使这片好山好水的文化价值得到大湾区人民群众的认同：云勇绿意看得见，公园游览更方便，生态空间更诗意。

高标准建设郊野国家森林公园

云勇林场所在的高明区，是国家生态文明建设示范区、全国造林绿化百佳（县）市、国家森林城市。2018 年，林场合着高明区创建国家森林城市的节拍，决心将 1993 年建立的省级森林公园建成国家森林公园。这一谋划得到高明区、佛山市党委政府和广东省林业局的全力支持。

有想法就立马行动。市区两级给予资金支持，林场一方面迅速编修《广东云勇国家级森林公园可行性研究报告》，一方面向国家林草局申报创建国家森林公园。云勇林场干部职工调整建设方向，围绕森林生态旅游，进行景观节点提升、园区绿化维护、森林游憩设施和森林康养的软硬环境设施建设。

在景观节点提升上，林场重点对秀林绮卉景观进行主题分区提升，将位于合桃山片区的 29 公顷多观花景区，高标准建设缤纷林海、红花观景台、云勇科普长廊和樱花峪。林场结合不同植物的观赏期及观赏特性，合理配置，形成具有一定规模及特色、主次分明的森林景观。在缤纷林海景区补植刺桐、红花银桦、红花荷、黄槐、金蒲桃等；在云勇科普长廊景点上层种植美丽异木棉等观花乔木，中下层种植鸳鸯茉莉、马缨丹、龙船花等灌木，营造层次立体、色彩明媚的视域景观。同时对硕果纷华景观、花漾芬芳景观、桃李知缤景观进行了相应的主题分区提升，增强了游客观赏的吸引力。

在园区绿化维护上，每年投入 170 多万元，对主次干道两旁、场部、缤纷林海、桃花谷、羊棚等地方进行绿化树、绿篱、花球、草坪等花草树木提升治理。重点是对公园内的绿化树、绿篱和花球进行养护和修枝整形，定期清理杂草、杂藤、薇甘菊，及时清除道路两边绿化带和广场草坪上的枯枝和落叶等，保持草坪整洁。

在森林游憩和生态康养设施建设上，进一步提升区域内的森林景观，对飞山瀑布、长寿古泉等不够突出的景观景点进行人为干预，增设 3000 米游憩步道、9 个观景平台、8 处森林驿站等服务游客的配套设施，策划推进游憩康养活动。

建设湾区公园，荣获国家品牌。2020 年 12 月 11 日，国家林草局批复准予在云勇林

场设立国家森林公园。2021年4月，全国政协农委会副主任、原国家林草局局长张建龙，深知这个林场"苦求生存"转型成功建设国家森林公园，亲自到林场为公园揭幕，期望他们在大湾区走深、走实公园服务路，让前来游览的人民群众获得更强的获得感和幸福感。

高质量推进森林生态旅游康养

冬春山花浪漫，夏秋缤纷绚烂。从连绵荒山到茫茫林海的云勇林场，再到远近闻名的国家森林公园，几代云勇务林人以65年的光阴，谱写了一首跌宕起伏的生态文明进行曲。

云勇国家森林公园是国家评选出来的"中国最美林场"。这里是佛山面积最大、生态价值最高、结构最完整的"城市绿肺"，是粤港澳大湾区名副其实的绿色宝库，每立方厘米空气中负氧离子含量达5800个，气温常年比佛山市区低3~5摄氏度。在"缤纷林海"主题公园的羊棚护林站旁，一条瀑布从山上倾泻而下，穿过山间茂密的绿植，直接击打在岩石上，形成了一个深约1.1米的水潭景观，瀑布水潭是游客到此一游的休闲拍照地。公园里的飞马山水库和主峰鸡笼山，水美林秀，堪为奇观。桃花谷、缤纷林海、云龙瀑布、鸡笼山观景台、樱花峪等景点设施面向全民免费开放，"缤纷林海—云龙瀑布—鸡笼山观景台"游览线路入选广东省2020年森林旅游特色线路名单，吸引众多市民游客来访，年均游客数达20多万人次。

云勇林场和森林公园在成功运营森林旅游的基础上，引入林业与健康养生融合发展的森林康养，依托林场丰富多彩的森林景观、沁人心脾的森林环境、健康安全的森林食品、内涵浓郁的生态文化，配备相应的养生、休闲及医疗、康体服务设施，开展以修身养性、调适机能、延缓衰老为目的的森林游憩、度假、疗养、保健、养老等活动。林场筹集资金，拟进一步完善相关基础设施建设，开展静态森林浴、森林康养综合体验等森林康养活动。

高水平打造自然教育特色品牌

绿美广东建设要求活化利用丰富的森林、湿地等自然资源和历史人文资源，建设高品质的自然教育基地、自然博物馆等，打造粤港澳自然教育特色品牌。云勇林场在森林经营和国家森林公园建设中，积极开展自然教育、林业科普及宣传工作，发挥科技示范作用，为社会提供优质生态产品。

构建云勇特色生态文化传播体系，讲好人与自然和谐共生的云勇故事，高水平打造云勇自然教育特色品牌。近几年来，林场自筹资金，建设生态文化展示馆、开展自然教育，重点提升生态文化硬件和软件设施建设，使林场成为传播和弘扬生态文化的重要场所和载体，着力把云勇林场建成集森林科普、森林体验、森林教学于一体的森林生态文化宣传教育平台。林场自建的自然生态文明展示馆，位于生态景观提升区北部的旧场部，具有展示佛山市自然文明生态建设历程与成果、云勇林场绿色坚守精神、岭南人工林动

云勇国家森林公园美景

植物科普知识，以及承办会议、讲堂、观影、科普活动等功能。

　　林场依托现有建筑，在风景林景观提升区建设研学教育基地、朴门永续自然学堂，根据资源特色、季节林相变化、访客群体等研发多元化的自然教育课程，重点开发针对中小学生的自然教育课程以及具有林场特色的自然教育课程。同时建设科普教育人才队伍，聘请专家、教授等担任森林公园的生态文化建设顾问、讲解员，向公众普及自然生态知识，开发出了一系列动植物科普、野生动物救助专业课、观鸟体验课等课程。

　　林场全方位开展自然教育，握指成拳建设民众自然教育，创新形式活化自然教育，2022 年林场和森林公园荣获广东省自然教育基地荣誉称号，不断提升了生态文化产品的供给能力和质量。

　　新时代，新征程。放眼这片醉美的缤纷林海，山峰层峦叠嶂，花海百花争艳，水体碧波荡漾。云勇林场顺应人民群众对青山绿水和美好环境的期盼，紧紧围绕生态文明建设任务，不断完善林场基础设施建设，稳步推进森林质量提升，继续改革创新，守护着这一片绿水青山、金山银山。

第四节 海南陵水：碧海青山物华新

——海南省陵水县围绕"七位一体"战略创新林业转型实现新发展

绿色是海南亮眼的底色，生态是海南宝贵的财富。习近平总书记指出："青山绿水、碧海蓝天是海南最强的优势和最大的本钱。"海南省委、省政府确立海南自贸港建设"一本三基四梁八柱"战略框架，将国家生态文明试验区和生态环境列入"四梁""八柱"之一进行建设。

海韵声声、椰风徐徐的陵水县，与全球著名旅游度假区夏威夷等同处北纬18度线；枝繁叶茂、翁郁苍翠的陵水县，是我国版图的南端海疆，是我国唯一的热带雨林国家公园的挂牌地，17处森林和海洋生态串联成珠；海水蔚蓝、风光纯净的陵水县，38万黎汉儿女在1128平方千米的陆地上奋力赶超，由贫变富，从"国际旅游岛"跨越到了"自由贸易岛"。伴随风起云涌的改革浪潮和奔涌不息的建设洪流，县党委带领全县人民勇立潮头，围绕"2+7+3+N"为重点的发展格局，创新规划、产业、项目、企业、要素、政策、服务"七位一体"工作思路，牢固树立"绿水青山就是金山银山"理念，加强生态林业建设和森林资源保护，端牢生态环境"金饭碗"，奋力推动陵水经济社会高质量发展。

蓝绿交融陵水美，碧海青山物华新。陵水县林业局带领全县务林人紧紧围绕县委、

山清水秀

县政府的"七位一体"思路，转型创新生态林业建设，用林长制改革稳步推进热带雨林国家公园展示区建设，擦亮了国家公园的"生态招牌"；加快推进陵水红树林国家湿地公园试点建设，精细精准生态修复红树林，释放美丽山海的"生态能量"；进一步试点开发红树林碳汇，全面开放林下资源，靠林业特色经济撬动城乡"绿色增量"，"两山"价值转化使"珍珠海岸，美丽陵水"的底色更加靓丽。

一、用林长制改革擦亮国家公园"生态招牌"

坚持人与自然和谐共生，建设秀美新家园。《陵水县"十四五"规划和2035年远景目标纲要》明确：把生态文明思想贯穿到经济社会发展全过程，坚持在保护中发展、在发展中保护的原则，建设天蓝、水碧、地绿的美丽陵水。到2025年，环境质量优上更优，现代环境治理体系初步构建，生态文明重大制度基本确立，主要绿色发展指标居全省前列，努力创建国家生态文明建设示范县。县里划定"多规合一"的生态建设保护空间格局，完善县、乡、村"三位一体"管理体系，架构林长制管好国家公园挂牌地的一草一木，创新生态修复目标确保森林资源的量率提升，提高三级林长和护林员的职责，培养树立森林管护典型，在热带雨林国家公园挂牌地亮出了一面闪光的"生态招牌"。

架构林长制管好国家公园挂牌地的一草一木

结合地方实际建立林长制，筑牢生态安全屏障是国家生态林业建设的统一部署和要求。县委、县政府高度重视陵水热带雨林国家公园挂牌地，强化一草一木的源头保护和底线控制，用林长制改革创新落实生态控制线和林业生态红线，形成了"一核、一带，七岭、多廊"的生态安全格局。以吊罗山热带雨林国家公园范围为核心，建设县域生态核心功能区。统筹滨海生态资源综合保护，保持近岸珊瑚礁、红树林、海草床等重点海洋生态系统的生态功能不退化。建设大溪岭、神塘岭、大艾岭、长水岭、东高岭、九所岭、牛岭等县域生态绿核，保障了县域的整体生态安全和质量。

紧贴"林"主题，紧盯"长"关键，紧抓"制"保障，紧扣"治"落点的陵水林长制，是海南省行动较早的县份，早在2018年开始自我探索，至2020年全面建成。县委、县政府架构的县、镇、村三级林长制，共有林长292名。县委书记和县长担任县级林长，11名副县级领导干部担任副林长，在11个乡镇任命22名林长和118名副林长，在全县的乡村级配备139名林长，县林业局配合镇村明确了各位林长的责任区域，使三级林长制的责任全覆盖，并在各责任区域竖立了各级林长的公示牌，责任区域上图上墙，明确工作职责，确保一山一坡、一园一林都有专人专管、责任到人，做到"林有人管、事有人做、责有人担"。

议林巡林是县镇村党政组织领导履行林长制职责的关键环节，是三级林长需要经常性落实的森林资源管护工作，必须有"脱鞋下田"的作风，不能踩虚走空。县级林长定期或不定期地带领县林业干部，走出办公室、走进山水间，掌握森林生态资源的管护全局和实情，为议林管林提供最及时、最准确、最鲜活、最翔实的第一手资料。县林长制办公室集中智慧、群策群力，把问题找准，把对策想实，做好林长制落实的"下篇文章"。近几年来，陵水县制定的林长制县级会议制度、县林长制工作督察制度、县林长制县级考核制度、县林长制信息公开制度易于落地执行，建立的协作配合和"林长＋检察长"工作机制利于问题解决。各级林长自觉投入森林资源保护，严格辖区林地用途管制，严厉打击非法占用、毁林开荒、乱砍滥伐等行为，较好地解决了历史遗留的所有违法图斑，受到国家和省林业主管部门的好评。

陵水县发挥公安、综合执法等部门的作用，用"长牙齿"的林长制守护森林资源，联合执法保护野生动植物，加大投入防虫防火，没有发生森林火灾和松材线虫病等问题。

创新生态修复目标，确保森林资源的量率提升

揽南海，承宝岛，古老的陵水，因海滨生态保护而强壮；居琼南，扼要津，今日的陵水，因自由贸易港绿化而精彩。

椰树横成行，芒果竖成列，槟榔添新绿。2023 年 3 月 10 日，县党委带领党政军民 200 多人在新村镇义务植树，拉开了新一年绿化陵水大行动的序幕。仅这个点便种植了红海榄、正红树、玉蕊、黄槿、海芒果、水黄皮、红榄李等树种约 16300 株，种植亩数 50 亩。植树人群站在这片绿地观城区，绿意浓浓，底色亮丽，美丽陵水被绿树繁花掩映，呈现出看得见摸得着的"乡愁"。这"乡愁"的背后，是林长制深化改革的立说立行，是绿美行动的说到做到。在新一轮绿化陵水行动中，陵水县结合实际，规划出点、线、面相结合的"一带（沿海防护林带）三区（东南部纵深防护林和森林旅游开发区、中西部商品林种植区、东北部生态保护区）多走廊（道路生态景观廊道）"建设格局。

过去精彩不等于今天出彩，超越自我才有明天的荣耀。陵水县创新落实林长制，有效地推进了森林资源高质量发展，2022 年高质量发展综合考核评价指标显示，5 个林业考核指标稳中有升，超额完成森林蓄积量 504.13 万立方米；森林覆盖率巩固在 61.51%；湿地保护率 100%，新增红树林湿地修复面积 2450 亩，超出省定任务 245%；以乡土珍稀树种和本土花卉为主新造林 3111.7 亩，完成率 103.7%。2023 年春天，新任林业局局长寇峰带领新一届领导班子对照林长制改革的"路线图"和"时间表"，全面实施城区节点及通道、生态村镇和机关企事业单位等绿化工程，重点锁定"镶嵌于自然山体之间、蜿蜒于陵水河两岸和南海岸线的带状组团城乡"，推进陵水美丽家园建设。

纵观陵水生态林业，东南部的光坡、椰林、黎安、三才、新村、英州乡镇，在巩固恢复既有沿海防护林带的基础上，纵深强化防护林体系，重点建设景观型防护林，全面完善了沿海区域的生态防护效能，提高了综合防护能力。中西部的本号、隆广、文罗、群英、提蒙等乡镇和南平农场，因为土层深厚、雨量充沛、交通便利，引导他们重点种植热带水果和名贵用材林。东北部生态保护区内的本号、光坡两镇，热带雨林资源保存完整，森林资源丰富，生态林集中分布，陵水县将其作为重点生态安全保护区建设管理，增强了水源涵养、水土保持、防潮防洪能力。

提高林长护林员职责，培养树立森林管护榜样

陵水县林长制以"防"作重点，建设责任、信息、预防、扑救"四大体系"；以"护"为基础，严厉打击非法改变林地和非法砍伐树木、滥伐林木、乱挖滥占林地以及毁绿损绿等违法行为；以"治"为手段，抓好矿山综合治理和生态复绿工作，推进恢复山体和推进湿地生态修复；以"管"为关键，健全管护机制，落实管理力量，加强日常巡查监管，加强林地管制，依法保护林业资源安全，形成了全县配合"一盘棋"和协调一致"大合唱"。

纵向到底，横向到边。陵水县实施林业"网格管理"，将所有的公益林专职护林员下放乡镇实施日常管理，细化责任方区，优化人员配置，以各行政村和规划林地范围划定"网格"单元，实施森林资源网格化管理，配备林长制智能巡护系统和手持终端，实现林地巡护全覆盖。县林业局注重在三级林长和护林员中总结培植先进典型，推选护林员曾弘霖连续两年成为海南全省的"最美护林员"。护林员曾弘霖常年管护着光坡镇和岭门农场 3000 多亩重点公益林。在护林员的岗位上，他的足迹布满了大山深处，遇到过深山老林里的野猪，遇到过眼镜蛇、蟒蛇，但他容不下的是破坏森林资源的人和事。曾弘霖在一次例行巡林中，看到一片椰子树倒在丛林中，现场查看有 30 株椰子树掀翻在地，他判定破坏者一定会在晚上运出山林。曾弘霖当即向县林业局领导汇报，先把倒地的椰子树

牛岭省级自然保护区

扶正，重新培土栽种。由于救助及时，刚刚倒下的椰子树全部成活无一死亡，那名破坏者最终未能逃脱法律制裁。在曾弘霖的巡护下，他所在的林区两次发生"无名火"，因他及时发现处置而未能成灾。

陵水县林业局加大对曾弘霖这样的护林员进行典型总结和榜样宣传，得到社会的响应和支持，并在国家公园周边地区的学校优选"小林长"，鼓励青少年参与林草资源保护，增强了全民生态环保意识。

二、以红树林修复释放美丽山海"生态能量"

水润万物生辉，最美上善若水。被誉为"海上森林""海洋卫士"的红树林有"国宝"之称，陵水海岸带的湿地、河口、潟湖拥有独特的红树林、珊瑚礁、海草床资源，县委、县政府"像爱护眼睛一样守护好"，以壮士断腕的勇谋筑建红树林抢救修复之基，保持近岸重点海洋生态系统生态功能不退化；腾笼换鸟走精深建设保护湿地之路，联合国家林草局林草调查规划院对县域内的滨海省级风景名胜区、新村—黎安海草特别保护区的建设规划调查编修，有效提升了红树林国家湿地公园的生态景观；结合红树林的生态修复，试点设立全国首个红树林湿地碳汇交易项目获得成功，释放出了美丽山海的"生态能量"。

壮士断腕筑建红树林抢救修复之基

直面矛盾、正视挑战、破解难题。陵水 2012 年才摘掉国贫县帽子，20 世纪 90 年代一些养殖户在滩涂地带挖塘养鱼致使红树林几近毁灭。为了保住"珍珠海岸"，陵水县从 2016 年启动蓝色海湾整治行动，累计投资 10 亿多元对新村潟湖和黎安潟湖进行生态修复，建设陵水红树林湿地公园。截至 2023 年 6 月，累计清除渔排近 44 万平方米，清退养殖塘 7788 亩；种植红树林 7900 多亩，完成生态修复 9150 亩，使这片海域消失的濒危的红树种红榄李重现生机，成为全国 18 个海湾整治项目中实施进展最好、成效最明显的 7 个项目之一。这片失而复得的新湿地，2017 年 12 月获批建立 958.22 公顷的陵水红树林国家湿地公园，使生态建设完美地实现了一次新跨越。这个湿地凝聚着陵水党政决策者的卓识远见，凝结着陵水林业管护者的心血和汗水，每年植树节县领导和干部群众都在这里义务植树，2022 年 6 月，县长罗桦在省委举办的"奋进自贸港，建功新时代"专题新闻发布会上，重点介绍了红树林生态修复成就。2022 年 11 月，国家林草局将陵水经验推向了《湿地公约》第十四届缔约方大会。

日月不肯迟，四时相催迫。陵水县以壮士断腕的勇气，退塘还湿生态修复红树林。规划引领、合理布局，解决经济发展与生态保护的矛盾，在潟湖区域划定 638.3 公顷红树林生态修复区。采取"宜湿则湿，宜林则林"原则，退塘还湿 817.7 公顷，退塘还林 375.9 公顷。陵水"两潟湖"现分布 18 种红树林树种，其中真红树 15 种、半红树 1 种；2017 年开展的濒危树种红榄李引种试验种植 200 株红榄李，目前存活 100 多株。2021 年

陵水红树林建设

年底，海南电视台播出了陵水建设人工种植红树林的生态修复专题片。

尝试生态补偿，共治"两湖"湿地。实施生态补偿、退果还林，是陵水县"花钱买生态"的一项重大创举，也是一项"农民得实惠，生态得保护，产业得发展"的德政工程、民心工程，曾对高速公路、高铁沿途两侧可视范围内以及重点水源地区域内的国有林地实施生态补偿，退果还林效果非常好。陵水县对生态修复区域的集体土地的生态补偿标准，按照每年每亩1000元的额度，每3年每亩递增10%，连续补偿20年，现已发放第一年度生态补偿金117万元。同时通过依法补偿、引导深海养殖、岸上就业等工作，确保养殖户生产生活不受损。统一规划1.2万亩深海网箱养殖海域和700亩水产南繁种苗繁育基地，优先安置清退渔民，鼓励渔民和合作社向深海网箱养殖产业发展，海洋养殖业逐步由"浅"向"深"转型，提供500个就业岗位安置渔民转产转业，解决了当地渔民的就近就业问题。

腾笼换鸟走精深建设湿地公园路

从靠海吃海到靠海护海，是和谐共生的辩证法。陵水县在遵循规律、科学保护、完善制度、落实责任的基础上，重视科普，全民参与，高标准建设红树林国家湿地公园。2017年，陵水县林业局与国家林草局林草调查规划院联合编制陵水红树林国家湿地公园总体规划，成立专家组实地调研，确保地区发展诉求与生态保护红线不"撞车"，2022 年达到湿地生态系统健康，生态功能全面恢复，生态休闲效应显现的目的。

国家湿地公园不能一划了之，红树林保护不能只保不护。绝不能使好不容易才得到保护的湿地再在管理上出现漏洞，重陷盲目开发和过度开发的泥潭，陵水县强化自然保护的建设和管理，制定符合当地实际的保护方案和考核评价制度，落实保护和管理职责，走出了一条腾笼换鸟的精深建设之路。我们在新村港潟湖看到，这里面向南海，呈现半封闭的沙坝—潮汐汊道—潟湖海岸体系，港区水域宽阔，周围群山环抱，是海南岛不可多得的天然避风良港。这里的湿地生境类型多样，由红树林、滩涂、水面构成，放眼望去，湖光山色景观独特。在潟湖南部岸线上，自西向东分布着石头岭、南湾岭、平头山、六量山、陵水角等花岗岩低山和丘陵，东北部为高岭低丘，景观独特。经过几年的红树林种植与保护，成片的红海榄、木榄、白骨壤、秋茄、海莲、海漆、木果楝等红树乔灌已经成林，宛如一片绿海，给秀美海岸增添了新景观。

陵水县在这个国家湿地公园的建设中，深挖当地民风淳朴的疍家文化、渔文化、海上丝绸之路文化、黎苗风情等人文资源的生态文化价值和美学价值，以生态文化为魂，强化科研与科普宣教，突出热带海岸生态系统的典型性、海洋生态系统的独特性、区域类型的湿地生物多样性，为海岸潟湖系统保护恢复提供示范与展示。

摸着石头过河就是摸规律。随着红树林湿地公园建设保护的广度和深度不断拓展，难度越来越大。陵水县摸着石头过河，大胆试、大胆闯，不断攀越建设新境界，抵达保护新高度。新村镇依新村潟湖重点建设的 7000 多亩红树林，已经起到了湖滨带植被的恢复作用，不断改善着湿地内的水体水质，公园内的珊瑚礁告别 2000 年的"死亡遗迹"，大规模地重新活起来了。

党委政府带头建设恢复，专业机构主动提供智力支持，当地民众自觉珍爱保护。陵水县的党政机关和干部职工积极参加湿地公园的红树林栽种与管护，中小学积极组织师生植造红树林。海南省林科院、海南师范大学等支持陵水创建红树林国家湿地公园，伸出援手保护濒危红树林，帮助建设品种多样、内容丰富的热带红树林多品种景观园。湿地公园周边的村民、渔民珍爱来之不易的恢复保护成果，期待公园早日建成开放，助推海洋森林生态旅游。

获得红树林湿地碳汇交易试点成果

水波清浅，展现优美潟湖风光；烟波浩渺，保护珍贵热带海岸。碳达峰碳中和是"人与自然和谐共生的现代化"的重要标志，林业碳汇是市场交易的生态产品。海陆交错区的红树林不仅是系统能力最强的生态植物，还有强大的固碳储碳作用，是滨海湿地海洋碳汇的主要贡献者之一。把蓝碳转换成碳交易产品被视为基于自然解决方案实现碳中和的重要路径。陵水在早期的红树林生态恢复和湿地公园规划建设中，便把红树林碳汇生产交易引入生态环保市场化机制，探索"红树管护—碳汇收储—平台交易—收益反哺"

的良性闭环，实现红树林碳汇"可度量、可抵押、可交易、可变现"，试点走出一条绿色低碳共富的可持续发展之路。

陵水县在全面保护修复红树林的同时，看重经济效益，把红树林变成"金树林"。早在 2012 年便由中山小学学生吴静捐款 50 元倡议县林业局设立"碳汇基金"，当年 7 月 6 日，中国绿色碳汇基金会在陵水县成立了全国首个县级专项基金——陵水碳汇专项基金，当天接收专项基金 1280 万元。2018 年，中央在支持海南全面深化改革开放的指导意见中，明确海南"开展不同类型的碳汇试点"，支持海南自贸港设立碳排放权交易场所，形成更加成熟、更加定型的制度体系。陵水县委、县政府审时度势、顺势而为，精心部署，抓住湿地生态治理机遇，按照碳汇项目的方法论，创新造林模式。委托由中国绿色碳汇基金会、保护国际（美国）基金会（CI）资助的北京汇智研究院主持开展"海南陵水县红树林（湿地）碳汇项目"交易试点。这一项目是海南省首个开发的 VCS 碳汇项目，经过前期的项目设计备案和计量监测，预计第一个计量期内可实现 74179 吨碳交易。2023 年 4 月 13 日，在中国绿色碳汇基金会和海南省林业局的座谈中，杨超理事长说陵水县是全国首个县级专项基金和碳汇专项基金，做了大量的探索性工作，基金会做好工作运转，确保红树林碳汇产品年内实现第一期减排量签发，在国际市场交易助力建设绿色低碳、生态一流的海南自贸港。

海蓝山青岛绿

山海秀色

共护红树林，绘出新画卷。陵水红树林碳汇项目在有效治理湿地生态的同时，开展蓝色碳汇开发交易试点，不仅为湿地生态治理提供了科学借鉴，而且也为海南滨海潟湖湿地生态治理贡献了陵水智慧。

三、靠林业新经济撬动陵水城乡"绿色增量"

打通"两山路"，延长"价值链"。陵水县林业部门加快推动建立健全生态产品价值实现机制，把县委、县政府经济转型"七位一体"思路和产业布局中的要求，落实到林业产业的高质量发展之中，着力在森林生态旅游康养产业、热带特色高效林业经济、林下特色种养等方面下功夫，助力乡村林农依托自然资源念好"山海经""致富经"。陵水县 2022 年政府工作报告表明，森林生态旅游业提质升级，新增 1 家 A 级景区、1 个椰级乡村旅游点，5 家试点企业通过省级旅游标准化验收，投资 2.34 亿元的产业项目落地新建的南平健康养生产业园。热带特色高效林业快速发展，成功创建 1 个国家级和 6 个省级现代农林产业园，林产品注册商标总数达到 50 多个，实现林业总产值 12 亿多元，撬动了陵水城乡发展的"绿色增量"。

全域建设森林生态旅游康养产业

森林生态是森林旅游产业的核心资源，是生态康养目的地的"底色"。陵水县以生态林业建设为根本，确保绿水青山长久发挥金山银山效能。陵水东南部的光坡南片区和椰林、黎安、三才、新村、英州南部等乡镇，适合开展森林生态旅游，将其划定为创森中的纵深防护林和森林旅游开发区。他们在高效发挥沿海景观防护林作用的同时，根据地理位置的独特性，适度开展森林旅游，相继打造出了南湾省级自然保护区、陵水牛岭省级森林公园、清水湾·南国侨城森林公园等一批观光、旅游、康复、疗养、休闲等绿色产业亮点，国家 5A 级景区分界洲岛、国家 4A 级景区南湾猴岛、椰子岛清水湾旅游度假区、香水湾旅游度假区、土福湾旅游度假区等旅游地。

用好用活已有森林生态旅游景区，持续建设开发"世外桃源"。地处吊罗山山脉与牛岭山脉过渡处的本号镇大里村，在林业部门的帮助下开发森林旅游，使世外桃源般的山水美景得以呈现，好山好水好风光换来了真金白银，每个节假日，进入大里乡村游的客人都超过了 3000 人。陵水县将吊罗山森林公园、小妹水库、大里瀑布等"点"串联成"线"，打造集山地运动、旅游探险、休闲养生于一体的陵水北部百瀑雨林旅游。

森林生态秀美，旅游产业强劲。陵水县的森林生态旅游康养产业年年提升，2022 年旅游接待游客总人数 800 多万人次，旅游收入 70 多亿元，获评国家全域旅游示范区荣誉称号。近几年来，县里加大招商力度，使长高国际生态旅游区落地，加大投入建设南平健康养生产业园，打造出一张"康养陵水"金名片。南平康养产业园是陵水县与海垦控股集团的重点合作项目，精准聚焦大健康产业链中的"疗""养"产业，总投资 36 亿元，建成运营年产值 30 亿元。

全情打造热带特色高效林业经济

把生态林业的绿色颜值转为城乡发展的金色价值，一直是陵水林业探索建设的方向。他们把帮扶中西部发展土沉香、椰子、黄花梨、油茶、花卉苗木等"新奇特"林果产品，作为热带特色高效林业经济的主导产业，也是顺应县委、县政府建设热带高效特色农林产业的要求，走出一条"生态美、产业兴、百姓富"的绿色发展路。

林业部门珍惜"育种陵水"金名片，充分利用现有林地资源，大力发展花梨、沉香、檀香和高效经济林木，建成了一批乡土珍贵树种种苗基地。近几年来，陵水县林业局引导隆广、文罗、群英、提蒙等乡镇及南平农场，在巩固槟榔、波罗蜜、芒果、荔枝、橡胶、花梨、沉香等经济林的基础上，利用"五边地"扩大波罗蜜、芒果等特色经济林种植面积，改造低产、低效工业原料林，调整优化林种、树种结构，提高了林地的产出量，增加了林业产值。

陵水县加快林业特色产业基地建设，纵深开发槟榔、荔枝、芒果等优质林业资源，建设标准化育苗示范基地，积极培育珍贵树种基地建设，尽快形成苗木种植、交易产业链。近几年来，"陵水槟榔""鲁宏荔枝""雷丰芒果"等一批烙有陵水印记的名优林产品获得消费者认可，这是因为陵水县坚持以市场为导向，突出地方特色，以产业育品牌，以品牌拓市场，大力实施林业产业品牌战略，新品牌才不断得以涌现。陵水打造电商平台，创造各种节庆活动，推广宣传独特的林果产品，首届荔枝电商节，当天签单 2725 万元，下单 142.5 万千克。"陵水槟榔"被国家和海南省评为国家地理标志保护产品，"鲁宏荔枝"被海南省评为著名商标。

全面开发务实推进林下特色种养

积极开发以东北部为主的林下畜禽养殖、南药种植、食用菌种植、养蜂等林下经济，是陵水县建设循环经济的林业产业方向。县林业局结合林长制网格化管理，摸清了全县的林地分布、树种等情况，邀请林业科技部门实地进行可行性研究，制定发展方案，务实推进林下特色种养。

因地制宜调产业，林下经济富农家。县林业局与群英乡合作，引导林农结合自身特点，因地制宜，发展林下经济，种植中药材益智形成持续增收的特色产业，为村民提供一条致富增收新路子。卓亚州是群英乡芬坡村最早在橡胶林下种植益智的，努力多年，面积发展到了 40 亩，每年都有稳定的产量和收益。在他的带动和林业部门的推进下，全乡多数林农参与林下种植不同类型的中药材，有的是大户种植，有的是合作社联合经营，全乡仅益智种植户就有 950 多户，占全乡总户数的 57%，种植面积近万亩，户均增收 4500 多元，既优化了农村和林农的经济收入结构，又提高了林地的利用率。

开发林下经济，林农各有门路。本号镇祖关村组建裕鑫农业发展公司，利用橡胶林空地培育茶树菇产业，基地化培育的产量连年上升，市场认可度高，走出了线上线下相结合的畅销之路。文罗镇副镇长、五星村党总支部书记黄丽萍，是全国政协委员，她经常穿梭在村民们的芒果林中，既要取得芒果收成，又要开发林下种养经济，在曾经深度贫困的五星村探索出"党支部＋合作社＋农户"的发展模式，建成了一家村集体经济公司，通过林果和林下经济，拓宽了村民增收渠道，2022 年村民人均年收入 1.8 万多元，比脱贫前增长了 4 倍多，她的事迹上了《人民日报》。

怀"敬畏"之心，修"赶考"之德，练"赶考"之功。敢为人先，争创一流的陵水县，紧紧围绕人民群众对美好生活的需要，紧紧围绕"争做海南民族地区发展先行区、引领区"的战略任务和价值追求，主动把握林业发展新形势，奋力谱写陵水林业高质量发展新篇章。

第五节   广西黄冕"万元林"：善作善成树标杆

——广西国有黄冕林场以"四良""四转""四精"法，
推进现代林业建设保障国家木材安全闻思录

"绿水青山就是金山银山。"习近平总书记指出："因地制宜，科学种植，加大人工造林力度，扩大森林面积，提高森林质量。"党中央、国务院推进国有林场改革，明确国有林场"三大任务"之一就是建设"国家木材生产储备的重要基地"。中国林业下决心用45亿亩林地保障国家木材安全，先后推出了集体林改、国有林场改革、国家储备林建设，让用材安全有保障有绿色更有未来。

不断优化用材结构，培育壮大产业集群。广西壮族自治区林业局破解国家林业政策，鼓励全区国有林场增强以桉树为主体的用材林发展动能，在区直国有林场构建高质量商品林"双千基地"，通过与市县林场合作、收购集体林地等方式，确保到2022年商品林规模达到1000万亩以上，通过森林质量精准提升管理，2024年向市场提供1000万立方米以上商品材。广西林业接力实干，年产桉树木材超过4000万立方米，连续17年木材产量稳居全国第一位，以占全国0.6%的林地贡献了全国约46%的木材，支撑了4285亿元的木材加工产业，每年固碳14亿吨，成为分布范围广、产业链条长的优势产业和支柱产业，为快速绿化荒山、改善生态环境、发展绿色经济、助力脱贫攻坚、推进乡村振兴以及维护国家木材安全、促进碳达峰碳中和等做出了巨大的贡献。

实干打造"万元林"，善作善成树标杆。地跨工业重镇柳州市和森林生态旅游胜地桂林市的广西国有黄冕林场是全国十佳林场。林场坚持党政同责共抓"万元林"，林场领导班子带领干部职工以真抓落实的实劲、敢抓落实的狠劲，善抓落实的巧劲，突出高质量发展主线，在森林经营上精管护、提质效、重创新、求突破、立标杆、树样板，持续坚持用"四良"造林法则聚力，以良地做保障，良种全覆盖，良法标准化，良策谋提高，稳中求进地培育大径材；科技赋能森林经营，通过守正创新的"四转"科学融合，使经营模式由短轮伐期向长轮伐期转变，林分结构由桉树纯林为主向桉树异龄复层林、乡土珍贵树种混交林、多层次复合式多彩化森林景观模式树种转变，经营目标由中小径材向大径材转变，实现了"万元林"的智慧管护；着力"黄冕品牌"，以"四精"销售理念服务客商，用精细管护降低客户采伐成本，以精确设计经住市场数据检验，靠精准投放确保线上竞价优势，凭精心服务诚邀客商放心购买，有效地提升了市场竞争力，打造出了林场与客商美美与共的黄冕林木"金字"招牌。林场年产40多万立方米优质木材，是广西全区经营桉树单位面积产量最高、经营效益最好的林场，营林生产和生态保护走在全区前列，先后荣获国家林业重点龙头企业、全国绿化模范单位、全国森林经营示范单位、全国林草先进集体等荣誉称号。自治区林业局调研后，赞誉"黄冕林场突出高质量发展

黄冕林场万亩林海

主线，走在全区前列，希望林场深化创新，继续探索一条大径材'万元林'建设的边缘效应，获得提高单位产出、降低造林成本的最佳投入产出效益比。"

一、稳中求进，用"四良"法则聚力培育大径材

一轮红日跃出，被一片新植桉树林的碧绿托住。黄冕林场务林人抢抓造林时节，无畏天寒，夜运苗木送到山上依次摆放，白天规范栽植、施肥、培土，硬是抢在3月底完成了200多万株桉树2.53万亩改造和更新任务，提前近2个月完成29.2万亩追肥任务。2023年4月20日，林场场长在第一季度经济运行分析会上说，全场干部职工齐心协力，把困难踩在脚下，把责任扛在肩上，高效完成了全年的造林任务。中心苗圃一天最多能调拨25万株苗木，板勒分场仅32天完成961亩改造任务，环江分场提前1个月完成6.6万亩追肥任务，桂东分场仅7天完成350亩改造、提前一个半月完成追肥4.3万亩，里定分场率先打破收购僵局收购优质林地1200亩，质监站12人完成38.75万亩1233道工序的营林质量施工验收工作……他们虽身在井隅，但心怀梦想；虽身在他乡，但眼中有光，他们"宁舍寸金，不舍寸土"，他们以工匠精神，绣花功夫，精耕细作造林地，以良地、良种、良法、良策"四良"造林法，深耕一产根基，聚力培育大径材，不仅成功打造了20多万亩精品林，林木亩单产达12.4立方米，而且到"十四五"末期，林木产量预测将达到170万立方米，稳居全区第一，到2027年将达到207万立方米。

5 年来，黄冕林场共投放林木标的 232 个，销售林木 143.3 万立方米，中标率达 94.6%，溢价 6829 万元，亩出材从 2017 年的 7.6 立方米提升到 2022 年的 12.4 立方米，亩单价从 2017 年的 3679 元 / 亩提升到 2022 年的 7944 元 / 亩，林木销售各项指标均居区直林场前列。"万元林"这个概念是黄冕林场率先提出来的，简单来说就是"一亩林子每个轮伐期能卖出 1 万元的高价"。从 2020 年起，黄冕林场正式迈入"万元林"时代，全区首片"万元林"落户黄冕。截至 2023 年，林场共涌现出 23 片"万元林"，面积 1.2 万亩，出材 21.36 万立方米，平均出材达 17.8 立方米 / 亩，平均亩单价 12021 元 / 亩。随着全场推广建设高产示范林步伐加快，黄冕林场"万元林"甚至"双万元林"将接踵而至。

良地是培育大径材的保障

桉树是世界上生长最快、产量最高、最著名的速生树种之一，也是广西引种最成功的树种。从默默无闻，到轻度发展，从点火起飞，到疯狂扩张，再到调整优化，广西桉树已经走过了 130 多年的历史。凭着良好的气候条件、丰富的山地资源和先进的栽培技术，广西桉树如有神助，在短短的 20 多年时间里疯狂扩张，呈现出几何级增长，种植面积由最初的几百万亩增加至如今的 4550 万亩，妥妥的"中国桉树第一省！"。黄冕林场历经几十年的实践，成为全国和广西种植最优、产材最高的林场，源于林场对优良林地高标准的识别、利用和建设。林场林地多为山地红壤和黄红壤，经过全面调查检测，66.4 万亩林地中有 56.5 万亩适宜建设桉、杉、松、乡土珍贵树种等大径级商品林，根据立地条件、林木长势、林分产量划分为一般林、达标林、精品林，林地利用率高达 95.2%。

资源总量不足是黄冕林场的基本场情，全面盘活存量、扩大增量、提高质量、做大总量，努力实现质的有效提升和量的合理增长成为黄冕林场经营发展中考虑的重点。他们把森林质量精准提升作为最重要的中长期任务，以高标准建设优良林地，突出林地产材导向，优化大径材建设布局，场外新收购林地与现有林地再提升并重，形成了一套如何识别良地、如何使用资金、如何高标准改造的经验。近几年来，林场按照适地适树原则优化桉树种植布局，努力实现种植区域气温、海拔、降水量、土壤等自然条件与桉树生物学特性相适应，加大土壤质量维持和提升技术研发力度，推广免炼山整地技术，少施化肥，多施有机肥，1~2 年生不施除草剂，保护生物多样性，维护森林生态系统平衡。桉树连片造林 1000 亩以上的，配置两个以上品种或无性系，降低病虫为害风险，创造条件营造多树种混交林，提倡桉树林地"穿衣戴帽围裙"，在山顶、山脚、山沟保留原生植被或种植长周期乡土珍贵树种，形成多树种、多层次镶嵌式混交林，增强林分生态功能，实现了林地的高效恢复和可持续发展。

黄冕林场资源总量不足，扩面增量是他们保饭碗、利后代的大事，势在必行。但黄冕林场在扩面增量上坚持以盈利为原则审慎推进，不盲目扩张，近 4 年利用商品林"双千"基地建设"抢得"优质林地29万亩，计划10年内，完成所有场外低产林分改造，实现亩产18立方米以上，力争场外产量再翻番。在全区各直属林场"抢地"的同时，黄冕林场是怎么做的呢？林场场长说，好政策也需要"突破"，收购林地要慎用钱、多收地，但更要收好林、得回报。2019年，林场派出10多个考察组到外地考察拟收购林地林木近5万亩，但仅成功收购14196亩，其中有两片林地高于指导价。他认为，优秀林地资源是有限，全区"抢购"必然推高价格，指导价不会停留在一个区间。事后证明，这是一场大赢。经过一年多的再培育，2021年招标销售时，这两片本身优良的林地出现客商"疯抢"局面，每亩多赚了4600多元，而且还赚了萌发粗壮新苗的满山"树兜"，而更多的是未来几十年的经营期。

良种先行确保栽植全覆盖

保障木材安全，要害在良种栽植。黄冕林场的实践表明，优良种子贡献桉树大径材增产量45%~50%，但新品种培育周期长、难度大、失败率高，依靠自身面临不少"卡脖子"难题。经过长期的生长与材性比较研究，巨桉最好，速生性好，抗逆性强，是适合林场及外地合作区域栽植的主打树种。

建设黄冕大径材，牵稳良种"牛鼻子"。林场把良种培育视为高质量发展的"芯片"，加大良种壮苗培育力度，提高种苗良种使用率，加强育苗精细化管理，完善育苗基础设施，优化育苗技术，创新育苗方式，提高造林成活率。近几年来，林场用好用活中央财政资金，培育优质苗木，加大自身投入建设中心苗圃，培育桉、杉、火力楠等良种壮苗

"万元林"一景

3000 多万株，累计造林近 30 万亩，良种使用率达 98% 以上。

曾经，林场通过"改地适种"，现在他们加强育苗精细化管理，创新育苗方式，趟出了一条"改种适地"的新路子。所有上山造林的苗木，都适合当地的林地要求，保证达到一级苗良种壮苗标准。他们加快建设广西桉树国家种质资源库，建设桉树良种基地，借助区内外科研力量，持续开展桉树品种选育，加快桉树倍性育种研究，桉树二倍体、三倍体育苗技术成功后及时推广应用，大幅提高桉树单产。他们持续推进桉树良种审（认）定，力争选育出更多适合不同区域栽培的生长速度快、抗逆性强、材质优良、产量高的桉树优良品种和品系，丰富桉树良种体系。他们持续加强桉树组织培养苗木培育，大力推广轻基质、易降解容器苗造林，缩短缓苗期，提高造林成活率。2023 年，林场自主培育苗木 333.6 万株，出圃 306.7 万株，除林场造林用苗外，面向社会销售 110 万株，收入 121 万元。

良法配套生产经营标准化

由于一些地方忽视桉树的科学经营，出现种植布局不当、品系过于单一、连片纯林过大、生物多样性不够丰富、不注意水土保持、施放化肥农药过多、轮伐周期过短、病虫害危害严重等问题，引发社会对桉树产生误解和担忧。因而，唯有科学，才是桉树最终发展之路。多年来，黄冕林场坚持改革创新，推动绿色发展，持续深化实施森林质量精准提升工程，采用良法善治培育大径材，打通了"两山"的双向转换"通道"。

黄冕林场牢牢守住国家木材安全这条底线意识，推行大径材配套生产经营标准化，靠良法育林技术实现支撑，用一系列兴林育材的良策深挖潜力，提高了大径材的单位产出。他们以森林生态环境为基础，坚持可持续经营，引导全场干部职工转变营林生产观念，由粗放经营向良种良法、高产高效转变，通过加强科技创新，实施分类经营，优化林分结构，强化监督管理，合理设置种植密度，推广免炼山整地，测土配方施肥，延长采伐周期，创新桉树异龄复层林、乡土珍贵树种混交林、多层次复合式多彩化森林景观模式，使桉树单位面积年均蓄积生长量和木材产量稳步提高，桉树林地经营效益显著提升，林龄结构更趋合理，森林群落更加稳定，生物多样性更加丰富，森林多功能效果突出，建成独具特色的美丽森林。

人误地一时，地误人一年。黄冕林场紧紧抓住最关键的农时造林，使育材良策充分显效，大力遵循"早造林、造早林、造林早"。近四年来，林场严格实行年前完成备耕，年后 4 月前完成造林，在每一个春天，全场职工都齐刷刷地按下了造林的"快捷键"，主动把"长跑"变为"短跑"，紧锣密鼓抢节点、抓质量。林场场长对我们说："2022 年 7 月份半年总结，我们拉练对检，凡是 2、3 月栽种的桉树平均高 3.5 米，5 月栽植的仅有 1.5 米，单株相差 2 米，一个轮伐期下来自然会减少材级。现在看，这种对比依然相差 2 米，也意味着 6~8 年后永远差 2 米，每亩单产少出材 2.7~3.6 立方米。算大数自然不得了，那是财富价值的创造和守护。"

深挖潜力提高单产靠良策

2002 年 4 月，广西出台了《关于加快我区速生丰产林发展的意见》，利用良好的雨热条件，鼓励发展以桉树、相思、松树等发展速生丰产林，广西各地迅速掀起了史上罕见的植树造林热潮，拥有核心栽培技术的桉树，迅速甩开传统的本地松树，种植面积一路突飞猛进，以每年 200 万亩的速度强势扩张，当仁不让成为广西造林的首选树种。

随后，在国家苗木免费、减半征收育林基金、优先安排采伐指标、造林补贴、造林贷款贴息等政策鼓励下，广西桉树迎来了突飞猛进的增长，广西仅用 10 年的时间，桉树面积就从 200 万亩扩大到 3200 万亩，而且还形成了从组织培养、工厂苗木、专用肥料、造林营林，到采伐运输、木材加工，到制浆造纸，再到板材生产、家具制造等完整的桉树产业链，在这条产业链上农民得实惠、工人得就业、企业得效益、政府得税收，堪称中国的"绿色奇迹"。

黄冕林场自然明白这一利好，牢牢抓住生态文明建设的政策倾斜，用好国家和地方的造林育林政策，把育林良策上升为林场制度，对国家林业项目能争尽争，对各级造林补贴能要尽要。2020 年以来，林场充分利用政策实施林业项目 28 个，涉及面积 39 万亩，获财政资金 1.09 亿元，申请银行贷款 12.3 亿元，极大缓解了林场资金压力，也保障了大径材的培育，确保把木材保障的"饭碗"牢牢端在自己手中。

二、守正创新，靠"四转"融合智慧管护"万元林"

习近平生态文明思想的科学性，体现在对科技创新的重视上，更体现在对绿色发展中产业经济规律的尊重。黄冕林场培育"万元林"的事实证明，用材商品林建设离不开科技创新和科技进步，是产业绿色化和绿色产业化的追求方向。林场"十四五"规划明确，把"精品林精准森林经营""森林质量精准提升"作为中心工作和重大行动，构建科技赋能新格局，奋力实现"资源富集、职工富裕、精神富足"的新时代"黄林梦"。林场党委鼓励干部职工把科技论文"写"在林业产业第一线。林场强化科技创新驱动能力，加快营林理念和营林手段的创新，加快科技成果转化应用，力争在林木种苗选育、树种材种结构优化、森林质量提升、营林工序高尖设备投入等重大技术创新上有所突破；投资购置无人机、植保机、高射程喷雾机等现代林业装备，实现生产单位无人机配备全覆盖；根据立地条件，在造林、抚育、采伐等营林工序中推广机械化作业；强化监测预警，因地施策，推广应用新技术、新设备、新药剂药械，提高林业有害生物防治水平；全面推行森林资源管理系统运用，积极利用森林天眼、森林资源一张图、林区视频信息系统，逐步实现森林经营数字化、网络化，加强智慧林场建设，加大林场现代林业信息化展示区建设，进一步提升管理效能。不断实现经营模式由短轮伐期桉树纯林向中长混交林转变，林分结构调整由桉树为主向桉树复层林、乡土珍贵树种混交林、多层次复合式多彩化森林景观模式的美丽森林转变，生产方式由人工向机械转变，经营目标由中小材向中小径材与大径材并重转变的"四转"融合，守正创新智慧管护"万元林"。

经营模式由短轮伐期桉树纯林向中长混交林转变

奋斗和苦干紧密相连，是科学有效的机制保障。黄冕林场围绕"万元林"培植"由短轮伐期桉树纯林向中长混交林转变"经营模式，创新建设机制、运营机制、投入机制，汇聚各方力量，调动有效资源，形成了可持续发展的"青山常在，永续利用"共识。

长期的商品林建设实践使黄冕务林人意识到，桉树是当下中国解决木材供需矛盾的根本之策，是调整农村产业结构、促进农民增收的重要抓手，需要科学处理好发展与保护、数量与质量、利益最大化与可持续经营等关系，将经营模式由短轮伐期桉树纯林向中长混交林转变。

黄冕林场在高质量发展"万元林"的道路中，努力把握好"稳"与"进"的辩证关系，跑出了新时代兴林强场的加速度。他们变革无性系单一化，大面积连片种植的旧有营造方式，采用多个无性系搭配、块状混交等造林新方式，提高林分稳定性。林场迈开更大的探索步伐，适度发展桉树+珍贵阔叶树、马尾松+珍贵阔叶树人工混交林，形成复层结构，改善了林场各林区的林分结构。

不搞桉树纯林短期轮伐，建造中长期混交林，夯实稳定的育林底线，追求卓越的高品质"万元林"。林场结合"十四五"规划制定与实施，坚定改变林种结构，使桉、松、杉及珍贵树种均衡配比，减少场内桉树面积，实现总量增加目标。在营造混交林实践中，避免大面积营造纯林，使混交林生发更高的生态效益和经济效益，增加林地凋落物数量，加速枯枝落叶分解速度，增加林地土壤表层养分，改善土壤物理性质，提高林木及林地生产潜力。通过营造桉树与乡土树种混交林，提高桉树林分生物多样性和生态系统稳定性，减少对生境的负面影响，增强林分抗逆性，努力实现桉树生态功能、经济功能、社会功能、碳汇功能等多种功能协调统一。

务实建造混交林，主动作为树样板。林场现已在各个场内分场和场外造林县市，探索出了一系列桉树高产示范林、松杉与珍贵树种混交林样板林，丰富了森林经营模式，带动了周边林农科学经营森林的积极性。为了更多更快地建造混交林，林场为地方林农提供高品质桉树、马尾松、杉木种苗，加快了林木良种推广，提高了森林生长量和林地生产力。

结构调整由桉树为主向美丽森林转变

步入高质量建设"万元林"的黄冕林场而言，木材效益的最大化是商品林经营的主要目标，但不是唯一目标。桉树纯林连片过大的方式要不得，既不能搞"一桉独大""一桉偏大"，也要正视桉树木材的国家需要、应用广泛、林农致富的作用，进行必要的结构调整，使其由过去的"桉树为主向桉树复层林、乡土珍贵树种混交林、多层次复合式多彩化森林景观模式的特色美丽森林转变"。

黄冕林场在建设"万元林"的树种结构调整中，科学发展桉树，注重做好桉树产业"头""中""尾"。"头"是抓好桉树大径材生产的前端研发，不断筛选、培育优良品种；"中"是重点推广科学有效的栽培管护技术，适地适树、经度（顺坡纵向）混交、机械化应用、延长轮伐期等，推动桉树产业从粗放经营向精细化集约经营转变，从扩大面积向提升质量转变，从急功近利向培育大径材、优质材转变，从单一树种向多树种协调发展转变；"尾"是因地制宜发展桉树林下种植中草药、油茶等林下经济，提高林地利用率和综合效益，加强桉树木材加工工艺创新，扩大桉树木材用途，提高桉树木材综合利用率和附加值，带动提高桉树木材价格，以加工业反哺种植业，同时讲好黄冕桉树"万元林"的品牌故事，从科学角度、辩证法角度、实事求是角度做好科普宣传，为桉树大径材多彩森林科学发展营造出良好氛围。

主动识变应变求变，高质量提升木材生产。林场在由桉树为主向多功能美丽森林培育的转变中，顺势提出"扩面提质，高质量发展，转型升级"目标，紧紧抓住国储林建设机遇，建设高达30%左右的以乡土树种和珍贵树种为主体的混交林，加快实现了由"营林"到"创林"的转变，使森林健康且产生良好的经济效益。近几年来，林场逐步将单一树种、退化林、成片桉树林改造成了乡土珍贵树种混交林，形成了多层次、复合式的多彩化森林。

生产方式由人工向机械转变

让青山常在，永续利用是务林人的使命和追求。老一辈黄冕人大多是在一锹一镐间植树造林，伐木取材的。现在，黄冕林场的生产方式进行了变革。2023年春天受防火等影响，永福造林经营部一度处于落后地位，他们调整任务，提前做好1000多亩林地的整地打坎备耕工作，仅用10天完成植树任务，源于一系列机器设备派上用场改变了传统的生产方式。

我国南方珍贵用材资源少、培育技术落后，珍稀树种及一般树种大径级材结构性短缺。黄冕林场新一届领导班子创新营林生产方式，由"人工"向"机械"转变建设中小径材与大径材并重目标。近4年来，他们根据林场林地立地情况，积极探索将林地机械化耕作，设计林地规格和株行距，确定合理栽植密度，建立标准化地块，形成标准化作业空间，提高生产效率。通过加快中大径材、目标树、目的林的培育，提升木材的规格、质量，不断满足机械作业的需

用材林

求，提高机械使用效率，提高作业效率和质量，降低作业成本。引导干部职工突破思想观念，力争"十四五"期末实现种植、抚育、采伐、病虫害防治等全过程机械化标准化作业，"十四五"期末实现全程人工智能机械化，达到定株管理、提高生产力、节约森林资源的目标。近几年持续加强的桉树提质增效工程，使林场大径材桉树培育面积现已超过 20 万亩，林木年均亩生长量在 2 立方米以上。

经营目标由中小材向中小径材与大径材并重转变

保障木材供给安全，促进产业转型升级。我国南方珍贵用材资源少、培育技术落后，珍稀树种及一般树种大径级材结构性短缺。黄冕林场自 2016 年开始提出培育大径材理念，新一届领导班子将经营目标定位于"由中小材向中小径材与大径材并重转变"，加大实施桉树提质增效工程，截至 2022 年年底，桉树提质增效规模超过 20 万亩，林木年均亩蓄积增长量在 2 立方米以上，基本实现了达标林稳定高效，精品林亩产"万元林"的目标。

围绕"中小材向中小径材与大径材并重转变"的目标，黄冕林场根据立地条件、经营规模、经济能力、市场需求等情况，实行长轮伐期、中轮伐期、短轮伐期相结合的桉树林木采伐制度，合理确定各径级材林面积比例，满足市场对不同用途桉树木材的需要。积极探索桉树择伐经营方式，择伐后补植其他乡土珍贵树种，促进形成多树种异龄复层混交林，实现全周期经营，短中长周期、大中小径材兼顾，以短养长、以长辅短，将桉树速丰林转变为近自然经营的"永丰林"。

林场加快林区树种结构调整，采取灵活作业方式，使不同林分类型、不同立地条件的林木都得到科学经营，累计进行近自然林改造培育多功能森林 4 万多亩。成功打造出了高产木材基地，充分发挥示范引领作用，不断深化产学研合作，创新总结森林经营模式，累计接待国内外、区内外 80 多个考察团 2000 多人次到林场森林经营示范点现场观摩学习，森林经营技术创新成为全区学习的典型，经营成效得到社会广泛关注和认可。林场的大径材产业国家储备林培育受到各商业银行的全力支持，永福、鹿寨、金秀、三江、环江等周边县市领导班子集体上门，请求黄冕林场精深合作建设大径材培育基地。

三、美美与共，以"四精"服务提升市场竞争力

既要有远见，也要有预见。黄冕林场结合"万元林"培育，着力木材市场供给侧改革，依托"精细管护、精确设计、精准投放、精心服务"的"四精"销售理念，提前布局木材销售市场体系建设，修建共富之道，想方设法降低客户的采伐成本；思谋商家利益，使设计数据经得住市场检验；坚持互惠互利，确保市场挂牌形成竞价优势；诚信美美与共，铸就黄冕林木的"金字"招牌，使双方持久共创美好未来。近 4 年来，林场活立木亩单产、最高单产、亩单价、最高单价、溢价率等众多指标均位居全区首位。2022年，林场提前 4 个月完成木材销售任务，实现销售收入 2.03 亿元，平均销售 7944 元 / 亩，

同比增长 38.2%；最高销售 14288 元 / 亩，同比增长 14.3%；平均亩出材 12.4 立方米，同比增长 22.8%。

精细管护降低客户采伐成本

黄冕林场对生态保护修复和自然资源合理利用协调共进，认为务林人培育"万元林"并不难，难的是市场要在公平竞争中接受。林场地处柳州和桂林之间，周边国有林场也不少，并无特殊条件和地缘优势，为什么他们的商品林就卖得好？一位木材商告诉我们，他们的伐前抚育做得好，资源管护到位，就连外运道路都考虑得很细致，使我们客商的采伐成本得到了综合降低。

加强森林资源管护，筑牢生态安全屏障，是基层国有林场的一致共识。黄冕林场坚持有效增强森林防火、有害生物防控能力，提升林场森林资源管护水平、信息化水平和技术装备水平，全面提升产业发展配套能力，实现了林场林木的高质量发展。

伐前抚育是黄冕林场服务客商的亮点。在 2022 职代会上，计划财务科科长廖振辉向大家报告，在 2021 年全年支出的 1880 万元木材生产成本中，活立木销售前的伐前抚育成本便占 142 万元，接近生产成本的 1/10。营林科科长邓玉华对我们说，表面看成熟林伐前抚育是卖相"扮靓"，但实际上好处很多，林中清障可降低木材采伐难度，提高木材外运效率，避免木材丢件遗漏，方便林木评估和伐区外业调查，同时也有利于来年林地的萌芽更新及提高保存率。

林场每当作出林木地块挂牌销售的计划后，生产部门便结合伐前抚育，派出队伍清理维修林区道路，建设临时原木堆放场，确保合作客商林中集存方便，外运顺畅安全，同时也方便了林场自身的再生产、再建设。

精确设计经住市场数据检验

林场和周边兄弟林场的实践表明，林场自主采伐商品林销售，表面看有销售管理办法，有作业的标准化、规范化，有林场的资源优势，可以有效地提高林木的销售收入，但与市场相衔接的制度并不灵活，缺乏应变和时机把握办法，同时在实际操作过程中受木材市场等多种因素影响，成本不降反而变高。

黄冕林场坚持把市场的事交给市场办，把木材销售对标完备的市场竞争体系，持续完善现代企业制度，由各职能部门相互配合，精确设计、把握时机、错峰投放、因时投放，形成竞价优势，总体呈现出销售便捷、效益明显、方便管用的好效果。

精确设计保出材数据准确。林场发挥自身的人才优势和专业优势，对包青山销售方式的山头采伐林木储量进行实地勘察设计，绘制出准确的林地面积、计算林木出材数量。林场根据木材销售时的市场价格，拟定销售单价，计算生产成本、销售收入与收支结余等测算表，由林场林木销售定价领导小组审核后，再对伐区作出更准确地测算、审核和调整，使定价更趋科学。通过近 4 年的市场验证，黄冕林场的各种设计数据，经受住了客商的市场检验，形成了稳定的供求关系。

黄冕林场的青山绿水

精准投放确保线上竞价优势

2022 年 1 月 14 日，黄冕林场通过广西林权交易中心电子交易平台，成功销售环江分场大沙坡 4 片 8 年生桉树活立木，4 片桉树林每亩单价平均超过林场"旧标王"12495 元，其中大沙坡 2 号标的桉树林 723 亩，经过 16 个竞标者 160 次报价，最终以亩单价 14288 元成交，成为林场桉树活立木交易的"新标王"。在这一次的集中销售中，全场 4 片桉树林地 2876 亩，总成交 3940 万元，溢价 656 万元，成交平均亩单价 1.37 万元，连续第 3 年实现"万元林"交易"开门红"。

这个成绩的背后，是林场公开招标的精准投放。林场每次销售，都在林木销售招标会之前，把销售招标公告在当地报刊上刊登，在林场场务公开公示栏和林场网站上公告，让更多的木材商人了解林木销售的准确信息，积极参与林木销售竞标。更重要的是林场恰到好处地把握住了木材价位高销售时机，此时正值春节前后，木材加工厂急需用料，要保持足够的木材加工成半成品和成品。还在于南方春夏交替时节的雨水相对较多，不方便进山采伐运输，握好时机就是抢得先机，占据主动。林场提前准备行动，紧盯市场精准投放，合理挂牌形成竞价优势，牢牢抓住了市场话语权，自然能卖个好价钱。

精心服务诚邀客商放心购买

诚信服务客商，联结场商利益。林场围绕林木市场销售，诚邀客商到林场和销售林地实地查看，进一步增强客户的购买信心。林场领导说，林木销售的林地有"温差"，但服务客商不能有"温差"，这会导致实际销售服务中的工作"偏差"和"落差"。

每次林木挂牌后，林场都对外开放，让有意向的客商进入林场和销售林地考察比较，讲清区域的采伐、作业和外运优劣势。投标结束后，对未中标的商户确保3日内退还保证金，对中标者的投标保证金转为合同履约保证金，及时签订《林木销售合同》，履行销售手续，引导和帮助对方有序采伐，并协助中标人管理林木，做好工人采伐培育、采伐期间内的防火防伤害等安全生产教育工作，严格要求按生产技术规程操作，确保双方利益不受损。近4年来，林场用这样的"绣花功夫"抓木材销售，锻铸出了黄冕林木的"金字"招牌。

奋斗不止，精进不怠。黄冕林场"万元林"建设的绿色实践告诉我们，绿水青山中的木材生产与生态经济的和谐共生，本身就是"金山银山"的验证。站在新的历史起点上，林场乘势而上、赓续前行，保持更稳健的森林经营地位，扎实推进营林产业规模化、优质化、品牌化，深挖一产潜能，始终把一产作为林场安身立命、健康发展的根本，实现森林精准提质增效，探索出提高单位产出、降低造林成本的最佳营林模式，使林场"万元林"成为"常态林"，奋力建设森林经营和国储林高质量发展的样板场，倾力打造全国领先的高品质美丽森林示范场。

我们有理由相信，黄林人会从春天起步，共同描绘他们眼中的锦绣黄林，让黄冕"入眼皆变化，处处是新景"，让黄冕青山无恙、绿水如常，让桉树生命拔节的声音，在黄冕每一片林地的上空，响彻云霄！

第六节　山东寿光国有机械林场：林海壮歌

——寿光市国有机械林场生态文明建设纪实

> 春天的风，吹迷了我的双眼，
> 夏天的雨，淋透了我的衣衫，
> 秋天的月，搅乱了我的情思，
> 冬天的雪，模糊了我的视线。
> 为了这片树，我不畏风沙弥漫，
> 为了这片绿，我不惧鸣雷闪电，
> 为了这片林，我不顾秋霜冷月，
> 为了这片海，我不管冰雪严寒。

春天的风，唱出我倾情的呐喊，

夏天的雨，融入我奋斗的血汗，

秋天的月，感叹我钢铁的意志，

冬天的雪，表达我纯真的情感。

为了这片树，我愿洒一腔热血，

为了这片绿，我甘守终生信念，

为了这片林，我情注盐碱荒滩，

为了这片海，我永葆初心不变。

这是国有寿光市机械林场的场歌——《林海壮歌》中的前两段歌词。

唱着这支歌，寿光林场人走过了 60 多年充满艰辛的奋斗历程。

唱着这支歌，寿光林场人以奋斗的血汗书写了在盐碱滩上造林 3 万多亩的光辉篇章。

唱着这支歌，寿光林场人将"冬春白茫茫、夏秋水汪汪"的重度盐碱荒滩打造成"鸟类的天堂、水族的海洋、人间的仙境、文化的故乡"。

唱着这支歌，寿光林场人创造出林、粮、牧、渔、游融合发展，水源循环利用的生态发展模式，为黄河三角洲的开发提供了绿色样板。

唱着这支歌，第九任场长尹国良从 21 岁走上领导岗位，扎根林场 40 年，以大无畏的斗争精神和智慧、心血乃至生命带领林场人谱写了一曲气吞山河的生命壮歌！

千百年来，由南部山区及西来黄河长年累月顺水而来的泥沙淤积逐步向渤海延伸，形成了位于黄河三角洲、莱州湾南岸、寿光北部的这片广袤土地。这里风沙、洪涝、干旱、盐碱、冰冻、海潮"六害"肆虐，气候恶劣，形成了"天苍苍，地茫茫，风起潮涌尘沙扬，一望无边盐碱地，不长树木不打粮"的情景。

20 世纪 50 年代末，响应党中央关于"植树造林、绿化祖国"的伟大号召，山东省林业厅经考察后，决定在这片不毛之地建设机械林场。

1959 年 10 月，一支由 30 多名从战争年代走过来的退伍军人组成开发队伍，在身经百战的党委书记王洪儒、场长王成勋的带领下，冒着风沙，踩着泥泞，意气风发地奔赴盐碱地深处。以"天当被，地当床，黄蓿野菜当干粮，植树造林创大业，绿化祖国献力量"的豪迈，在"口啃窝头就尘沙，喝水去找雨水洼，长虫小咬来做伴，住宿就在'六月趴'"的恶劣环境中安营扎寨，开始了一场全新的会战。

共产党人吃得了千般苦，但开始面对的大多是挫败。这里的盐碱地种什么树都不活，即使是有"盐碱地宝树"之称的沙枣树在这里也难以活下来。

1961 年，上级部门将 14.8 万亩林地缩减到 8 万亩，1964 年又压减到 3 万亩。接下来，在国民经济调整过程中，植树成活率低的寿光机械林场被省林业厅列入关停名单。但怀揣绿色梦想的林场人不甘心、不退缩，第二任场长王成桂带着培育出的一捆棉槐条子亲

寿光市国有机械林场的秀美林海

赴省厅，以生命和党籍做保证，立下"军令状"，使得决策者"刀下留情"。林场保住后，在炽热的阳光下，在凛冽的寒风中，他们艰苦实验，执着探索，拼尽全力，不仅在承诺期内种出了300亩紫穗槐，而且培育出了幼林3000亩，农作物也有了一定的收成，让盐碱滩向他们绽开了笑容。

然而，1969年3月，一场突如其来的海啸把树淹了，把粮田冲了，把房泡倒了，摧毁了林场人整整10年的成果，整理出来的盐碱地更盐碱了。

虽然有人选择了离开，但更多的人则选择了坚守。坚守者愈挫愈勇，一往无前。第三任场长王赓楷和他的妻子杨培祝带着4个幼小的孩子，从寿光县城搬至林场，历经挫折和磨难，在这里艰苦奋战了13年，开创性地以条台田技术改良土壤，给这片盐碱滩涂播下了希望的种子。

历史的车轮隆隆进入改革开放时代。

1987年，正值新旧体制交汇时期，年仅24岁的尹国良在担任了3年副场长后被任命为第九任场长。这时，林场实行事业单位企业化管理，由财政拨款改为自负盈亏，建场几十年来职工一直捧在手里的"铁饭碗"被打碎了，林场处在生产无资金、工资难发放的窘境之中。

受命于危难之时的尹国良，以崇高的使命担当和坚定的信念，拿出准备结婚的2000元和父母盖房的4000元钱，带头集资凑起了买树苗的费用，培育果园1000亩、枣园2000亩、改造残次林3000亩。5年后，产果100万千克，收入100多万元，残次林成为高标准绿化苗木基地，年产各类商品苗木150多万株，获得了历史上的第一次大丰收。

"初战"胜利后，尹国良的创新思路一发而不可收。对本场多年创新研发的以条台田模式改良盐碱地成果逐步转化为生产力，并进行全面推广。同时，利用提取地下卤水新技术改良土地，使表层土壤含盐量由4‰下降到1.5‰以下。土壤淡化层普遍加厚，将颗粒不收、寸树不长的盐碱地变为林海、粮田、湿地和景区，为全国同类地区改碱造林和发展林业生产提供了成熟的经验。

紧紧抓住寿光北部大开发的机遇，尹国良经过努力，争取到了联合国粮油组织的扶持项目，在海滩建起养虾场；利用林场东边一片卤水资源丰富的荒滩建成年产原盐2万吨的盐场，并实现了溴盐联产；利用地下深层温泉水，并聘来技术专家，进行特色养殖，所养的甲鱼和蟹苗均取得较大成功；独创林粮结合、林棉结合、林果结合、林牧结合、林盐结合等新途径，以2万多亩林地为依托，通过间作、套种等措施，大大提高了盐碱地综合利用率。

1998年，尹国良率领全场干部职工苦干一冬，动用530多万土方，建成了"山东渤海湾地区高效生态林业开发示范区"，又几经改造升级，打造了集国家4A级旅游景区、国家级休闲渔业示范区、中国体育旅游精品景区、中国森林氧吧等众多国字号荣誉为一体的寿光林海生态博览园，建成了滨海国家湿地公园，年接待游客50多万人次。

恶劣的工作环境和长期无规律的生活，使尹国良患上了严重的胃病，竟倒在了项目建设工地上。经医院反复检查，最终确诊为胃癌，将胃切除了2/3。出院后的第二天，他又出现在了工地上。

2005年夏天，潍坊市委主要负责同志前来考察后，对恶劣的自然环境下崛起的这片绿洲惊叹不已，随后研究决定将尹国良调往新成立的滨海开发区任正县级职务并专抓绿化工作。但尹国良深爱着他为之挥洒血汗的林场，深爱着他立誓为之奋斗一生的生态文明建设大业，深爱着这片激情燃烧的土地，毅然决然地把生命之根深深扎在了这片土地上。以其突出的业绩和卓越的贡献先后荣获寿光人民勋章、山东省优秀共产党员、全国十佳国有林场场长等荣誉称号，被中国林学会授予"劲松奖"，被全国绿化委员会授予

寿光滨海国家湿地公园

"全国绿化奖章"，被原国家林业局授予"全国林业系统劳动模范"。

渡过了生死关、名利关和地位关后，尹国良以更加澎湃的激情和创新思维投入到工作中。在他的带领下，2018年，寿光市国有机械林场圆满完成体制改革，被原国家林业局作为典型，在《中国绿色时报》头版介绍了其经验和做法，在国内引起了强烈反响。改革后，成立了寿光林业生态发展集团，集团和林场实行"双轨制、一体化"运营。通过生态化利用和模式创新，成功构建起以"生态、绿色、高效、立体、循环"为主的区域性大循环养殖体系和盐碱地立体生态农业体系，在盐碱地上率先开创了上林下藕、藕鱼套养、林粮间作、鸭鹅混养的立体种养和水资源多层次循环利用模式，年产各种商品鱼（虾、蟹）250万千克以上，间作农作物亩产500千克左右，年产优质鸭蛋200万枚以上，林下经济年销售收入3000多万元。成为国家生态文明建设样板示范基地、国有林场改革发展先行样板和全国十佳林场。据评估，寿光林业生态发展集团、国有机械林场资产总价值达8亿元，林木生态系统每年可涵养水源和净化水质1亿立方米、固碳18万吨，释放氧气16万吨，年提供生态服务价值3000万元以上，使这片古老的盐碱荒滩成为"寿北江南"。

在获取巨大的经济效益、社会效益和生态效益的同时，寿光林场干部职工半个多世纪积淀形成的"以场为家、艰苦奋斗、百折不挠、无私奉献"的创业精神和"因地制宜、锐意探索、开拓进取、敢为人先的"创新精神即林海"双创"精神，已经深深注入林场人的血液，成为他们人战胜一切困难、夺取事业成功的有力武器和巨大法宝。

> 春天的风，吹拂着百花争艳，
> 夏天的雨，激荡着千亩荷田，
> 秋天的月，映照着茫茫林海，
> 冬天的雪，滋润着气象万千。
> 把智慧献给你，我的造林大业，
> 把热血献给你，我的生态林园，
> 把激情献给你，我的林海春潮，
> 把生命献给你，我的绿色无边！
> ……

合着茫茫林海的阵阵涛声，雄浑的《林海壮歌》在黄河三角洲这片广袤的大地上昂扬唱响。这气势磅礴的旋律，激荡着一代又一代林场人自信自强，踔厉奋发，在人与自然和谐共生的生态文明建设大道上义无反顾，勇毅前行！

第五章

林业改革深化

第一节　南宁树木园：国有林场一面旗

——广西南宁树木园高质量转型发展闻思录

时光不负奋斗者，岁月眷顾追梦人。2023 年 2 月 18 日，广西壮族自治区林业局国有林场和种苗管理处，深入南宁树木园调研指导深化国有林场管理机制改革试点工作，希望树木园在深化改革中争取有利政策，释放经营活力，统筹推进营林生产管理机制、人事管理机制、薪酬管理机制等管理机制创新。南宁树木园全体干部职工表示，要紧紧抓住深化改革的试点机遇，利用好有利政策，实事求是、大胆探索，为深化国有林场管理机制改革再一次向全国和自治区国有林场提供树木园的经验和办法。

兴业数十载，壮美树木园。南宁树木园原是个"袖珍林场"，1979 年 10 月，由良凤江植物园、南宁示范林场、七坡林场连山分场合并而成，国有林地面积仅 5 万多亩。一头挑着金山银山，一头挑着绿水青山的南宁树木园，历任班子和几代务林人，科学领会国家和自治区国有林场改革的建设要求，主动朝着"产业强、职工富、林场美"的方向改革转型，使园内的良凤江国家森林公园良性繁荣，园外合作建造的速生桉商品林发展壮大，投资实力企业使木业加工的链条加粗拉长，显现出一二三产融合发展的非凡质效，实现了"建起来、壮起来、富起来、强起来"的建设目标，被国家林草局誉为中国国有林场改革转型的一面旗帜。

守土有方谋作为，改革跑出"加速度"，南宁树木园这个大型国有林场，相继荣获了全国十佳林场、中国最美林场、全国文明单位、中国林业产业突出贡献奖等一系列国家大奖。广西壮族自治区林业局局长率机关工作组到南宁树木园调研，一边听取树木园负责人的介绍，一边欣赏良凤江森林公园的秀美风光，高度赞誉园区和公园干部职工守土有责、守土担责、守土尽责，展现出了责任担当之勇、科学防控之智、统筹兼顾之谋、组织实施之能，经受住了严峻考验，向党和人民交出了一份合格答卷，称树木园前景可期、未来无限，要抢抓机遇、实现更优发展。

一、涵养最优山水生态把林场建起来

2019 年 10 月 17 日。"绿城"南宁。秀美多姿的南宁树木园身披节日盛装。

喜气盈园，高朋满座。来自国家林草局、广西壮族自治区林业局、南宁经济技术开发区、对外合作市县领导和园区干部职工欢聚一堂，共叙建园 40 周年的峥嵘岁月，展望未来的转型提升。国家林草局党组委派专人前往现场祝贺，并表示，南宁树木园历经 40 年的奋斗和发展，以森林资源培育为本建设绿色林场，以林业产业为主建设科技林场，以生态教育基地为要建设文化林场，以信息应用为基建设智慧林场，激活改革能量，全园干部职工充分发挥出了生态建设保护的先锋作用，木材贮备生产的骨干作用，提供生

由南宁树木园建设运营的良凤江国家森林公园

态产品的主力作用。

邕城绿肺，千年秀林。南宁树木园从建园初期的苦难与付出，历数两代人的接力奉献与忠诚，才使"袖珍林场"华丽蝶变为大型国有林场。未来，他们要让已经走完"建起来、壮起来、富起来"道路的林场，在新时代不断取得"强起来"的新辉煌。

40 年前干部职工以沉雄之力"建起来"的拼搏精神，1979—2003 年，树木园人征战了漫长的 24 年。1979 年 10 月 17 日，广西批准自治区林业局将南宁市示范林场、良凤江植物园、七坡林场连山分场，合并组建直属国有林场——广西南宁树木园。成立之初，树木园 7 万多亩国有林地大部分林地还属于荒山荒地，80 年代初，树木园的主要生产任务是开荒和迹地造林。

山水人文是林场和良凤江的根。团结一心绿化荒山，涵养最优山水生态，是树木立场建园的根本。职工自制造林工具和打草机，以刀耕火种的方式造林绿化。他们主动打破"大锅饭"制度，实行承包经济责任制，探索定任务、定质量、定投资的"三定"试验，以"大兵团"联合作战的方式，绿化荒山、改造低产林，到 1991 年年底完成了荒山绿化的基本任务，助力南宁建成了一道绿色生态屏障。

绿化荒山是涵养山水生态的第一步，最优山水生态才是务林人的初心目标。树木园的第一代创业者深知，自己的"地盘"小，没有发展空间，靠耕山种树是永远都"吃不饱"的。职工们"勒紧裤腰带"搞开发，瞄准南宁森林生态旅游经济，在原良凤江植物园的基础上创新建良凤江森林公园，1998 年 5 月晋升为国家森林公园，2001 年获评首批全国文明森林公园、国家 AAA 级（以下简称 3A 级）旅游景区、南宁十佳旅游景区。

二、构建最优商品林使林场壮起来

发挥山林优势，致富山区林农。追寻历史，2003—2013 年是南宁树木园"壮起来"的发展阶段，也正是中国集体林权制度改革从试点到完成的时期。难以依托自身资源发展的树木园，主动解放思想，把创新求变的眼光，瞄准自治区林改下的农村农民集体山林，用树木园积累起来的建设资金、营林技术和市场资源，巧用政策创新，破解了当时农民和农村集体经营缺资金、对接市场无规模的问题，同时也有效地破解了树木园无地造林的问题。在自治区林业部门的支持下，干部职工走出南宁，相继在横县、岑溪、藤县、蒙山、百色等市县租赁林地，用不同的方式，以桉树、杉木等速生树种合作建造具有一定规模的商品林基地。这一时期是南宁树木园快速发展、逐步壮大的重要时期，营林水平和规模得到迅速扩展。

你帮我种树，我助你致富。南宁树木园这一园外求存做大的创新，真正激活了中国生态林业这潭春水，统筹资源、资金投身茫茫山林，国有林场投资有回报，合作林农租地管理有钱赚，地方政府得生态，哪一方都不吃亏，都很受益。树木园集聚创新要素，一连攻克了多个漂亮的"壮大战役"：2003 年成立合作公司，在横县、岑溪等地租地造林 10 多万亩。2008 年创立对外造林管理部，加大攻坚力度，累计在百色、贵港、梧州等地造林近 20 万亩。2011 年开进桂平市，扩展版图 10 多万亩。他们用这种合作模式在园外建设了 39.7 万亩优质商品林，如同一座天天产生"红利"的"生态银行"。2013 年，树木园的活立木蓄积量 142.5 万立方米，探索出了"两山"理念可复制可推广的国有林场改革样本，不仅使树木园"壮起来"了，而且带富了合作的农村集体和万千林农。

这种创新模式是做大林业经济第一产业资源最有效的模式和方式。南宁树木园园外合作经营成为当年整个自治区学习借鉴和采用的发展范例，13 个省级直属国有林场全都在场外、自治区内，甚至周边省份合作建设商品林。自治区林业局局长说，区直林场外向发展带动了全区资源的快速增长，截至 2017 年，广西木材产量 3059 万立方米，以全国 5% 的林地生产出超过全国 40% 以上的木材，全国每产三根木头，就有超过一根来自广西。2019 年，自治区林业局引领 13 个区直国有林场以"双千基地建设"改革转型，商品林从 2018 年 594 万亩，合作扩大到 2023 年 1000 万亩以上；通过精准培育和精细化管理，2024 年商品林木材生产能力，将从 2018 年 380 万立方米，提升到 1000 万立方米以上。高质量商品林"双千基地建设"政策的出台与实施，南宁树木园的园外发展经验功不可没。

以生态留人，靠文化引人。"壮起来"的南宁树木园，拿出资金为职工改善生活条件，集中人力物力财力，秉承"山为骨、水为脉、林田湖草为肌体"的思路对园区内的良凤江森林公园进行生态修复、景区扩建、景观提升。山青、水秀、树美、田良、湖净、草绿，拥有 20220 多亩的良凤江国家森林公园，成为南宁市具有较大影响力的旅游品牌，2012 年成功晋升为国家 4A 级旅游景区。良凤江景区由树木标本园、菩提文化苑和游乐大世界三大景区构成。树木标本园景色秀丽迷人，潺潺流动的良凤江穿越茂密森林。景区内生长着 1300 多种乔木，是华南地区著名的树木标本园。树木园在菩提文化苑内，建成了与大自然融为一体的菩提山庄，现已成为南宁市知名度较高的森林生态康养度假酒店。

山不在高，园不在大，妙在恰好。良凤江国家森林公园内拥有全国唯一的阴阳合一菩提树，在景区的美丽与机缘巧合下，有"未有南宁，先有天宁"古语之说的天宁寺，信任南宁树木园的真诚与服务，迁移落户良凤江景区，就连广西佛教协会也迁驻园内。如今的菩提树、天宁寺礼佛、游览良凤江，已成为南宁市民旅游祈福的重要场所。

森林公园略相似，生态文化各不同。"壮起来"后的南宁树木园，对良凤江国家森林公园积长久之功，专注于生态保护和文化建设，用青山绿水装扮景区的亮丽底色，给园区职工和中外游人打造出了令人向往的"诗和远方"。

三、打造最优城乡产业形态富起来

改革大刀阔斧，巨变波澜壮阔。党的十八大把中国引领到了全面探索生态文明治理现代化的道路上，习近平生态文明思想深入人心，经营山水的南宁树木园人深知，绿水青山并不天然等同于金山银山，绿水青山也不会自然而然地变成金山银山。2013 年夏天，园党委一班人意见一致，融合城乡，打造最优的产业形态，让干部职工富起来。经过几年建设，他们实现了"富起来"的目标。

2022 年 3 月，自治区林业局机关工作组调研南宁树木园，通过实业查看、点题回应、职工座谈，感到树木园的党委班子整体坚强，希望他们带出一支精诚团结奋力开拓的好队伍，依靠国有林场改革，深化国有改革，在良好的林场基础上进一步做强做大做优南宁树木园以林为基的产业，将"两山"理念变为务实行动，让职工有实实在在的获得感，成功树立起体系治理与治理能力现代化的国有林场样板。

不空喊口号，不做"桃花源中人"。树木园党委带领干部职工加劲奋斗，从林场林业自身的政策中走出来，与驻地和经营地党委政府的大经济政策相一致，遵循林业经济规律，与国家和地方经济发展同向而行，真想事、真干事、干成事。为了引导干部职工从过去找领导和机关"给优惠"，向"给机会""要机会"转变释放改革发展新动能，新领导班子想了很多实招。树木园围绕"树人树木、兴业兴园"的经营理念，党委深入实施"党建提质"工程，开展"党支部建设巩固提升年"活动，推进"一支部一品牌"创建，扎实抓好"三会一课"、党日活动、党支部书记述职评议、党员"政治生日""党员积分"管理、党员政治责任区等制度落实，建设"党员政治生态林"，组织道德讲堂、"书香凤江日"等活动，武装了干部职工改革和发展的头脑。

风展红旗如画，强园征途如虹。树木园最引人注目的活动是，每周一早上开展"升国旗、升园旗、唱园歌"仪式的"规定动作"。干部职工统一身着工装，在升旗中体验爱国爱园的整齐与庄严，领略务林兴园的荣耀与担当。他们结合园区任务，每月一个话题，既可以是领导讲话，也可以是职工心声。园旗、园歌的浓浓情怀，使他们对工作创新充满了义不容辞的责任感，对任务落实充满了凤夜不懈的使命感，对能力施展充满了临深履冰的危机感，以坚如磐石的信心、分秒必争的劲头、舍我其谁的担当，自觉投身到强林兴园的伟大事业中。

为了"富起来"的目标，树木园人不忘高质高效打造营林主业，把租地造林的区域扩展到了广东封开县，使园外面积迅速扩大到 60 万亩，再造了 10 个树木园。树木园审时度势，提出由规模扩张向营林高质量发展转型。科学提出营林精细化管理，逐步推进营林机械化施工，精心打造高产示范林和高效精品林即"两高"示范项目，加快建设南宁树木园居仁桉树万元林培育示范基地，全面实施"678+ 木材"采伐计划，多措并举地营林出了一块亩产 17.65 立方米的万元林，树立了林业行业的新标杆。

第三产业提档升级。树木园充分利用区位优势和资源优势，打出了一套"富起来"的"组合拳"。旅游整体形象提升，配套设施齐全，启动中林生态城·南宁项目、连山植物博览园和中国南方梅花鹿繁殖科普观光特色产业核心示范区项目建设，集森林旅游、生态体验、森林康养、森林科普教育于一体的中国首个林业生态健康城已经显现。在这个阶段里，相继建成了万泰隆建材市场二期、保利建材装饰家居广场、连山贮木场等一批优质产业项目，开发建设良凤江现代科技工业园等一批新项目。林下经济建成了林下蔬菜基地 105 亩，林下套种中药材基地 3200 亩，林下种植金花茶近 400 亩。

树木园发展了，树木园人富起来了。职工搬进了新的现代化大楼办公，职工收入年年增长，住上了宽敞舒适的城区高层公寓，人均可支配年收入由 2005 年的 1.5 万元，增加到 2022 年的 11.87 万元，职工家家有轿车，幸福日子比蜜甜。

四、以攀登者的雄姿让林场强起来

船到中流浪更急，人到半山路更陡。南宁树木园在新一轮国有林场改革任务中确定为公益二类事业单位，核定单位事业编制，经费由自治区财政部门保障补助。园办企业实行独立法人运作，全园职工的民生需求应保尽保。

新体制、新编成，应有新激情、新后劲。南宁树木园这支林业生态建设的"省级队"，用开放开发倒逼改革，以攀登者的雄姿攻坚高目标、高标准，让树木园这个国有林场"强起来"。

南宁树木园党委认为，国有林场深化改革的终极目标，是追求林场森林资源的生态效益最大化。职工管护森林不能简单片面地理解为看护好林子不起火，保持生态效益最大化，需要做、能做的工作很多很多。如何进一步提高森林蓄积量？如何提升林场生态

功能？这里面有大量科研课题可攻
关。林场如何更好地满足人民群众
日益增长的亲近自然、消费绿色林
特产品等生态需求？发展林下经济，
开发森林旅游等大有文章可做。树
木园结合 2019 年筹办建园 40 周年
纪念活动，将 2018 年划分为林场
转型发展"强起来"的转折年。通
过不断求索和深化改革，把技术管
理和人才优势转化为树木园的经济
效益。

南宁树木园打造的高效示范林

"强起来"必须有创新的工作思路和纵深的推进举措。南宁树木园党委提出了
"十四五"规划、"一轴两翼三极多点"的发展思路，"一轴"，围绕建设强园之路这个主
轴，再经过 10 年砥砺奋进，到 2029 年建园 50 周年时实现综合实力显著、职工和谐幸
福目标；"两翼"，是园外租地造林，园内综合开发，全力打造产业腾飞之翼；"三极"，
是倾力打造泰隆建材市场、保利建材家居市场、良凤江现代科技工业园三大新经济增长
极；"多点"，是森林旅游、林下经济、森林康养、花卉苗木等产业多元繁荣，增强内生
动力。

"一轴两翼三极多点"的发展思路是树木园深化改革的举措，是未来相当长一个时
期"强起来"着力建设的任务和目标。为了防止干部职工产生"速成论"，增强改革落实
的坚定性；拒绝"碎片化"，增强改革落实的系统性；莫当"局外人"，增强改革落实的
自觉性；避免"大呼隆"，增强改革落实的实效性。园领导深入干部党员和职工群众中辅
导宣讲，引导大学提高学思践悟能力，使"学无止境"和"学而不厌"成为职工的习惯，
在"学以致用"中转化务林兴园的学习成果。

学习教育点燃了干部职工创新奋斗的火焰，干部职工立足本职岗位，把"一轴两翼
三极多点"思路的内容，变成"十项转变"的强园追求，化为"五个提升"的兴园行动。
我们从树木园 2023 年上半年的经营"成绩单"中看到亮点繁多：植苗造林 1.5 万亩、追
肥 42.7 万亩，累计打造精品高产林 21.5 万亩，实现经营收入 2.37 亿元、木材销售 39.74
万立方米。

44 年弹指一挥间，44 年出发再向前。而今已经跨越 44 载的南宁树木园，正站在历
史与未来的交汇点上。他们聚焦林场改革，加快实施商品林管护新模式，确保营林管护
效能得到新提升。聚焦营林主业精细化管理，全面实行网格化、单元化管理，大力推行
领导、责任部门、营林单位林地包干制度，以经营林班为单位，落实"一地一策"原
则，按照林地实际情况编制作业设计，每年对林分生长情况进行动态监测和管理。科学

修订营林技术规程，因地制宜安排生产工序，减少无效施工和投资，降低营林生产成本。大力开展测土配方施肥，持续推进低产林改造和人工林分档提升工程。严格落实桉树病虫害防治林地审核把关程序，采取植保无人机、风炮机和直升机防治相结合形式，坚持自主防治为主，做到精准防治，降本增效。继续在林地林木收购和木材销售上下功夫。

竹笋破土赖己力，大地律动是春声。在这个春天里，南宁树木园着力高质量发展，围绕确立的工作思路集中精力实施营林拓展提升、项目建设提质"两大工程"，打好产业高质量发展、被侵占国有林地回收、职工素质提升"三场攻坚战"，建设管理高效、文化引领、清正廉洁、文明和谐"四个示范园"。树木园领导和班子成员兵分多路，深入基层各单位和园外省市合作区域，检查落实植树造林、生产经营、管理科研等工作。我们欣喜地看到，职工思想稳定向好，经营成效明显，招商引资的优质项目签约落地，森林康养基地升级改造如火如荼，苗木基地里的珍贵树种产销两旺……

草木葱茏、万绿千红，正是燃烧青春、放飞梦想的时节。我们有理由相信，南宁树木园人用44年的奋斗，使"袖珍林场"华丽蝶变为实力雄厚的大型国有林场。新的奋斗已经启航，以梦想为岸、以团结作帆、以奋斗划桨的南宁树木园人，也一定会让国有林场的这面光辉旗帜，高高飘扬在浩荡的时代东风里，谱写出更加壮丽辉煌的高质量发展新篇章！

第二节　广东沙头角林场：勇闯敢为树标杆

——广东省沙头角林场弘扬特区精神创建现代国有林场闻思录

深圳，中国经济特区的叙事起点，改革开放的时代地标。40年前，这个边陲农业县以跃上潮头的姿态在中国改革史上出场时，有人形容为"一夜之城"。1980年11月26日，紧随其后的沙头角林场从深圳大鹏湾畔梧桐山南麓诞生，落地生根，迎风崛起。

以改革为根，以创新为魂。43年来，广东沙头角林场在一次次的自我奋斗中，完成了从属地管理科级林场向省直正处级国有林场的跨越，率先建成了拥有"特区桃源"美誉的广东省第一个梧桐山国家森林公园，激发"闯"的精神，书写了一幕华美蝶变的传奇，为中国早期的国有林场改革"种"出了开放之风的"试验田"。

进入新时代，改革不止步。沙头角林场科学落实习近平总书记"绿水青山就是金山银山"理念，紧紧抓住国有林场改革的重大机遇，鼓足"创"的劲头，做精"三花一树"，培优大径级材，提升公园颜值，较好地发挥了林场在生态建设保护中的先锋作用，木材贮备生产中的骨干作用，提供生态产品中的主力作用，成为引领特区探索生态林业建设革新之势的"排头兵"。

广东沙头角林场

心无旁骛，埋头苦干。林场全体干部职工，深化学习习近平生态文明思想，科学总结建场 43 年的奋斗精神，用好用活粤港澳大湾区、深圳建设中国特色社会主义先行示范区的"双区驱动"国家战略，创新落实改革后的林场森林经营规划，砥砺"干"的作风，创新自然教育，突出生态惠民，繁荣生态文化，推进数智管理，争做绿色林场、科技林场、文化林场、智慧林场标杆，自觉当好汇聚高质量发展之力的实干者。

打造山花浪漫的深圳市肺，建设大鹏湾畔的生态明珠。广东省沙头角林场历经 43 年的稳步发展，昔日的荒山野岭成为森林结构优化的葱郁山林，林场由生态经营型转换为生态公益型，年收入从 1980 年零起步增长到 2022 年 3000 多万元，资源资产估值几十亿元。林场先后斩获全国工人先锋号、全国十佳林场、全国林业生态价值转化示范基地、全国精品自然教育基地、国家级森林养生和体验重点建设基地 100 强、国家青少年自然教育营地、全国精品自然教育基地、全国自然教育学校、国家森林经营示范单位、国家林木种质资源库、全国林业首批生态价值转化研究实践基地等几十个金光闪闪的国家级荣誉称号，已经成为广东省国有林场改革发展标杆，多项工作走在全国国有林场前列。

一、激发"闯"的精神，建掀起林场开放之风的"试验田"

"看似寻常最奇崛，成如容易却艰辛。"今日鲜花着锦的沙头角林场，并非创立于生活的温柔之乡，43 年前这里是一片桑基鱼塘、椰林稻海，是偷渡客冒死突围、纵使葬身大海也在所不惜的最后一道边界。第一代林场创业者不因自己是市属镇管的林场而"小看"自身，全场职工以"摸着石头过河"的智慧和"敢为天下先"的勇气，激发"闯"的精神，勇担保护森林生态资源的国家使命，借助深圳"三来一补"的外贸加工政策，在林场兴办物业租赁和绿化工程公司等实业，创新打造"特区市肺、林业窗口"，探索出了一条符合林场场情的"重生态、走市场、促发展"的特区城市林场管理模式，凝聚出党建统领全局、依托省局帮扶、坚持自我创新、发展惠及人民、完善制度体系、服务深圳特区等弥足珍贵的经验，开辟出一片掀起林场开放之风的营林办场"试验田"。

勇担保护森林生态资源的国家使命

1980 年 11 月 26 日，深圳市设立国有罗田林场恩上分场（广东省沙头角林场前身），将东部盐田区内东西北三面被梧桐山风景区环抱，东西长约 4.5 千米，南北宽约 2.7 千米的 8000 多亩荒山丘陵管起来。

初创时期的林场没有任何家底，生活再困难，干部职工也没有向山上少有的一点木材打主意。他们认为，特区为 8000 亩林场设立一个国有林场，本身就是对这片森林资源的国家管理和保护提升，第一代创业者不能再当"靠山吃山""守林吃木"的林场人。林场管护的莲花山余脉梧桐山南麓，属沿海第一重山，梧桐山是深圳的最高峰。林场没有理由走传统意义上的营林之路，而是持续实施荒山造林，对有林地不进行人工干预，让这片最美的自然山林得到最严格的保护。

森林生态管护的理念之变，使林场职工更加认清了肩负的国家使命和资源保护重担。他们将特区的"闯"劲运用到林场建设中，筹集资金修通了一条林区建管、林场生活、连通乡村的恩上公路，创建了服务特区的专业化苗圃基地，以创建海山森林公园拉开了广东森林公园建设的序幕，建成了服务特区开发的梧桐山宾馆。4 年时间没动山上一棵树，林场却以足够的耐心和定力，建设保护森林生态资源，实现了精准消灭荒山，提升森林质量，服务特区生态建设的成效，1984 年 7 月，广东省政府将沙头角林场升级为省直国有林场管理。

走进国家森林资源管理的省级队，沙头角林场在矢志不渝地"闯"建中，保持乘风破浪的气概，涵养高出一筹的改革智慧。他们集中全场精干力量和建设资金，提质扩建国家级森林公园。1989 年 6 月，经过国家林业部的严格考评验收，沙头角海山森林公园升格为广东梧桐山国家森林公园，成为广东省首个国家级森林公园，这是全国继湖南张家界、浙江千岛湖之后的第 3 个国家级森林公园。与此同时，严格管护森林资源，省里为林场设立森林派出所，上升到了法治管理的高度。

借助深圳政策融入林场开放兴业潮

特区之"闯"蕴藏着无限可能，可以打开通向更美好未来的大门。林场立足实际，把握规律，学习消化特区经济政策，避免盲目、冒进和蛮干。20 世纪 80 年代末期，林场向省林业厅提出并获准合理利用特区"来料加工、来料装配、来样加工、补偿贸易"的"三来一补"经济政策。1990 年建成了 15000 平方米的工业厂房和宿舍，并在那个时期建成了椿华楼和一系列商业街铺，创立了金梧桐物业租赁和山石花园林绿化工程公司等产业和实体经济。1998 年，林场把国家森林公园投资环境介绍会开到了香港，挺立在深圳开放兴业的潮头上。

只有敢于走别人没有走过的路，才能收获别样的风景。有着拓荒之功的沙头角林场，在艰难奇崛处落笔"三来一补"，服务地方经济发展，推进盐田物质文明，考验的是胆识和智慧，也是一种赤诚与担当。林场作为省直驻深单位，主动融入地方经济发展，支持沙头角保税区、田东中学和输港高压线路、沿海高速公路等市政公共设施建设，提供了 136 万多平方米的珍贵建设用地和最具特色的森林景观，有力地推进了盐田沙头角片区的经济发展。

林场配合政府，主动承接万科、京基和周大福等盐田区总部经济的重要企业后勤服务，汇聚优质精英客户，将当年金融危机的不利影响成功转化为实现林场房屋租赁产业转型升级的契机。林场将投资建设的悦林大厦酒店、公寓、商业房产整体投放市场，服务区域经济，有力地推动了林场的自身建设。

这在国有林场经济发展整体乏力的时代，沙头角林场呈现出一道与众不同的亮色。120 多名员工每年创收 1000 多万元，拿出大笔资金建设管护公益林，加大林区管护的基础设施建设，建成了风格独特的办公大楼。

创新打造"特区市肺、林业窗口"

只有敢于走别人没有走过的路，才收获得到别样的风景。在前 30 年的建设和发展中，沙头角林场以维护林区生态安全为使命，自觉向生态公益性林场转变。他们用市场经济开发的赢利反哺林区森林资源建设和管护，建成了集森林管护、林区治安、防火瞭望和森防物资储备仓库等功能于一体的综合性森林管护平台，探索出了一条符合林场场情的"重生态、走市场、促发展"的特区林场管理模式，将林场建设成为"特区市肺、林业窗口"。

围绕"特区市肺、林业窗口"目标，林场集中全场力量，提升森林公园的景观，使沙头角跻身全国十大国家级森林公园，拥有 8 个世界和国省之"最"：广东最早设立的国家级森林公园；深圳特区范围唯一的国家级森林公园；华南沿海第一重山中海拔最高；全国一线城市中心保存最完好的原始次生林；梧桐山野生毛棉杜鹃是全球唯一分布纬度最南和超级大都市的乔木型野生杜鹃品种；全国自然分布最集中，大树、古树最多的野生毛棉杜鹃群落；全国最大的原始野生土沉香群落；华南沿海最大的野生吊钟花群落。

沙头角林场山水造福深圳人民

森林资源建设和管护到位，林场建场以来没有发生森林火灾，保存了丰富的野生动植物资源。免费向市民开放的森林公园，"梧桐烟云"景观位列深圳八景之一，林场结合生态文明教育，向游园人群科普森林文化，倡导人与自然和谐共处的价值观，促进"人与森林""城市与自然"和谐。2009年12月，原林业部部长徐有芳到林场调研，看到山海相连的梧桐山里，山峰挺拔、云雾缭绕，天池幽深、飞瀑激荡，古木苍劲、森林锦绣。惊叹于繁华与幽静的零距离，沉醉于原始森林和山海大观的喜悦中，欣然挥毫："特区桃源"。

二、鼓足"创"的劲头，做引领探索革新之势的"排头兵"

时间是最客观的见证者。回溯既往，解放思想，改革创新的沙头角林场，通过"三来一补"的政策自我改革，夺得多项"第一"和"首创"，从生态经营型林场转向生态公益型林场。2015年，国家全面启动国有林场改革，善于破旧立新，应对挑战的林场一班人，结合林场实际学习消化国家和省国有林场改革的文件政策，反复编制修改林场改革实施方案，明确定性公益一类事业单位，实行事企分开，明确林场职责任务，核定事业机构编制，合理安排所有在职职工，落实全部退休职工安养政策。维护林场林地合法权益，想方设法解决历史遗留问题，完善林区基础设施建设，推动森林公园共建共享。随着改革的深入推进，林场职工集思广益，对照国有林场的"三大作用"，结合林场"三花一树"的资源特色，围绕"保护为本、科研示范、以林育人、持续发展"的经营方针，编制出了一份科学求是的森林经营方案并严格组织实施。2018年5月，国家林草局林场种苗司深入林场调研，赞誉林场在特区主动改革转型，是国有林场艰苦创业、自力更生的典范。

做精"三花一树"，发挥生态建设保护的先锋作用

以守维成则成难继，因创兴业则业自达。沙头角林场葆有"创"的劲头，以强烈的信心和决心，保持一往无前的奋斗姿态、风雨无阻的精神状态，勇立潮头、奋勇搏击，抵达改革转型的新高度。国家和省林业部门要求，各国有林场按照区域资源特点，有效发挥生态建设保护中的先锋队作用。林场通过几十年的建设和封育，林区拥有毛棉杜鹃、映山红、吊钟花、棱果花独特资源，他们在经营中突出"三花一树"品牌，出台抚育规范指引，有计划地改造森林林相，提升园区景观，提供优质生态服务的供应地，让森林成为老百姓能进入的森林，能享用的森林，能带来美好体验的森林。

林场根据生态景观和游憩区内的森林植被现状，用"三花一树"资源改造桉树和速生相思纯林，在保证森林健康与发展的前提下，打造森林景观，提升森林生态价值。近几年来，林场以润楠和土沉香结合种植的建设类型，确保森林生长环境的健康和植株优良生长的前提下，提高了森林的欣赏和游憩美学价值。

林场重点在公园和林区内打造杜鹃花景观，对灌木型杜鹃花，在上层配置高大乔木；对乔木型杜鹃花，根据所处位置和周边景点环境，有的在上层配置乔木，有的建设纯杜鹃花景观，并在下层配植灌木和草本。

经过几年的持续建设，运用"三花一树"实施森林抚育，有效改造了林区的五彩森林，建成了 8 条"三花一树"景观步道，全面提升了盐田中心区域的后花园形象。2023年 3 月，广东省林学会森林经营专业委员会在深圳组织召开"森林质量精准提升理论与实践研讨会"，充分肯定林场秉承森林精准经营理念，立足特区区位优势，以科技支撑森林经营，着力持续改善林相、提升林分质量，全面提高森林资源质量，实现形成健康稳定、优质高效森林生态系统的目标，发挥了国有林场在森林培育和绿美广东生态建设的示范带头作用。

逐步培优大径级材，发挥木材贮备生产的骨干作用

好林分本身就是一道好风景。沙头角林场的林地面积不大，与森林公园基本一致，但林场时刻不忘育林树木的本分，在改革中将"建设国家木材战略储备基地"作为重要工作，以优先保护森林资源和生态环境为己任，将生态景观林与大径级用材林融合经营，为未来"攒家底"，给儿孙"造饭碗"，为国家储备大径材，全面提高了森林资源的总量和质量。截至 2022 年年底，实现了资源持续增长，生态潜能充分发挥的目标，近几年来，林场的森林蓄积量年均增幅 3% 以上，森林覆盖率提高到了 96%。

改革要求国有林场发挥木材贮备生产的骨干作用，担负起区域珍贵树种、乡土树种的大径级材优化培育任务。沙头角林场在经营目标中确立，2020 年珍贵树种和大径级用材林面积比例提高至 4.03%，2025 年前，将桉树林进行混交改造和风景林建设，使珍贵树种和大径级用材林面积比例提高至 6.65%。通过近 3 年的提质改造，专家测算，再经过 5 年经营，林场的森林蓄积量可以提高至 5.8 万立方米，乔木林公顷蓄积量将提高至 124.9 立方米。

近几年来，沙头角林场充分发挥林木资源的优势，开展沉香树大径材基地和珍贵乡土树种基地建设。通过科学经营，改善林分质量，完成森林资源质量的"精准提升"。3 个小林班选择立地条件好、目的树种明确、林分状况较优、具有培育大径材潜力又相对集中连片的林分作为大径材培育基地；优选珍稀阔叶树种实施科学培育，建设珍贵树种基地近千亩，即可以培育具有国家木材战略储备的基地功能，又培植出了欣赏价值高的大径材，进一步丰富了森林公园的内涵。

提升公园颜值，发挥提供生态产品的主力作用

"日日行，不怕千万里；常常做，不怕千万事。"沙头角林场葆有"创"的劲头，干部职工不断掌握新知识、熟悉新领域、开拓新视野。林场结合改革加强森林公园提质增效，森林经营方案中明确，绿化美化公园道路、打造"三花一树"景观、完善游客接待设施，全面提升梧桐山国家森林公园建设水平，为特区乃至全省、全国人民提供优质的森林公园体验，成为国家森林公园标杆。

远方层林尽染，近处鸟语花香。林场根据修编后的《广东梧桐山国家森林公园总体规划》，新建森林步道 20 多千米，其中环山游道、森林浴道、环湖游道等主干道 10 多千米，森林步道使山脚与山顶连通，林场建设的公园森林健康步道成为广东品牌，省林业局通过专业技术培训推广了林场的先进做法。在此基础上，系统道路贯穿全园，对园区内的车道进行硬地化，车道两旁建设杜鹃花圃、种植观花树种进行美化，森林步道以原山原石、枕木两种类型建设为主，沿路林木定期整形修枝。

建设旅游服务设施，提升公园颜值，让人民群众从自然生态之美中享受幸福生活。林场加大园区奇石景区景观建设，完成了 30 亩多石景区原生态景观和路径修建，在森林公园内的恩上公路开通了 3 个景观节点，增加了观瀑亭，建成开放 5 千米花带和核心景区的 4 个观花平台，提升公园主干道和核心观花步道的整体形象和服务水平。林场对森林公园游客服务中心绿化美化，并在各区分布服务岗亭为游客提供咨询服务及导览服务，建设解说系统为游客提供自导式游览服务。通过道路系统、水电设施及卫生设施建设，提高了游客的游览体验，增进了人民群众的获得感、幸福感、安全感。2021 年广东梧桐山国家森林公园入选"广东十大最美森林旅游目的地"。

三、砥砺"干"的作风，当汇聚高质量发展之力的实干者

谋定而动，乘势而上。2019 年，正值林场改革主体任务完成之时，广东省林业局党组要求林场干部职工永葆"干"的作风，汇聚高质量发展之力，做深化国有林场改革的实干者。林场新一届领导班子，结合林场近期工作和中长期建设任务，进行科学的体系治理和谋划，紧紧围绕国家林草局建设"四个林场"的要求，确保在党建引领生态建设、实现生态高质量发展、推进智慧林业、生态惠民、繁荣生态文化做标杆示范。林场干部职工续写"春天的故事"，在特区火热的大地上跑出了建设"四个林场"的"加速度"。2019 年年底，国家林草局在林场组织召开中国林业政研座谈会，学习推广林场加强思想教育，建设"四个林场"的经验做法。

沙头角林场生态文化活动

突出生态惠民，做绿色林场建设标杆

良好生态环境是最普惠的民生福祉。沙头角林场持之以恒地把"绿水青山就是金山银山"理念，转化为林区森林资源保护和生态修复的行动，扩大森林公园的绿色空间，打造出了青山常在、绿水长流、空气常新的美丽公园。林场发挥地处深圳和粤港澳大湾区的地缘优势，进一步完善森林公园基础设施和景区景点建设，把金钟花会、毛棉杜鹃花会办成了全国知名的花会品牌，以此树立了绿色林场建设的标杆。

实干是最质朴的方法论。开放的吊钟花如同倒悬的金钟，广东民间有"金钟一响，黄金万两"一说，象征财运滚滚吉兆来。林场将公园山林中的上百亩野生吊钟花，通过连续 3 年的改造和抚育，将影响其生长的藤蔓、茅草、杂木等进行适度清理、修剪与砍伐，在植株周围挖穴施肥，建成了独特的景观资源群落。2019 年 1 月 20 日，林场联合盐田区海山街道办事处，在梧桐山国家森林公园举办首届金钟花会，吸引 3 万多名深圳市民游园赏花。2020 年 1 月 19 日，林场升级办会规模，与深圳市规划和自然资源局、盐田区海山街道办联合，以"花韵盐田，秀美梧桐"为主题举办第二届金钟花会。结合花会展开，开辟三条精品赏花旅游路线，启动了"护花使者"志愿活动和梧桐山国家森林公园 2020 迎春赏花健步行活动。

"花开梧桐，春满深圳。"深圳梧桐山毛棉杜鹃花会是久负盛名的节会，2019 年 3 月18 日，林场首次举办梧桐山毛棉杜鹃花会（盐田会场）盛大开幕。林场精心设计的公园花迎、林区花廊、林场花语、密林花台、临海花船、山林花驿、茂林花间、森林花屋、自然花坡、润林花田、绿林花谷等 11 大游径节点，较好地体现了休闲、户外、科普功能，21 天接待游客 5 万多人。2020 年 3 月，林场在有序对外开放的前提下，联合深圳特区报和盐田电视台，推出了在线云赏花的直播活动，赢得海内外的观众线上观赏。

迄今为止，林场已连续成功举办 5 届金钟花会以及毛棉杜鹃花会盐田会场活动，受益人数达 50 多万人次，各级领导赞誉林场通过花会回报人民群众，是粤港澳大湾区一张闪亮的生态名片。

着力三花一树，做科技林场建设标杆

不图眼前利益，开放林业科研，集聚长远创新。沙头角林场加大投入，着力培育吊钟花、毛棉杜鹃、映山红和土沉香"三花一树"，重点攻关林业科研和技术推广，与广东省林科院、广东生态工程学院等科研机构和高校合作研究培育、运用良种，打造生态高质量发展的标杆式科技林场。

林场通过不懈的努力，将梧桐山毛棉杜鹃景观打造成深圳的一大胜景，并在毛棉杜鹃的良种培育、科学抚育等工作上形成了一系列理论研究和科技实践成果，近几年来，林场加大铃儿花科研，与广东省林科院共建广东铃儿花研究中心，在花种资源保护、扩繁研究和技术推广方面取得突破，使美丽喜庆的铃儿花快速在粤港澳大湾区得到普及种养。省林业局组织 20 多名国家和省内知名育花专家，到林场科研探讨，肯定林场在本底资源调查、特色花卉和珍稀树种保护利用方面取得了不菲的成效，2021 年入选国家级林木种质资源库。

坚定前行，未来不远。林场科研成果引起国际林业科研关注，省林业局科技推广总站、省林科院邀请美国田纳西州立大学生物系专家瑞恩沃特教授和课题组，深入林场科研考察、座谈交流，与林场达成了合作科研的共识。林场领导表示，将继续下苦功接力完成"三花一树"的高端化科研升级，以久久为功的精神向原始创新领域进军。

繁荣生态文化，做文化林场建设标杆

为青山长绿奉献青春，让生态文化传承延续。沙头角林场将自然教育作为林场改革转型的战略推进，与盐田辖区学校开展自然教育战略合作，开发出了前卫的《梧桐山生态课程》，手工修建森林健康步道，撰写出版科普书籍等手段，让学生走出课室和书本到原始森林中开展丰富趣味的自然教育活动。2019 年 6 月，林场成为首批广东省自然教育基地，使人们通过林场生态文化和自然教育，获得恒久的生态文化滋养和自然教育启迪。

近几年来，林场主动与国际接轨，建设自然教育中心，创新社会自然教育，获评广东首批自然教育基地，被中国林学会认定为自然教育学校。做好团队建设，培养出了一支以林场职工为主体的 10 人核心教育教学团队。结合深圳小学 1~5 年级的《科学》课本，配套编写《梧桐山奇幻森林记》，开发行走森林、森林五感体验、森林春花夏果、森林昆虫探秘、森林阅享会、森林种子计划等系列课程，开放公园场地和景区，建立室内教学场所和室外课堂活动空间，建立了一套科学规划、规范管理、责任清晰、保障安全的自教育工作机制。林场的自然教育书籍和活动，已经三获全国林业最高奖：梁希科普奖。

"将自然融入教育，让教育自然发生。"原国家林业局调研沙头角林场时，赞誉林场"学参天地，拥抱自然"，并为林场的教育教学成果《广东梧桐山国家森林公园手绘昆虫笔记》写序，鼓励他们观察自然，记录心路，拥抱美丽，保持自然教育的全省全国前列地位。

林场汲取国内先进生态文化理论，充分挖掘当地资源，打造出了特色鲜明的生态文化。组织干部职工参加国家和省局森林公园建设交流学习，用先进的生态保护理念指导实践。定期分类组织座谈会，倾听心声，解决难题。编辑出版《梧桐荟萃》《梧桐绘萃》系列图书，开展森林书画、走廊装饰、摄影大赛和主题创作活动，林场副场长作词的《全国林业英雄之歌》在全国广为传唱。与央视《美丽中国·我的家》合作，展示梧桐山国家森林公园新形象，入选森林康养国家重点建设基地百强行列。扎扎实实的职工文化和生态文化建设，提升了员工的获得感和幸福感。

推进数智管理，做智慧林场建设标杆

加强精细管理，创新体系治理，充分利用深圳高科技城市的优势，加大投入构筑森林生态资源管理的数字"底座"，让公园管理更智慧一些，打造"通、聚、用"一体化的智慧林场标杆示范。

沙头角林场将早期建设使用的生态森防监测站，结合林区资源管理和公园应用，不断地丰富大数据，增加云计算和区块链信息技术，建好管理云，延伸服务链，拓展大数据在森林资源管理、智慧安防等领域应用示范，加快构建林场智慧治理新模式，使其在森林防火监测、森防物资储备、林区治安巡防执勤和公园游客应急避难中得到使用。近两年来，林场新建管护站，装备无人机，充实整合山上护林队伍，组织防汛防台风、林业执法和森林防火专题培训演练，全面提升了森林资源管护的应急能力。

时代波澜壮阔，征程催人奋进。2023年5月，林场场长在沙头角林场第四次党员大会上说，今后一个时期，林场干部职工要在党建统领、高质量发展、绿美广东、生态惠民、智慧林业、繁荣生态文化等方面，继续保持勇往直前的底气，朝着新时代的国有林场和国家森林公园示范标杆再出发！

第三节　浙江长乐林场：创新自强探新路

这里是浙江省最早的一个基层林场，创办于1910年，如今是现代国有林场成功创建动能澎湃的创新林场；这里是中国国有林场的起始地之一，如今是浙江改革转型高质量行动、高水平均衡发展的先行林场；这里是杭州余杭区内的长乐林场，在物产中大集团长乐林场有限公司的托举下，百年林场创新自强，始终保持高度的战略定力，坚定不移办好自己的事，以高质量发展的过硬成果开辟未来，当好表率。

甘岭水库秋景

长乐林场是中国国有林场自我改革的标志性林场。浙江是中国革命红船起航地、改革开放先行地、习近平新时代中国特色社会主义思想重要萌发地。拥有百年奋斗史的长乐林场，坚定兴林强场的生态资源价值和生态经济价值，自觉在"绿水青山"向"金山银山"的转化中干在实处、走在前列、勇立潮头。林场经历了两次大改制，1998年浙江世界贸易中心参与改制，控股51%，引进资金人才，林场改制为企业，部分林场职工退休时保留事业编制待遇。2001年，世界500强大型省属国有企业浙江物产中大集团入驻长乐，接手浙江世界贸易中心的51%股权。2014年，物产中大集团整体上市，林场迎来二次改制，成为上市公司的一级子公司。

长乐林场以集团打造"大而强、富而美"受人尊敬的优秀上市公司为己任，在"两山"高质量转化和林业共同富裕示范建设方面贡献应有力量。物产中大集团要求长乐林场人牢牢把握"命脉在树、功成在人"的核心主题和工作主线。物产中大集团长乐林场有限公司、长乐林场，围绕国家国有林场改革和"未来国有林场"创建目标，结合物产中大集团的经营部署和公司的职能任务，科学编制《百年长乐林场高质量发展行动计划》和《"未来国有林场"建设行动方案》，通过"生态建设为主体，生态服务为特色"战略，围绕绿化、彩化、香化、珍稀化、价值化的森林"五化"科学经营森林，高质量建设珍贵树种和大径材示范项目、科技兴林种苗培育示范项目、林下经济一亩山万元钱示范项目、生态教育素质培训示范项目、森林康养乡村文旅示范项目、绿色金融创新示范项目等"六大项目"。2022年年底，公司实现年度营收4亿多元，在成功建成浙江省现代国有林场的基础上，开启了浙江未来国有林场创建新征程。

对历史最好的纪念，是创造新的历史。物产中大集团董事长多次深入长乐调研，赞誉干部职工围绕林业经济提高"林分质量"，既实现了绿水青山生态建设，又提高了绿色资产的价值；细化森林经营，提升环节价值，利用自身优势做强了林业经济的产业链；利用金融机构设计绿色金融产品，开创出了林业资产的证券化之路；充分利用森林资源，做活生态文化与林旅融合，在绿水青山上做出了百年长乐、风华正茂的好文章。

一、"双轮驱动"当表率，先行者交出现代创建高分卷

百年交汇点，留下奋斗者闪光的足迹；开启新征程，带给开拓者无限的憧憬。物产中大长乐林场有限公司新一届领导班子组建时，正值浙江省和全国进行全方位的国有林场改革，作为林场改革的先行者，虽然比兄弟林场提前啃了一些硬骨头，摸到了林业产业经济的前进方向，但新体制下的林场在第二个百年奋斗目标中，把"绿水青山"转化为"金山银山"，探索生态产品价值实现，提供更多优质生态产品满足人民日益增长的优美生态环境需要。长乐林场着眼现代林业和现代国有林场建设，始终坚持以人民为中心，以生态文明建设统领发展，直面问题，敢于担当，大胆探索生态价值实现路径。多年来，林场注重党建引领，制定出了"生态建设为主体、生态服务为特色"的"1+1"双轮驱动发展战略，趟出了一条公司和林场体系化治理的创新路径；高标准创建长乐省级森林公园，服务当地人民群众，铺开了一幅林场新百年建设的最美画卷；围绕国家林草局要求国有林场发挥"三大作用"，建设"四个林场"，浙江省创建"未来国有林场"的四大标准和评价指标体系，集思广益，科学制定《百年长乐林场高质量发展行动计划研究》，加强林场基础设施建设，推进数智化管理，攻克了一个又一个体制机制难题，破除了一个又一个转化壁垒，终于"柳暗花明又一村"。

用双轮驱动战略趟出了一条公司治理的创新路径

浙江是 2013 年全国国有林场改革的试点省，2015 年全国全面展开时，浙江率先创建现代国有林场。长乐林场虽早已改制定性国有企业，但他们认为，长乐公司永远"姓林"，务林的本分不能丢，先行者要把"重要窗口"打造得更靓丽，在深化改革和现代创建中交出高分卷。

长乐林场着眼公司体系治理，用好改革突破争先的"快变量"，用活服务提质争先的"放大器"，把住风险防控争先的"安全阀"，加快建设林场生态美、林业产业兴、干部职工富的绿色发展之路。多年来，长乐林场着力高质量发展，围绕林业核心优势，聚焦主业，精耕产业，全面推进"生态建设为主体、生态服务为特色"发展战略。林场组织干部职工致敬 1910 年庄松浦先生实业救国开创百年长乐林场的初心，重温五代人的生态林业奉献历史，守护"两山"转化的忠诚，把"命脉在树，功成在人"作为百年长乐林场开启新时代高质量发展征程的新使命。

人不负青山，青山定不负人。长乐林场坚持把森林美化、良种采集、苗木培育等工作作为生态建设的主体，将生态教育、森林旅游、健康食品、园林绿化作为生态服务重要内容，直面"林业产业化程度弱，缺少关键核心技术，科技成果转化低，市场开拓意识不强，风险防范化解有待进一步强化"等问题和短板，对应改革化解，转型升级抓落实。"十三五"林场营收规模从 2015 年的 1.6 亿元提升到 2020 年的 2.46 亿元，较"十二五"末期增长 53.75%。在生态效益方面，活立木蓄积量从 2015 年的 13.9 万立方

米到 2020 年的 22 万多立方米，成功创建种质资源收集区、现代种苗基地、现代国有林场；在经济效益方面，逐步探索商业模式，根据产业发展需要积极引进文旅合作伙伴，不断拓宽发展思路，丰富特色文旅产品，完成了从"十二五"期间依靠理财收益生存到"十三五"末期主业经营收益为主的转变；在社会效益方面，游客接待量由 2015 年的 17 万人次提升到 2022 年的约 40 万人次，年均增长 17% 左右。围绕基层林场治理体系与治理能力现代化，在全国首创"森林自然教育""产业环节价值链"，并开始积极尝试"林业资产证券化"，不仅积极探索出了生态产品价值实现机制，还促进了生态资源要素组织化、规模化、集约化。

以森林公园建设铺开了一幅百年林场的最美画卷

做事成败关键在人，谋事高低重在思路。长乐林场是余杭唯一的一片天然森林，曾是没有进行旅游开发的原生态处女地。物产中大长乐林场有限公司的领航者感到，金山银山不是等来的，也不是守来的，必须开动脑筋从绿水青山中变出来。长乐林场搞旅游的自然禀赋并不好，但林场动作快，依托森林资源，做到人无我有，占得先机，以省级森林公园建设铺开了一幅百年林场转型发展的最美画卷。

林场搞旅游不能大开发，长乐林场人就以创意见长，琢磨让风景和资源动起来。他们划出森林生态资源最好的 9605 亩林地作为公园核心景区，集中力量编制《杭州市长乐森林公园总体规划》，确定以"森林风景资源和生物多样性保护、生态环境教育和森林休闲养生"为主题，突出自然野趣，挖掘当地森林生态文化和历史文化资源，开发建设出了度假、游憩、疗养、保健、养老、娱乐等休闲养生旅游产品，打造出了森林氧吧、赏森林美景、品森林美食的森林旅游养生品牌。2018 年荣获杭州十大最美森林公园，让余杭人民过上了"家门口就有美景"的好生活。

把最好的森林生态资源奉献给人民大众，是长乐林场创建现代林业的出发点。如果说公园建设和开放是"面子"，公司创立林雨堂文化公司，精深打造文化＋森林康养产业则是这座公园的"里子"。近几年来，林场围绕公园创建 4A 级景区的新目标，作出了 1.45 亿元总投资的规划，分期改造林相，提高森林生态功能和景观美感质量，完成森林体验中心、森林养生中心、游步道等各项基础设施建设和景区景点建设，形成完整的生态旅游产品体系，充分体现森林公园的观光体验、科普教育、生态文化展示、休闲康养等多种价值，建立有效的旅游营销网络，塑造品牌，带动休闲养生度假，打造全国知名的养生度假区，让生活在这里的人们有满满的幸福感。

靠发展行动计划打造了一个林场转型的实践样板

"低下、低效"是林业的常态词。"低下"指林木等级、层次、质量结构不佳，"低效"指林业生产组织效果、效益、效率不力。长乐林场结合现代国有林场创建，学习国内外先进经验，融合国家、省、市、区和集团要求，制定出了一份具有森林经营方案性质的《百年长乐林场高质量发展行动计划研究——"两山"理念实践样板》，这个纲领性文件明确了百年林场的基本情况、总体布局和项目实施计划，对林场林业产业市场剖析，进行业务定位，精准投资估算与效益分析，规避种种风险，认清发展瓶颈，提出应对措施，保障百年长乐做大做强林业产业，争创国有林场"两山"理念的实践样板。

长乐林场中草药种植基地

计划是"真经"，"真经"要"真念"。林场科学经营 2.2 万亩林地资源，建设美丽乡村，推进生态扶贫，加快林业产业转型升级。通过金融产品开发，完成了西山现代林业种业研发示范基地建设，启动了森林公园 4A 级景区创建，确保到 2035 年前建成生态保护优先、产业发展充分、基础设施完善、林区富裕和谐的国家级现代国有林场。

近几年来，林场按照多功能经营、多效益统筹，统筹规划、合理布局，造抚并重、保育结合，分类经营、分区施策，政府扶持、市场驱动的建设路径，投入 1.4 亿元，改善了林区的道路、供水、供电、管护房等基础设施条件。

智慧林场既是数字中国建设的重要方面，也是国家和浙江省建设现代国有林场的内在要求。长乐林场在数智化探索方面，不搞智慧城市的复制版，以接地气的心态，开放包容地把森林旅游、林下种养、自然教育、森林康养等业态的数字化改造作为主攻方向，公司班子赴云栖小镇阿里云飞天园区参观学习数字化产业，运用人工智能（AI）、云计算、大数据、北斗系统等综合技术，打造出了森林经营规划智能系统，实现了让森林思考未来的智慧林业目标。

长乐林场数字经济下的智慧林业，手机、数据、直播把公司和林场数据信息融入建设管理的全过程。当游客走进林区生物中草药种植园区，不用漫山遍野地行走，园区工作人员只需轻点手机智慧农业 APP，便可向参观游客展示森林铁皮石斛种植环境、产品质量安全追溯、基地生产管理情况等信息。所有森林生态资源都被智能系统所监控，林区任何角落突发火情，系统都会立即锁定位置，精准报警消除隐患。

长乐林场现已成为智慧林场建设标杆，他们投入运营的云计算、物联网、移动互联网、大数据等现代信息技术，涵盖了智慧林业的立体感知、协同管理、生态价值、民生服务、综合管理五大体系，既统筹推进了公司的数字治理，又实现了林场的高质量发展。

二、"五化实践"做示范，先手棋博弈林场改革大变局

百年长乐高质量发展行动计划，是长乐林场深化改革构建的新发展格局。他们按照

战略布局，在关键处"落子"，实践建设绿化、彩化、香化、珍稀化、价值化"森林五化"。"五化实践"，是长乐林场博弈林场改革大变局的"先手棋"，是落实国家林草局发挥国有林场"三大作用"的五个关键点，绿化、彩化是生态建设保护先锋作用的发力建设，香化、珍稀化是林场提供生态产品主力作用的现实见效，价值化体现了林场森林资源培育的骨干作用。公司的《高质量发展行动计划》，明确了加快创建现代国有林场新格局的具体路径和科学内涵，"五化实践"是公司和林场内畅通的经济循环，是实现高水平的自立自强的自主创新，是浙江省和国家级现代国有林场创建的重要抓手和工作着力点。近几年来，林场以"五化"实践为载体，累计完成了浙江楠、樱花、罗汉松等珍贵树种造林培育 2200 多亩，建设了 4000 多亩的林木良种、彩色树种良种资源库，受到国家和浙江省林业部门的高度评价，赞誉林场有独特的生存力、竞争力、发展力、持续力。

绿化彩化彰显生态建设保护的先锋作用

生态美化不是公司经营林地的个妆简单化，而是让物产中大长乐林场更发展、更宜居，表面的绿化彩化不是生态化。长乐林场遵循生态林业和林业经济科学，围绕余杭全面推进的"全域创新策源地、全域美丽大花园、全域治理现代化"建设，在公园和林场内部景区景点、道路绿化、彩化的基础上，给周边地区提供足够的优质苗木绿化美化城乡绿色廊道，着力提升绿色景观水平，使城乡美绿大廊道，使区域发展融合一体，形成层次清晰、各显优势、融合互动、高质量发展的新格局。

绿化是生态文明建设根本和基础，加快打造若干绿色走廊，彰显绿水青山生态本色。以彩化调整林相结构，让森林处处绚丽多彩，为美丽浙江、美丽乡村打下自然基础。长乐林场干部职工自觉与旧思维、旧习惯、旧立场、旧状态告别，着力推进林业生产科学，布局绿化、彩化，立足长乐，面向社会，依托自身技术、管理和品牌等综合优势，获得了高效产出的林业经济价值。

长乐林场充分发挥绿化彩化林场的生态建设先锋作用，成为市场征战的一张新名片。公司积极参与长三角地区生态文明建设，参与市场竞争，建设的各类政府工程总承包（EPC）公建项目和园林景观工程，确保工程质量，设计理念精湛前卫，绿彩施工精益求精，打造出了一个个精品工程。中泰街道小城镇环境综合整治绿化工程获得 2019 年度"杭州市优秀园林绿化工程金奖"，东郊小镇九街区项目景观工程一标段获得 2019 年度浙江省"优秀园林工程金奖"。

绿彩探索，保持专注。拥有 56 公顷的兰溪市扬子江生态公园，是一个集防洪、排涝、游乐、运动于一体的城市综合型滨水示范公园，是海绵城市建设的重点示范项目，总投资 1.87 亿元。长乐林场在承建中突出绿化、彩化生态特色，建成了种类丰富的水生植物、珍珠凉亭、骑行道等，打造出了蜿蜒交错的空中廊桥，吸引大量游客慕名游览，成为一处网红打卡点。2020 年汛期，扬子江生态公园在留滞、调节水流中起到有效作用，通过水下系统、水生植物、树木等自然湿地净化系统，使曾经的劣 V 类净化提升到 III 类水标准，直接用于农田灌溉、绿化灌溉、公园用水、消防用水。

香化珍稀化凸显提供生态产品主力作用

改革并不意味林场可以坐等红利，也不代表森林生态资源管护建设力水涨船高。百年长乐以现代创建引领干部职工更新观念、提升能力、扩容本领，发挥林场提供生态产品的主力作用，以香化和珍稀化建设激活了生态服务社会的使命和能量。

长乐林场在香化建设中，优化林木种类，利用树木散发出的健康因子，促进空气香化，实现森林康养，造福人类，满足健康中国的建设要求。珍稀化则是着力创新中国的要求，优先在林场内发展珍贵树种，优化林业内部结构，提升林业经济效益、社会效益和生态效益。林场利用林木良种基地培育经济价值高的樱花、紫薇、枫香等彩化树种，引进浙江樟、浙江楠、红楠等珍贵树种，每一个品种类的数量和质量都很好，种苗花卉成为周边市场的王牌，每年销售彩化和珍贵树种苗木 30 多万株，形成了公司承接地方园林绿化工程的企业优势，走出了一条"绿水青山就是金山银山"的现代林业发展之路。

让森林走进城市，让城市拥抱森林。长乐林场用香化、珍稀化特色服务森林城市建设。他们结合创森服务的市场订单，根据当地气候和景观特色，优选配置彩化和珍稀化苗木，改善创建城市的宜居环境和城市现代风貌。近几年来，余杭区提升城市绿美建设，在长乐林场购置了一批苗木，林场围绕"将点做亮、将线做美、将面做大"的要求，按规划提供优质的彩化和珍稀化苗木，有效地推进了省级森林城镇创建，打造出了西部生态带、美丽公路、小城镇综合整治等重点项目。

积极稳妥推进新农村生态建设，加快改善农村人居环境。长乐林场瞄准浙江省建设"大花园"和"千村示范、万村整治"工程，提前生产准备精品彩化和珍稀化苗木，满足杭州区域内的市场需求，建成了一大批秀美的生态示范乡村，通向市区的交通干道绿化美化、城市郊野公园的珍稀树种配植、新农村的庭院花果，大多使用的是长乐苗木产品。

林场康养基地之林雨堂文化水绘园夜景

用价值化体现森林资源培优的骨干作用

如何将森林生态资源转化为林场经营资产，将森林生态价值体现为林场经济价值，打破"守着金山银山过穷日子"的尴尬境地，一直以来都是国有林场发展面临的难题。百年长乐林场激活沉睡的森林生态资源，以绿化、彩化、香化、珍稀化为基础，培优森林生态资源，用价值化体现出了林场建设振兴的骨干作用，拓展了绿水青山向金山银山转化的通道，着力解决了资源变资本的问题，探索出了一条生态产品价值可量化、能变现的绿色发展新路。

森林资源和森林经营是长乐林场的最大财富、最大优势、最大品牌，林场通过几轮改革和探索，用"四化"改变产业结构配比，全面深化"亩均论英雄"改革，实现了绿水青山的价值最大化。公司以林场的花草树木为基础创新创业，建成物产长乐创龄生物科技、杭州长乐林雨堂文化、杭州长乐青少年素质教育培训等5个子公司。其中创龄生物科技公司生产的树上铁皮石斛，营养价值远远高于大棚种植，开发出了铁皮石斛鲜条、枫斗、切片、粉、花茶等系列产品，亩均超过1万元。

培优森林资源，提升森林价值。公司每年都将植树育林，优化结构作为"两山"转化重任。2019年植树节期间，长乐林场开展的"教你种一棵树"活动通过媒体的报道，吸引了众多的民众和游客参与，林场顺应时代需求，连续开展"将绿水青山转化为金山银山"植树育林活动，受到物产中大集团支持，集团领导率队参与林场缸梅林区坑水坞春季植树活动。2020年新年期间，浙江省林业局局长胡侠、余杭区政府陈如根区长率领省局和全区干部群众深入长乐林场虎山林区植树造林，拉开了浙江省百万亩国土绿化行动的年度序幕。

培优森林资源，林场经营能力得到提升。近几年来，长乐林场有多项资质升为一级，每年中标项目20多个，园林绿化工程业务实现营收3亿多元，荣获杭州市"农业龙头企业"、浙江省优秀园林工程金奖。

三、"六大基地"树标杆，厚地基撑起高质量发展新高度

建设绿色林场、科技林场、文化林场、智慧林场是国家要求。"未来国有林场"创建，目的是推动基层国有林场治理方式、生产方式、生活方式转变，为实现更高质量、更有效率、更加公平、更可持续地发展提供战略支撑。作为国有企业的长乐林场创新自强，对标一流企业和一流林场，在高质量发展行动中，把国家和省建设现代林场的要求与公司经营融合，以创新驱动战略为长乐育先机，以机制创新赋能长乐开新局，以管理创新打造长乐创新环境，围绕产业活林，建设珍贵树种和大径材培育、科技兴林苗木培育、林下经济亩产万元、森林康养乡村文旅、生态教育素质培训、绿色金融创新"六大基地"，树立协同发展的标杆示范，用基地建设的"厚基座"撑起了高质量发展的"新高度"。

打造珍贵树种和大径材示范基地，树立生态建设标杆

长乐林场在森林经营中坚持底线思维，守住自然生态安全边界，促进人与自然和谐

共生。林场按照《浙江省珍贵树种资源发展纲要》中的树种发展建议，结合杭州市和余杭区的实际情况，确定以浙江楠、浙江樟、南方红豆杉、红豆树等作为主要经营树种，立足长远培育珍贵树种大径材示范基地。

公司和林场改制 22 年来，相继在西山、缸窑等林区培植了近自然浙江樟、浙江楠、红楠等珍贵树种 1200 多亩，胸径大多超过了 20~30 厘米。通过多轮抚育管理和阔叶化、彩叶化、珍贵化改造，成为杭州具有影响力的"彩色林、健康林、优质林"，森林质量、生态功能和经济价值突显，森林景观独特，是浙江省和国家林草局公认的国有林场珍贵树种培育示范样本。

近几年来，物产中大长乐林场坚持高质量发展研究，对林区次生阔叶林、迹地和林场房舍、道路、沟渠、水库四旁见缝插针地种植珍贵树种大苗，累计完成可以培育大径材的珍贵树种 2200 多亩，种植薄壳山核桃等珍贵树种 12.5 万多株，收集了樱花等一系列新型珍贵树种。林场司按照规划经营，每 5 年进行一次近自然抚育，再经过 50~60 年的树木培育和茂盛生长，将建成林地环境优越，树木棵棵顶用的优质珍贵大径级木材。

建设科技兴林苗木培育示范基地，树立科研创新标杆

重视科技创新，集合优势资源。长乐林场感到林场科技力量不足，制约了林业的产业发展。林场注重走市场化的科技合作之路，与中国林科院亚热带林业研究所（以下简称亚林所）、浙江省林科院、浙江农林大学林业与生物技术学院、日本森林综合研究所多摩森林科学园、韩国国立树木园、日本花卉协会等科技单位合作，有力有序推进创新攻关的"揭榜挂帅"体制机制，建设科技兴林苗木培育示范基地，加强林业经济创新链和林业产业链对接。公司利用亚林所和浙江林科院的专家技术团队力量，在林场设立博士后科研工作站，建成了枫香、乌桕、栎类为主的彩叶树种及以樱花、紫薇为主的木本花卉特色种苗，持续开发出了一系列具有自主知识产权的新品种，形成了林场森林经营的科技支撑体系。

全速发动科技创新引擎，抢占林业经济区域竞争战略制高点，使林场现代科技由"量"的增值转向"质"的提升。近几年来，公司致力科技兴林，重点开展"薄壳山核桃良种配置研究与推广""生物性资产盘点""轻混合作经营模式探索"等创新课题研究，公司科协荣获浙江省"百佳企业科协"荣誉称号，廖望仪技能大师工作室入榜集团技能大师工作室名单。如今，公司深化科技兴林成果转化，将火炬松、湿地松、薄壳山核桃等特色优质种子向外省输出，服务国有林场，转型建设"林业领域的科技型企业"。

创建林下经济亩产万元示范基地，树立产品开发标杆

人不负青山，青山定不负人。国家构建生态文明体系，目的是促进经济社会发展全面绿色转型。百年长乐打造林下经济一亩山万元钱示范基地，就是要林场迸发出建设美丽中国的伟力，让盎然绿色成为高质量发展的鲜明底色。近几年来，公司充分发挥林场的优质生态资源发展林下经济，结合森林康养旅游项目，打造中草药生产观光养生基地。

基地以道地药材的培育为特色，以提高中药材品质为己任，打造华东地区独具特色的中草药野化基地，增加生态资源和林地产出，提高林业生态收益。

优化产业布局，做好林下经济。公司组建创龄生物科技，专业从事铁皮石斛、三叶青、覆盆子、白及等浙江道地名贵中药材的种植和开发，现已在林场中甘林区内建成500多亩产业基地。园区内大树参天，绿水荡漾，空气清新，负氧离子高，森林覆盖率达90%，生态环境十分优越，非常适宜林下立体中草药种植。在这个基地里，林场在树干空间附生栽培森林铁皮石斛，对林下空地合理布局覆盆子等道地中草药。仅铁皮石斛一项，便开发出了采摘石斛花茶、鲜条，制作切片、粉、枫斗，酿制斛花酒、创意盆栽等经济产品和康养项目。

创龄生物研发的铁皮石斛味道甘甜，拥有不凡的免疫功效，研发团队获得多项国家实用新型专利，系列产品在昆明世界园艺博览会、上海世界博览会、北京世界园艺博览会参展斩获多个金奖，受到中国科学院唐守正院士和新加坡丰益国际集团董事会主席郭孔丰的高度赞誉。

构筑森林康养乡村文旅示范基地，树立生态服务标杆

围绕"林"字，盘活青山。长乐林场的优势是森林，全场以森林公园为重点，用"全域森林康养"理念向绿色"寻宝"，学习借鉴国际森林体验和森林养生方式，统筹财政资金，积极引入社会资本，横向、纵向开拓森林康养和乡村文旅产业链，建成了集森林游憩、度假、疗养、保健、养老、教育等功能为一体的森林体验基地和森林养生基地，成为华东地区知名的休闲康养福地。

青山就是美丽，蓝天也是幸福。长乐林雨堂文化是公司旗下的全资子公司，专司酒店管理、品牌输出、文化策划，将"创大径山林雨堂文化旅游品牌"为服务宗旨，用心经营森林文化、美食美宿、健康生活、人文禅旅等贴近森林生态的自然生活方式，打造出了长乐农场体验农桑体验、禅茶径山文化之道、森林瑜伽课堂等康养生态品牌。公司创新营销模式，培育推广森林文创旅游业务，2020年，林雨堂文化调整经营策略，通过整合乡村资源、民宿集体抱团、抖音网红带货等创新经营和服务举措，接待宾客2.7万人次，同比增长42%。

用真情做好森林康养和文化旅游事业，转型升级高质量和智能化服务，百年长乐依靠富足的生态资源，以产品服务创新推进生态价值转化，全力打造森林康养和生态度假产业，通过探索发展"森林＋康养""文旅＋康养""医疗＋康养"等模式，使森林康养和森林旅游产业发展布局更加优化，涵盖大健康、养生、旅游、度假等诸多业态。

开发生态教育素质培训示范基地，树立生态文化标杆

山中新天地，林间大课堂。长乐教育依托林场自然资源开展自然教育、森林体验、职工团建等业务，年接待学生和企事业单位员工26万人次以上，年营收近3000余万元，在充分发挥社会效益、生态效益的基础上，也收到了良好的经济效益，长乐林场被教育部命名为"全国中小学生研学实践教育基地",成为浙江林业系统第一家。长乐林场作为自然教育的主要倡议发起单位,依托中国林学会和浙江省林业局,成为自然教育总校的10个省级自然教育基地学校之一。

人类从大自然走来,大自然给了人类最好的礼物——孩子最天然的学习和成长环境。但当下的国内学校却更注重课堂教学,青少年缺乏与大自然的亲密接触。不能等"自然缺失症"大范围兴起,再来"医治""开药方"。林场创立青少年素质教育培训公司,将2万多亩森林作为大教室,将树、草、花、鸟、虫等自然资源作为教材,带领学生们尽情地在大自然里驰骋,以森林考察、自然探究、生态保护为主线,通过自然观察、自然笔记、模拟游戏、自然科学原理实验、调查研究、动手体验等主动学习方式,让孩子亲近自然、融入自然、尊重自然。

基地开设"'绘'植树""踏春色·知茶艺""艺术森林""迷失森林""丛林穿越""神奇的中草药""星空露营""绿水青山绘画大赛""二十四节气植物印染""走进竹世界""户外生存体验"等亲子类自然教育实践课程,家长和孩子一起动手、共同感悟,拉近孩子与自然的距离。

基地内新落成的森林非遗中心,以"传承非遗文化,培养工匠精神"为宗旨,充分利用林场丰富的"竹、木、花、草、石"等自然资源,挖掘杭州周边非遗资源,还原人类不同历史时期利用森林自然资源而形成的人类文明呈现方式,开设集科学、技术、工程、艺术、数学等元素为一体的自然教育与新劳动研学系列课程,设置细木制作、中泰竹笛、花道花艺、雕版印刷、竹编技艺、径山茶宴等非遗技艺的实践体验活动。

自《中共中央　国务院关于加强大中小学生劳动教育的意见》发布以来,长乐林场深挖林场资源优势,积极开发"耕耘树艺""悠悠茶香""做竹文章""本草长乐"等主题式劳动实践系列课程,把林场的生产场所提升改建为大中小学生劳动教育实践场所,接待周边地区学生参加实践,为培养学生劳动观念、劳动习惯和劳动能力贡献长乐人的力量。

探索建设绿色金融创新示范基地,树立协同发展标杆。

激活沉睡的自然资源,要打通"资源—资产—资本—资金"转化通道。长乐林场作为浙江省属林业金融创新示范点,结合林场2000亩楠木林,根据金融产品开发方案,推出金融期权产品,打造省属绿色资产证券化示范点,实现了"林业资源变资产、资产变资金"。

长乐林场的实践表明,只有通过生态产业化和产业生态化,实现生态资本深化,才能同时实现生态资源价值化。林场通过绿色金融创新示范基地,创建智慧林业,实现林业资产数据化,创新碳汇等前卫型金融产品交易。在此基础上,推进国乡合作模式,利用余杭区大力推广集体林地流转的政策,通过承包、租赁、合作等模式流转林场周边乡镇闲置林地,实现林业增效,林农增收,有力推动绿色产业发展。

小智治事,大智治制。长乐林场始终用改革的办法解决发展中不充分、不平衡、不

林场自然教育

协调、不可持续问题，着力补短板、强弱项。他们注重用绿色金融创新抓项目，投产精品苗圃基地 150 多亩，创龄生物新增铁皮石斛林下经济示范基地 100 余亩，文旅示范基地的风马牛项目。利用森林生态资源转化抓研发，重点研发新型树种优良产品培育和推广，新增珍贵树种造林 169 亩，产销高端容器苗 11 万多株。

奋斗是奋斗者永远的座右铭。通过"1+1"生态战略建设"五化六地"的全面观察，我们欣喜地看到，长乐林场全力推进百年林场高质量发展行动，把林兴场强当作最大的政绩，干部职工全员长期攻坚，把提高林业生产力视为"寂寞的长跑"，接力拼争，赢得了现代国有林场创建的决定性胜利。肩负新使命，开启新航程，高扬奋斗之帆，挥动奋斗之桨的物产长乐人，正向中国"未来国有林场"改革发展的样板昂首迈进。

第四节　重庆石柱林场：朝深往实向前奔跑

春有群山抹绿，杜鹃映红；夏有林海滴翠，百花烂漫；秋有赤橙黄绿，层林尽染；冬有白雪皑皑，银装素裹。在灵异神奇北纬 30 度线的鄂渝交界处，有一个被誉为"中国天然氧吧"的石柱土家族自治县。这颗渝东"绿色明珠"，东接湖北利川，南连重庆彭水、丰都，西靠忠县，北接万州，全县 3014 平方千米，下辖 33 个乡镇街道 55 万人，拥有以土家族为主的少数民族 29 个，占人口总数 79.3%。在这个全国绿化模范县里，石柱县国有林场的三代务林人众志成城，63 年如一日，人工造林超过 10 万亩，在武陵山中耸立起一座绿色丰碑。

心怀希望，赓续荣光。石柱县集民族地区、三峡库区、革命老区、武陵山集中连片特困地区于一体，曾是习近平总书记视察的精准扶贫点，他要求各级"把工作往深里做、往实里做"，"一起奋斗，努力向前奔跑"。县委、县政府，将总书记视察石柱的要求内化于心、外化于行、转化为果，坚定不移地走好"生态优先、绿色发展"路。近几年来，林场领导班子带领全场干部职工，科学领会国家和市、县林业管理部门对国有林场发挥"三大作用"，建设"四个林场"的要求，结合县里的绿色发展思路，把林场向前向上的发展与乡村振兴有效衔接，使林场在深化改革中奔跑提质，创新场乡合股联营，山林经营面积净增 3000 多亩；创造条件建设国家储备林近 2 万亩，改善林分质量，使森林生态资源在奔跑中壮大；瞄准绿色林场、科技林场、文化林场、智慧林场的建设目标，森林覆盖率提升至 92.4%，管护站公路畅通率达 96%，水电保障率达 95%，转型发展的力量在奔跑中凝聚。林场被国家林草局授予全国十佳国有林场荣誉称号，重庆市林业局领导班子深入林场调研，赞誉林场在改革中先试先行，善于从"难落实处"深化场村联营赎买改革，注重水杉母树林良种基地和优质乡土树种培育工作，走出了一条现代国有林场建设新路，促进了石柱林业的高质量发展。

一、林场深化改革在奔跑中提质

众志成城，只为一方绿水青山；盛世兴林，唯愿造福子孙后代。石柱林场共有 15 万多亩森林，但纯国有林仅 4.9 万亩，所有林地插花式分布在全县 30 多个乡镇里，绝大多数是当年山林划分时，农村农民不要的荒山峭壁和小远散林地，海拔低处仅有 300 多米，高山区超过 1800 米，三代务林人不忘荒山绿化和资源守护的国家责任，实现了从"接过手"到"绿起来"的"上半篇文章"。从 2015 年开始实施国有林场改革，林场率先在重庆市完成主体改革任务，进入新体制时间，他们接续奋斗，在深化改革的奔跑中提质发展，高标争创全国十佳林场，创新编制林场森林经营方案，充分利用已经形成的良好森林生态资源，走好森林生态旅游和森林康养深度融合之路，写出了从"管护好"到"富起来"的"下半篇文章"。

率先完成主体改革任务

久久为功，荒山变绿。石柱县国有林场是由方斗山林场和三星林场合并组建的，走过了一条曲折的苦难历程。1958 年创立时，系财政全额拨款事业单位；1985 年国家停止无偿拨款，"拨改贷"政策使林场自收自支，举步维艰；1993 年自我改革，通过与社队联合经营才一步步走出困境。1998 年随着天保工程和退耕还林工程实施，森林资源得到保育，林场重焕生机；2005 年两场合并为差额拨款事业单位。

心中有理想，脚下有力量。林场创立之初，干部职工在深山里住茅草屋、吃玉米饼、喝雨天积水，苦战荒山绿化，甚至有些职工付出了宝贵的生命。历次反反复复的体制变革，致使林区水、电、公路、管理用房建设严重滞后，林场"基础设施不如农村、自主经营不如农业、生活水平不如农民"。但生存生活再怎么清苦，职工也没有砍倒亲手种植的大树，宁愿自己下岗也不让大树下山，保住了这片郁郁葱葱的森林。

建设生态林业，国有林场是主力。2013 年，国家在全国 7 省份率先启动国有林场改革试点时，退役军人出身的林场党支部书记敏锐地感觉到，国有林场的春天要到了。他时刻关注媒体对各地林场改革的动态消息和做法，分析国家和试点地区的政策动向，结合林场自身实际提早调研谋划。2016 年，重庆市和石柱县国有林场改革一启动，他便带领班子成员学习文件精神，深入职工问计，向县林业局和县委、县政府拿出了"场定性、

石柱县国有林场人工造林成效显著

人定编、树定根、山定界"的改革方案和对策。县委、县政府采纳林场意见，制定的改革实施方案率先得到重庆市政府批准实施。

落实改革，盘活青山。林场依据改革方案逐一落地改革政策，科学界定林场属性，明确定性财政全额拨款公益一类事业单位，定位保护培育森林资源、保护生态、维护木材安全、提供生态公益服务功能；优化队伍建设，使在职职工人人有一类事业编制，退休职工个个得到到位的安养政策，打开用人渠道，使队伍得到年轻化和专业化；政府化解历史债务，使林场得以轻装上阵；创新森林经营机制，在确保国有森林资源不减少、资产不流失前提下，开放千野草场、大风堡森林景区，旅游合作盘活了沉睡的森林生态资源。2018年9月，林场改革成果通过重庆市国有林场改革领导小组的考评验收，称林场改革理顺了管理体制机制，基础设施得到了极大改善。

成功创建全国十佳林场

改革是为了兴林强场，不是单纯地为职工营建"安乐窝"。石柱林场的干部职工珍惜改革带来的生活和工作幸福，立志在森林资源建设和管护上有所作为，林场党支部书记说："过去林场的债务包袱那么重，职工生活那么苦，还搞出了那么多建设成就，现在政府给林场增加投资，建设项目可到农林部门争取，'两山'转化的路子很多，我们没有不多干事创业的理由。"

干部担当干事，基层奋发有为。林场党支部结合改革实现生态功能显著提升，生产生活条件明显改善，体制机制全面创新的目标，提出争创全国十佳林场。林场领导一心扑在工作上，想干事、能干事、干成事、不出事。林场给场部三办和基层7个管护站15个护林点负责人明确责任，比干事状态；鼓励全员岗位敬业创新，比责任担当；创新职工考评机制，提高实绩、口碑权重，使立足本职岗位干事的多起来了，香起来了。

荣誉是前进路上的加油站。"全国十佳林场"的旗帜激励林场职工闯过一道道关、迈过一道道坎。林场用好用活建设资金，强化林场基础设施建设，先后改造管护站点办公房3000多平方米，提质改造林区公路30多千米，改造电力线路23千米，新铺饮水管道40多千米，使林场及基层所有管护站和护林点，都实现了统一场标、统一服装、统一宣传栏；通水、通电、通路、通信息的"三统四通"标准。新实施封山育林5.3万亩，人工造林 3 万多亩，森林抚育 10 万多亩，森林资源培育质量大提升；顺应石柱县建设武陵山区特色生态经济强县、民族地区扶贫开发示范县、长江上游生态文明先行示范县和全国著名康养休闲生态旅游目的地的发展方向，林场探索森林资源有偿使用制度，服务森林旅游和森林康养产业，助推乡村振兴。

2020 年 7 月，国家林草局发出表彰通令，石柱县国有林场作为重庆市的唯一代表，荣获全国十佳国有林场荣誉称号，这是全国国有林场主体改革任务完成后的第一次全国性评比颁奖，是林场行业的典范性样板。

创新森林生态保育经营

选择什么样的发展思路，就有什么样的发展行动和成果。石柱县国有林场紧跟国家全面开启社会主义现代化建设新征程、向第二个百年奋斗目标进军的步履，把"十四五"定为林场高质量发展阶段。林场在县林业局指导下组建经营技术专班，联合国内林业科技规划专家，精心设计《2021—2025 年林场森林经营方案》，成为林场建设转型发展的"根"和"魂"。

规划的一个个目标，勾勒出石柱林场进入新发展阶段的宏伟蓝图，彰显出干部职工团结带领林区周边人民勇毅前行的坚定信心和决心。林场规划将森林经营方针定位于"生态优先，持续发展"，确保在全县充分发挥森林资源培育的示范作用和生态建设骨干作用，提高森林资源的生态、经济和社会等多种效益。正在行进的五年建设中，林场坚持以林为本，因地制宜，统筹规划，适地适树；坚持生态优先，分区施策，分类经营，突出重点原则；坚持集约经营，采育结合，多种经营，持续发展；坚持科技兴林，市场主导，机制搞活，共享实惠等原则经营森林、防火防病虫害、提升基础设施建设、立体开发森林生态经济，确保到 2025 年，有林地面积增加 93.3 公顷，达到 9823.9 公顷，林木蓄积量增加 20 万立方米，森林覆盖率由 92.2% 提高到 93.6% 以上，林场基本实现规范化、制度化、标准化、现代化。

目标不会自动实现，奋斗才能抵达远方。林场干部职工学习规划，结合林长制建设落实规划。林场在深化改革中构建场长（副场长）、站长、护林员三级国有林场林长责任体系，在 220 多名森林管护队伍中全面推行智慧林长 APP 安装使用，将 16.4 万亩林地的森林资源实施网格化管理，使山有人管、树有人护、责有人担。近几年来，林场实施国家特殊及珍稀林木培育改培项目 3000 多亩，建设水杉母树种质资源收集 100 株，分株培育优质种苗 2 万株。开工建设渝东南生物多样性保护与生态修复项目 8.9 万亩，累计新造林 5000 多亩、森林抚育在 1 万多亩、封山育林 5 万多亩。

经营目标在哪里，收获就在哪里。对基层管护站和守护点的职工个人来说，对照规划选择的目标越远大，脚下的力量就越强大。拥有悬崖和风景资源的寺尚店护林点，是由点长王卫、护林员杨永刚、马清平 3 名富裕职工组成的一个护林点，他们都曾是林场特困时期下海经商的成功人士，改革重回林场当护林员。他们结合规划和学习和落实，利用林场建设的标准化生产管护房和道路，聚集岩溶滴水汇流成"井"，净化林区积水建"鱼池"，结合大径材培育标准修建四通八达的休闲"土步道"，树下空间开设露营屋，动员周边乡村群众散养山羊和土鸡，配套服务游客吃土菜，既有效培育了森林资源和管护提升，又使林场和护林点增收，还带动了乡村振兴。

二、森林生态资源在奔跑中壮大

改革增动力，创新赢未来。石柱县国有林场着力现代化创建的长效机制，提升林场治理体系和治理能力建设水平，落实森林经营规划，创新林业产业，筑牢生态屏障。近几年来，林场对照国家林草局提出的"三大作用"，树牢并践行"两山"理念，牢牢把握生态公益事业建设的场情定位，创新新时代的场乡合股联营，打响了石柱生态建设保护的"先锋战"；用好用活国家战略储备林政策，想方设法扩大国储林建设范围，找到了一把林场投身大径材贮备生产的"金钥匙"；主动参与全县重大生态保护修复工程，为林区周边乡村提供绿化美化和乡村生态旅游支撑，既拓展了森林资源转化的"两山"路径，又直接提升了林场的森林生态价值。

场乡合股联营，打响生态建设保护"先锋战"

不满足于借鉴，不止步于相似，锐意创新"创着干"。分山到户的集体林权制度改革，使山林资源越来越珍贵，国有林场要想增加林地难上难。石柱林场在20世纪90年代初期创立的社队联合经营，是因为农村贫穷落后，村集体山林放任管理产出低下，而林场人多林少，不得不进行场村合作技术脱困。

国有林场改革要求林场森林资源只增不减，生态林业建设保护第一。石柱林场感到，林场林地60%属于场村联营，只有做好森林经营和森林生态资源转化，才能与合作村组农户结成利益共同体。多年来，林场建立归属清晰、权责明确、监管有效的森林资源产权制度，理顺经营者和所有者权益关系，科学合法地经营森林，聘请当地贫困农户参与管护，促进农民就业增收。

林场有林地稳定需求，农户有山林增收必要，但过去的合作方式不适应今天的要求，林场在独创独有上下功夫自主创新，在县林业局支持下，试点探索出了一套非国有商品林政府赎买的改革新模式。林场顺应国家农林"三变"改革政策，按照"政府主导、保护优先、自愿合法、权益保障"的原则，充分尊重林农意愿，公正合理组织赎买，有效盘活赎买森林。林场在中益乡华溪村赎买非国有商品林2001亩，涉及林农80户350人，每户直接获得赎买林地补偿2.4万元，人均获得直接经济补偿5490元。

赎买林以村集体、林场、赎买林农三方按5∶3∶2的股份份额合股联营并分配经营利润，首期联营10年，其中县国有林场以林地使用权和林木折价入股，主导经营；赎买区林农以50%的赎买资金入股，不参与经营，分获经营利润20%，每亩每年保底分红11.75元，10年后不续签合同将全额返还入股资金；华溪村集体以各级财政补助的项目资金入股分红，参与联营，利润的 60% 作为继续发展资金、40% 作为村集体经济组织成员二次分红。合股联营精准提升森林质量，全力开发林下养殖，提升林间民宿产业，使森林经营利润得到提高。

石柱林场的赎买改革得到重庆市政府的肯定和支持，并将经验推广到了巫山、綦江、北碚等县（区），截至 2022 年，全市非国有林生态赎买累计 2 万多亩，交易金额 4000 多万元，实现了生态得保护、林农得收益。

奋战国储林，找到大径材贮备生产"金钥匙"

森林是再生性资源，林业的经济属性不可避免。国家将林场改革转型为生态公益保护单位，但从未放松对森林经营的管理，而是要求一场一策制定森林经营规划，使林场管辖的国有森林实现永恒和可持续性，保持健康的生长态势。

三分战略，七分执行。林场执行力是干部职工经营能力、管理素质、担当精神、工作作风的综合体现。石柱林场牢记为国家生产储备木材的职能使命，无论是对公益林还是商品林都按规划做好全周期经营，培育健康、优质、高效的森林，他们抢抓国家储备林建设机遇，在林场划定国家储备林 1.7 万亩，通过补植性低产林改造、小生境生态修复、珍贵树种大径级材培育等措施，相继建成木材战略储备林基地 1.19 万亩。

没有执行就没有落实，没有创造性执行就不是高标准落实。林场根据不同的地理条件，总结出了一系列国储林建设模式。在海拔 1400 米以上的高山林区，培植马尾松、柳杉、水杉、鹅掌楸、栎树等优势树种的针阔混交林；在海拔 800~1400 米的中山区域，建设杉木、枫香、柳杉等大径材树种；在低山区的马尾松纯林里，有计划地补植桢楠、柏木、栾树等珍贵乡土树种，既改造了人工纯林，又营造了珍贵级大径材。

不唯书、不唯上，只为建设想办法。林场坚持目标导向与结果导向相统一，通过国储林建设，针对乔木林地、疏林地、灌木林地、未成林造林地、无立木林地等不同的林地分别应对施策，找到了乡土树种、珍稀树种等大径级材贮备生产的"金钥匙"。林场森林经营规划明确，到 2025 年全场改造建设 15000 亩，并把相应的改造措施、补植任务细分到了茶店、黄水、南宾、三星、石梁河 5 个管护站，并对目标树培育、割灌、施肥、补植都提出了新要求。林场造林科科长常云会说：国储林项目是分期实施的长效工程，再过 3 年，全场森林覆盖率可提升近一个百分点，木材蓄积量可提升 15 万立方米，有效促进人与自然和谐共生。

提高生态价值，践行森林资源转化"两山论"

以农为本，以林为魂。山林遍布全县 30 个乡镇的石柱县国有林场，时刻不忘习近平总书记视察石柱"努力向前跑"的叮嘱，自觉践行森林资源转化"两山论"，把林场的森林经营和资源管护与精准扶贫巩固、乡村振兴链接，带领林区群众共同开发森林旅游和森林康养产业，有效提高了林场林区的森林生态价值。

林场职工担当区域生态产品提供的主力，把服务人民的宗旨刻印在石柱的山川大地上。多年来，林场植树造林，装扮河山，相继建成了黄水国家森林公园、千野森林景观、三教寺森林景区。林场结合黄水国家森林公园建设，深入挖掘林区历史文化，在黄水大风堡浩瀚壮阔的景区万寿寨，为历史上唯一一位被载入中国正史的巾帼英雄秦良玉塑像立碑，再现家乡英雄的练兵指挥"古战场"；林场千野草场景观，集山、林、草、石、畜于一体；万寿寨景区，森林资源奇特，土家文化丰厚。林场负责景区森林资源建设和管护，景区经营交由县旅游局统一经营，每年仅门票收入便超过 2000 万元。

转型康养，绿色崛起，是石柱县委政府的发展主题。林场坚持学好用好"两山论"，走深走实"两化路"，确保森林资源不减少、国有资产不流失，最大力度支持林区群众用好森林生态资源，市场化发展森林旅游产业，全县以林场林区为基础，3 个景区成为国家 4A 级旅游景区，同时开辟出 6 条林区乡村旅游精品线路，发展黄水人家 1200 家、森林人家 110 家，兴办农家乐 1451 家、乡村民宿 54 家，带动 6000 余户贫困户吃上了"旅游饭"，每户年均增收 3 万元以上，群众的腰包越来越鼓，脸上的笑容越来越灿烂。

中益乡华溪村是习近平总书记视察的村庄，林场在扩大场村森林合作联营的基础上，引导农民从苞谷、红苕、洋芋"三大坨"转向打造"中华蜜蜂谷"，种植脆桃、脆李、吴茱萸、木瓜等林果，林下套种天麻、黄精等中药材，开发森林民宿，使全村 2022 年实现森林生态旅游创收 60 多万元，入选全国乡村旅游重点村。

三、转型发展力量在奔跑中凝聚

坚持问题导向，聚焦特色发展。石柱县国有林场把国家林草局要求建设"绿色林场、科技林场、文化林场、智慧林场"的要求，作为推动高质量发展的根本遵循，公开招录林业专业技术人员，优化人才结构，提高基层待遇，使职工愿意进入林区工作，安心一线管护。近几年来，林场立足林区实际，紧盯弱项短板，以新发展理念为引领，使转型发展的力量在奔跑中凝聚，走出了一条特色化创建现代国有林场，差异化向前迈进的发展路子。

打造绿色林场，推动资源建保深度耦合

生态优先，绿色发展。提升林场生态建设体系和治理能力现代化水平，直接决定着林场森林经营能力生成的质量成效。打造绿色林场，关键是紧紧抓住深化改革创新，推动森林生态资源建设和保护深度耦合，建保一体，以坚韧不拔的毅力、奋发有为的锐气，推进林场转型不断迈上新台阶。

"绿色基底"已夯实，转型谋求新作为。林场围绕营林质量提高，不断优化森林资源，新建高质量人工林 1 万多亩，配合二期天保工程实施封山育林 5 万多亩。按规划设计推进森林抚育项目，每年完成 5000 多亩，高分值通过省级验收。积极参与石柱县国土绿化提升行动，3 年累计完成 2 万多亩国家规定特别灌木林地培育和疏林地及未成林地培育。

站上绿色林场建设的新起点，坚韧不拔的石柱林场人再蹚新路。林场在新一轮森林经营中，创新森林培育经营理念，突出多功能经营、多效益统筹原则，造抚并重、保育结合，优化森林结构，重点培育自然生态保护林和多功能兼用林，集生态保护、生态景观、珍贵用材三种功能于一体。规划表明，未来 3 年，全场总共抚育森林 1667 公顷，并将任务下达到了各管护站。

经过近几年的转型建设，石柱林场跑出了"绿色接力赛"的精彩。林场生态功能明显提升，森林碳汇功能显著增强，生

石柱林场的美丽林区

物多样性更加丰富，森林质量大幅提升。截至 2022 年年底，森林面积从改革前的 12.4 万亩增加到 15 万多亩，蓄积量由 86 万立方米增加到 115 万多立方米，森林覆盖率从 82.2% 提高到 92.4%，促进了林场资源增长、林业产值增效，实现了生态良好与社会和谐稳定。

建设科技林场，提升生态经济科技含量

走创新路，吃技术饭。林场党委要求全场干部职工，转型建设科技林场，同样需要追求原始创新、独创独有，只有不断在自主创新上寻求突破，才能在林业产业、生态经济自立自强上夯基筑台。

科学技术是第一生产力。石柱林场科技创新的基础较好，早在 20 世纪八九十年代，独创的"采籽"育种技术和"营养袋"育苗技术处于重庆全市前列。林场改革定性公益一类事业单位后，林场不需再为"钱"经营了，但干部职工目标一致，山林经济不能弱化，生态经济的科技含量必须提升。林场正视当下森林经营科技含量不高、资金投入不足致使林业产业化的竞争力不强、多元化发展受限等现实矛盾和问题，林场班子集体思谋，林场要自我突破一些事业单位的产业发展政策，适度激活产业经济，用发展产业的收益反哺林场提升森林经营能力，既为政府分忧，也为财政减压。他们自觉适应国家"双循环"新发展格局，加大经费投入，与林业高校和科研院所合作，加强人才培养，提高职工素质，立足山林经营一线，围绕珍贵乡土用材树种培育、低产低效林改造生产，设置科技研究和推广课题。

建设科技林场，目的是提升林场森林经营的"硬"性生产力，同时通过制度创新解决生产关系的"软"性问题，打造生态，厚植土壤。林场结合森林经营方案的实施，专门筹措产业资金，壮大林场林业产业和职工自营经济。林场支持职工在干好本职工作和

保护好森林资源的前提下，从事林下种养殖业和森林旅游农家乐，利用有利条件发展养蜂、养羊等多种经营项目，经营效益很好。

锻造文化林场，构建森林旅游康养体系

林场森林资源富集，是生态文明建设的主阵地，在促进人与自然和谐、实现美丽中国梦想的进程中起着至关重要的主导和引领作用。石柱林场立志锻造文化林场，在石柱生态文化旅游和高质量转型发展中做示范。近几年来，林场围绕县域国土绿化和森林城市创建，充分发挥在建设模式、苗木、技术、人才等方面的优势，提供城乡绿化服务，加速发展提升林场实力品位。

风情土家，康养石柱。石柱林场硬是靠人的力量，染绿了方斗山、七跃山，使两座大山支撑起康养宜居的山水园林城市。石柱凭借生态环境优良、森林覆盖率高、负氧离子含量高等"硬指标"，赢得民革中央和重庆市政协把全国康养大会落地石柱并永久承办。多年来，林场紧紧围绕县委政府"转型康养·绿色崛起"的发展主题，实施"康养+"战略，利用丰富的国有森林资源，多渠道联合社会市场，发展以生态文化为引领的森林生态康养产业。林场助力石柱县成功申报并荣获全国首批政府性质的"国家森林康养基地县"，不断完善基础设施，建设森林康养试点示范基地，全年接待客人650万人次，实现收入30亿元。

在文化林场锻造中，林场以机关党支部为重点，打造出了"助推森林康养，争创绿色先锋"的党建品牌。在当下的森林经营中，林场长远布局，规划在帽儿顶修建1条宽1.8米的环山林区公路，兼做运动跑道，把帽儿顶林区建成城市边上的一个森林康养新基地。林场将深度开发森林康养作为文化林场的建设重点，提升现有森林公园和康养点的康养服务功能，多渠道争取森林康养建设资金，招商引资吸纳社会优质资金，重点开发森林景观，把与中益乡合作经营的2000亩林地打造成一个康养服务的新景观，最终带动农村生态致富。

发展智慧林场，推进林场科学管理变革

林地散远，山高谷深，坡陡路窄，林长的脚步怎样才能更快一点？石柱林场不断地求新求变，在确保一支护林员队伍的基础上，以数字化转型、智能化升级、绿色发展等手段，构建了一套智慧系统。林场通过一块智慧终端大屏，可与山野巡护中的护林员手机屏幕连接，指尖轻触实现远程互通，即时解决火警、盗警、森林病虫害防治监测等问题。

森林资源保护用上"智能大脑"，是推进科学管理变革，建设智慧林场的必然。一位林场领导说，数字化转型、智能化升级已经成为时代发展的客观要求，如果不顺势而为，必将被时代淘汰。近几年来，林场多方筹资，建成了一套先进的智能森林防火视频监控系统，对林区资源实施大视野全天候实时监测，遇到火情自动报警，并与重庆市和石柱县智慧林长信息管理平台互联互通。

建设智慧林场，稳步推进林场发展，让山有人管、林有人造、树有人护、责有人担。石柱林场加大新形势下的"智慧林场"建设，进一步完善全场地理信息基础数据库，建立森林健康和安全保护模块系统，提高森林防火视频监控性能，建立场部与基层管护点联通的办公管理系统，使工作人员利用林场林区各种传感设备、智能终端、自动化装备等实现管理服务的智能化，确保各类林业工作信息采集迅速、传输快捷、精准处理、交互共享、便捷安全。并将"智慧林场"的应用向营林生产、森林经营延伸，实现林区小班可视化、精细化、网络化管理，提高林场管理的规范化、科学化、信息化。

星光不问赶路人，时光不负奋斗者，荣光属于实干家。奋进"十四五"的石柱林场人，以风气领先的气魄与担当，按照新的森林经营规划"再出征"，朝着现代国有林场建设方向，知重负重、攻坚克难，一步一个脚印向前奔跑，一项一项工作抓落实，收获新成就，续写新荣光。

第五节　广东樟木头林场：融入湾区赢先机
——广东樟木头林场围绕"生态优、环境美、职工乐"建设美丽林场闻思录

生态优美，区位优越。广东省樟木头林场创办于1936年，直属广东省林业局，地处粤港澳大湾区腹地东莞市，经营面积9.7万亩，约占东莞市林地总面积10.9%，省级以上生态公益林占比62%，森林总蓄积量64万立方米，森林覆盖率90.72%。

习近平总书记要求广东"在推进中国式现代化建设中走在前列"。广东省委、省政府高度重视森林经济效益、社会效益和文化效益，号召全省深入推进绿美广东生态建设。长期以来，东莞市把驻地的省樟木头林场当作自家人，在"湾区都市、品质东莞"和国内生产总值（GDP）过万亿、人口超千万的"双万城市"建设中，充分发挥林场生态建设主力军作用，林场开放资源、协同创新，省市共建森林公园的成功模式给东莞乃至大湾区人民提供了享用不尽的生态福祉。

保持真干状态，发扬实干作风，锤炼能干本领。樟木头林场党委班子团结带领全场干部职工，在完成国有林场改革主体任务的基础上进一步深化管理体制改革，加强基础设施建设，释放林场生态价值，融合发展大格局；创新发展模式，成功首创省市共建九洞森林公园，拓展建设宝山森林公园，积极推动建设红花油茶森林公园，不断给湾区人民带来看得见的幸福感；聚焦主责主业，精准提升森林质量，大力推进森林生态示范园建设，高起点打造湾区自然教育平台，补短板强弱项，成功转型擘画"生态优、环境美、职工乐"美丽林场建设蓝图。

真干实干成就梦想，融入湾区赢得先机。在广东省林业局的正确领导和大力支持下，樟木头林场认真学习贯彻落实习近平总书记生态文明思想，找准角色定位，主动担当作

为，努力在绿美广东生态建设中发挥省属国有林场的示范带动作用，结合自身实际积极推进绿美广东生态建设"六大行动"，精准提升森林质量，增强固碳中和功能，保护生物多样性，构建绿美广东生态建设新格局，建设高水平城乡一体化绿美环境，推动生态优势转化为发展优势，优化林场森林资源，升级森林公园建设，提升职工生活，打造出了一个集生态旅游、休闲娱乐、科普教育、文化体验于一体的新时代大湾区美丽林场。

一、着力生态优，深化改革构建融合发展大格局

自 2016 年以来，广东省樟木头林场全面推进落实国有林场改革，从过去单一的营林生产转向推进绿美广东生态建设示范，服务粤港澳大湾区"大生态、大文旅"，着力构建生态优化的融合发展大格局。全场干部职工真干实干深化改革，抓住机遇融入湾区生态建设，落实落细保运作，强化管理保稳定，科学建设保民生。改革后，林场科学编制森林经营方案，全面加强资源培育管护，精准提升森林质量，为社会提供了更多更优的生态产品和服务，充分展示出新时代省属国有林场的担当作为和良好形象。

精业敬业，见证务林初心

真干事，体现的是一种觉悟、一种素质、一种责任、一种能力，饱含着林场人对林业生态事业高度负责任的精神。2015 年，国有林场改革全面启动，樟木头林场破旧立新，紧密结合林场实际，广泛征求干部职工意见建议，反复修改编制改革实施方案，"三得（生态得保护、林场得发展、生活得保障）、两增（资源增长、收入增加）、一确保（确保国有林场社会和谐稳定）"总体改革目标推进快、落点实。2016 年，林场正式转制为公益一类事业单位，明确了职责任务，核定了事业机构编制，2018 年核定机构和岗位设置，2019 年完成人员划转和岗位首聘，2021 年省财政落实资金保障，2022 年林场改革验收经省林业局审核评定等次为"优"。

近年来，林场以国有林场改革为契机，建设了一支森林生态资源建设和管护技术精良的职工队伍。林场履行新职能、新任务，提高了科学管理的效能，保持了干部职工队伍的稳定，大家以场为家，精业敬业，守住了爱场务林的初心。林场按照新任务、新目标运行，创建模范机关和基层党建，全面清查林场固定

樟木头林场红花油茶主题示范园（陈素素 摄）

资产，为推进林场深化改革提供可靠的依据和数据。

随着近几十年驻地东莞的经济调整发展、城市建设日新月异，林地更显珍贵，林场一些小、远、散的插花林地曾被个别村民侵占和蚕食。改革后的林场全方位落实林长制，一线管护站和护林员强化职责履行，采取人巡和无人机巡逻等方式加大检查频次和力度，较好地处置了电光墩和五埗管护站非法侵占林地的历史遗留问题，收回了被侵占的林地。林场加大林区巡护和执法检查，规范野生动物保护监管，严禁市民进入山林捕鸟狩猎，很好地保护了森林资源。

精细建设，打造林区样本

做起而行之的行动者，不做坐而论道的清谈客。林场领导班子扑下身子干工作，既带领大家致力于林场改革发展，也不忘改善职工工作生活条件和基础设施建设。建场以来，林场持续强化基础设施建设，但限于多方原因，还是存在诸多"短板"。近几年，林场加大力度，对 32 千米林区公路实施了硬底化，6 个管护站实现站部与镇区连接道路硬底化；统一规模、统一外观、统一标识，新建标准化管护站管理用房 4 所，改造升级 2 所；借房改和危旧房改造等机会，先后集中在新老场部和管护站修建房改和危改房等职工宿舍 4 处，切实解决干部职工住房困难；整治新老场部和各管护站部环境，实现水、电、通信网络和太阳能亮化工程全覆盖，5 个职工集中居住点全部接装天然气；完善办公设施设备，建设办公自动化（OA）系统和数字化、智能化的档案管理系统，有效节约能耗、降低成本，切实提高办公效率。干部职工办公生活条件和品质得到全面提升，打造出了湾区国有林场建设新样本。

推进美丽林场建设，林场不仅仅紧盯道路交通和办公、住房等"大处"，更多的是关照职工生产生活的"细微"，党支部给党员过政治生日，工会给在职和离退休职工集体过生日，场领导和工会及时探访慰问病困职工，真情关心关爱送温暖，多点发力增强干部职工的凝聚力、战斗力和幸福感。

生态蝶变，释放资源价值

梦想不是等来喊来的，而是靠拼搏和真干赢得的。改革踏上高起点，林场要往哪里"闯"？樟木头林场科学编制十年发展规划，围绕建设"生态优、环境美、职工乐"现代美丽林场的总体目标，坚定不移走生态优先、绿色发展道路，持续加大森林资源培育保护力度，不断提升森林质量和森林资源碳贮存、碳吸收能力，不断推进森林生态文化繁荣，满足人民群众对优美生态环境和优质生态产品及服务的需求，切实维护粤港澳大湾区生态安全，为粤港澳大湾区碳达峰、碳中和行动提供有力生态支撑，为东莞市向建设更高水平、更高品质的现代化都市、湾区创新高地、先进制造之都、民生幸福的新一线城市贡献林场力量。

聚焦林场主责主业，实现森林资源提质增效。林场芙蓉寺、牛眠埔、五埗管护站突出大径材战略储备，簕竹排、电光墩、宝山管护站突出水资源涵养和安全，清泉管护站

广东省自然资源厅机关与樟木头林场党务共建

突出红花油茶种质资源保护利用，每年都在脚踏实地，有计划、高标准、高质量落实森林经营方案。2015—2022年，实施林分改造1.11万亩、营造高质量水源林3400亩、培育大径材1200亩、保护名木古树24株，省级以上生态公益林面积同比增长28.05%，森林蓄积量同比增长33.88%，森林覆盖率从90%增长至90.72%。人不负青山，青山定不负人。林场着眼长远，建设阔叶水源涵养林兼用材林，能抚则抚，该封则封，成功打造了一个集回归自然、森林观光、科普教育于一体的美丽林场。据权威监测，林场近十万亩森林每年吸收二氧化碳140多万吨，固碳40多万吨，释放氧气过百万吨；涵养大小山塘水库21座，总库容8200多万立方米，其中饮用水库16座，库容7660多万立方米；释放生态价值远超百亿，林场十万秀美林海业已成为湾区都市重要的生态屏障。2021年，林场监测发现国家一级保护野生动物中华穿山甲成年个体2只、亚成体1只，有力印证中华穿山甲野生繁殖种群存在，为东莞市近20年来首次发现，获得中央、省各级媒体竞相报道。

2021年3月，林场红花油茶主题森林生态示范园通过验收交付使用，并成功申报成为广东省第三批自然教育基地。示范园主入口、亲水广场、文化长廊、悦鸟沙丘、绿化景观、访客中心、创客中心和三孔桥、科教天地，天然形成一条极好的自然教育科普路径。步入园区，更是一派山水相融、林田交错、天然野趣、乡韵悠长、群鸟飞扬的自然景象，尤其瞩目的是红花油茶自然教育展示汇，大楼外表以抽象的油茶林精美建构，给人耳目一新之感。展示汇大厅包含科属植物展示、讲好造林育林护林的林业故事、绿水青山就是金山银山、自然教育课堂四大主题，知识全面、画面生趣、互动性强。示范园为广大市民尤其是小朋友们提供了一个抬头看树、低头识草，近距离观察植物和昆虫的新奇，亲近自然、了解自然的自然教育绝好去处，为播种守护生态、呵护绿色理念提供了一个理想的自然课堂。

二、体现环境美，省市共建打造森林公园升级版

良好生态环境是最普惠的民生福祉。樟木头林场遵循"绿水青山就是金山银山"理念，加强林分林种优化、生态保护修复，立足丰富的森林资源，相继报批规划建设广东宝山森林公园、广东九洞森林公园、东莞红花油茶森林公园，持续推进绿美广东生态建设。由于林场改革前一直实行自收自支的企业化管理模式，一次性建设投入严重不足，每年只能用节余资金接力投入，以致各森林公园建设相对滞后，离开园向社会提供生态服务的标准始终存在一定差距。国有林场改革后，林场转制为公益一类事业单位，在广东省林业局的支持下，干部职工发扬真干实干作风，让难题在真干中破解，让办法通过实干见成效，以国有森林资源与东莞市政府合作，成功探索省市共建森林公园新模式。

首创省市共建九洞森林公园

"世界上的事情都是干出来的，不干，半点马克思主义都没有。"省樟木头林场所属的广东九洞森林公园，始建于 2013 年 11 月，规划面积 1.52 万亩，森林资源非常丰富，风景旖旎，因未对外开放，自然生态环境保持得非常好。2019 年，作为首个广东省市共建森林公园项目，由东莞市政府投资上亿元，将九洞景区 1650 亩林地纳入银瓶山森林公园三期扩建。经过一年多的精心规划建设，项目于 2020 年 10 月竣工验收，向社会免费开放，一度成为民众争相打卡的网红点。这朵绿色发展之花终于结出了开心幸福之果，向社会提供优质的生态产品和服务，使广大民众能充分融入自然、亲近自然、认知自然、享受自然，不仅提高了森林生态文化效益，还很大程度增进了人民群众的获得感、幸福感、安全感。

为美好生活装点，为金山银山赋能。来到九洞景区，首先映入我们眼帘的就是让人眼前一亮的森林公园出入口广场和便捷的生态停车场，随之而来的就是环湖景区里洁净的园区道路、充满野趣的登山步道、别具客家风味的斗笠形观景亭等旅游和配套设施设备。过去深藏林区的箣竹排水库美景，由一条 9.23 千米的环湖大道掀开了神奇面纱。沿湖举望，湖面连番涟漪、波光粼粼，青山原生态植被丰富、林相优美，林内瀑布水流潺潺、凉风习习。行走其中，各色花木争奇斗艳，呈现四季常开之势，每隔一定距离还分布有大小不同、形态迥异的观景台，就连途中整齐划一的治安岗亭、各式驿站等安全和服务设施也都醒目方便。

拓展省市共建提质宝山森林公园

林场职工久久为功推动绿色发展，驰而不息建设宝山森林公园渐成模样。早在 1993 年，当经济效益与生态效益发生冲突时，"爱林如命"的樟木头林场人毅然选择"生态型林场"的发展方向，回归初心，回报社会。林场向原广东省林业厅提出，在横穿黄江镇和樟木头镇的宝山山脉，规划建设面积 22201.5 亩的宝山森林公园并获得批准。公园内，山峦起伏连绵不断，林海茫茫、植被繁茂、百鸟鸣唱、野趣浓郁、湖水澄碧、四季常青。尤为瞩目的是位于芙蓉寺景区东部的宝山主峰，海拔 458.9 米，与七姐顶、鸡古石等山峰形成一条半月形的山脉，宛若一弯新月镶嵌在东莞大地之上。著名的东莞老八景之一"宝山石瓮出芙蓉"就出自于此，宝山瀑布飞泻而下，冲击着底下状如"瓮"的中空岩石，石瓮中飞溅出来的水花恍若芙蓉。

截至目前，林场已投资近 2500 万元逐步实施公园基础设施建设，形成道路硬底化 6 千米，新修公路 7.8 千米、游览步道 0.5 千米、自然教育路径 1.2 千米、公园停车场和芙蓉峡景区。同时，进一步拓展省市共建，本着"不丢国家森林生态资源，但求湾区人民共建共享"的情怀，争取到地方财政资金 2000 多万元实施绿色廊道建设工程，高标准建成全长 9.6 千米、宽 6 米的公园绿色廊道沥青路面主干道。目前，林场结合公园建设完善了动植物资源调查，对红线范围内的林地权属进行了确认，正在申报审批升级建设国家级宝山森林公园。

着眼长远共建红花油茶森林公园

珍惜森林生态资源，致力于构建生态新格局，形成绿色发展新动能，打造大湾区高品质森林公园。省樟木头林场清泉和五埗管护站拥有一片种植于 1956—1958 年、面积 8000 亩的广宁红花油茶林。据考证，这是全国现存连片面积最大、树龄最长的红花油茶林。红花油茶树体高大、树形优美、花色艳红、果实硕大，极具观赏价值、经济价值和生态价值。林场充分发挥"资源独特、主题突出、区位优越、山水相融"的优势，与东莞市政府合作编制规划，共建红花油茶森林公园。

广宁红花油茶属于山茶科常绿乔木，大树高达七八米，叶色深绿，树形优美，早春开花，红艳美观。油茶林位于山峦深处，群山连绵起伏，山下湖水碧波荡漾，仿如置身世外桃源。每年油茶花盛开时节，景区红花漫透、层林尽染，引来大批的旅游和摄影爱好者。金秋时节，我们随林场公园管理人员走进这片正在开发建设的"红果绿叶"林，沿着一条既可采收果实，又有康养功能的步道登上山顶，映入眼帘满是红花油茶果挂满枝头，状若小小红灯笼，格外迷人。对这片既有科研价值，又有观赏价值的红花油茶林，林场和东莞市都很重视。林场将其作为水源涵养林兼产品利用林经营管理，定期进行抚育，适度修枝施肥，专项治理有害寄生，并在其中规划建设森林生态示范园，积极开展自然教育；东莞市则依托此特有资源，规划与林场共建主题森林公园，打造靓丽的森林公园名片。

这个远离市区的红花油茶主题示范园现已初步建成并免费开放。示范园由展示汇、创客中心、环湖栈道和自然教育路径等组成，具备观光游览、休闲徒步、自然教育等功能，年接待游客两万多人次，举办自然教育活动 30 多场次，成为当地老百姓的"网红打卡点"。

三、围绕职工乐，转型塑造美丽林场建设新优势

越是接近目标，越是任务艰巨，越是需要具备过硬的本领。结合国有林场改革和深化管理体制改革，对照国家林草局发挥生态建设保护先锋作用、木材贮备生产骨干作用、提供生态产品主力作用，建设绿色林场、科技林场、文化林场、智慧林场的要求，对照绿美广东生态建设硬任务和美丽林场建设定位，樟木头林场党委班子团结带领全场干部职工锤炼能干本领，致力守护绿水青山、筑牢生态屏障。林场成立了推进美丽林场建设领导小组，编制落实中长期发展规划和森林经营方案，科学合理设定阶段性任务，既大胆畅想，又结合实际，既体现林业特点，又彰显林场特色，同时也给未来的建设发展预留出充足的弹性空间，确保林场实现"生态优、环境美、职工乐"，转型塑造出"四个林场"的美丽建设新优势。

建设绿色林场，精准提升森林质量

建设森林生态功在当代，保护绿水青山利在千秋。樟木头林场的青山秀水承载着湾区都市深圳和东莞两市人民的生态福祉，林场改革后，积极转变职能，全面停止经营性木材采伐，转向生态公益保护建设绿色林场。他们坚守"姓林""为民"方向，着力建设高质量水源林和大径材战略储备林基地，精准提升森林质量，大力提升水源涵养保护能力，为国家未来储备更优质的木材资源。

林场近十万亩森林中，水源涵养林达 6 万亩，占经营总面积的 63.68%，蓄积量 36.84 万立方米，占森林总蓄积量的 72.48%，是当地重要的地表水源涵养地和水资源战略储备基地，为保证水资源安全作出了积极贡献。

改造桉树纯林，调整优化林种树种结构。为充分发挥林场森林资源生态效益，经东莞市人大、政协及相关部门多次调研评估，决定自 2015 起，由市财政对林场 8.5 万亩非经济林实施生态补偿，支持林场进一步提升生态功能等级。截至 2022 年年底，林场已经完成 7738 亩桉树纯林改造，建成了以樟树、红椎、桃花心木、莞香等珍贵乡土树种为主的阔叶林。

强化资源培育，建设绿色林场。顺应林业发展需求，林场正在规划建设 2 万亩大径材战略储备林基地。近年来，林场指导芙蓉寺和簕竹排管护站利用提质培育和改造培育等手段，定向培育林木质量高、森林生态系统稳定的优质大径材的培育效果很好。林场中心苗圃持续加强红锥、土沉香、柚木、降香黄檀等珍贵树种的种苗培育，为大径材基地建设提供了大量优质苗源，全面提升大径级用材林自给保障能力可期。

打造科技林场，推进森林生态示范

利用科技将林场事业发展好，已成为省樟木头林场干部职工的共识。为全面提升长远发展科技支撑，林场与省林科院签订战略合作协议，就人才培养、成果转化、基地共建等方面全方位开展合作。

2021 年 4 月，林场野外科学观测站通过中国森林生态系统定位观测研究网络（CFERN）国家标准认证和授匾，跨入国家级行列，具备了开展国家级生态公益林监测、森林氧吧与生态康养监测等能力，获得第八届中国森林生态系统定位观测研究网络学术年会表彰。

以科技手段强化种质资源保护，实现国有林场和种苗融合发展。林场拥有数量和规模在广东省独一无二的广宁红花油茶种质基地，也是迄今全国面积最大的红花油茶群落。基地于 20 世纪 50 年代间从广宁引种种植，现存面积约 8000 亩，数量达到 30 余万株，最长的树龄近 70 年。2022 年 9 月，林场成功申报并获得省级林木种质资源库——广宁红花油茶种质资源库（原地保存库）资质，进一步加强广宁红花油茶资源的遗传多样性和物种多样性保护。

科学除治油茶寄生，力促特色资源提质增效。具有唯一性的红花油茶资源本应是林场的独有和骄傲，却因日趋严重的寄生危害大打折扣。近年来，林场和林科院共同组织寄生机理和防治研究，对清泉管护站周边的 100 多亩油茶林实施了有效的寄生除治及复壮实验。实验成果荣获广东省科技推广项目奖，为林场红花油茶寄生防治和复壮提供了科学依据和技术支撑，也为林场打造科技林场坚定了信心和决心。

以生态修复保护为主要宗旨，围绕"百茶竞清泉，红花道自然"主题，林场投资 2000 万元，2021 年建成规划面积 1561 亩、以红花油茶种质资源培育为主、自然教育为辅的森林生态综合示范园——樟木头林场红花油茶主题示范园。示范园通过展示红花油茶特色森林资源，为民众提供生态产品和服务，丰富并提升了森林生态效益和社会效益，为湾区生态文明建设提供了有益示范。

此外，林场充分利用场部及周边林地，打造近百亩集科学研究、科普教育、园林景观为一体的植物科普园。植物科普园着力收集东莞市乡土和特色植物，并在此基础上开展长期、连续的生长监测和自然教育活动，在保护生物多样性的同时，积极为青少年自然和环境教育服务。

构筑文化林场，探索湾区自然教育

走进樟木头林场，场部环境优美，林区森林茂密，他们以党建为引领，充分发挥场、站领导集体核心作用，营造出积极向上的林场文化氛围。

宣传阵地全覆盖。为丰富职工文化生活，林场分别建设有党员活动室、职工之家、图书室、乒乓球室和室内室外体育锻炼设施等。从新老场部、管护站部到各大林区，随处可见宣传廊、宣传栏、宣传屏、宣传板、条幅标语和语音播报，全方位、无死角开展理论、法制等正能量宣传。

文化建设制度化。林场党委严格落实"第一议题""三会一课"和组织生活制度，并以此为引领，结合林场实际制定主题党日、升国旗仪式和集中开展文体活动等规章制度。

文娱活动多样化。林场坚持党建带群建，结合生态示范和自然教育等工作，持续深化"四个之家"建设，积极开展"升国旗、唱红歌"、周末集中文体活动、传统节日庆祝活动等，与兄弟单位联合举办职工运动会，与地方政府联合举办"义务植树""森林文化周""森林健康行"等品牌活动，讲好林业故事，弘扬林场文化。

自然教育公益化。合理利用自然资源，普及森林生态文化，赢得大湾区人民和国际社会的认同。2021年以来，林场组建起了自己的自然教育团队，培养自然教育师、导师等十余人，研发"红花油茶的前世今生"等多组自然教育特色课程，编写的《花映清泉——绿水青山正归来》主题绘本上榜"2023年自然教育优质书籍读本"名单。立足丰富的森林资源和示范园、植物科普园、森林公园等平台，组织开展自然教育公益活动30多场次，累计3000多人次参与并受益，林场自然教育发展格局正在逐渐形成并完善。国家林草局曾邀请奥地利国家林业代表团访问林场，实地考察林场林相改造、森林公园建设、红花油茶林寄生防治、自然教育探索发展等，深感林场文化积淀深厚，自然教育润物无声。

创建智慧林场，补齐资源管护短板

上云用数赋智，顺应数字化大趋势创建智慧林场，是国家和省林业部门对转型国有林场建设的要求，也是樟木头林场补齐森林生态资源管护"短板"的必需。近年来，林场投资建成OA系统、护林巡更系统，完成档案管理达标升级，不断推进无纸化办公、管护站规范化建设和森林资源管护数字化建设，开启了智慧林场建设新篇章。

转型建设智慧林场，把生态林业的科技力量和资源保育的骨干力量投向一线，不断加强管护站和林班的建设力量。林场实现自动化办公条件后，工作高效快捷，工作岗位和职责分配更加灵活，极大地解放了一线的劳动力和生产力。

深化管理体制改革进一步加速了森林资源管护的转型，倒逼传统管护手段向无线化、数字化、智能化发展。林场在各林区设置森林防火远程监测系统，在各管护站安装治安监控系统，林区主要出入口全部安装监控摄像头和森林防火语音警示器，通过监测和观测，同步加速林业有害生物的预警与防治。

资源监管高效率，林场发展有后劲。林场不断完善基层管护站的信息化建设，所有站部覆盖通信网络，干部职工配备自动化办公和巡更设施，基本实现管护队伍专业化、管护手段信息化、管护设施规范化，建立起了符合现代生态文明建设需要的国有林场内部管理运营机制和资源监管机制。

以改革转型为引领，以创新谋变为驱动。抬眼可及的天空之蓝与草木之绿，正成为湾区这座都市林场和东莞市共同走生态文明创新之路的有力注释，是迈向高质量发展的坚实生态保障。未来，广东省樟木头林场与东莞市必将持续双手交握，聚焦森林资源培育保护的主责主业，持续推动森林公园建设，深化社会自然教育，将比较优势转化为湾区融合的集成优势，在深入推进绿美广东生态建设中打造"生态优、环境美、职工乐"的美丽林场，携手共创大湾区的美好明天。

第六节　广西维都林场：深化改革打造高质量发展品牌
——全国十佳林场、广西壮族自治区国有维都林场
深化改革打造高质量发展品牌的新闻观察

"广西生态优势金不换。"习近平总书记视察广西提出"闯出新路子、展现新作为、迈出新步伐、彰显新担当"的"四个新"总要求。

产业是关键，创新是动力。地处桂中来宾市的广西壮族自治区国有维都林场（以下简称维都林场）是全国"十佳林场"，是广西壮族自治区林业局直属的正处级公益二类事业单位。近年来，在广西壮族自治区林业局的正确领导和来宾市政府的大力支持下，林场领导班子带领全场干部职工自我加压，持续巩固国有林场改革发展成果，以创建全国文明单位为承载，把准历史方位，在传承历史中打造林场振兴品牌，立足新时代要求制定"十四五"发展规划，对接发展梦想改革提振干部职工精气神，以思维之变引领林场找到创新发展的新突破；林场紧紧抓住国家储备林和高质量商品林"双千"基地建设的机遇，立足场内科学建造大径材，走出场外合作扩建商品林，内外结合精心构筑国储林，以视野之变坐实林场森林经营升级支撑点，2022 年年底经营面积扩增到了 68.67 万亩；林场明确发展重心，加快现代经济体系构建，精心服务打造木材销售一流环境，创新构建油茶小镇示范格局，以林下经济、碳酸钙、风电开发等项目增添发展新动能，以结构之变打造林场产业经济核心竞争力的着力点。仅 2023 年上半年，林场新造林 5.18 万亩，中幼林追肥 17.78 万亩，中幼林抚育 16.15 万亩，培育苗木 279.6 万株，实现了年度主要指标任务的"满堂红"业绩。

一、把准历史方位，以思维之变促发展之变

自治区直属国有林场既是派驻地方的森林资源管护单位，又是森林经营建设单位，完成主体改革任务的国有林场职能履行受到瞩目。2021 年 1 月，广西壮族自治区林业局党组任命新一届林场领导班子，并希望他们清醒认识林场所处的历史方位和责任，牢牢把握林场践行"两山论"的发展方向，挑战自我，以思维之变促发展之变，引领林场找到创新发展的新突破，既做优做美林场林地的"绿水青山"，又做大做强经济发展的"金山银山"，实现生态保护和经济发展双赢。

传承历史，党建领航兴林场

饭碗一起端，责任一起扛。林场新一届领导班子大兴学习之风，对接历史传统，在传承中汲取创新发展力量。来宾市是 2002 年成立的新兴城市，是"中国糖都""世界瑶都"，电力、制糖、冶炼实力雄厚。维都林场是 1959 年组建的老林场，几代人通过 60 多年的奋斗，将 7 人的小苗圃发展成为职工千余人、林地 60 多万亩的全国十佳林场。林场影响和带动着全市 6 个县（市、区）的林业发展，使木材生产的"第一车间"资源富足，新建 7 个木材加工产业园和聚集区，一个坐落于中国南方的"新木材之都"正悄然崛起。维都林场党委立足于发展实际，强化旗帜引领，推动治理重心落到服务森林生产经营第一线，精心打造适合维都林场发展路子的党建品牌——"党建领航·突'维'"。

"党建领航·突'维'"，就是要尽快构筑党政同责兴林场的新格局。林场党委以中心组带动机关和基层干部加强理论学习的形式，系统消化国家和地方党委政府加强经济建设的思路，正确领会国有林场改革发展的要求，全面落实党建工作责任制，提升党委、党支部的引领力、凝聚力、生产力，让脚下的这片青山留住美丽，拥抱经济，打造成带领人民致富的"金山银山"。

理论学习进入思想，党建突"维"落在行动。维都林场党委结合党史学习教育、学习贯彻习近平新时代中国特色社会主义思想主题教育、"十四五"规划以及营林提质增效等务实工作，自下而上地统一干部职工思想，形成了"12413"工作思路。"1"是围绕党建引领中心融合推动经济高质量发展，"2"是办好森林资源扩面提质增效和融资保障大事，"4"是推进油茶小镇、经营性公墓、碳酸钙、风电开发利用项目，"1"是深化园林绿化公司改革，"3"是抓好全国文明单位、民族团结进步示范单位、维林文化品牌创建，促进党建工作与营林造林、木材生产等经营工作深度融合，取得实效。

自我加压，党建突"维"。林场各部门、基层各生产单位高标准定位、高起点谋划、高质量推进"党建+"融合工程，探索不同类型党支部发挥作用机制，搭建不同主体党员发挥作用平台，把党的组织优势转化为发展优势，实现党建作用由"隐"到"显"的转变。在林场爬坡过坎的一年里，营造林、追肥抚育、木材销售、被侵占林地回收、营业利润、经营收入等任务指标完成率均超百分之百。

立足时代，科学求是定规划

锐始者必图其终，成功者先计于始。维都林场新班子的组建正值"十四五"起步之时，既要尊重上一届班子定下的"规划"，也要珍惜前任留下的"家底"，更要有本场的现实追求，把握好林场的长远目标和近期规划的关系，把对上负责和对下负责真正统一起来。

加速和推进林场建设，事关林场的基础、长远和未来，必须强化规划的权威性和执行力。维都林场党委结合自治区关于加快建设美丽广西和生态文明强区的决策，融入来宾市"向东、向海"打造西部陆海新通道东线重要节点城市的新思路，精准制定了林场"十四五"发展规划。

维都林场油茶示范基地

林场发展建设升级，要有体系思维的忧患意识，让规划制定和改革创新同步"迭代"。林场场长在班子务虚会上说："我们的林地总面积并不小，但桉树商品林只有 18 万亩，远远满足不了林场的发展要求，至少要有一半甚至 60% 以上，而且还要在大径材和国储林建设上下功夫。要抓紧当前的商品林'双千'基地和国储林建设政策机遇，做好融资工作，确保'十四五'规划落实落细，夯实未来发展根基。"

2021 年起，林场党委大兴调研之风，班子成员带领规划编修的"智库"专家和机关各科室人员深入各分场和场外造林部蹲点调研，把统计数据和定量分析作为规划修订的基本依据，严禁"拍脑袋""想当然"和"闭门造车"，确保规划实施的内容经得起生产实践检验。林场"十四五"发展规划在 2021 年 5 月定稿上报上级部门审批的同时，把握住春种时机，没误农时。新规划客观反映"十三五"发展成就，正视机遇和挑战，科学确立了"以森林资源扩面增效为基石，以油茶小镇、经营性公墓等重大项目为抓手，夯实做优一产、做大做强三产"的发展思路，确保到 2025 年年底，林场经营面积达到 76 万亩，累计造林 29.95 万亩，生产木材 195 万立方米，林场资产总额达到 39.89 亿元。

规划简明精准，发展步骤分明，对碳酸钙、风电开发和油茶小镇调规等新经济建设都有明确规划。落实规划是一项宏大工程，涉及林场建设的各个方面，不但系统性强、涉及因素多、牵扯面广，而且任务体量大、能力标准高、时限要求紧。林场党委科学统筹、同步培训，各方密切协同，上下合力把规划安排的各项工作往前赶、往实里抓，抓出了实际成效。

对接梦想，改革提振精气神

春雷滚滚，给予维都林场干部职工思维的震动：正如闪电走在雷鸣前，春季植造的统筹谋划也必须走在全年营林生产之前，只有以变化的思维建设林场，才能激发出新的生产活力。林场党委紧紧抓住制度体系建设，聚力提升治理效能，以全国文明单位创建为契机，开展"作风建设年""作风提升年"和"作风巩固年"活动，推进制度建设、绩效考评、选人用人、奖惩创新等系列改革，立起了务林兴场的鲜明导向，提振了维都林场人只争朝夕、担当有为的精气神。

务实苦干，担当尽责。维都林场党委书记说，林场开展"作风建设年""作风提升年"和"作风巩固年"活动，成立工作专班，重点抓工作纪律、抓制度执行、抓办事进度、抓精神风貌、抓技术员专业技能水平，解决了工作中的"松散软"问题，提升了基层组织的"四力"。2021年以来，林场每年坚持全面梳理经营管理制度1次，形成制度"废改立"清单，累积修订制度114个（次）、新建8个、废除13个，切实增强制度可操作性。实行重点工作重点督查，责任到人，考核到位，提拔重用20多名年轻干部，激发干部职工的工作活力。

以上率下、务实笃行的作风，使林场改革直面困难挑战，打破了工作分配中的"大锅饭"。林场创新推进绩效分配改革，经过职代会讨论通过，从干部职工的工资总额中拿出20%做奖励金，奖励先进，激励后进。一名职工在采访中说："饭还是这么多，吃法不一样。过去的饭在锅里，每人都有一勺，干活的效率自然不一样。现在吃法不同了，干得好的有两勺，业绩一般的只一勺，自然激发斗志，发挥能量再多挣一勺。"

过去林场的融资压力大，制约了自身的发展和建设。作风建设和分配绩效改革，使问题迎刃而解。2021年不少金融机构看到了林场改革建设的质效，与林场达成了诸多共识，推进多项合作项目实施，林场成功融资6.35亿元，保障了林场正常经营和运转。2022年和2023年，职能部门提前对接金融机构，使对外合作大门越开越大，其中2022年成功融资11.76亿元，2023年上半年成功融资8.24亿元，完成年度计划的73.77%，满足了林场的营林生产和林地收储，促进了林场各项事业的大发展。

二、抓住发展机遇，以视野之变坐实经营升级的支撑点

稳中求进，既是治国理政的重要原则，也是国有林场统筹森林经营工作、推进各项建设的根本方法。国有林场是实体经济，生产经营的最大政绩是为民造福，让干部职工和周边群众有实际感受。维都林场紧紧抓住国家林草局和自治区人民政府共建广西现代林业产业示范区等重大林业发展机遇期、窗口期，对标对表上级政策，结合林场实际把发展作为第一要务，立足场内几十年的建设成果，运用良种、良地、良法，科学建造中、大径级木材；运用自治区林业局推动高质量商品林"双千"基地建设和来宾市的木材加工产业发展政策，向外积极与地方县市合作扩建商品林，运用"稳"与"进"的辩证关系，结合场内场外营林成果，精心构筑利于长远发展的国储林。视野之变坐实了林场经营升级的支撑点，"十四五"规划经营面积76万亩，总资产实现39亿元，预计2023年年底可望全部兑现，跑出了高质量发展的加速度。

立足场内科学建造大径材

广西区直国有林场大而强，每个林场经营的森林都是一个完整的自然生态系统。维都林场紧紧抓住森林生态资源保护与优质木材生产两个基本点，走出了一条产业生态化和生态产业化的融合之路。

与林相伴、同林共生的维都林场人曾长期靠山吃山，因为商品林的面积不足以周期性周转，导致林木质量和产出效益偏低，不得不对大片处于旺盛生长期的5年龄桉树进行采伐。

问题是时代的声音，林场转型发展倒逼现代体系治理能力升级。"一班人"以广阔的视野之变，下决心从"靠山吃山"转变为"靠山富山"。他们立足场内森林资源，更加务实合理地扩大商品林面积，以良种、良地、良法科学种植适合林场林地的桉树品种，调整优化树种结构。测土配方合理用肥，适时适地科学施肥。加大大径材培育比例，努力提升森林质量。在此基础上科学防治病虫害，延长采伐年限，将生长期延长到8年以上，加大中、大径材林培育。自2021年开始，林场下大力气提升森林培育质量，在各个分场和场外造林点，广泛选取商品林地实施季节栽植管护、改良林地土壤、新型复合肥施肥效应、不同肥次肥量效应、幼林培育、桉树无性系造林对比等多种试验。到2022年林场采伐木材出材量达到9.51立方米/亩，较2020年增加了2立方米，且当年植苗和萌芽林平均月生长量达到或超过林场设定的生长量奖励指标上限。

科学建造大径材，科技赋能生产力。维都林场收集总结生产经营中的难题问题，主动与广西林科院、广西大学林学院等科研院校建立长期稳定的技术合作关系，围绕林地多代连种桉树后的有机质缺失、林木产量低下、测土配方施肥、精细化抚育管护、乡土珍贵树种培育等范围设置科研课题，合力攻坚，2021年以来承担省部级科研课题1项，参与实施省部级以上科研项目3项，承担及参与林业科技推广项目3项，开展自筹林业科技项目5项。获广西科技成果登记10项，获授权国际发明专利1项、国家实用新型专利5项，参与制定国家标准2项（获发布实施1项），参与选育湿地松良种2个、香花油茶良种2个。

生态与产业融合，有力地推进了林场的绿色发展。2023年林场把年度经济建设指标落实到人，仅从上半年的工作重点就可看出亮点真亮。营造林速度狂飙，完成新造林5.18万亩，中幼林追肥17.78万亩，中幼林抚育16.15万亩，培育苗木279.6万株；林地收储

维都林场"党建领航·突'维'"党建品牌创建启动仪式暨 2022 年营造林攻坚誓师大会

稳中提速，自主收储林地 3.36 万亩；被侵占林地回收 2180 亩，牢牢守住"让利不让权"的底线；擦亮油茶招牌，创新油茶发展之路，经验受到自治区推广。这一组数据，是维都林场狠抓绿色发展、森林资源保护的具体体现。

走出场外合作扩建商品林

维都林场的领导班子认为，森林经营升级必须树立高质量发展"稳""进"统一的全局思维。在"稳"住林场已有建设大径材基地的方向基础上，把"进"的目标和力量下在林场之外，2021 年 1 月至 2023 年 6 月，林场视野向外，与周边县（市）商洽合作，成功收储优质林地林木 21 万亩，使林场的商品林基地增高变厚，赢得自治区林业局的好评。

高质量商品林"双千"基地建设是自治区林业局深化国有林场改革的重要举措，鼓励全区增强用材林发展动能，由区直国有林场通过加强与市县政府、部门及市县国有林场沟通联系，推动"场县""场场""场乡"合作，确保 2022 年末商品林规模突破 1000 万亩，通过精准培育管理，2022 年末向市场提供 1000 万立方米以上商品木材。维都林场不断巩固前几年的建设成果，深刻领会并务实贯彻自治区林业局下发的高质量商品林"双千"基地建设"管理八条"规定，对照"十四五"规划，确保把近年内在来宾市、柳州市、贺州市、梧州市、河池市等区域收储的近 40 万亩场外优质林地林木管精管实。

商品林收储管理以"稳"求"进",维都林场务实收储场外林地,遵从规律建设商品林。场长和副场长主抓专抓,外造办和营林科共同作为,使林场高质量商品林"双千"基地建设又好又快发展。外造办主任韦大勇告诉我们,扩大场外森林资源总量是林场建设商品林的方向,"十四五"期间计划场外收储优质林地林木30万亩,目前利用3年时间已经成功收储近21万亩,这还不算已经签订的国储林建设项目。收储林地林木是大投入、大投资,一点都马虎不得,我们每谈成一片,林场党委都派专人抓组核实评估,规范流转程序,强化议价交易监督,提前做好经营风险防控。自治区林业局派出检查组深入各区直林场专项检查,组长李惠珍评价维都林场达到了高质量商品林"双千"基地建设成效。

内外结合精心构筑国储林

一年之计,莫如植谷;十年之计,莫如树木。国家储备林建设功在当代,利在人民。维都林场是从2015年开始按照自治区林业局要求建设国储林的林场,2021年以来,林场在国家开发银行、中国农业发展银行、中国农业银行等金融单位支持下,国储林基地项目融资累计到位26亿多元,完成建设国储林面积20多万亩。

国储林建设必须尊重自然规律,顺应发展态势,科学编制一个时期的建设规划,务林人才能扎根青山久久为功,让秀美山川的资源空间提升经济质效,生长出未来可用的优质木材。林场党委在"十四五"规划中设立国储林建设的专门章节,明确建优国储林基地,用好国储林融资,重点做好维都林场承担的广西国储林基地暨生态扶贫一期项目和林场自建国储林基地建设项目。

锦绣维都山河,高效落地落实。维都林场将国储林建设作为商品林和大径材生产的新资源增长点,广开思路,创新模式,2021年6月,林场与多家银行及广西中林国控投资有限公司合作融资,就近与来宾市兴宾区人民政府签订协议合作共建50万亩国储林,预计投入25亿元,合作期限为30年。林场珍惜银行融资,确保使用成效,在建设中优化树种结构,在桉树商品林地加大建设杉木、红锥、火力楠、荷木树种混交林,合理延长采伐年限,培育多功能大径材。

国储林建设的目的是为民造福,维都林场把国储林建设的行动落实到共同富裕的事业推进中,助推乡村振兴工作,力求所有投资提升含金量,不在历史发展中留遗憾。林场自觉当好国储林建设的"操盘手",提高指导标准、协调资源和力量建设,把管理监督落实到山头地块,带领当地承建队伍和参建群众合力凝成主力军,创新"国储林+N"模式助推村集体经济的建设方式,把建设队伍打造成乡村振兴的前沿先锋队,使兴宾区域内的山川大地得到开发建设,使沉睡的低效林地价值被发掘,让深山村的人有活儿干,在家群众有钱赚。

维都林场与兴宾区合作改培建设国储林,终极目的是要走出一条由"绿"变"富"的产业之路。近一年多来,林场领导深入区内各村镇调研座谈,通过国储林的建设方式盘活集体林地，激活农村集体经济，受到多方支持，摸底调查拥有 20 万亩的发展前景。

三、明确发展重心，以结构之变加速产业建设的着力点

春和景明，沿着湘桂铁路八一凤凰至小平阳段行走，两旁青山茂盛，宛如画廊。历经 60 多年的建设和发展，维都林场把曾经的荒山荒地妆成了锦绣山河，美丽森林的价值看得见、摸得到。林场正在打造的桂中万亩珍稀花木基地是广西最大的西洋杜鹃培育基地和最大的红豆杉培育基地，产品销进柳州、南宁等大市场，全场苗木产业年产 1200 多万株。林场遵循绿色发展的经济规律，明确产业绿色化和绿色产业化的重心，按照林场走什么路线就建什么项目，发展什么产业的现实需求优化产业结构，进一步打造木材销售一流环境，构建油茶小镇示范格局，精深开发林下经济、碳酸钙、风电开发等项目，找到了产业建设和提升的着力点。

打造木材销售一流环境

人不负青山，青山定不负人。维都林场的木材生产和销售带动作用，影响驻地来宾市兴起了一座新的"南方木材加工之都"，年增木材加工规模企业 10 多家，年产木材加工总值超过 80 亿元。

木材加工反向推动了维都林场木材的销售。林场党委顺应市场趋势，创新"精准投放交易标的、用心做好售后服务"的理念，以"包青山"的销售形式，提前布局木材销售市场体系建设，修建共赢之道，想方设法降低客户的采伐成本；思谋商家利益，使设计数据经得住市场检验；坚持互惠互利，确保市场挂牌形成竞价优势；诚信美美与共，铸就维都林场的林木销售品牌，使双方持久共创美好未来。2022 年全场木材生产任务 25.41 万立方米，超额完成 30.02 万立方米，完成率 118.1%。

林场精细服务市场和客商，提前做好精细管护降低客商的采伐成本，对销售林地进行精确设计，保证出材数据的准确性，精准投放后确保线上的竞价优势，既不让林场经济受损失，也不让客商感到有吃亏的"温差"。在销售青山林木前，林场都组织力量修理运输通道，增建伐木堆放点，清理林下灌草，开放客商实地考察测量，网上竞买，很快使溢价完成交易活动。2023 年上半年，销售木材和销售收入实现双增长。

构建油茶小镇示范格局

向森林要粮食，大力发展木本粮油产业，把森林建设成为"粮库""油田"，对保障国家粮油安全具有重要作用。维都林场摒弃狭隘思维，树立大食物观，向森林要粮油，更好满足人民对美好生活的需要。

广西是全国 14 个油茶主产省份之一，自治区实施"千万亩面积、千亿元产值"的油茶"双千"计划后，维都林场针对自身苗木基础好，周围有大型油茶加工厂，周边市县政府出台配套政策发展速度快等实际，自筹资金在兴宾区凤凰镇的雅江分场，建设维都

油茶产业核心示范区，核心区 3715 亩，拓展区 8186.9 亩，辐射区 11895 亩，配套建设良种油茶繁殖苗圃 150 亩、油茶采穗圃 200 亩。示范区坚持高产高效标准化生产，通过质量品牌提高市场竞争力，科技推广带动产业发展面，2017 年示范区获第一批广西油茶高产高效示范园称号。林场在示范区内规划建设 353.50 公顷的广西雅江（来宾）油茶小镇景区，汇集油茶生态休闲、油茶科普研学、油茶文化体验、油茶娱乐体验、油茶森林康养运动、水果采摘等众多旅游功能于一体。

做强油茶产业，助力乡村振兴。2021 年年初以来，林场加强油茶"双千"项目建设，加强油茶高产高效示范基地建设管理，油茶产业示范区荣升五星级广西特色农业现代化示范区。林场加大投资力度，持续推动油茶小镇提质升级。在林场和市区支持下，合理调整土地规划，建成了创梦园、游客中心、停车场文旅接待服务设施，满足了景区开园的基本条件，得到了自治区、来宾市委等地方党政领导的首肯。2022 年成功承办广西全区油茶产业发展现场会，并在会上作先进发言，林场先进的油茶经营管理经验得到广泛认可和推广。

奋进"十四五"，维都林场突破油茶种质资源和发展效率的双重约束，在增强产业链的韧性保障和供给安全下功夫，与自治区林科院合作固长补短，使单株产量均衡，油茶产量平稳，进一步提升油茶经营效益，建成了来宾市最大的油茶种质资源库。再用一两年对油茶小镇优化建设，将进入到休闲旅游、文化科普的良性循环阶段。走进建设中油茶小镇举目四望，雅江清溪环绕，四周山峦起伏，景区林木青翠，园内油茶飘香，真是美不胜收。

增添新型经济发展动能

善用林场现有资源，激发新型经济动能。维都林场严格按照"十四五"规划目标，在林下经济、碳酸钙开发、风电建设等方面着力，增添经济发展新动能。

林下经济是林场的传统产业，过去在林下种植、林下养殖方面积累了不少经验。现在林场注重林下经济发展模式探索，突出特色，打造品牌，加强管理、稳固。2021 年以来，林场先后投入 1000 万元完成林下套种土茯苓 606 亩、巴西人参 619.5 亩、蕲艾 890 亩、三叉苦 714.1 亩，目前林下种植规模 3030 亩。种植与药企联合，为未来销售提前下订单，完成了"一场一品"建设的硬任务。到"十四五"期末，林场林下种养经济的产值将超过 2.4 亿元。

增添新型经济发展动能，要以绣花的眼力，把正方向干工作；以绣花的功力，精准施策干工作；以绣花的定力，夯实根基干工作。新一届领导班子瞄准林场现在森林生态资源，结合来宾市经济提升的方向，对商品林地中丰富碳酸钙和风电资源进行有效地开发和利用。来宾市的碳酸钙规模企业 49 家，2022 年产值突破 60 亿元。林场按照地方发展规划，选定报送 4 个矿区纳入来宾市"十四五"矿规，已筛选出 3 个选区选入矿规并通过评审。同时与天宏阳光新能源股份有限公司签订风电开发与利用项目合作框架协议。

绿色碳酸钙、风电开发与利用是林场新建的两个新兴经济体。

转型发展稳中求进，开启未来共创辉煌。自我加压的维都林场，干部职工思想"换羽"，观念"化蝶"，沿着拓宽的绿色发展路，把脚下这片灵秀葱茏的绿水青山打造成了金山银山，吸引着八方客商，使连接周边的乡村共同振兴，人民群众的日子越来越红火。